高等学校规划教材

弹性力学与有限元法

校金友　荣俊杰　雷　鸣　文立华　编著

西北工業大學出版社
西安

【内容简介】 本教材针对航空航天飞行器结构分析需求，讲述弹性力学基本理论及有限元数值方法。全书共分 11 章，主要内容包括弹性力学空间问题基本方程、平面问题基本理论、平面问题直角坐标解法和极坐标解法、弹性力学能量(变分)原理、弹性力学利兹法、平面问题有限元法、有限元法基本理论、工程结构(杆、梁、板和壳)有限元法，以及有限元法工程应用中常见的理论问题，如单元划分规则、高次单元和剪切锁死等。

本教材可用作高等学校航空航天、土木、机械工程等专业相关课程的教材，也可供从事结构工程的技术人员参考。

图书在版编目(CIP)数据

弹性力学与有限元法 / 校金友等编著. —西安 ：西北工业大学出版社，2022.10

ISBN 978-7-5612-8308-0

Ⅰ. ①弹… Ⅱ. ①校… Ⅲ. ①弹性力学-高等学校-教材 ②有限元法-高等学校-教材 Ⅳ. ①O343 ②O241.82

中国版本图书馆 CIP 数据核字(2022)第 194974 号

TANXING LIXUE YU YOUXIANYUANFA

弹 性 力 学 与 有 限 元 法

校金友　荣俊杰　雷鸣　文立华　编著

责任编辑：胡莉巾　　**策划编辑**：杨　军

责任校对：曹　江　　**装帧设计**：李　飞

出版发行：西北工业大学出版社

通信地址：西安市友谊西路 127 号　　邮编：710072

电　　话：(029)88493844　88491757

网　　址：www. nwpup. com

印 刷 者：西安浩轩印务有限公司

开　　本：787mm×1092mm　1/16

印　　张：18

字　　数：472 千字

版　　次：2022 年 10 月第 1 版　2022 年 10 月第 1 次印刷

书　　号：ISBN 978-7-5612-8308-0

定　　价：69.00 元

前言

随着现代工业技术的迅猛发展，工程结构设计与分析的任务越来越复杂，特别是在航空航天领域，伴随着大型运载火箭、高超声速飞行器、大飞机、登月、火星探测等重大工程项目的实施，飞行器结构和材料体系更加复杂、载荷环境更加严苛、结构设计要求更高，结构仿真分析面临着前所未有的挑战。一个合格的结构分析工程师，首先要能够合理地简化结构分析模型、正确地判断计算结果的可靠性、敏锐地判断结果可能出错的原因，在此基础上才可能创造性地解决结构设计和分析中面临的挑战性难题，实现飞行器结构性能的提升。因此，作为工科院校结构分析方面的支撑性课程，“弹性力学与有限元法”的作用十分重要。

本教材主要针对航空航天飞行器结构设计和分析的工程需求，融合、贯通工程弹性力学理论及其有限元数值方法，是一本兼具理论性、实用性和启发性的“弹性力学与有限元法”简明教程。编写本教材的目的，一方面为航空航天类工科院校工程结构专业学生提供“弹性力学与有限元法”课程教材，以满足从事飞行器结构仿真分析的需求；另一方面为航空航天领域的结构工程师在学习相关理论方法、进行结构仿真分析时提供合适的参考书。

本教材是基于笔者所在教学团队十多年的教学和科研经验，并在广泛调研航空航天设计院所需求的基础上编写的。本教材内容编排力求以工程为导向，内容简明、概念清晰、深入浅出。本教材的特点如下：

(1)面向航空航天飞行器结构设计和分析需求，从三维弹性力学问题的基本方程入手，使读者领会复杂工程结构分析的基本思想。然后通过弹性力学平面问题演示弹性力学问题的基本解法，尤其是通过介绍多项式解法，使读者体会工程近似解法的基本思想。

(2)详细讲解弹性力学能量原理、位移变分原理和利兹法，使读者深刻领会能量原理作为变分原理在联系弹性力学基本方程和有限元数值解法中的桥梁作用。在此基础上，从利兹法的局限性引出有限元法，强调单元划分和结点插值在有限元法中的核心地位，使读者把握有限元方法的精髓。先介绍平面问题的有限元法，将一维和三维问题作为扩展的训练，启发读者思考。

(3)重点讲解工程梁和板结构有限元法，扩充性地介绍壳结构有限元法。同时，根据飞行器结构分析对高精度、高效仿真分析的需求，适当补充单元划分基本原则、高次单元构造、收敛性分析、剪切锁死等方面的基本概念和理论，为读者以后进行这方面的自学、研究和创造性地解决复杂结构分析问题奠定基础。

本书分为11章，第1～6章为弹性力学部分，第7～11章为有限元法部分。其中第1～6章由校金友编写，第7～9章由荣俊杰编写，第10和11章由雷鸣和文立华编写，校金友对全书进行统稿。

在编写本书过程中，我们查阅和参考了国内外大量的优秀教材和专著，在此向其作者表示感谢！本书在出版中得到西北工业大学出版社的支持，在此对所有提供帮助的同志表示深切的谢意。

由于水平有限，书中难免存在不足之处，恳请广大读者批评指正。

编著者

2022年1月

目　　录

第1章　绪　　论

结构是承受载荷的材料的组合，例如飞行器结构、车床结构、汽车结构、建筑结构、骨骼结构等等。在结构设计中，需要对结构在给定力、热等载荷下的响应进行预测，以判断设计方案是否合理。材料力学课程介绍了杆件结构设计和分析的基本理论和方法，其中关于杆件结构在拉伸、压缩、弯曲剪切、扭转等状态下的位移、应变和应力的分析方法，对该类工程结构的设计具有重要指导意义，但是对于几何外形和载荷形式较为复杂的结构的分析，采用材料力学理论往往很难得到满意的结果。

在工程需求的推动下，弹性力学理论应运而生。它要解决的是一般弹性结构的位移、应变和应力的分析问题，比材料力学理论应用更加广泛。弹性力学的思路是，采用严格的数学方法，获得位移、应变和应力所满足的控制方程和边界条件，从而建立起它们所服从的微分方程边值问题，求解它就可以获得结构设计所需要的位移、应变和应力结果。因此，弹性力学是在材料力学基础上发展起来的一套更加广泛、普适的结构分析理论，是航空航天、机械、建筑等众多领域复杂工程结构分析的基础。

但是，弹性力学微分方程边值问题的求解难度很大。数学上求解微分方程有两种基本方法，一种是解析解法，另一种是数值解法。解析解法适用于具有简单几何形状和边界条件的结构。而工程实际中结构的几何形状和边界条件往往比较复杂，很难获得精确的解析解答，此时主要采用数值解法。弹性力学微分方程边值问题的数值解法很多，例如有限元法、边界元法、有限差分法、无网格法等。这些方法各有优缺点和使用范围，但总体而言，有限元法在结构力学分析中占据主要地位，应用十分广泛。因此，本教材介绍求解弹性力学问题的有限元法。

本教材的目的是针对以飞行器结构为代表的复杂工程结构分析问题，介绍结构在外力、温度等载荷作用下所产生的位移、应力和应变分析的基本理论和方法。围绕这个目标，本教材的主要内容分为两部分。前面六章为弹性力学部分，介绍结构分析所需要的弹性力学基础理论，提出线弹性结构所服从的微分方程边值问题，讨论特殊情况下的简单数值解法。后面五章为有限元法部分，针对一般形式的弹性力学微分方程边值问题，建立有限元数值解法，并简要介绍航空航天结构中常见的杆、梁、板、壳结构的有限元解法。

1.1　弹性力学概述

弹性力学是固体力学的一个分支学科，是研究弹性体在外力、温度等作用下所产生的应力、应变和位移分布规律的学科。所谓弹性体，是指物体的内力和变形之间存在一一对应关系，而在外作用除去后，物体可以恢复到原来的状态。本课程仅限于讨论理想弹性体，即应力和应变为线性关系[满足胡克(Hooke)定律],弹性体的变形量和它的特征长度尺寸相比很小。当外力未超过某一极限时,大多数固体材料都满足此属性。

关于弹性构件的变形和内力,在材料力学中已经学过一部分。但是,弹性力学和材料力学在研究对象和方法上都有区别。材料力学的研究对象主要是杆件,即便是对杆件也不能全面研究。例如,对杆内小孔的孔边应力集中问题、非圆截面杆的扭转问题等,材料力学就不能研究。弹性力学的研究对象可以是任意弹性体。同时,虽然在弹性力学和材料力学里都可以研究杆件,但研究的方法却不完全相同。材料力学在分析过程中往往对变形作一些假设和简化。一个典型的例子是假定在细长梁的弯曲过程中,平面截面保持为平面,因而正应力沿梁高按照线性规律分布。但实际上,只有当截面的尺度远小于梁的跨度时,以上假设才能适用。如果梁的高度并不远小于梁的跨度,那么横截面上的正应力沿梁并不按线性规律分布(而是按曲线变化),截面也不再是平面。这种情况下,材料力学的解答就存在较大的误差。弹性力学没有这样的假设,它试图从牛顿运动定律、欧几里德几何和胡克定律等基本原理出发,直接而严谨地推导出解答。常在解的最后引入近似,但这些是用于获得控制方程解的数学近似,而不是对允许变形场施加人为的、严格不合理的约束的物理近似。

弹性力学和材料力学又是紧密联系的。它们是研究相同问题的两种不同手段。材料力学通过对简单构件的近似假设,有利于探索弹性体内力和变形的物理机理。从这一点上讲,弹性力学中严格的数学结论并没有材料力学的简单结论直观、明了。但是,弹性力学结论可以验证材料力学结论的正确性,并可以用来求得具有足够精度的解。

弹性力学为解决众多工程和科学领域中的应力、应变和位移分析问题提供了基本的理论和方法。例如,对航空航天工程中的飞行器结构要进行应力、断裂和疲劳分析、变形分析;土木工程中对杆、梁、板和壳等结构要进行应力和挠度分析;地质力学中涉及诸如土壤、岩石、混凝土和沥青等材料的应力;机械工程在分析和设计机械元件的许多问题中也要使用弹性力学,比如机械系统的应力分析、接触应力和热应力分析、断裂力学和疲劳分析等。材料工程应用弹性力学来确定晶体固体、位错周围和微结构材料的应力场。同时,弹性力学课程还是研究材料和结构非线性力学行为的基础,因此是黏弹性力学、弹塑性力学等的一门先修课程。

弹性力-变形关系的概念是由 Robert Hooke 在 1678 年首次提出的。然而,弹性力学理论的主要公式直到 19 世纪才发展起来。1821 年,纳维尔(Navier)发表了他对一般平衡方程的研究。柯西(Cauchy)紧随其后,研究了弹性理论的基本方程,并发展了一点应力状态的表示方法。此后,许多著名科学家都在不断发展和完善相关理论,弹性力学逐渐形成一套完备的理论体系,这些科学家包括伯努利(Bernoulli)、开尔文勋爵(Lord Kelvin)、泊松(Poisson)、拉梅(Lame)、格林(Green)、圣维南(Saint-Venant)、贝迪(Betti)、艾里(Airy)、基尔霍夫(Kirchhoff)、瑞利勋爵(Lord Rayleigh)、洛夫(Love)、铁木辛柯(Timoshenko)、科洛索夫(Kolosoff)、穆斯克利什维利(Muskhelishvilli)等。在第二次世界大战后的 20 年中,弹性力学研究对工程上关心的具体问题产生了大量的解析解。到 20 世纪 70 年代和 80 年代,弹性应用主要针对各向异性材料,也用于复合材料。伴随着国外弹性力学理论的发展,从 20 世纪 60 年代以来,我国力学家也对弹性理论的发展作出过突出贡献,包括胡海昌、钱三强等。

1.2　弹性力学基本假设

固体材料通常分为晶体和非晶体两种。晶体是由许多离子、原子或分子按一定规则排列起来的晶格构成的。非晶体一般是由许多分子集合组成的高分子化合物。组成固体材料的基本单元及其间存在的大量缺陷、夹杂和孔洞等，构成了其微观结构的复杂性。如果在研究工程结构的力学问题时，考虑固体材料的上述特征，必将带来数学分析上的极大困难，甚至使力学问题无法求解。为此，必须作一些假设来简化问题，以便建立方程进行求解。

弹性力学中的基本假设如下：

(1)**连续性假设。**此假设认为物体整个体积内毫无空隙地充满着材料介质。这显然与上面关于材料是由不连续的粒子所构成的观点相矛盾。但采用连续性假设，可以避免数学分析上的困难，更重要的是根据此假设所作的力学分析被大量实验和工程实践证明是可靠的。另外，可以用统计平均的观点把连续性假设和现代物质构造理论统一起来。从统计学的观点看，只要所研究物体的尺寸足够大，物体的性质就与体积无关。在力学分析中，从物体中取出任一微小单元，在数学上都是一个无穷小量，却包含大量晶粒，因此，连续性假设是合理的。在引入连续性假设之后，物体内的一些物理量，如应力、应变、位移等，才可能是连续的，因而才可以用坐标的连续函数来表征它们，最终才使运用数学工具来分析它们成为可能。

(2)**均匀性假设。**假设整个物体是由同一性能的材料所组成的。对于实际材料，其各组成部分存在着不同程度的差异。例如常见的金属材料是由晶粒和晶界物质组成的，而晶粒和晶界物质的物理性能通常并不相同。但是，由于我们所研究的物体的尺寸远大于晶粒和晶界物质的尺寸(例如 1 cm^3 的钢材中含有几十万个晶粒)，因此，从统计学的观点看，仍可将材料看成是均匀的，认为构成物体的材料在其内部每一点处都具有完全相同的力学性质。按此假设，可以认为从物体内任一位置所截取的微小单元，都具有与整个物体完全相同的性质；同样，在物体任一部位测得的材料力学参数都可以作为整个物体的力学性能表征。

(3)**各向同性假设。**此假设认为材料沿各个方向的力学性能是相同的。玻璃就是一种各向同性材料，而大量木材则是各向异性材料。工业中常用的各种金属材料，就其组成部分——晶粒来说，应属于各向异性体，但我们所研究的构件包含着无数的排列不规则的晶粒，所以，从统计学的观点看，仍可将金属材料视为各向同性体，即认为其某一点沿各个方向的力学性能都相同。

(4)**完全弹性假设。**此假设认为在引起物体变形的因素消除后，物体能恢复原状，而没有任何剩余的形变。完全弹性体的应力未超过比例极限时，应力与应变呈线性关系，即符合胡克定律。物体在任一瞬间的变形完全取决于这一瞬时所受的力，即力与变形一一对应。由材料力学理论可知：塑性材料的物体在应力未达到屈服极限以前，是近似的完全弹性体；脆性材料的物体在应力未超过比例极限以前，也是近似的完全弹性体。

(5)**小变形假设。**此假设认为物体在外力作用下各点的位移都远小于其本身的几何尺寸，而应变和转角都远小于1。这样，在建立物体变形以后的平衡方程时，就可以用变形以前的几何尺寸来代替变形以后的尺寸。此外，物体的变形和各点的位移表达式中的二阶微量可以忽略不计，从而使得几何变形线性化。

(6)**无初应力假设**。假设物体无初应力,不考虑物体在制造和加工过程(铸造、焊接、锻压等)中所引起的初应力。

1.3 基本概念

弹性力学中经常涉及的基本概念有外力、应力、应变和位移。这些概念在材料力学中已经介绍过了,这里只作简要回顾。

1. 坐标系和弹性体

坐标系是定量描述弹性力学问题的基础。研究弹性力学问题,可以根据问题的特点选择不同的坐标系,其中直角坐标系是最为常用的一种。考虑图 1.1 所示的直角坐标系 $Oxyz$,将弹性体占据的区域记为 Ω,而将弹性体的边界记为 Γ。

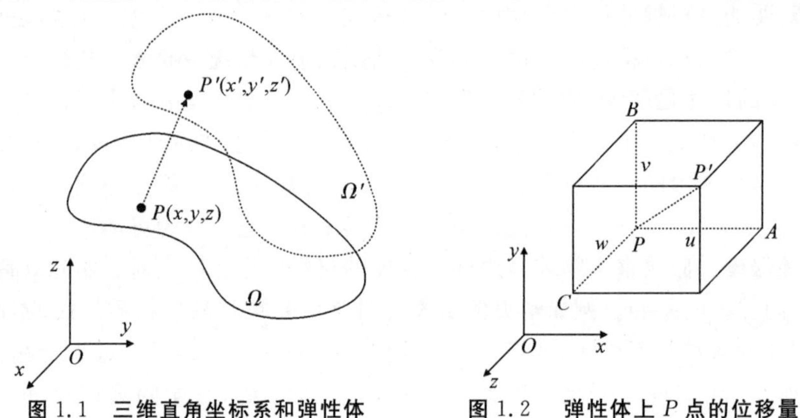

图 1.1 三维直角坐标系和弹性体 图 1.2 弹性体上 P 点的位移量

2. 外力

一般而言,作用在弹性体上的外力可以分为两类,即体积力和表面力,简称为体力和面力。

体力是指分布在物体体积内的力,例如重力、惯性力、电磁力等。体力是矢量,它在三个坐标轴上的投影称为体力分量,用 f_x 、f_y 、f_z 表示。体力分量以沿坐标轴正方向为正,反之为负。它们的因次是[力][长度]$^{-3}$。

面力是分布在物体表面上的力,例如流体压力、物体表面接触力等。面力也是矢量。它在坐标轴上的投影称为面力分量,用 $\overline{f}_x$ 、$\overline{f}_y$ 、$\overline{f}_z$ 表示。面力分量仍是以沿坐标轴正方向为正,反之为负。它们的量纲是[力][长度]$^{-2}$。

3. 位移和应变

在外力的作用下,弹性体上各点的位置要发生变化,位置的变化量即为位移。在图 1.1 中,弹性体 Ω 内任一点 $P(x,y,z)$ 变形后移动到 $P'(x',y',z')$ 点。显然,位移是一个矢量 $\boldsymbol{u}$,将它在 x、y 和 z 轴上的投影分别用 u、v 和 w 来表示,以沿坐标轴正方向的为正,反之为负。因此,u、v 和 w 称为 P 点的位移分量,它们都是定义在弹性体区域 Ω 上的三元函数,也是弹性力学中所要求解的基本未知量。位移及其分量的量纲是[长度]。

如果弹性体上各点发生位移后,各点之间的相对位置不变,那么弹性体实际上只产生了刚体移动和转动,称为刚体位移。如果弹性体各点的相对位置已发生改变,则称其产生了变形。

物体的形状可以用它各部分的长度和角度来表示，因此其变形也可以归结为长度的改变和角度的改变。

为了分析弹性体上某一点 P 处的变形状态，在该点沿着坐标轴的正方向取三个微小线段 PA、PB 和 PC，如图 1.2 所示。物体变形后，各线段的单位长度伸缩量，称为线应变，以 ε_x、ε_y 和 ε_z 表示。ε_x 表示 x 方向的线段 PA 的线应变，其余类推。线应变以伸长为正，缩短为负。各线段之间的直角变化量，用弧度表示，称为剪应变，以 γ_{xy}，γ_{yx}，γ_{yz}，γ_{zy}，γ_{zx}，γ_{xz} 表示。γ_{xy} 表示 x 和 y 两方向的线段（即 PA 与 PB ）之间的直角的改变量，其余类推。剪应变以直角变小时为正，反之为负。线应变和剪应变都是无量纲的数量。

根据剪应变的定义，6 个剪应变中有三对是两两相等的，因此弹性体内每一点独立的应变数目是 6，即 3 个正应变、3 个剪应变。

4. 应力

应力和面力类似，量纲是[力][长度]$^{-2}$。在物体内取出一个正平行六面体微元，它的棱边平行于坐标轴。将每一面上的应力矢量分解为一个正应力和两个剪应力，分别与三个坐标轴平行，如图 1.3 所示。正应力用 σ_x，σ_y，σ_z 表示，脚标表示这个正应力的作用面和作用方向。例如，正应力 σ_x 是作用在垂直于 Ox 轴的面上，并沿着 Ox 轴的方向作用。剪应力用 τ_{xy}、τ_{yx}、τ_{yz}、τ_{zy}、τ_{zx}、τ_{xz} 表示。剪应力前一个脚标表示作用面的外法线方向，后一个脚标表示剪应力作用方向沿着哪一个坐标轴。例如，剪应力 τ_{xy} 是作用在垂直于 Ox 轴的面上而沿 Oy 轴方向作用的。

如果某一个截面上的外法线是沿着坐标轴的正方向的，这个截面就是一个正面，而这个面上的应力分量就以沿坐标轴正方向为正，沿坐标轴反方向为负。相反，如果某一个截面上的外法线是沿着坐标轴的反方向的，这个截面就称为一个负面，而这个面上的应力分量就以沿坐标轴反方向为正，沿坐标轴正方向为负。图 1.3 所示的应力分量全都是正的。注意，上述正、负号规定对于正应力说来，和材料力学中的规定相同，拉为正，压为负；对于剪应力说来，就和材料力学中的规定不完全相同。

弹性体内任一点的应力状态由上述 9 个应力分量唯一确定。由于切应力互等定理，这 9 个应力分量中只有 6 个是独立的。

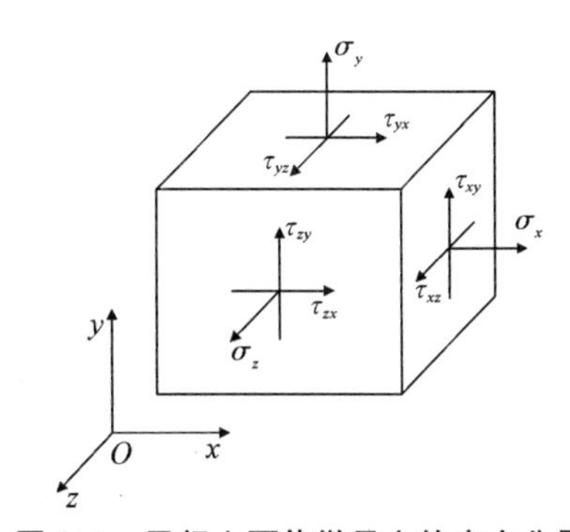

图 1.3　平行六面体微元上的应力分量

总结起来，当弹性体在外力和边界约束作用下发生变形并处于平衡状态时，其内部存在 3 个独立的位移分量、6 个独立的应变分量和 6 个独立的应力分量。这 15 个量都是坐标 x、y 和

z 的函数，是弹性力学的未知量。本教材中弹性力学部分的基本任务就是建立起关于这 15 个待定函数的基本方程和边界条件，形成一个微分方程边值问题，并讨论其在二维情况下的简化形式和基本解法。最后，通过能量原理将弹性力学微分方程边值问题转化为泛函极值问题，为有限元法的建立做好准备。

习　题

1. 试举例说明什么是均匀的各向异性体，什么是非均匀的各向同性体，什么是非均匀的各向异性体。

2. 应力和面力的符号规定有什么区别？试分别画出正面和负面上的正的应力和正的面力的方向。

3. 试根据弹性力学中符号的规定，确定图 1.4 所示的 4 个剪应力的符号。

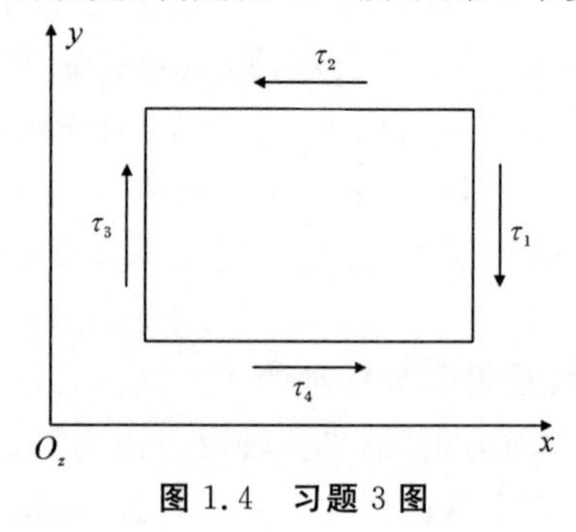

图 1.4　习题 3 图

4. 试举例说明正的应力对应于正的形变。

第2章　空间问题的基本理论

考虑弹性体在外力和边界约束作用下发生变形并处于平衡状态。本章将分别从平衡条件、变形关系以及物理规律方面，建立起三维弹性力学问题中应力分量和外力分量、位移分量和应变分量，以及应力分量和应变分量之间需要满足的基本关系式。这些关系式构成了弹性力学问题的基本方程和边界条件，是结构应力和应变分析的基础。

2.1　平衡微分方程

本节首先从静力学方面考虑空间问题，推导出平衡微分方程。在弹性体内的任意一点 P，取一个微小的平行六面体微元，其六个面分别平行于坐标平面，棱长为 $PA = \mathrm{d}x$，$PB = \mathrm{d}y$，$PC = \mathrm{d}z$，如图 2.1 所示。一般而论，应力分量是坐标的函数。因此，作用在微元体两对面上的应力分量不完全相同，而是有微小的差量。例如，作用在左端面的平均正应力是 σ_x，由于坐标 x 的改变，作用在右端面的平均正应力应当是 $\sigma_x + \frac{\partial \sigma_x}{\partial x}\mathrm{d}x$，其余类推。

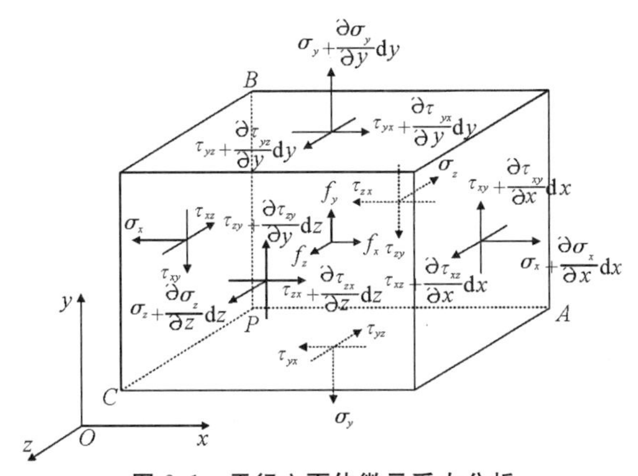

图 2.1　平行六面体微元受力分析

首先考虑微元体上力的平衡。由 x 方向的平衡方程 $\sum F_x = 0$，得

$$\left(\sigma_x + \frac{\partial \sigma_x}{\partial x}\mathrm{d}x\right)\mathrm{d}y\mathrm{d}z - \sigma_x\mathrm{d}y\mathrm{d}z + \left(\tau_{yx} + \frac{\partial \tau_{yx}}{\partial y}\mathrm{d}y\right)\mathrm{d}z\mathrm{d}x - \tau_{yx}\mathrm{d}z\mathrm{d}x +$$

$$\left(\tau_{zx} + \frac{\partial \tau_{zx}}{\partial z}\mathrm{d}z\right)\mathrm{d}x\mathrm{d}y - \tau_{zy}\mathrm{d}x\mathrm{d}y + f_x\mathrm{d}x\mathrm{d}y\mathrm{d}z = 0$$

化简后变为

$$\frac{\partial \sigma_x}{\partial x}+\frac{\partial \tau_{yx}}{\partial y}+\frac{\partial \tau_{zx}}{\partial z}+f_x=0$$

由 y 和 z 方向上的平衡方程 $\sum F_y=0$ 和 $\sum F_z=0$，可以得出与此相似的两个方程。归结起来，得到

$$\left.\begin{aligned}\frac{\partial \sigma_x}{\partial x}+\frac{\partial \tau_{yx}}{\partial y}+\frac{\partial \tau_{zx}}{\partial z}+f_x=0\\ \frac{\partial \tau_{xy}}{\partial x}+\frac{\partial \sigma_y}{\partial y}+\frac{\partial \tau_{zy}}{\partial z}+f_y=0\\ \frac{\partial \tau_{xz}}{\partial x}+\frac{\partial \tau_{yz}}{\partial y}+\frac{\partial \sigma_z}{\partial z}+f_z=0\end{aligned}\right\} \tag{2.1}$$

这就是空间问题的平衡微分方程，又称 Navier 方程。

同理，由微元体的三个力矩平衡条件，可得

$$\begin{cases}\sum M_x=0 \quad \Rightarrow \quad \tau_{yz}=\tau_{zy}\\ \sum M_y=0 \quad \Rightarrow \quad \tau_{zx}=\tau_{xz}\\ \sum M_z=0 \quad \Rightarrow \quad \tau_{xy}=\tau_{yx}\end{cases}$$

这便是我们熟知的切应力互等关系。

【例 2.1】 弹性体内的应力场为 $\sigma_x=-6xy^2+c_1x^3$，$\sigma_y=-\frac{3}{2}c_2xy^2$，$\tau_{xy}=-c_2y^3-c_3x^2y$，$\sigma_z=\tau_{yz}=\tau_{zx}=0$，不计体力，试求系数 c_1,c_2,c_3。

解 平衡微分方程为

$$\begin{cases}\frac{\partial \sigma_x}{\partial x}+\frac{\partial \tau_{yx}}{\partial y}+\frac{\partial \tau_{zx}}{\partial z}+f_x=0\\ \frac{\partial \tau_{xy}}{\partial x}+\frac{\partial \sigma_y}{\partial y}+\frac{\partial \tau_{zy}}{\partial z}+f_y=0\\ \frac{\partial \tau_{xz}}{\partial x}+\frac{\partial \tau_{yz}}{\partial y}+\frac{\partial \sigma_z}{\partial z}+f_z=0\end{cases}$$

不计体力，将应力场代入微分方程，可得 $c_1=1$，$c_2=-2$，$c_3=3$。

2.2 一点的应力状态

现假定物体内任一点 P 处的六个应力分量 σ_x、σ_y、σ_z、$\tau_{yz}=\tau_{zy}$、$\tau_{zx}=\tau_{xz}$、$\tau_{xy}=\tau_{yx}$ 已知，要求经过 P 点的任一斜面上的应力。为此，在 P 点附近取一个平面 ABC，使其平行于这个斜面，并与经过 P 点而平行于坐标面的三个平面形成一个微小的四面体 $PABC$，如图2.2所示。当平面 ABC 趋近于 P 点时，平面 ABC 上的应力就成为该斜面上的应力。

令平面 ABC 的外法线为 N，其方向余弦为

$$\cos(N,x)=l,\quad \cos(N,y)=m,\quad \cos(N,z)=n$$

设$\triangle ABC$的面积为S，则其余$\triangle BPC$、$\triangle CPA$和$\triangle APB$的面积分别为lS，mS和nS。四面体$PABC$的体积为V，体力分量为f_x、f_y和f_z。$\triangle ABC$上的应力$\boldsymbol{T}^N$在坐标轴方向的分量用T_x^N、T_y^N和T_z^N表示。

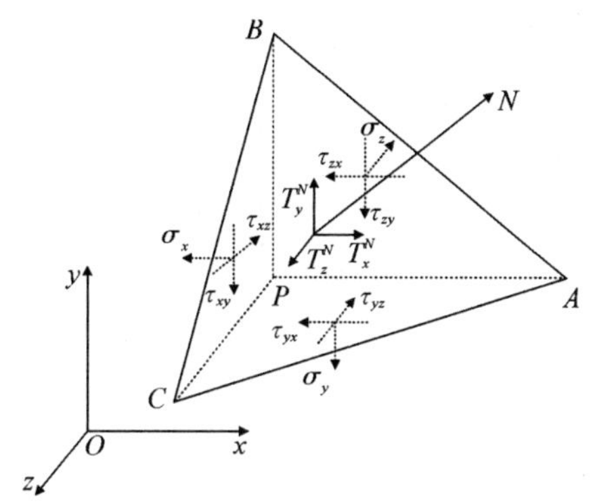

图 2.2　四面体微元受力分析

根据四面体x方向的平衡方程$\sum F_x = 0$，得

$$T_x^N S - \sigma_x lS - \tau_{yx} mS - \tau_{zx} nS + f_x V = 0 \tag{2.2}$$

式(2.2)两边同除以S，并考虑到当斜面ABC趋近于P点($S \to 0$)时，V是比S更高一阶的微量，所以$V/S \to 0$。于是得

$$T_x^N = \sigma_x l + \tau_{yx} m + \tau_{zx} n$$

同理，由平衡条件$\sum F_y = 0$和$\sum F_z = 0$也可导出两个与此相似的方程。归结起来为

$$\left.\begin{aligned} T_x^N &= l\sigma_x + m\tau_{yx} + n\tau_{zx} \\ T_y^N &= l\tau_{xy} + m\sigma_y + n\tau_{zy} \\ T_z^N &= l\tau_{xz} + m\tau_{yz} + n\sigma_z \end{aligned}\right\} \tag{2.3}$$

设$\triangle ABC$上的正应力为σ_N，则

$$\sigma_N = lT_x^N + mT_y^N + nT_z^N$$

将式(2.3)代入，并考虑切应力互等关系，可得

$$\sigma_N = l^2\sigma_x + m^2\sigma_y + n^2\sigma_z + 2mn\tau_{yz} + 2nl\tau_{zx} + 2lm\tau_{xy} \tag{2.4}$$

同时，由于

$$(T^N)^2 = \sigma_N^2 + \tau_N^2 = (T_x^N)^2 + (T_y^N)^2 + (T_z^N)^2$$

可得

$$\tau_N^2 = (T_x^N)^2 + (T_y^N)^2 + (T_z^N)^2 - \sigma_N^2 \tag{2.5}$$

由式(2.4)及式(2.5)可知，如果已知物体内任一点的6个应力分量σ_x、σ_y、σ_z、τ_{xy}、τ_{yz}、τ_{zx}，就可以求得过该点任一斜面上的正应力和剪应力，亦即6个应力分量完全决定了一点的应力状态。

特别地，若ABC是物体的边界面，则T_x^N、T_y^N和T_z^N成为边界面力分量$\overline{f}_x$、$\overline{f}_y$、$\overline{f}_z$，于是由式(2.3)得

$$\left.\begin{aligned} l\sigma_x + m\tau_{yx} + n\tau_{zx} &= \overline{f}_x \\ l\tau_{xy} + m\sigma_y + n\tau_{zy} &= \overline{f}_y \\ l\tau_{xz} + m\tau_{yz} + n\sigma_z &= \overline{f}_z \end{aligned}\right\} \tag{2.6}$$

此式给出了应力分量的边界值与面力分量之间的关系，是空间问题的应力边界条件表达式。

【例 2.2】 已知一点的应力分量为 $\sigma_x=0,\sigma_y=2,\sigma_z=1,\tau_{xy}=1,\tau_{xz}=2,\tau_{yz}=0$，求平面 $x+3y+z=1$ 上的法向分量 σ_n 和切向分量 τ_n。

解 该点的应力分量可写为矩阵形式，即

$$\boldsymbol{\sigma}=\begin{bmatrix}\sigma_x & \tau_{xy} & \tau_{xz}\\ \tau_{yx} & \sigma_y & \tau_{yz}\\ \tau_{zx} & \tau_{zy} & \sigma_z\end{bmatrix}=\begin{bmatrix}0 & 1 & 2\\ 1 & 2 & 0\\ 2 & 0 & 1\end{bmatrix}$$

斜面 $x+3y+z=1$ 的法向余弦向量可写为

$$\boldsymbol{n}=\frac{1}{\sqrt{11}}\begin{bmatrix}1\\3\\1\end{bmatrix}$$

则斜面上的应力

$$\boldsymbol{p}_n=\begin{bmatrix}T_x^N\\T_y^N\\T_z^N\end{bmatrix}=\boldsymbol{\sigma n}=\frac{1}{\sqrt{11}}\begin{bmatrix}5\\7\\3\end{bmatrix}$$

因此，应力法向分量 $\sigma_n=\boldsymbol{n}^{\mathrm{T}}\boldsymbol{p}_n=\dfrac{29}{11}$，切向分量 $\tau_n=\sqrt{|\boldsymbol{p}_n|^2-\sigma_n^{\ 2}}=\dfrac{6\sqrt{2}}{11}$。

2.3 主应力与应力状态不变量

如果经过弹性体内任一点 P 的某一斜面上的剪应力为零，则该斜面上的正应力称为 P 点的一个主应力 (principal stress)，用 σ 表示，该斜面称为 P 点的一个应力主面，而该斜面的法线方向称为 P 点的一个应力主方向(principal direction)。

下面推导点 P 处的主应力需满足的方程。为此，在 2.2 节所考察的四面体微元中，取斜面 ABC 为应力主面。设应力主方向的方向余弦为 (l,m,n)，则该面上的应力(主应力)在坐标方向上的分量为

$$T_x^N=l\sigma,\quad T_y^N=m\sigma,\quad T_z^N=n\sigma$$

代入式(2.3)，即得

$$\begin{aligned}l\sigma_x+m\tau_{yx}+n\tau_{zx}&=l\sigma\\ l\tau_{xy}+m\sigma_y+n\tau_{zy}&=m\sigma\\ l\tau_{xz}+m\tau_{yz}+n\sigma_z&=n\sigma\end{aligned}$$

或写成矩阵形式

$$\begin{bmatrix}\sigma_x-\sigma & \tau_{yz} & \tau_{zx}\\ \tau_{xy} & \sigma_y-\sigma & \tau_{zy}\\ \tau_{xz} & \tau_{yz} & \sigma_z-\sigma\end{bmatrix}\begin{bmatrix}l\\m\\n\end{bmatrix}=\begin{bmatrix}0\\0\\0\end{bmatrix}\tag{2.7}$$

此外还有关系式：

$$l^2+m^2+n^2=1\tag{2.8}$$

联立求解式(2.7)和式(2.8),能够得出主应力 σ 及相应的应力主方向 (l, m, n)。观察关于 l,m 和 n 的齐次线性方程组(2.7)。由式(2.8)可知其解 (l, m, n) 不能为零,所以其系数矩阵的行列式应等于零,即

$$\begin{vmatrix} \sigma_x-\sigma & \tau_{yz} & \tau_{zx} \\ \tau_{xy} & \sigma_y-\sigma & \tau_{zy} \\ \tau_{xz} & \tau_{yz} & \sigma_z-\sigma \end{vmatrix} = 0$$

将行列式展开,并利用剪应力的互等关系,得到关于 σ 的三次方程为

$$\sigma^3-(\sigma_x+\sigma_y+\sigma_z)\sigma^2+(\sigma_y\sigma_z+\sigma_z\sigma_x+\sigma_x\sigma_y-\tau_{yz}^2-\tau_{zx}^2-\tau_{xy}^2)\sigma-(\sigma_x\sigma_y\sigma_z-\sigma_x\tau_{yz}^2-\sigma_y\tau_{zx}^2-\sigma_z\tau_{xy}^2+2\tau_{yz}\tau_{zx}\tau_{xy})=0 \tag{2.9}$$

可以证明,方程式(2.9)有三个实根,设为 σ_1,σ_2 和 σ_3,此即弹性体内任一点 P 的三个主应力。这样以来,方程式(2.9)可以写成

$$(\sigma-\sigma_1)(\sigma-\sigma_2)(\sigma-\sigma_3)=0$$

亦即

$$\sigma^3-I_1\sigma^2+I_2\sigma-I_3=0 \tag{2.10}$$

式中

$$\left.\begin{aligned} I_1 &= \sigma_1+\sigma_2+\sigma_3 \\ I_2 &= \sigma_1\sigma_2+\sigma_2\sigma_3+\sigma_3\sigma_1 \\ I_3 &= \sigma_1\sigma_2\sigma_3 \end{aligned}\right\} \tag{2.11}$$

在一定的应力状态下,物体内任一点的主应力是不随坐标系的改变而改变的(尽管应力分量随坐标系的变化而变化)。因此,以上各量 I_1,I_2 和 I_3 只取决于一点的应力状态,而不随坐标系的改变而改变,故称为应力状态不变量。

对比方程式(2.9)和式(2.10),还可得

$$\left.\begin{aligned} I_1 &= \sigma_x+\sigma_y+\sigma_z \\ I_2 &= \sigma_x\sigma_y+\sigma_y\sigma_z+\sigma_z\sigma_x-\tau_{xy}^2-\tau_{yz}^2-\tau_{zx}^2 \\ I_3 &= \sigma_x\sigma_y\sigma_z-\sigma_x\tau_{yz}^2-\sigma_y\tau_{zx}^2-\sigma_z^2\tau_{xy}^2+2\tau_{xy}\tau_{yz}\tau_{zx} \end{aligned}\right\} \tag{2.12}$$

这是以应力分量形式表示的应力状态不变量。

假设弹性体内某一点 P 的三个主应力以及相应的应力主方向已经求得,下面来确定这一点的最大应力和最小应力。为简便起见,将三个坐标轴取在三个应力主方向上,称为应力主轴。于是有

$$\sigma_x=\sigma_1,\quad \sigma_y=\sigma_2,\quad \sigma_z=\sigma_3,\quad \tau_{xy}=\tau_{yz}=\tau_{zx}=0$$

由式(2.4)和式(2.5),可得过 P 点、外法向为 (l, m, n) 的斜面上的应力分量为

$$\left.\begin{aligned} \sigma_N &= l^2\sigma_1+m^2\sigma_2+n^2\sigma_3 \\ \tau_N^2 &= l^2\sigma_1^2+m^2\sigma_2^2+n^2\sigma_3^2-\sigma_N^2 \end{aligned}\right\} \tag{2.13}$$

由式(2.13)和式(2.8),可导出如下关系:

$$\left.\begin{aligned} l^2 &= \frac{(\sigma_N-\sigma_2)(\sigma_N-\sigma_3)+\tau_N^2}{(\sigma_1-\sigma_2)(\sigma_1-\sigma_3)} \\ m^2 &= \frac{(\sigma_N-\sigma_3)(\sigma_N-\sigma_1)+\tau_N^2}{(\sigma_2-\sigma_3)(\sigma_2-\sigma_1)} \\ n^2 &= \frac{(\sigma_N-\sigma_1)(\sigma_N-\sigma_2)+\tau_N^2}{(\sigma_3-\sigma_1)(\sigma_3-\sigma_1)} \end{aligned}\right\} \tag{2.14}$$

不妨设 $\sigma_1 > \sigma_2 > \sigma_3$。由于式(2.14)左端均非负,因此有

$$\left.\begin{aligned}(\sigma_N-\sigma_2)(\sigma_N-\sigma_3)+\tau_N^2 \geqslant 0\\(\sigma_N-\sigma_3)(\sigma_N-\sigma_1)+\tau_N^2 \leqslant 0\\(\sigma_N-\sigma_1)(\sigma_N-\sigma_2)+\tau_N^2 \geqslant 0\end{aligned}\right\} \tag{2.15}$$

当式(2.15)中等号成立时,它代表 σ-τ 平面内的三个圆,如图 2.3 所示。由于此结论首先由 Otto Mohr 得到,因此图中各圆称为 Mohr 应力圆。式(2.15)中三个不等式表明,所有可能的 σ_N,τ_N 取值都落在由三个圆边界围成的区域内(图 2.3 中阴影区域)。因此,在假设 $\sigma_1 > \sigma_2 > \sigma_3$ 的条件下:P 点的最大正应力为 σ_1,最小正应力为 σ_3;最大切应力为 $(\tau_N)_{\max} = (\sigma_1 - \sigma_3)/2$,最小切应力 $(\tau_N)_{\min}$ 为 0。

应该指出,应力圆法在二向应力状态下分析一点的应力状态,方便、直观,但在三向应力状态下,就不能简单地推广应用。三向应力圆只能用于已知三个主应力及其主方向,求任意斜面正应力(方向已知)和切应力(只能求出数值,不能确定指向),而不能由任意应力状态求三个主应力。

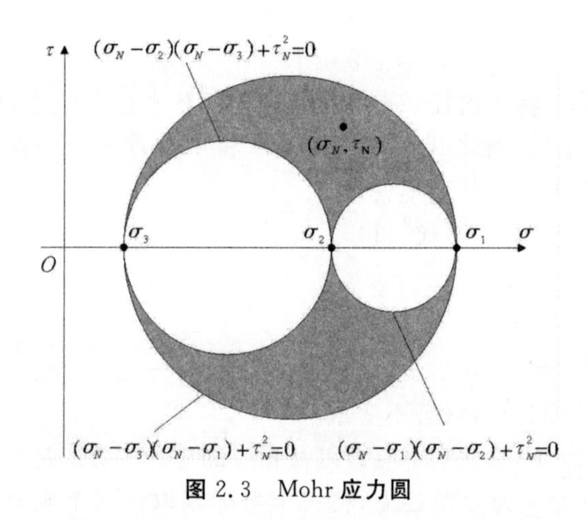

图 2.3 Mohr 应力圆

2.4 几何方程

在空间问题中,用 $u(x, y, z)$、$v(x, y, z)$ 和 $w(x, y, z)$ 分别表示 x、y 和 z 方向上的位移分量。它们是坐标的连续单值函数。以下以 xOy 平面内的应变和位移分量为例,推导它们应当满足的关系式,即几何方程。为此,经过弹性体内任一点 P,分别沿 Ox 轴和 Oy 轴方向取微小长度的线段 $PA=\mathrm{d}x$,$PB=\mathrm{d}y$,如图 2.4 所示。假设弹性体受力变形后,P、A 和 B 三点各自移到 P'、A' 和 B'。

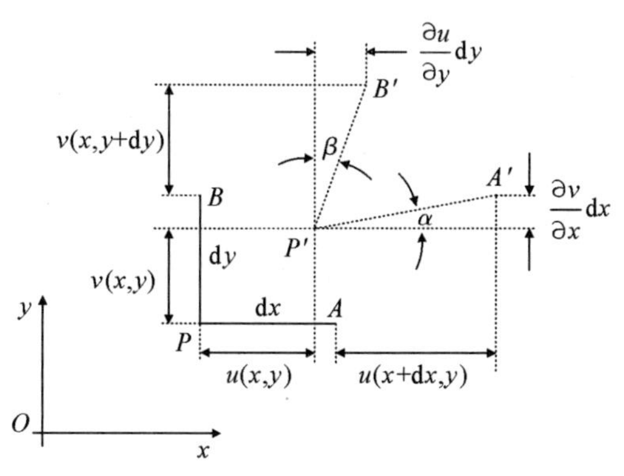

图 2.4　微分线元变形关系

首先来求线段 PA 和 PB 的线应变，即 ε_x 和 ε_y。设 P 点在 x 方向上的位移分量为 $u(x, y)$，则 A 点在 x 方向的位移分量将是 $u(x + \mathrm{d}x, y)$。由小变形假设

$$u(x+\mathrm{d}x,y) \approx u + \frac{\partial u}{\partial x}\mathrm{d}x$$

若 P 点在 y 方向的位移分量是 $v(x, y)$，则 A 点在 y 方向上的位移分量将是 $v + \frac{\partial v}{\partial x}\mathrm{d}x$。同理 B 点在 x 方向的位移分量是 $u + \frac{\partial u}{\partial y}\mathrm{d}y$，在 y 方向的位移分量是 $v + \frac{\partial v}{\partial y}\mathrm{d}y$。

根据正应变的定义，P 点处 x 方向上的应变分量为

$$\varepsilon_x = \frac{P'A' - PA}{PA}$$

式中

$$PA = \mathrm{d}x$$

$$P'A' \approx [\mathrm{d}x + u(x+\mathrm{d}x,y)] - u(x,y) \approx \mathrm{d}x + \frac{\partial u}{\partial x}\mathrm{d}x$$

所以

$$\varepsilon_x = \frac{\left(\mathrm{d}x + \frac{\partial u}{\partial x}\mathrm{d}x\right) - \mathrm{d}x}{\mathrm{d}x} = \frac{\partial u}{\partial x} \tag{2.16}$$

同理，点 P 处 y 方向上的应变分量为

$$\varepsilon_y = \frac{\partial v}{\partial y} \tag{2.17}$$

现在考察线段 PA 与 PB 之间的直角的改变量，也就是剪应变 γ_{xy}。由图 2.4 可见，剪应变 γ_{xy} 由两部分组成：一部分是由 y 方向的位移 v 引起的，即 x 方向的线段 PA 的转角 α；另一部分是由 x 方向的位移 u 引起的，即 y 方向的线段 PB 的转角 β。因此

$$\gamma_{xy} = \alpha + \beta \tag{2.18}$$

转角 α 和 β 的表达式由初等几何关系不难得出，即

$$\alpha \approx \sin\alpha = \frac{\left(v + \frac{\partial v}{\partial x}\mathrm{d}x\right) - v}{\mathrm{d}x\left(1 + \frac{\partial u}{\partial x}\right)} \approx \frac{\partial v}{\partial x} \tag{2.19}$$

$$\beta \approx \sin\beta = \frac{\left(u + \frac{\partial u}{\partial y}\mathrm{d}y\right) - u}{\mathrm{d}y\left(1 + \frac{\partial v}{\partial y}\right)} \approx \frac{\partial u}{\partial y} \tag{2.20}$$

由于以上两式分母中 $\frac{\partial u}{\partial x}$ 和 $\frac{\partial v}{\partial y}$ 为正应变，值远小于1，所以略去。于是有

$$\gamma_{xy} = \alpha + \beta = \frac{\partial v}{\partial x} + \frac{\partial u}{\partial y} \tag{2.21}$$

到此，推导出了 xOy 平面内应变分量与位移分量之间的关系式，即几何方程。其余应变分量与位移分量之间的关系可用类似的方法推导出。最终可得到下列6个几何方程，即

$$\left.\begin{aligned}
\varepsilon_x &= \frac{\partial u}{\partial x} \\
\varepsilon_y &= \frac{\partial v}{\partial y} \\
\varepsilon_z &= \frac{\partial w}{\partial z} \\
\gamma_{yz} &= \frac{\partial w}{\partial y} + \frac{\partial v}{\partial z} \\
\gamma_{zx} &= \frac{\partial u}{\partial z} + \frac{\partial w}{\partial x} \\
\gamma_{xy} &= \frac{\partial v}{\partial x} + \frac{\partial u}{\partial y}
\end{aligned}\right\} \tag{2.22}$$

在位移边界上，位移分量还应满足下列位移边界条件：

$$u_s = \bar{u}, \quad v_s = \bar{v}, \quad w_s = \bar{w} \tag{2.23}$$

式中，等号左端是位移分量的边界值，右端是该边界上位移分量的给定值。

为了导出刚体位移表达式，可令

$$\varepsilon_x = \varepsilon_y = \varepsilon_z = \gamma_{yz} = \gamma_{zx} = \gamma_{xy} = 0$$

由几何方程式(2.22)可得

$$\left.\begin{aligned}
&\frac{\partial u}{\partial x} = 0, \quad \frac{\partial v}{\partial y} = 0, \quad \frac{\partial w}{\partial z} = 0 \\
&\frac{\partial w}{\partial y} + \frac{\partial v}{\partial z} = 0, \quad \frac{\partial u}{\partial z} + \frac{\partial w}{\partial x} = 0, \quad \frac{\partial v}{\partial x} + \frac{\partial u}{\partial y} = 0
\end{aligned}\right\} \tag{2.24}$$

积分式(2.24)中前三式，有

$$u = f_1(y,z), \quad v = f_2(z,x), \quad w = f_3(x,y) \tag{2.25}$$

式中，f_1、f_2 和 f_3 是任意函数，把它们代入式(2.24)中的后三式，得

$$\left.\begin{aligned}
\frac{\partial}{\partial y} f_3(x,y) + \frac{\partial}{\partial z} f_2(z,x) = 0 \\
\frac{\partial}{\partial z} f_1(y,z) + \frac{\partial}{\partial x} f_3(x,y) = 0 \\
\frac{\partial}{\partial x} f_2(z,x) + \frac{\partial}{\partial y} f_1(y,z) = 0
\end{aligned}\right\} \tag{2.26}$$

由式(2.26)可得

$$\left.\begin{aligned}
f_1(y,z) &= a_1 - c_2 y + c_1 z \\
f_2(z,x) &= a_2 - c_3 z + c_2 x \\
f_3(x,y) &= a_3 - c_1 x + c_3 y
\end{aligned}\right\} \tag{2.27}$$

将各个函数代入式(2.25)，并将常数 a_1、a_2、a_3、c_1、c_2 和 c_3 分别改写为 u_0、v_0、w_0、ω_x、ω_y 和 ω_z，得刚体位移为

$$\left.\begin{aligned} u&=u_0+\omega_y z-\omega_z y \\ v&=v_0+\omega_z x-\omega_x z \\ \omega&=\omega_0+\omega_x y-\omega_x y \end{aligned}\right\} \tag{2.28}$$

式中给出的位移,是“形变为零”的位移,也就是所谓“与形变无关的位移”,因而必然是刚体位移。推广式(2.3)中的论证,可见 u_0、v_0 和 ω_0 分别为沿 x、y 和 z 方向的平移,ω_x、ω_y 和 ω_z 分别为绕 x、y 和 z 轴的刚体转动。

现在来推导体积的改变与应变分量之间的关系。设有微小正平行六面体,棱边长分别是 Δx、Δy 和 Δz。变形之前,它的体积是 $\Delta x\Delta y\Delta z$;变形之后,它的体积为

$$(\Delta x+\varepsilon_x\Delta x)(\Delta y+\varepsilon_y\Delta y)(\Delta z+\varepsilon_z\Delta z)$$

因此,它每单位体积的体积改变量,即所谓体积应变,用 ϑ 表示,为

$$\begin{aligned} \vartheta &= \frac{(\Delta x+\varepsilon_x\Delta x)(\Delta y+\varepsilon_y\Delta y)(\Delta z+\varepsilon_z\Delta z)-\Delta x\Delta y\Delta z}{\Delta x\Delta y\Delta z} \\ &= (1+\varepsilon_x)(1+\varepsilon_y)(1+\varepsilon_z)-1 \\ &= \varepsilon_x+\varepsilon_y+\varepsilon_z+\varepsilon_x\varepsilon_y+\varepsilon_y\varepsilon_z+\varepsilon_z\varepsilon_x+\varepsilon_x\varepsilon_y\varepsilon_z \end{aligned}$$

由于只考虑微小的应变,所以两个以上应变分量的乘积相对于一个应变分量是小量,可略去,于是得

$$\vartheta=\varepsilon_x+\varepsilon_y+\varepsilon_z \tag{2.29}$$

2.5　一点的应变状态

本节讨论在已知物体内任一点 P 处的六个形变分量 ε_x、ε_y、ε_z、γ_{xy}、γ_{yz} 和 γ_{zx} 的情况下,如何求:

(1)经过点 P、沿某一给定方向的微小线段 $PN=\mathrm{d}r$ 的正应变,如图 2.5(a)所示;

(2)经过点 P 的微小线段 PN_1 和 PN_2 的夹角的改变,如图 2.5(b)所示。

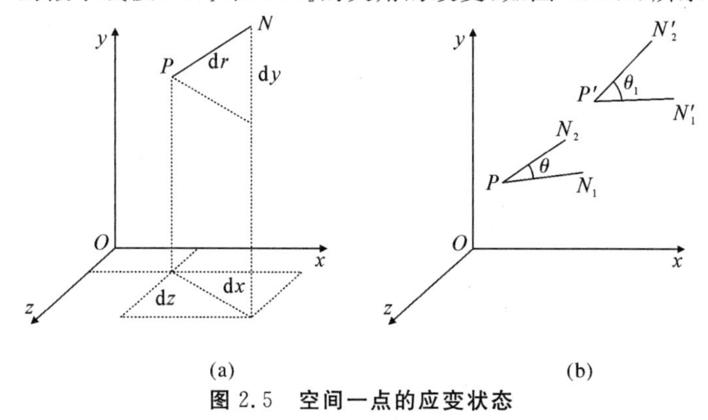

图 2.5　空间一点的应变状态

首先,考虑第一个问题。设微小线段 PN 的方向余弦为 l,m 和 n。于是该线段在坐标轴上的投影为

$$\mathrm{d}x=l\mathrm{d}r,\quad \mathrm{d}y=m\mathrm{d}r,\quad \mathrm{d}z=n\mathrm{d}r \tag{2.30}$$

设 P 点的位移分量为 u、v 和 w,则 N 点的位移分量为

$$\left.\begin{aligned}u_N &= u+\frac{\partial u}{\partial x}\mathrm{d}x+\frac{\partial u}{\partial y}\mathrm{d}y+\frac{\partial u}{\partial z}\mathrm{d}z\\ v_N &= v+\frac{\partial v}{\partial x}\mathrm{d}x+\frac{\partial v}{\partial y}\mathrm{d}y+\frac{\partial v}{\partial z}\mathrm{d}z\\ w_N &= w+\frac{\partial w}{\partial x}\mathrm{d}x+\frac{\partial w}{\partial y}\mathrm{d}y+\frac{\partial w}{\partial z}\mathrm{d}z\end{aligned}\right\} \tag{2.31}$$

在变形之后，线段 PN 在坐标轴上的投影为

$$\left.\begin{aligned}\mathrm{d}x+u_N-u &= \mathrm{d}x+\frac{\partial u}{\partial x}\mathrm{d}x+\frac{\partial u}{\partial y}\mathrm{d}y+\frac{\partial u}{\partial z}\mathrm{d}z\\ \mathrm{d}y+v_N-v &= \mathrm{d}y+\frac{\partial v}{\partial x}\mathrm{d}x+\frac{\partial v}{\partial y}\mathrm{d}y+\frac{\partial v}{\partial z}\mathrm{d}z\\ \mathrm{d}z+w_N-w &= \mathrm{d}z+\frac{\partial w}{\partial x}\mathrm{d}x+\frac{\partial w}{\partial y}\mathrm{d}y+\frac{\partial w}{\partial z}\mathrm{d}z\end{aligned}\right\} \tag{2.32}$$

令线段 PN 的线应变为 ε_N，则该线段在变形之后的长度为 $\mathrm{d}r+\varepsilon_N\,\mathrm{d}r$，而这一长度的二次方就等于式(2.32)中3个投影的二次方之和，即

$$(\mathrm{d}r+\varepsilon_N\mathrm{d}r)^2=\left(\mathrm{d}x+\frac{\partial u}{\partial x}\mathrm{d}x+\frac{\partial u}{\partial y}\mathrm{d}y+\frac{\partial u}{\partial z}\mathrm{d}z\right)^2+\left(\mathrm{d}y+\frac{\partial v}{\partial x}\mathrm{d}x+\frac{\partial v}{\partial y}\mathrm{d}y+\frac{\partial v}{\partial z}\mathrm{d}z\right)^2+\left(\mathrm{d}z+\frac{\partial w}{\partial x}\mathrm{d}x+\frac{\partial w}{\partial y}\mathrm{d}y+\frac{\partial w}{\partial z}\mathrm{d}z\right)^2$$

两边同除以 $(\mathrm{d}r)^2$，并应用式(2.30)，得

$$(1+\varepsilon_N)^2=\left[l\left(1+\frac{\partial u}{\partial x}\right)+m\frac{\partial u}{\partial y}+n\frac{\partial u}{\partial z}\right]^2+\left[l\frac{\partial v}{\partial x}+m\left(1+\frac{\partial v}{\partial y}\right)+n\frac{\partial v}{\partial z}\right]^2+\left[l\frac{\partial w}{\partial x}+m\frac{\partial w}{\partial y}+n\left(1+\frac{\partial w}{\partial z}\right)\right]^2$$

展开二次方项，并略去高阶微量，得

$$1+2\varepsilon_N=l^2\left(1+2\frac{\partial u}{\partial x}\right)+2lm\frac{\partial u}{\partial y}+2nl\frac{\partial u}{\partial z}+m^2\left(1+2\frac{\partial v}{\partial y}\right)+2mn\frac{\partial v}{\partial z}+2ml\frac{\partial v}{\partial x}+n^2\left(1+2\frac{\partial w}{\partial z}\right)+2nl\frac{\partial w}{\partial x}+2mn\frac{\partial w}{\partial y}$$

注意到 $l^2+m^2+n^2=1$，并利用几何方程，上式可化简为

$$\varepsilon_N=l^2\varepsilon_x+m^2\varepsilon_y+n^2\varepsilon_z+mn\gamma_{yz}+nl\gamma_{zx}+lm\gamma_{xy} \tag{2.33}$$

下面来解决前面提出的第二个问题，即求出经过 P 点的微小线段 PN_1 和 PN_2 的夹角的改变，如图2.5(b)所示。设 PN_1 在变形前的方向余弦 l_1、m_1 和 n_1，则由式(2.30)及式(2.32)可知，其在变形之后对于 x 轴的方向余弦应为

$$\begin{aligned}l_1' &= \frac{\mathrm{d}x+\frac{\partial u}{\partial x}\mathrm{d}x+\frac{\partial u}{\partial y}\mathrm{d}y+\frac{\partial u}{\partial z}\mathrm{d}z}{\mathrm{d}r(1+\varepsilon_{N_1})}\\ &= \left[l_1\left(1+\frac{\partial u}{\partial x}\right)+m_1\frac{\partial u}{\partial y}+n_1\frac{\partial u}{\partial z}\right](1+\varepsilon_{N_1})^{-1}\\ &= \left[l_1\left(1+\frac{\partial u}{\partial x}\right)+m_1\frac{\partial u}{\partial y}+n_1\frac{\partial u}{\partial z}\right](1-\varepsilon_{N_1}+\varepsilon_{N_1}^2-\cdots)\end{aligned}$$

式中：ε_{N_1} 为线段 PN_1 的线应变。

注意到 ε_{N_1}、$\frac{\partial u}{\partial x}$、$\frac{\partial u}{\partial y}$、$\frac{\partial u}{\partial z}$ 均为小量。展开上式之后，略去二阶以上小量，可得

$$l_1' = l_1\left(1-\varepsilon_{N_1}+\frac{\partial u}{\partial x}\right)+m_1\frac{\partial u}{\partial y}+n_1\frac{\partial u}{\partial z}$$

同理可以得到另外两个方向余弦的表达式。总结起来为

$$\left.\begin{aligned}
l_1' &= l_1\left(1-\varepsilon_{N_1}+\frac{\partial u}{\partial x}\right)+m_1\frac{\partial u}{\partial y}+n_1\frac{\partial u}{\partial z}\\
m_1' &= m_1\left(1-\varepsilon_{N_1}+\frac{\partial v}{\partial y}\right)+n_1\frac{\partial v}{\partial z}+l_1\frac{\partial v}{\partial x}\\
n_1' &= n_1\left(1-\varepsilon_{N_1}+\frac{\partial w}{\partial z}\right)+l_1\frac{\partial w}{\partial x}+m_1\frac{\partial w}{\partial y}
\end{aligned}\right\} \tag{2.34}$$

设线段 PN_2 变形前的方向余弦为 l_2、m_2 和 n_2，按推导式(2.34)相同的步骤，可得其在变形之后的方向余弦

$$\left.\begin{aligned}
l_2' &= l_2\left(1-\varepsilon_{N_2}+\frac{\partial u}{\partial x}\right)+m_2\frac{\partial u}{\partial y}+n_2\frac{\partial u}{\partial z}\\
m_2' &= m_2\left(1-\varepsilon_{N_2}+\frac{\partial v}{\partial y}\right)+n_2\frac{\partial v}{\partial z}+l_2\frac{\partial v}{\partial x}\\
n_2' &= n_2\left(1-\varepsilon_{N_2}+\frac{\partial w}{\partial z}\right)+l_2\frac{\partial w}{\partial x}+m_2\frac{\partial w}{\partial y}
\end{aligned}\right\} \tag{2.35}$$

式中：ε_{N_2} 为线段 PN_2 的线应变。

令线段 PN_1 和 PN_2 在变形之后的夹角为 θ_1，则由两向量数量积的关系，可得

$$\cos\theta_1 = l_1'l_2'+m_1'm_2'+n_1'n_2'$$

将式(2.34)和式(2.35)代入上式，并注意 ε_{N_1} 及 ε_{N_2} 是微量，略去偏导数及应变的二次项，得

$$\begin{aligned}
\cos\theta_1 = {} & (l_1l_2+m_1m_2+n_1n_2)(1-\varepsilon_{N_1}-\varepsilon_{N_2})+2\left(l_1l_2\frac{\partial u}{\partial x}+m_1m_2\frac{\partial v}{\partial y}+n_1n_2\frac{\partial w}{\partial z}\right)+\\
& (l_1m_2+l_2m_1)\left(\frac{\partial v}{\partial x}+\frac{\partial u}{\partial y}\right)+(m_1n_2+m_2n_1)\left(\frac{\partial w}{\partial y}+\frac{\partial v}{\partial z}\right)+\\
& (n_1l_2+n_2l_1)\left(\frac{\partial u}{\partial z}+\frac{\partial w}{\partial x}\right)
\end{aligned}$$

应用几何方程，并注意 $l_1l_2+m_1m_2+n_1n_2=\cos\theta$，而 θ 就是 PN_1 和 PN_2 变形前的夹角，于是上式成为

$$\begin{aligned}
\cos\theta_1 = {} & (1-\varepsilon_{N_1}-\varepsilon_{N_2})\cos\theta+2(l_1l_2\varepsilon_x+m_1m_2\varepsilon_y+n_1n_2\varepsilon_z)+\\
& (l_1m_2+l_2m_1)\gamma_{xy}+(m_1n_2+m_2n_1)\gamma_{yz}+(n_1l_2+n_2l_1)\gamma_{zx}
\end{aligned} \tag{2.36}$$

求出 θ_1 以后，即可求得 PN_1 和 PN_2 之间的夹角的改变 $\theta_1-\theta$。

综上可知，如果已知弹性体内任一点的 6 个形变分量，就可以按式(2.33)求得经过该点的任一线段的正应变，也可以按式(2.36)求得经过该点的任意二线段之间的夹角的改变。这就是说，6 个形变分量完全确定了这一点的形变状态。

注意，求正应变 ε_N 的公式[式(2.33)]是和求任意斜面上的正应力 σ_N 的公式[(式 2.4)]相似的：用正应变 ε_x、ε_y 和 ε_z 代替正应力 σ_x、σ_y 和 σ_z；代替剪应力 τ_{xy}、τ_{yz} 和 τ_{zx} 的是剪应变的

1/2,即 $\gamma_{xy}/2$、$\gamma_{yz}/2$ 和 $\gamma_{zx}/2$。经过进一步的几何分析,还可以得出相似的结论,如下所述。

可以证明,在弹性体内任意一点,一定存在三个相互垂直的形变主方向,在这些方向上只有线应变而无剪应变。这三个方向称为该点的应变主方向,沿着这三个方向的正应变称为主应变(principal strain),用 ε_1、ε_2 和 ε_3 表示。它们是下列三次方程的三个实根,即

$$\varepsilon^3 - \vartheta_1\varepsilon^2 + \vartheta_2\varepsilon - \vartheta_3 = 0 \tag{2.37}$$

式中

$$\left.\begin{aligned}
\vartheta_1 &= \varepsilon_1 + \varepsilon_2 + \varepsilon_3 = \varepsilon_x + \varepsilon_y + \varepsilon_z \\
\vartheta_2 &= \varepsilon_1\varepsilon_2 + \varepsilon_2\varepsilon_3 + \varepsilon_3\varepsilon_1 = \varepsilon_x\varepsilon_y + \varepsilon_y\varepsilon_z + \varepsilon_z\varepsilon_x - \frac{\gamma_{xy}^2 + \gamma_{yz}^2 + \gamma_{zx}^2}{4} \\
\vartheta_3 &= \varepsilon_1\varepsilon_2\varepsilon_3 = \varepsilon_x\varepsilon_y\varepsilon_z - \frac{\varepsilon_x\gamma_{yz}^2 + \varepsilon_y\gamma_{zx}^2 + \varepsilon_z\gamma_{xy}^2}{4} + \frac{\gamma_{xy}\gamma_{yz}\gamma_{zx}}{4}
\end{aligned}\right\} \tag{2.38}$$

求解方程式(2.37)可得三个主应变 ε_1、ε_2 和 ε_3。在一定的应变状态下,物体内任一点的主应变是不随坐标系的改变而改变的(尽管应变分量随坐标系的变化而变化)。因此,式(2.38)中各量 ϑ_1、ϑ_2 和 ϑ_3 只取决于一点的应变状态,而不随坐标系的改变而改变,故称为应变状态不变量。此外,由式(2.29)可知,第一个不变量 $\vartheta_1 = \vartheta$ 就是体积应变。

2.6 各向同性体的广义 Hooke 定律

各向同性介质的应变与应力分量之间的关系由广义 Hooke 定律给出:

$$\left.\begin{aligned}
\varepsilon_x &= \frac{1}{E}[\sigma_x - \mu(\sigma_y + \sigma_z)] \\
\varepsilon_y &= \frac{1}{E}[\sigma_y - \mu(\sigma_z + \sigma_x)] \\
\varepsilon_z &= \frac{1}{E}[\sigma_z - \mu(\sigma_x + \sigma_y)] \\
\gamma_{yz} &= \frac{2(1+\mu)}{E}\tau_{yz} \\
\gamma_{zx} &= \frac{2(1+\mu)}{E}\tau_{zx} \\
\gamma_{xy} &= \frac{2(1+\mu)}{E}\tau_{xy}
\end{aligned}\right\} \tag{2.39}$$

这就是空间问题物理方程,或称为本构方程(constitutive equations)。Robert Hooke 于 1678 年通过实验得出了力与变形成正比的结论,即 Hooke 定律。式(2.39)是此结论的推广,故称为广义 Hooke 定律。其中涉及的两个材料常数 E 和 μ 一般是通过实验测定的。

物理方程所反映的材料变形过程中应力分量和应变分量之间的关系,本质上是材料内部"粒子"之间相互作用的结果。因此,可以通过对材料进行分子或原子尺度的建模仿真来寻求材料的应力-应变关系。对线弹性材料,就是计算 E 和 μ,一个主要的方法是分子动力学模拟方法,具体可参见相关文献。

由式(2.39)中的后三式可见,如果把坐标轴放在应力主方向上,则由于 $\tau_{yz} = \tau_{zx} = \tau_{xy} = 0$ 而有 $\gamma_{yz} = \gamma_{zx} = \gamma_{xy} = 0$。这就表明,在各向同性体中,应力主方向与应变主方向是重合的。这

时的 σ_x、σ_y 和 σ_z 就成为主应力 σ_1、σ_2 和 σ_3，应变分量 ε_x、ε_y 和 ε_z 就成为主应变 ε_1、ε_2、ε_3，主应变与主应力之间也有关系

$$\left.\begin{aligned}\varepsilon_1 &= \frac{1}{E}[\sigma_1 - \mu(\sigma_2 + \sigma_3)]\\ \varepsilon_2 &= \frac{1}{E}[\sigma_2 - \mu(\sigma_3 + \sigma_1)]\\ \varepsilon_3 &= \frac{1}{E}[\sigma_3 - \mu(\sigma_1 + \sigma_2)]\end{aligned}\right\} \tag{2.40}$$

因此，如果已知三个主应力，就可以很简单地算出三个主应变，不必再求解三次方程式式(2.37)。

将式(2.39)中的前三式相加，得

$$\varepsilon_x + \varepsilon_y + \varepsilon_z = \frac{1-2\mu}{E}(\sigma_x + \sigma_y + \sigma_z)$$

将式(2.12)及式(2.29)代入上式，并令 $\Theta = I_1$，得

$$\Theta = \frac{E}{1-2\mu}\vartheta = E_V\vartheta \tag{2.41}$$

式中：$\vartheta = \varepsilon_x + \varepsilon_y + \varepsilon_z$ 是体积应变；$\Theta = \sigma_x + \sigma_y + \sigma_z$ 称为体积应力；比例常数

$$E_V = \frac{E}{1-2\mu}$$

称为体积弹性模量。

下面来导出物理方程的另一种形式，即用应变分量表示应力分量。由式(2.39)中的第一式可得

$$\begin{aligned}\varepsilon_x &= \frac{1}{E}[(1+\mu)\sigma_x - \mu(\sigma_x + \sigma_y + \sigma_z)]\\ &= \frac{1}{E}[(1+\mu)\sigma_x - \mu\Theta]\end{aligned}$$

因此

$$\sigma_x = \frac{1}{1+\mu}(E\varepsilon_x + \mu\Theta)$$

再将式(2.41)代入上式可得

$$\sigma_x = \frac{E}{1+\mu}\left(\frac{\mu}{1-2\mu}\vartheta + \varepsilon_x\right)$$

关于 σ_y 和 σ_z，也可以导出类似的两个方程，再与物理方程式(2.39)中的后三式联立，可得

$$\left.\begin{aligned}\sigma_x &= \frac{E}{1+\mu}\left(\frac{\mu}{1-2\mu}\vartheta + \varepsilon_x\right), & \tau_{xy} &= \frac{E}{2(1+\mu)}\gamma_{xy}\\ \sigma_y &= \frac{E}{1+\mu}\left(\frac{\mu}{1-2\mu}\vartheta + \varepsilon_y\right), & \tau_{yz} &= \frac{E}{2(1+\mu)}\gamma_{yz}\\ \sigma_z &= \frac{E}{1+\mu}\left(\frac{\mu}{1-2\mu}\vartheta + \varepsilon_z\right), & \tau_{zx} &= \frac{E}{2(1+\mu)}\gamma_{zx}\end{aligned}\right\} \tag{2.42}$$

这就是用应变分量表示应力分量的物理方程。

现引入 Lame 常数

$$\lambda = \frac{E\mu}{(1+\mu)(1-2\mu)} \tag{2.43}$$

并由 $\frac{E}{1+\mu}=2G$，则方程式(2.42)可改写为

$$\left.\begin{array}{lll}\sigma_x=\lambda\vartheta+2G\varepsilon_x, & \sigma_y=\lambda\vartheta+2G\varepsilon_y, & \sigma_z=\lambda\vartheta+2G\varepsilon_z \\ \tau_{xy}=G\gamma_{xy}, & \tau_{yz}=G\gamma_{yz}, & \tau_{zx}=G\gamma_{zx}\end{array}\right\} \tag{2.44}$$

这是空间问题物理方程的又一种形式。

总结起来，对于空间问题，共有 15 个未知函数：6 个应力分量 σ_x、σ_y、σ_z、τ_{xy}、τ_{yz} 和 τ_{zx}；6 个形变分量 ε_x、ε_y、ε_z、γ_{xy}、γ_{yz} 和 γ_{zx}；3 个位移分量 u、v 和 w。这 15 个未知函数应当满足 15 个基本方程：3 个平衡微分方程[式(2.1)]；6 个几何方程[式(2.22)]；6 个物理方程[式(2.39)]、[式(2.42)]，或[式(2.44)]。

【例 2.3】 已知弹性体中某点在 x 和 y 方向的正应力分量为 $\sigma_x=35$ Pa，$\sigma_y=25$ Pa，而沿 z 方向的应变完全被限制住。试求该点的 σ_z、ε_x 和 ε_y。($E=2\times10^5$ Pa，$\mu=0.3$)

解 z 方向的应变完全被限制住，即 $\varepsilon_z=0$。根据广义 Hooke 定律，有

$$\varepsilon_z=\frac{1}{E}[\sigma_z-\mu(\sigma_x+\sigma_y)]$$

将 σ_x，σ_y，ε_z 代入上式可得 $\sigma_z=18$ Pa。将已知数据再次代入广义 Hooke 定律的前两项，有

$$\varepsilon_x=\frac{1}{E}[\sigma_x-\mu(\sigma_y+\sigma_z)]$$

$$\varepsilon_y=\frac{1}{E}[\sigma_y-\mu(\sigma_z+\sigma_x)]$$

可得

$$\varepsilon_x=\frac{1}{2\times10^5}[35-0.3\times(25+18)]=1.105\times10^{-4}$$

$$\varepsilon_y=\frac{1}{2\times10^5}[25-0.3\times(35+18)]=0.455\times10^{-4}$$

【例 2.4】 如图 2.6 所示，设有半空间体，密度为 ρ，在水平边界面上受均布压力 q 的作用。假设 $z=h$ 平面上 z 方向的位移为 0。试求解位移场。

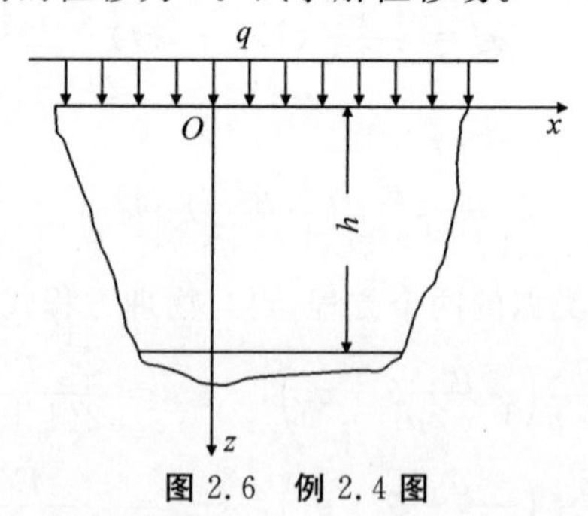

图 2.6 例 2.4 图

解 弹性体为半无限体，且载荷和弹性体关于 z 轴对称，则位移为

$$u=v=0,\quad w=w(z)$$

由几何方程得

$$\varepsilon_x=\varepsilon_y=0,\quad \gamma_{xy}=\gamma_{xz}=\gamma_{yz}=0,\quad \varepsilon_z=w' \tag{2.45}$$

式中：上撇号代表对 z 的导数，即 $w'=\partial w/\partial z$，下同。

另外，该半无限弹性体应力分量具有特点：

$$\sigma_x=\sigma_y,\quad \tau_{xy}=\tau_{xz}=\tau_{yz}=0 \tag{2.46}$$

将式(2.45)和式(2.46)代入物理方程，得

$$\sigma_x=\sigma_y=\frac{\mu}{1-\mu}\sigma_z,\quad \sigma_z=\frac{E(1-v)}{(1-2v)(1+v)}w'=\frac{2G(1-v)}{(1-2v)}w' \tag{2.47}$$

由平衡方程得

$$\sigma_z'+\rho g=0 \tag{2.48}$$

将式(2.47)代入平衡方程，得

$$\frac{2G(1-v)}{(1-2v)}w''+\rho g=0$$

求解此微分方程，可得位移控制方程为

$$w(z)=-\frac{(1-2v)}{4G(1-v)}\rho g z^2+Az+B \tag{2.49}$$

式(2.49)含有 A，B 两个未知数，以下通过边界条件将它们求出。

$z=0$ 处边界方向余弦为 $l=m=0$，$n=-1$，面力为 $\overline{f}_x=\overline{f}_y=0$，$\overline{f}_z=q$。因此，该边界边界条件为 $\sigma_z=-q$。将其代入式(2.47)可得

$$w'(0)=-q\frac{(1-2v)}{2G(1-v)} \tag{2.50}$$

$z=h$ 处的边界条件为

$$w(h)=0 \tag{2.51}$$

将式(2.50)和式(2.51)代入式(2.49)，得

$$A=-\frac{1-2v}{2G(1-v)}q$$

$$B=\frac{1-2v}{2G(1-v)}h\left(\frac{1}{2}\rho g h-q\right)$$

因此，弹性体位移场为

$$\begin{cases} w=\dfrac{1-2v}{4G(1-v)}[\rho g(h^2-z^2)+2q(h-z)] \\ u=0 \\ v=0 \end{cases}$$

习　　题

1. 弹性体内的应力场为 $\sigma_x=-6xy^2+c_1x^3$，$\sigma_y=-\dfrac{3}{2}c_2xy^2$，$\tau_{xy}=-c_2y^3-c_3x^2y$，$\sigma_z=\tau_{yz}=\tau_{zx}=0$，不计体力，试求系数 c_1，c_2，c_3。

2. 已知一点的应力分量为 $\sigma_x=0$，$\sigma_y=2$，$\sigma_z=1$，$\tau_{xy}=1$，$\tau_{xz}=2$，$\tau_{yz}=0$，求平面 $x+3y+z=1$ 上的应力矢量 $\boldsymbol{p}_n$，及该矢量的法向分量 σ_n 及切向分量 τ_n。

3. 已知应力分量为 $\sigma_x=10$，$\sigma_y=5$，$\sigma_z=-1$，$\tau_{xy}=4$，$\tau_{xz}=-2$，$\tau_{yz}=3$，其特征方程为三次多项式 $\sigma^3+b\sigma^2+c\sigma+d=0$，求 b，c，d。

4. 已知应力分量中 $\sigma_x=\sigma_y=\tau_{xy}=0$，求 3 个主应力，$\sigma_1\geqslant\sigma_2\geqslant\sigma_3$。

5. 物体内部的位移场由坐标的函数给出，其中，$u_x = (3x^2y + 6) \times 10^{-3}$，$u_y = (y^2 + 6xz) \times 10^{-3}$，$u_z = (6z^2 + 2yz + 10) \times 10^{-3}$，求点 $P(1,0,2)$ 处微单元的应变分量。

6. 物体内部一点的应变张量为

$$\varepsilon_{ij} = \begin{bmatrix} 500 & 300 & 0 \\ 300 & 400 & -100 \\ 0 & -100 & 200 \end{bmatrix} \times 10^{-6}$$

试求：在 $\boldsymbol{n} = 2\boldsymbol{e}_1 + 2\boldsymbol{e}_2 + \boldsymbol{e}_3$ 方向上的正应变。

7. 已知应变分量有如下形式：$\varepsilon_x = \dfrac{\partial^2 f_1(x,y)}{\partial y^2}$，$\varepsilon_y = \dfrac{\partial^2 f_1}{\partial x^2}$，$\gamma_{xy} = -2\dfrac{\partial^2 f_1}{\partial x \partial y}$，$\gamma_{xz} = \dfrac{\partial f_2(x,y)}{\partial y}$，$\gamma_{yz} = -\dfrac{\partial f_2}{\partial x}$，$\varepsilon_z = -f_3(z)$，试由应变协调方程导出 f_1, f_2, f_3 应满足的方程。

8. 已知弹性实体中某点在 x 和 y 方向的正应力分量为 $\sigma_x = 30$ Pa，$\sigma_y = 20$ Pa，而沿 z 方向的应变完全被限制住。试求该点的 σ_z、ε_x 和 ε_y。（$E = 2 \times 10^5$ Pa，$\mu = 0.3$）

9. 如图 2.7 所示，z 向厚度为 1 的弹性板，两端作用均匀压力 p，上下边界为刚性平面约束。

(1)指出位移边界和应力边界，并写出相应的边界条件表达式；

(2)寻求该问题的位移、应力解。

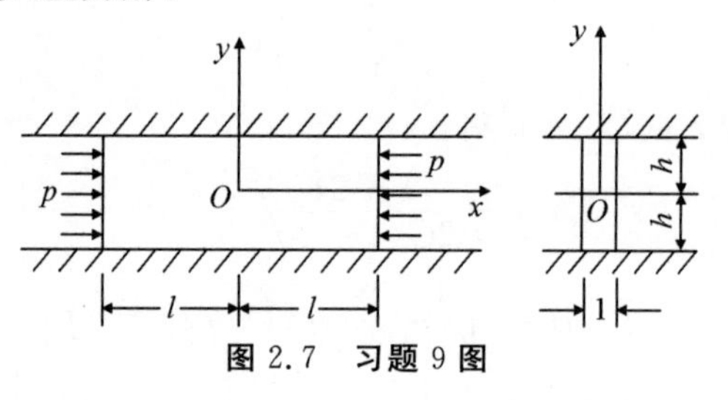

图 2.7　习题 9 图

10. 橡皮立方块放在同样大小的铁盒内，在上面用铁盖封闭，铁盖上受均布压力 q 作用，如图 2.8 所示。设铁盒和铁盖可以被看作刚体，而且橡皮与铁盒之间无摩擦力。试求铁盒内侧面所受的压力、橡皮块的体积应变和橡皮中的最大剪应力。

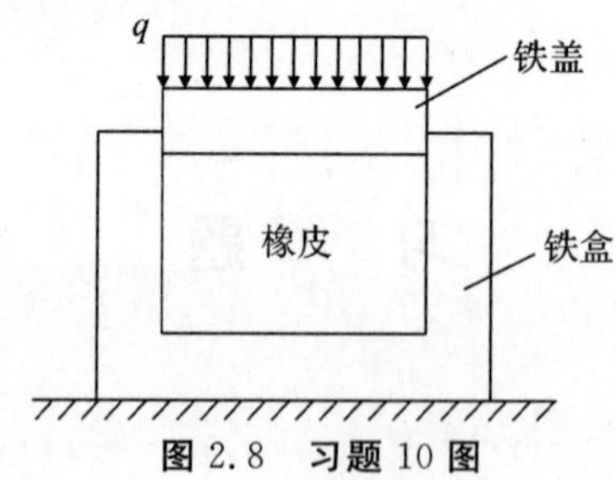

图 2.8　习题 10 图

第3章　平面问题的基本理论

任何弹性体都是空间物体，一般的外力都是空间力系，所以实际的弹性力学问题都是空间问题(三维问题)。但当所研究弹性体的几何形状、受力形式具有某些规律时，就可以将空间问题转化为平面问题(二维问题)来处理。这样不但可以减少分析和计算的工作量，而且可以得到满足一定的工程精度要求的结果。

本章介绍两类典型的平面问题——平面应变问题和平面应力问题。第3.1节首先提出两类问题的概念，具体性质在3.2节～3.4节中分别讨论。

3.1　平面应变问题和平面应力问题

3.1.1　平面应变问题

考虑直角坐标系 $Oxyz$ 下的弹性体，若位移满足

$$u = u(x,y),\quad v = v(x,y),\quad w = 0 \tag{3.1}$$

则称其处于 xOy 面内的平面应变状态，这类问题称为平面应变问题(plane strain problem)，式(3.1)称为平面应变假设。

图3.1所示的无限长柱体，如果所受面力和体力都垂直于 Oz 轴，且与 z 坐标无关，此时位移分量 u、v 和 w 满足平面应变假设式(3.1)，因此是平面应变问题。在这类问题中，由于每一个截面都可视为对称面，因此有 $\gamma_{zx}=\gamma_{zy}=0$。根据切应力互等定理，$\gamma_{xz}=\gamma_{yz}=0$。由于 z 向变形受阻，应变分量 $\varepsilon_z=0$，而应力分量 σ_z 一般不为零。

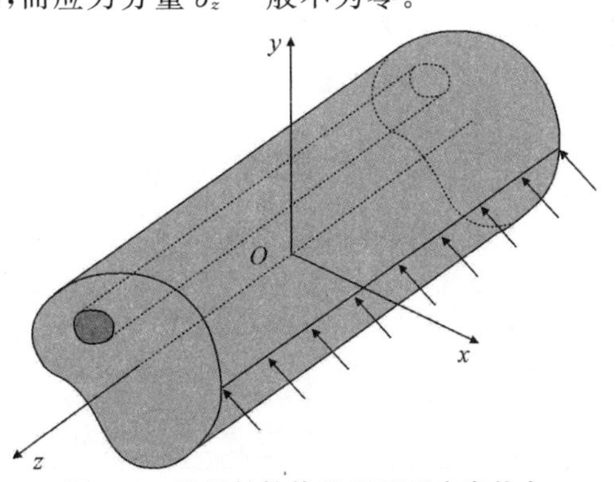

图3.1　无限长柱体处于平面应变状态

在理想情况下，夹在两刚性平面间的圆筒体（假设刚性平面和筒体接触处光滑而无磨擦），在上述外力作用与支承条件下也属平面应变问题。而工程中的许多问题，如厚壁圆筒、高压管道、滚柱、水坝是很接近于平面应变问题的。虽然这些结构并不是无限长的，并不完全符合无限长柱体的条件，但实践证明，对于离两端较远处，按平面应变问题进行分析计算，得出的结果是符合工程要求的。

3.1.2 平面应力问题

若弹性体内的应力分量满足

$$\sigma_z = \tau_{xz} = \tau_{yz} = 0 \tag{3.2}$$

则称其处于 xOy 面内的平面应力状态，这类问题称为平面应力问题(plane stress problem)，应力假设式(3.2)称为平面应力假设。

图 3.2 所示的等厚度薄板，所受载荷平行于板面，且沿厚度方向(z 向)均匀分布。设薄板的厚度为 h，以薄板的中面为 xOy 面，Oz 轴垂直于中面。因为板面上($z=\pm h/2$)不受力，因此有

$$\sigma_z \big|_{z=\pm\frac{h}{2}} = 0, \quad \tau_{zx} \big|_{z=\pm\frac{h}{2}} = 0, \quad \tau_{zy} \big|_{z=\pm\frac{h}{2}} = 0 \tag{3.3}$$

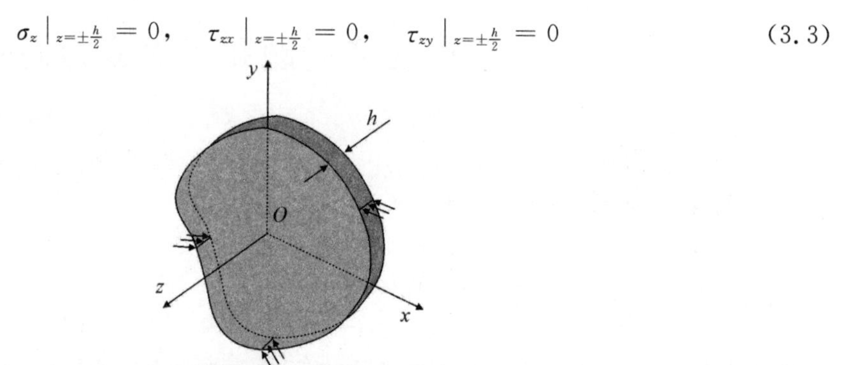

图 3.2　薄板处于平面应力状态

因为板很薄，外力沿厚度均匀分布，应力沿板厚又是连续分布的，所以可认为在薄板内各点都满足平面应力假设[见式(3.2)]。这样就只剩下平行于 xOy 平面的 3 个应力分量 σ_x，σ_y 和 τ_{xy}。同时，因为板很薄，可以认为这 3 个应力分量均与 z 无关，而只是 x 和 y 的函数。

在这类问题中，由于板面是自由的，因此虽然板内 z 向正应力 $\sigma_z=0$，但应变分量 ε_z 一般不为零。一般来说，实际工程中的平面链片、板式吊钩、梁腹板、旋转圆盘等，就属于此类问题。

总结起来，经过平面应变假设和平面应力假设，平面问题中的基本未知量为 2 个位移 u、v，3 个应力 σ_x，σ_y 和 τ_{xy}，以及 3 个应变 ε_x，ε_y 和 γ_{xy}。平面问题研究的任务就是寻求这 8 个量应满足的方程和边界条件，为求解这些未知量做准备。

3.1.3 平面问题小结

总结起来，平面问题是三维问题的一种简化形式，基本未知量有 8 个，均为平面内的物理量。平面问题的所有未知量仅是 x，y 两个变量的函数，相对于三维空间问题，其基本物理量、

基本方程均减少，这使得它比一般空间问题简单得多。平面问题的两种类型总结见表 3.1。

表 3.1　平面问题的总结

名称	平面应力问题		平面应变问题	
	未知量	已知量	未知量	已知量
应力	$\sigma_x,\sigma_y,\tau_{xy}$	$\sigma_z=\tau_{xz}=\tau_{yz}=0$	$\sigma_x,\sigma_y,\tau_{xy}$	$\sigma_z\neq 0$ $\tau_{xz}=\tau_{yz}=0$
应变	$\varepsilon_x,\varepsilon_y,\gamma_{xy}$	$\varepsilon_z\neq 0$ $\gamma_{xz}=\gamma_{yz}=0$	$\varepsilon_x,\varepsilon_y,\gamma_{xy}$	$\varepsilon_z=\gamma_{xz}=\gamma_{yz}=0$
位移	u,v	$w\neq 0$	u,v	$w=0$
外力	体力、面力和约束作用于 xOy 面内，且沿板厚均布		体力、面力和约束作用于 xOy 面内，且沿 z 轴不变；或柱体的两端受固定约束	
形状	等厚度薄板（$h\to 0$）		等截面长柱体（$h\to\infty$）	

【例 3.1】 图 3.3 所示的 3 种情况是否都属于平面问题？如果是平面问题，是平面应力问题还是平面应变问题？

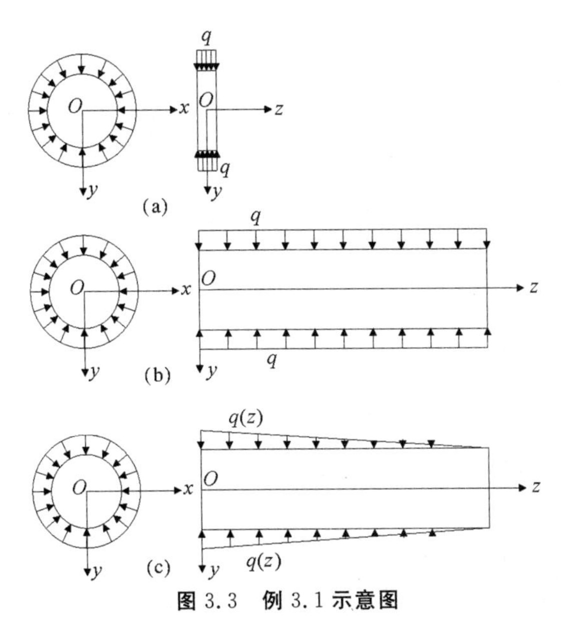

图 3.3　例 3.1 示意图

解　(a)和(b)所有物理量在 z 轴方向没有变化，故为平面问题；而(c)由于受力在 z 方向变化，故基本物理量在 z 方向也是变化的，不能视为平面问题。

(a)问题厚度方向远小于另外两个方向，可认为 z 方向应力分量 $\sigma_z,\tau_{zx},\tau_{zy}$ 为 0，所以为平面应力问题。(b)问题构件为长柱体，可认为 z 方向的应变分量 $\varepsilon_z,\gamma_{zy},\gamma_{xz}$ 为 0，所以为平面应变问题。

3.2 平衡微分方程

弹性力学的基本任务是求解弹性体的应力、应变和位移。建立关于这些未知量的基本方程，一般要从静力学方面、几何学方面和物理学三方面来考虑。本节首先从静力学方面来考察平面问题，目的是根据弹性体微元的平衡条件导出应力分量和体力分量之间的关系式，即平面问题的平衡微分方程(equilibrium equation)。

鉴于两类平面问题的区别，这里先讨论平面应力问题。

从图 3.2 中的薄板中取出所示的正平行六面体微元，它在 x 和 y 方向的尺寸分别为 $\mathrm{d}x$ 和 $\mathrm{d}y$。为了计算方便，设其 z 方向的尺寸为一个单位长度。设微元体积中心 P 处的应力分量为 σ_x、σ_y 和 τ_{xy}，体力分量为 f_x 和 f_y。

根据坐标关系，不难写出微元体各面中点处的应力分量(见图 3.4)。由于六面体是微小的，所以各面上的合力可用该面的面积乘以中点处的应力值来近似。六面体所受的体力，可以认为是均匀分布的，其合力作用在体积中心 P 点上。同时，按照小变形假设，用了弹性体变形以前的尺寸，而没有用平衡状态下变形以后的尺寸。

在静力平衡条件下，各应力分量与体力分量的合力应为零。首先，考虑 Ox 方向力的平衡方程 $\sum F_x = 0$，有

$$\sigma_x\left(x+\frac{\mathrm{d}x}{2},y\right)\times \mathrm{d}y\times 1-\sigma_x\left(x-\frac{\mathrm{d}x}{2},y\right)\times \mathrm{d}y\times 1+$$

$$\tau_{yx}\left(x,y+\frac{\mathrm{d}y}{2}\right)\times \mathrm{d}x\times 1-\tau_{yx}\left(x,y-\frac{\mathrm{d}y}{2}\right)\times \mathrm{d}x\times 1+f_x\mathrm{d}x\mathrm{d}y=0$$

上式两边同除以 $\mathrm{d}x\mathrm{d}y$，得

$$\frac{\sigma_x\left(x+\frac{\mathrm{d}x}{2},y\right)-\sigma_x\left(x-\frac{\mathrm{d}x}{2},y\right)}{\mathrm{d}x}+\frac{\tau_{yx}\left(x,y+\frac{\mathrm{d}y}{2}\right)-\tau_{yx}\left(x,y-\frac{\mathrm{d}y}{2}\right)}{\mathrm{d}y}+f_x=0$$

当 $\mathrm{d}x\rightarrow 0,\mathrm{d}y\rightarrow 0$ 时，根据偏导数的定义，有

$$\frac{\partial\sigma_x}{\partial x}+\frac{\partial\tau_{yx}}{\partial y}+f_x=0$$

同理，由平衡方程 $\sum F_y=0$ 可得一个类似的方程。总结起来，就是平面应力问题中应力分量与体力分量之间的关系式，即

$$\left.\begin{aligned}\frac{\partial\sigma_x}{\partial x}+\frac{\partial\tau_{yx}}{\partial y}+f_x=0\\ \frac{\partial\tau_{xy}}{\partial x}+\frac{\partial\sigma_y}{\partial y}+f_y=0\end{aligned}\right\}\tag{3.4}$$

式(3.4)即为平面问题中的平衡微分方程，或 Navier 方程在平面问题中的简化形式。

针对微元的平衡，还应有力矩的平衡。比如，当考虑绕 Oz 轴的力矩平衡时，选 P 为参考点，由 $\sum M_P=0$ 得

$$\tau_{xy}\left(x+\frac{\mathrm{d}x}{2},y\right)\times(\mathrm{d}y\times 1)\times\frac{\mathrm{d}x}{2}+\tau_{xy}\left(x-\frac{\mathrm{d}x}{2},y\right)\times(\mathrm{d}y\times 1)\times\frac{\mathrm{d}x}{2}-$$

$$\tau_{yx}\left(x,y+\frac{\mathrm{d}y}{2}\right)\times(\mathrm{d}x\times 1)\times\frac{\mathrm{d}y}{2}-\tau_{yx}\left(x,y-\frac{\mathrm{d}y}{2}\right)\times(\mathrm{d}x\times 1)\times\frac{\mathrm{d}y}{2}=0$$

将上式中各切应力分量关于中心 P 作 Taylor 展开，合并相同的项化简后，得

$$\tau_{xy} = \tau_{yx} \tag{3.5}$$

这就是切应力互等定理。事实上，前面正是应用此关系式，才将平面问题中 4 个应力分量归结为 3 个独立的量，因而此式不在平面问题所要寻求的 8 个基本方程之中。

对于平面应变问题来说，由于 σ_z 不等于零，在图 3.4 所示的六面体上，一般还有作用于前、后两面的正应力，但由于它们自相平衡，并不影响 xOy 平面上平衡方程[式(3.4)]的建立。所以在平面应变情况下，平衡方程式(3.4)仍适用。

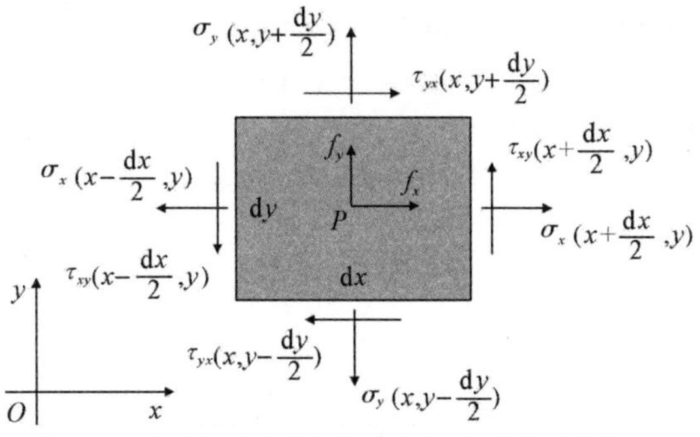

图 3.4　平面问题的平行六面体微元(厚度为 1)

在平衡方程的推导过程中，用到了两个基本假设：一是连续性假设，由此应力可用连续函数表示；二是小变形假设，基于此才可用变形前微元体的尺寸代替变形后的尺寸。因此，只要符合这两个假设，平衡方程都适用。

到此，我们可以对已经学习过的几门力学课程中的平衡条件加以比较。理论力学考虑物体整体的平衡，材料力学考虑物体有限部分的平衡，而弹性力学考虑物体内任一点上外力和应力的平衡。任一点的平衡必然保证有限部分和整体的平衡，反之则不然。因此，弹性力学的平衡是三者之中最严格、最精确的。

3.3　几何方程和刚体位移

3.3.1　几何方程

应变分量与位移分量之间应当满足几何方程。第 2 章已推导出三维问题几何方程，对平面问题几何方程具有简化形式，即

$$\left.\begin{aligned}\varepsilon_x &= \frac{\partial u}{\partial x}\\ \varepsilon_y &= \frac{\partial v}{\partial y}\\ \gamma_{xy} &= \frac{\partial v}{\partial x} + \frac{\partial u}{\partial y}\end{aligned}\right\} \tag{3.6}$$

和平衡微分方程一样，式(3.6)对于两种平面问题都适用。同时，由于推导中只用到连续

性假设和小变形假设,式(3.6)的适用范围较广。

3.3.2 变形协调方程

由式(3.6)不难看出,若已知单值连续的位移分量 u 和 v,则可通过求偏导数得出 3 个应变分量;反之,已知应变分量求位移分量,则需通过积分运算。为了保证变形以后物体的位移连续和单值,这些应变分量是不能随便选取的,它们之间要满足一定的关系。此关系称为变形协调条件,可由方程式(3.6)的 3 个式子中消去位移分量 u、v 后得出。具体推导如下。

将式(3.6)中第三式分别对 x 、y 一次偏导数,即

$$\frac{\partial^2 \gamma_{xy}}{\partial x \partial y} = \frac{\partial^3 v}{\partial x^2 \partial y} + \frac{\partial^3 u}{\partial x \partial y^2} = \frac{\partial^2}{\partial x^2}\left(\frac{\partial v}{\partial y}\right) + \frac{\partial^2}{\partial y^2}\left(\frac{\partial u}{\partial x}\right)$$

将式(3.6)的前两式分别代入,得

$$\frac{\partial^2 \gamma_{xy}}{\partial x \partial y} = \frac{\partial^2 \varepsilon_x}{\partial y^2} + \frac{\partial^2 \varepsilon_y}{\partial x^2} \tag{3.7}$$

式(3.7)即为应变和位移分量所需满足的变形协调条件,称为应变相容方程 (compatibility equation)。应变分量 ε_x、ε_y 和 γ_{xy} 必须满足这一方程式,才能保证连续、单值的位移 u 和 v 的存在。如任意选取 ε_x、ε_y 和 γ_{xy} 而不能满足这一方程式,则由 3 个几何方程式中的任何两个求得的位移分量将和第三个方程式不能相容。这一现象的物理解释是物体变形后发生了裂纹或重叠情况,不再保持连续。

3.3.3 刚体位移

满足相容方程保证了位移分量 u 和 v 的存在性,却不能保证其唯一性。从物理概念看,这是由于在保证物体内部形变的条件下,物体还可以作刚体运动(平移和转动),因此,总位移中包含刚体运动的任意性。从数学角度讲,由应变分量求位移分量要作积分,因此会出现任意的积分常数(或函数)。

为了说明这一点,现令应变分量等于零,即

$$\varepsilon_x = \varepsilon_y = \gamma_{xy} = 0 \tag{3.8}$$

下面来求相应的位移分量。

将式(3.8)代入几何方程式(3.6),得

$$\frac{\partial u}{\partial x} = 0, \quad \frac{\partial v}{\partial y} = 0, \quad \frac{\partial v}{\partial x} + \frac{\partial u}{\partial y} = 0 \tag{3.9}$$

将前两式分别对 x 和 y 积分,得

$$u(x,y) = f_1(y), \quad v(x,y) = f_2(x) \tag{3.10}$$

式中:f_1,f_2 为待求函数。将式(3.10)中的 u 和 v 代入式(3.9)中的第三式,得

$$\frac{\mathrm{d}f_2(x)}{\mathrm{d}x} + \frac{\mathrm{d}f_1(y)}{\mathrm{d}y} = 0$$

移项后,有

$$-\frac{\mathrm{d}f_1(y)}{\mathrm{d}y} = \frac{\mathrm{d}f_2(x)}{\mathrm{d}x} \tag{3.11}$$

这一方程的左边是 y 的函数，而右边是 x 的函数。因此，只可能两边都等于同一常数 ω。于是

$$\frac{\mathrm{d}f_1(y)}{\mathrm{d}y}=-\omega,\quad \frac{\mathrm{d}f_2(x)}{\mathrm{d}x}=\omega$$

积分以后，得

$$f_1(y)=u_0-\omega y,\quad f_2(x)=v_0+\omega x \tag{3.12}$$

式中的 u_0 和 v_0 为任意常数。将式(3.12)代入式(3.10)，得位移分量

$$u=u_0-\omega y,\quad v=v_0+\omega x \tag{3.13}$$

式(3.13)是应变为零时的位移，即刚体位移。常数 u_0、v_0 和 ω 的物理意义可用平面运动的原理来说明。

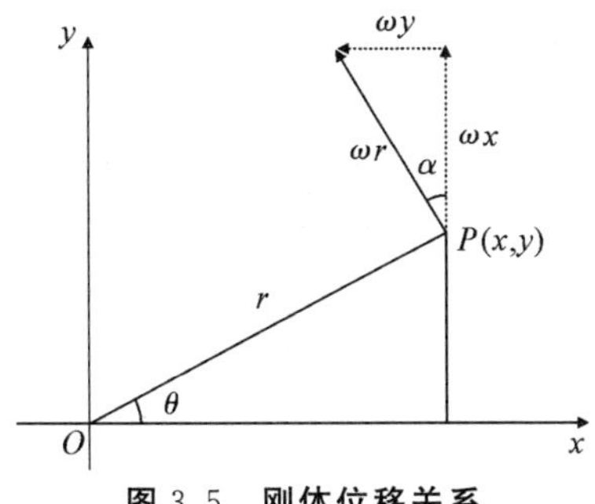

图 3.5　刚体位移关系

当三个常数中只有 u_0 不为零时，由式 (3.13)可见，物体中任意一点的位移分量 $u=u_0$、$v=0$，即物体的所有各点只沿 x 方向移动同样的距离 u_0。由此可见，u_0 代表物体沿 x 方向的刚体平移。同理，v_0 代表物体沿 y 方向的刚体平移。当只有 ω 不为零时，由式(3.13)可见，物体中任意一点的位移分量是 $u=-\omega y$、$v=\omega x$。所以，任一点 P 沿 y 方向移动 $v=\omega x$，并沿着 x 反方向移动 $u=\omega y$，如图 3.5 所示，而合成的位移为

$$\sqrt{u^2+v^2}=\sqrt{(-\omega y)^2+(\omega x)^2}=\omega\sqrt{x^2+y^2}=\omega r \tag{3.14}$$

式中：r 为 P 点至 Oz 轴的距离。如设合成位移的方向与 Oy 轴的夹角为 α，则

$$\tan\alpha=\frac{\omega y}{\omega x}=\frac{y}{x}=\tan\theta \tag{3.15}$$

可见，$\alpha=\theta$。所以合成位移的方向与径向线段 OP 垂直，即沿着切向。既然物体的所有各点移动的方向都是沿着切向，而且移动的距离等于 $r\omega$，可见，当位移是微小的时候，ω 就代表物体绕 Oz 轴的刚体转动。在平面物体中，当物体发生一定的变形时，由于约束条件不同，它可能有不同的刚体位移，因而它的总位移并不是完全确定的。为了完全确定位移，就必须有 3 个适当的约束条件来确定这 3 个常数。

3.4　物理方程 Hooke 定律

现在考虑物理学方面，研究平面问题应变分量与应力分量之间的关系，即平面问题中的物理方程。

在完全弹性的各向同性体内，广义 Hooke 定律为

$$
\left.\begin{aligned}
\varepsilon_x &= \frac{1}{E}[\sigma_x - \mu(\sigma_y + \sigma_z)] \\
\varepsilon_y &= \frac{1}{E}[\sigma_y - \mu(\sigma_z + \sigma_x)] \\
\varepsilon_z &= \frac{1}{E}[\sigma_z - \mu(\sigma_x + \sigma_y)] \\
\gamma_{xy} &= \frac{1}{G}\tau_{xy} = \frac{2(1+\mu)}{E}\tau_{xy} \\
\gamma_{yz} &= \frac{1}{G}\tau_{yz} = \frac{2(1+\mu)}{E}\tau_{yz} \\
\gamma_{zx} &= \frac{1}{G}\tau_{zx} = \frac{2(1+\mu)}{E}\tau_{zx}
\end{aligned}\right\} \tag{3.16}
$$

式中:E 是杨氏弹性模量(Young's modulus),简称弹性模量;G 是剪切弹性模量;μ 是横向收缩系数,又称泊松比(Poisson's ratio)。这 3 个弹性常数之间有如下关系:

$$
G = \frac{E}{2(1+\mu)} \tag{3.17}
$$

对于平面应力问题,由于 $\sigma_z = 0, \tau_{zx} = 0, \tau_{zy} = 0$,所以式(3.16)简化为

$$
\left.\begin{aligned}
\varepsilon_x &= \frac{1}{E}(\sigma_x - \mu\sigma_y) \\
\varepsilon_y &= \frac{1}{E}(\sigma_y - \mu\sigma_x) \\
\varepsilon_z &= -\frac{\mu}{E}(\sigma_x + \sigma_y) \\
\gamma_{xy} &= \frac{2(1+\mu)}{E}\tau_{xy}
\end{aligned}\right\} \tag{3.18}
$$

这就是平面应力问题中的物理方程。其中第三式可用来求薄板厚度的改变。前面已经提到,在平面应力问题中有 $\tau_{yz} = 0$ 和 $\tau_{zx} = 0$,由式(3.16)中的第五式及第六式得出 $\gamma_{yz} = 0$ 和 $\gamma_{zx} = 0$。

将式(3.18)改写为用应变表示应力分量的形式为

$$
\left.\begin{aligned}
\sigma_x &= \frac{E}{1-\mu^2}(\varepsilon_x + \mu\varepsilon_y) \\
\sigma_y &= \frac{E}{1-\mu^2}(\varepsilon_y + \mu\varepsilon_x) \\
\tau_{xy} &= \frac{E}{2(1+\mu)}\gamma_{xy}
\end{aligned}\right\} \tag{3.19}
$$

对于平面应变问题,由于

$$
\varepsilon_z = 0, \quad \gamma_{zx} = 0, \quad \gamma_{zy} = 0
$$

于是由式(3.16)中第三式得

$$
\sigma_z = \mu(\sigma_x + \sigma_y) \tag{3.20}
$$

代入式(3.16)的第一式及第二式,并注意式(3.18)第四式仍然适用,于是有

$$
\left.\begin{aligned}
\varepsilon_x &= \frac{1-\mu^2}{E}\left(\sigma_x - \frac{\mu}{1-\mu}\sigma_y\right) \\
\varepsilon_y &= \frac{1-\mu^2}{E}\left(\sigma_y - \frac{\mu}{1-\mu}\sigma_x\right) \\
\gamma_{xy} &= \frac{2(1+\mu)}{E}\tau_{xy}
\end{aligned}\right\} \tag{3.21}
$$

式(3.21)即为平面应变问题中的物理方程。由广义胡克定律式(3.16)中的第五式及第六式得出 $\tau_{yz}=0$ 和 $\tau_{zx}=0$。

可以看出,两种平面问题的物理方程是不同的。然而,如在平面应力问题的物理方程式(3.18)中,将 E 换成 $\frac{E}{1-\mu^2}$,将 μ 换成 $\frac{\mu}{1-\mu}$,就得到平面应变问题的物理方程式(3.21)。反过来,如果将平面应变问题的物理方程式(3.21)中的 E 换成 $\frac{E(1+2\mu)}{(1+\mu)^2}$,$\mu$ 换成 $\frac{\mu}{1+\mu}$,又可得到平面应力问题的物理方程式(3.18)。

通过同样的变换,还可以将式(3.21)改写成用应变分量表示应力分量的形式,即

$$
\left.\begin{aligned}
\sigma_x &= \frac{(1-\mu)E}{(1+\mu)(1-2\mu)}\left(\varepsilon_x + \frac{\mu}{1-\mu}\varepsilon_y\right) \\
\sigma_y &= \frac{(1-\mu)E}{(1+\mu)(1-2\mu)}\left(\varepsilon_y + \frac{\mu}{1-\mu}\varepsilon_x\right) \\
\sigma_z &= \frac{\mu E}{(1+\mu)(1-2\mu)}(\varepsilon_x + \varepsilon_y) \\
\tau_{xy} &= \frac{E}{2(1+\mu)}\gamma_{xy}
\end{aligned}\right\} \tag{3.22}
$$

注意,式(3.22)中增加了 σ_z 的表达式。

综上所述,通过两类平面问题的对比可归纳出如下结论:

(1)所有应力、应变和位移分量均为坐标 x 和 y 的函数,与 z 坐标无关;

(2)独立的应力分量均为 σ_x、σ_y 和 σ_z,故平衡方程相同;

(3)独立的应变分量均为 ε_x、ε_y 和 ε_z,故几何方程相同;

(4)通过 E 和 μ 的变换,可以实现两类问题的物理方程的相互转化。

3.5　边界条件

到此为止,已经推导出了弹性力学平面问题的平衡方程、几何方程和物理方程,共计 8 个方程,包含应力分量 σ_x、σ_y 和 τ_{xy},应变分量 ε_x、ε_y 和 γ_{xy},以及位移分量 u 和 v,共 8 个未知量。由于涉及微分方程,需要一定的边界条件才可以确定这些未知量。

弹性力学的边界条件分为应力边界条件、位移边界条件和混合边界条件三类。

在应力边界问题中,物体全部边界上所受的面力是已知的。根据面力分量和边界上应力分量之间的关系,可以把已知的面力条件转化为应力方面的已知条件,即应力边界条件。现推导如下。

前面在推导弹性体内部点的平衡方程时，用到正平行六面体微元。但是，当研究弹性体边界上点的平衡时，则需要图 3.6 所示三棱柱微元，并使其斜面 AB 与物体边界重合。设 $PA=\mathrm{d}x$、$PB=\mathrm{d}y$、$AB=\mathrm{d}s$，垂直于图平面的尺寸仍取一个单位。用 N 表示边界面 AB 的单位外法向量，则 N 的方向余弦为

$$\cos(N,x)=\frac{\mathrm{d}y}{\mathrm{d}s}=l,\quad \cos(N,y)=\frac{\mathrm{d}x}{\mathrm{d}s}=m$$

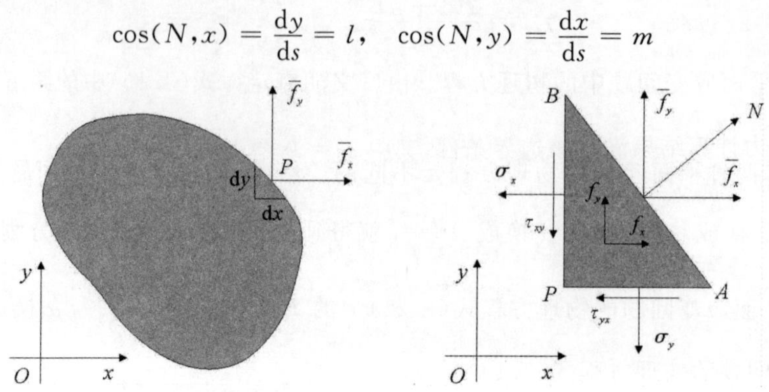

图 3.6　三棱柱微元及其受力分析

现考察微元的平衡条件。由 x 方向平衡条件 $\sum F_x=0$，得

$$\bar{f}_x\mathrm{d}s-\sigma_x\mathrm{d}y-\tau_{yx}\mathrm{d}x+f_x\frac{\mathrm{d}x\mathrm{d}y}{2}=0$$

将上式两端同除以 $\mathrm{d}s$，并略去高阶微量，可得

$$\bar{f}_x=\sigma_x\frac{\mathrm{d}y}{\mathrm{d}s}+\tau_{yx}\frac{\mathrm{d}x}{\mathrm{d}s}=l\sigma_x+m\tau_{yx}$$

由平衡条件 $\sum F_y=0$ 可导出一个类似的方程。综合起来，就是物体边界上应力分量和面力分量之间的关系，亦即平面问题应力边界条件的表达式

$$\left.\begin{aligned}\bar{f}_x&=l\sigma_x+m\tau_{yx}\\ \bar{f}_y&=l\tau_{xy}+m\sigma_y\end{aligned}\right\}\tag{3.23}$$

在位移边界条件上，物体在全部边界上的位移分量是已知的，即在边界上有

$$\left.\begin{aligned}u&=\bar{u}\\ v&=\bar{v}\end{aligned}\right\}\tag{3.24}$$

式中：$\bar{u}$ 和 $\bar{v}$ 是边界上的给定函数。这就是平面问题的位移边界条件。

在混合边界条件中，物体的一部分边界已知面力为应力边界条件，由式(3.23)给出，另一部分边界已知位移为位移边界条件，由式(3.24)给出。

【例 3.2】 图 3.7 所示的矩形截面悬臂梁，跨度为 l，下表面作用均匀载荷 q。试写出此问题的边界条件，并检查材料力学的应力公式是否满足力的边界条件。

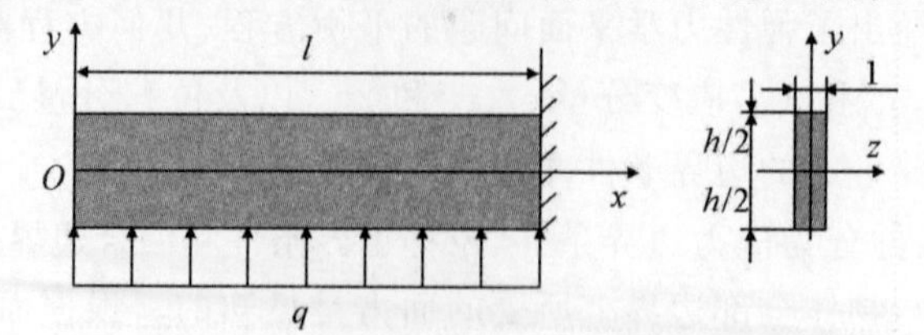

图 3.7　矩形截面悬臂梁受均布力作用

解　由材料力学所得的应力分量为

$$\sigma_x = -\frac{qx^2y}{2I_z},\quad \sigma_y = 0,\quad \tau_{xy} = \frac{qx}{2I_z}\left(y^2 - \frac{h^2}{4}\right)$$

(1)梁的上表面 $y = h/2$ 处

$$\overline{f}_x = 0,\quad \overline{f}_y = 0$$

$$l = \cos(N,x) = 0,\quad m = \cos(N,y) = 1$$

代入力的应力边界条件式(3.23),得

$$\tau_{yx} = 0,\quad \sigma_y = 0$$

材料力学的应力计算结果满足该边界条件,其中 $\sigma_y = 0$ 是由假设得出的。

(2)梁的下表面 $y = -h/2$ 处

$$\overline{f}_x = 0,\quad \overline{f}_y = q$$

$$l = \cos(N,x) = 0,\quad m = \cos(N,y) = -1$$

代入应力边界条件式(3.23),得

$$\tau_{yx} = 0,\ \sigma_y = -q$$

材料力学的应力计算结果并不满足表面 $\sigma_y = -q$ 的边界条件,这是由于材料力学做了纵向纤维无挤压的假设,无法算出 σ_y 的分布规律。

(3)在自由端 $x = 0$ 处

$$\overline{f}_x = 0,\quad \overline{f}_y = 0$$

$$l = \cos(N,x) = -1,\quad m = \cos(N,y) = 0$$

代入应力边界条件式(3.23),得

$$\sigma_x = 0,\quad \tau_{xy} = 0$$

材料力学的应力计算结果满足该边界条件。

(4)固定端 $x = l$ 处给定了位移,是位移条件,表达式为

$$u = 0,\quad v = 0$$

但是,在工程梁分析中,通常很难使在整个位移边界上任一点都满足上面的位移边界条件,而只能在少数几个点上满足位移或转角的条件,这一部分在以后章节中介绍。设体力为零时,请读者进一步检查材料力学的应力计算结果是否满足平衡微分方程。

【例 3.3】 图 3.8 所示的坝体侧面受水压力作用,设水的密度为 ρ,试写出此水坝 OA,CB 边的边界条件。

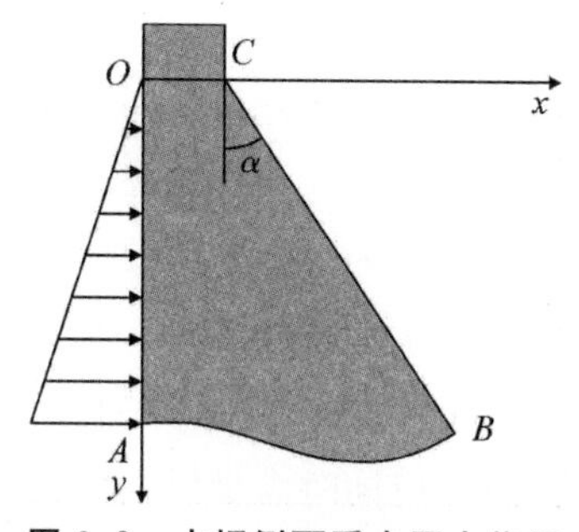

图 3.8　水坝侧面受水压力作用

解　(1)OA 边界上水压力已知,是应力边界。面力表达式为

$$\overline{f}_x = \rho g y,\quad \overline{f}_y = 0$$

OA 边界的方向余弦为

$$l = \cos(N,x) = \cos\pi = -1, \quad m = \cos(N,y) = \cos(\pi/2) = 0$$

代入应力边界条件式(3.23),得

$$\sigma_x = -\rho g y, \quad \tau_{xy} = 0$$

(2)CB 也是应力边界,边界面力和方向余弦为

$$\overline{f}_x = \overline{f}_y = 0$$

$$l = \cos(N,x) = \cos\alpha, \quad m = \cos(N,y) = \cos(\pi/2+\alpha) = -\sin\alpha$$

代入应力边界条件式(3.23),得

$$\left.\begin{aligned}\sigma_x\cos\alpha - \tau_{yx}\sin\alpha = 0\\ \tau_{xy}\cos\alpha - \sigma_y\sin\alpha = 0\end{aligned}\right\}$$

亦即 $\sigma_x = \tau_{yx}\tan\alpha, \quad \sigma_y = \tau_{xy}\cot\alpha$

【例 3.4】 图 3.9 所示的薄板有一对称的齿形凸块 ABC,板在 y 方向受均匀拉力的作用,试证在齿尖 A 处无应力存在。

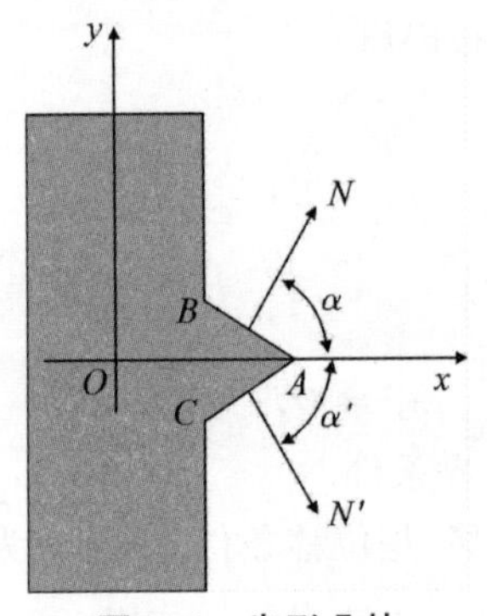

图 3.9 齿形凸块

解 此薄板处于平面应力状态。齿面 AB 与 AC 均为自由边界,无面力存在。

设 AB 面的外法线方向 N 与 x 轴的夹角为 α,将方向余弦 $l=\cos\alpha, m=\sin\alpha$ 代入边界条件式(3.23),得

$$\left.\begin{aligned}\sigma_x\cos\alpha + \tau_{yx}\sin\alpha = 0\\ \tau_{xy}\cos\alpha + \sigma_y\sin\alpha = 0\end{aligned}\right\}$$

设 AC 面的外法线方向 N' 与 Ox 轴的夹角为 α',因 Ox 轴为对称轴,有 $\alpha=\alpha'$,所以

$$l' = \cos\alpha' = \cos\alpha, m' = \cos(\pi/2+\alpha) = -\sin\alpha$$

于是,代入应力边界条件表达式得

$$\left.\begin{aligned}\sigma_x\cos\alpha - \tau_{yx}\sin\alpha = 0\\ \tau_{xy}\cos\alpha - \sigma_y\sin\alpha = 0\end{aligned}\right\}$$

因 A 点为AB 面和 AC 面的交点,应同时满足以上两组边界条件式,当 $\alpha\neq 0$ 时,得

$$\sigma_x = \sigma_y = \tau_{xy} = 0$$

即齿尖 A 点无应力存在。

3.6　Saint-Venant 原理

在工程结构分析中，常常遇到这样的情况：只知道作用于弹性体表面上某一小区域内载荷的合力，并没有明确指出具体的作用方式。但一般而言，即使静力等效的载荷，以不同的形式作用，也会导致不同的解答。这里所谓的静力等效，是指两组力的合力相同，对任意点的矩也相同。这样就会产生一个问题：用不同的方式施加一组静力等效的载荷时，解答的差异有多大呢？为此，先看一个例子。

3 根相同的矩形截面杆件受静力等效、合力为 P 的压力作用，如图 3.10 所示。试验表明，3 根杆件中的应力在距离作用端面较远的地方近似相等，而且距离越远，差异越小。

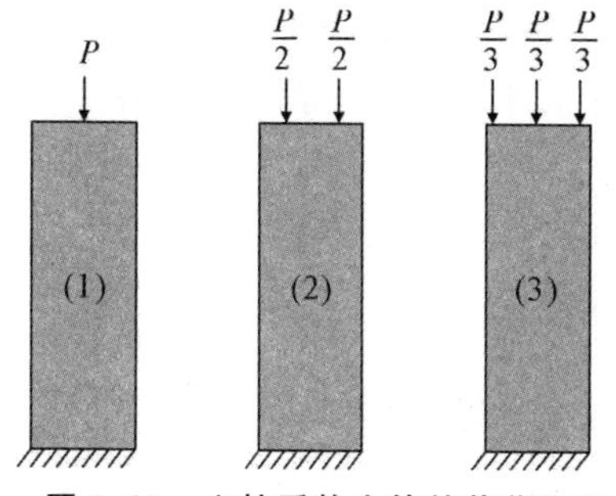

图 3.10　立柱受静力等效载荷作用

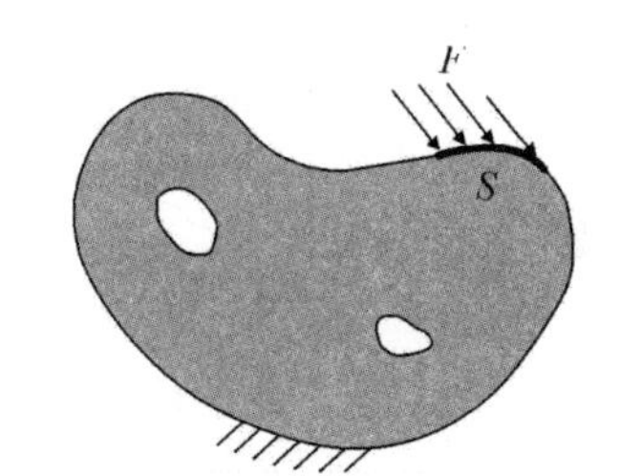

图 3.11　弹性体小边界上受分布力作用

上述现象可以推广到更一般的情况。图 3.11 的任意弹性体，一小部分边界 S 上作用任意载荷 F 。大量工程力学实践表明，由载荷的不同作用形式所引起的弹性体内应力只在小边界 S 附近有明显差异。换句话说，在距离小边界 S 较远的地方，F 的作用效果只与其合力有关，而与具体的作用形式关系不大。因此，载荷具体作用形式对由此载荷所引起的应力的影响，是随着离开作用区域的距离的增大而迅速减小的。这一现象可用 Saint-Venant 原理来描述。

Saint-Venant **原理**：两个以不同方式作用在弹性体同一小区域上的静力等效的力系，在弹性体内所引起的应力，在离开该小区域较远的地方是近似相同的，而且随着距离的增大，差异迅速减小。

在以上 Saint-Venant 原理的表述中，用了两个定性的概念，即“较远”和“近似相同”。因此，此原理不能给出两组载荷作用下所产生的两组应力的差异的定量结论。关于定量结论的研究，读者可以参考 von Mises(1945)，关于 Saint-Venant 原理研究的回顾和总结可参考 Horgan(1989)等文献。

在许多工程实际问题中，有时一小块应力边界上的载荷作用形式是相当复杂的，精确考虑其边界条件会给问题的求解带来很大困难。如果我们只关注离开此边界较远处的解，就可以利用 Saint-Venant 原理，将此应力边界上复杂的载荷转换为一组与之静力等效、形式简单的载荷。这样不但可以简化求解过程，得到满足精度要求的结果，有时还有助于推导问题的解析解。

应用 Saint-Venant 原理，必须注意以下两点：

一是两组载荷必须是静力等效的。以图 3.10 中的 3 根杆件为例。静力等效条件不但要求三组载荷合力都为 P,而且对杆件产生的弯矩也要相等。否则,若假设杆(1)中集中力 P 作用在端面形心上(不产生弯矩),而杆(2)中的合力不是作用在端面形心上,即在杆(2) 中产生了附加弯矩。此时,杆(2)内除了存在和杆(1)相同的、由合力 P 产生的压应力之外,还比杆(1)多出一个由附加弯矩所产生的垂直方向上的正应力。显然,两杆内部的应力在整个杆件内部都是不相同的。

二是两组载荷必须作用在同一处小区域上。所谓小区域,是指该部分区域(如 S)的尺寸远小于整个弹性体的特征尺寸。

为说明 Saint - Venant 原理的应用,考虑图 3.12 所示的矩形截面悬臂梁,$l \gg h$,z 向尺寸为1。自由端受合力为 P 和 Q、合力矩为 M 的面力作用。在右端面上,严格的应力边界条件为

$$\sigma_x(l,y)=\overline{f}_x(y),\tau_{xy}(l,y)=\overline{f}_y(y) \tag{3.25}$$

式(3.25)要求在右端面上任一点,应力边界值与给定面力相等。由于外力的准确作用形式(即函数 $\overline{f}_x$ 和 $\overline{f}_y$ 的表达式)通常未知,以上边界条件往往难以满足。

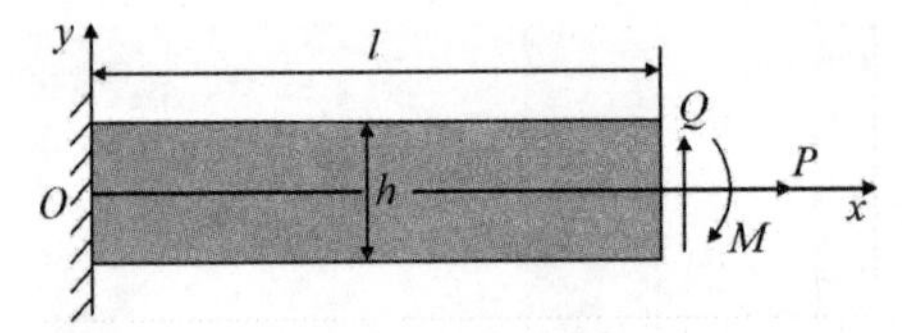

图 3.12 悬臂梁右端受集中载荷作用

但是,由于 $l \gg h$,自由端为小边界。根据 Saint - Venant 原理,可以用应力的边界值 $\sigma_x(l,\ y)$和 $\tau_{xy}(l,\ y)$ 来代替面力 $\overline{f}_x$ 和 $\overline{f}_y$,这样,只要对应力分量施加下列约束条件,使其在右端面上的值与面力静力等效即可:

$$\left.\begin{aligned}\int_{-h/2}^{h/2}\sigma_x(l,y)\mathrm{d}y&=\int_{-h/2}^{h/2}\overline{f}_x(y)\mathrm{d}y=P\\\int_{-h/2}^{h/2}\tau_{xy}(l,y)\mathrm{d}y&=\int_{-h/2}^{h/2}\overline{f}_y(y)\mathrm{d}y=Q\\\int_{-h/2}^{h/2}\sigma_x(l,y)y\mathrm{d}y&=\int_{-h/2}^{h/2}\overline{f}_x(y)y\mathrm{d}y=M\end{aligned}\right\} \tag{3.26}$$

式(3.26)表示,在右端小边界上应力的主矢量等于面力的主矢量,应力的主矩等于面力的主矩。合力与合力矩的正负号可按应力的正负来确定:应力正方向就是应力合力的正方向,正应力乘以正力臂就是应力力矩的正方向。式(3.26)是积分形式的应力边界条件,是对精确条件式(3.25)的近似。与式(3.25)相比,积分条件式(3.26)更容易满足。而由式(3.26)得到的解在距离边界较远处可以作为实际解的近似。

3.7 按应力求解平面问题

前面建立的平面问题的平衡微分方程、几何方程和物理方程,统称为平面问题的基本方程。共计 8 个方程,包含 8 个未知量。此外,还给出了三类边界条件,即位移边界条件、应力边界条件和混合边界条件。从本节开始将讨论平面弹性力学问题的两种求解方法:按应力求解和按位移求解。

如果问题的边界条件是以应力边界条件的形式给出的，一种求解方法是从基本方程中消去位移和应变分量，得到一组关于应力分量 σ_x，σ_y 和 τ_{xy} 的方程组，这就是按应力求解平面问题的思路。下面推导按应力求解的基本方程。

由于平衡方程式(3.4)中不含位移和应变分量，应当保留。但仅平衡方程还不够，还需补充一个方程。下面，我们根据应变相容方程式(3.7)和 Hooke 定律，来推导一个应力分量需要满足的关系，即应力相容方程。

首先，以平面应力问题为例进行推导。

将物理方程式(3.18)代入应变相容方程式(3.7)，两边消去 $1/E$，得

$$\frac{\partial^2}{\partial x^2}(\sigma_y-\mu\sigma_x)+\frac{\partial^2}{\partial y^2}(\sigma_x-\mu\sigma_y)=2(1+\mu)\frac{\partial^2\tau_{xy}}{\partial x\partial y} \tag{3.27}$$

为了继续化简，可以利用平衡方程消去式(3.27)中的剪应力。为此，将平衡方程式(3.4)改写为

$$\begin{cases}\dfrac{\partial\tau_{yx}}{\partial y}=-\dfrac{\partial\sigma_x}{\partial x}-f_x\\[2ex]\dfrac{\partial\tau_{xy}}{\partial x}=-\dfrac{\partial\sigma_y}{\partial y}-f_y\end{cases}$$

将第一式对 x 求导，第二式对 y 求导，然后相加，并利用 $\tau_{xy}=\tau_{yx}$，得

$$2\frac{\partial^2\gamma_{xy}}{\partial x\partial y}=-\frac{\partial^2\sigma_x}{\partial x^2}-\frac{\partial^2\sigma_y}{\partial y^2}-\frac{\partial f_x}{\partial x}-\frac{\partial f_y}{\partial y} \tag{3.28}$$

将式(3.28)代入式(3.27)，整理可得

$$\left(\frac{\partial^2}{\partial x^2}+\frac{\partial^2}{\partial y^2}\right)(\sigma_x+\sigma_y)=-(1+\mu)\left(\frac{\partial f_x}{\partial x}+\frac{\partial f_y}{\partial y}\right) \tag{3.29}$$

或写成

$$\nabla^2(\sigma_x+\sigma_y)=-(1+\mu)\left(\frac{\partial f_x}{\partial x}+\frac{\partial f_y}{\partial y}\right) \tag{3.30}$$

式中：$\nabla^2=\dfrac{\partial^2}{\partial x^2}+\dfrac{\partial^2}{\partial y^2}$ 为二维 Laplace 算子。式(3.30)为应力分量表示的相容方程。

由于平面应变问题和平面应力问题的平衡方程和几何方程是相同的，而物理方程不同，只要将式(3.30)中的 μ 用 $\mu/(1-\mu)$ 替换，即可得出平面应变情况下的相容方程，即

$$\nabla^2(\sigma_x+\sigma_y)=-\frac{1}{1-\mu}\left(\frac{\partial f_x}{\partial x}+\frac{\partial f_y}{\partial y}\right) \tag{3.31}$$

归纳起来，按应力求解平面问题时可以分为两种情况：在平面应力问题中，应力分量应当满足平衡微分方程式(3.4)和相容方程式(3.30)；在平面应变问题中，应力分量应当满足平衡微分方程式(3.4)和相容方程式(3.31)。此外，应力分量在边界上还应满足应力边界条件式(3.23)。

应当注意，由于位移边界条件一般无法用应力分量来表示，因此对位移边界和混合边界问题，一般都不能按应力求解而得到精确解答。

这里还要指出，并非是只要满足平衡方程式(3.4)和应力相容方程式(3.30)或式(3.31)，以及应力边界条件式(3.23)，就一定能求得问题的确定解答，还要看弹性体是单连体还是多连体。所谓单连体，是指物体内所作的任何一根闭合曲线，都可使它在物体内不断收缩而趋于一点；不是单连体的就称为多连体。如图 3.13 所示，不带孔的平板、实心柱体以及内有封闭孔

洞的柱体都是单连体，而带孔的平板和厚壁圆筒则属于多连体。因此，在平面问题中，可以简单地说，具有单个连续边界的物体就是单连体，而具有多个连续边界的物体称为多连体。

对于平面问题，可以证明：如果满足平衡方程和相容方程，也满足了应力边界条件。那么，在单连体的情况下，应力分量也就完全确定了。但对于多连体还要运用“位移单值条件”才能完全确定应力分量。

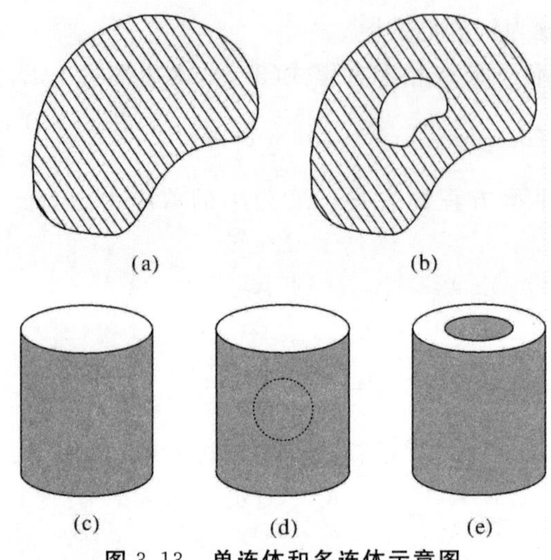

图 3.13　单连体和多连体示意图

在工程实际问题中，很多情况的体力 f_x 及 f_y 皆为常数，此时式(3.30)及式(3.31)将被简化为同一形式，即

$$\nabla^2(\sigma_x+\sigma_y)=0 \tag{3.32}$$

在式(3.4)及式(3.32)中包含三个未知函数 σ_x、σ_y 和 τ_{xy}。利用这三个方程及应力边界条件式(3.23)就可以进行解题。

对已知表面力边界条件的，可以得出下面两个结论：

(1)当体积力为常数时，对于平面应力问题所求得的应力问题，也适用于几何形状和外力相同的平面应变问题。

(2)如体积力为常数或不考虑体积力时，两类平面问题的平面微分方程式(3.4)，相容方程式(3.32)以及应力边界条件式(3.23)中都不出现任何弹性系数(E，G 及 μ)。物体的几何形状和外力相同时，不同材料的弹性体可以得到相同的应力分布，所以可以用与物体不同的材料做成模型进行实验应力分析。

3.8　平面问题的应力函数法

从 3.7 节的讨论可见，在常体力的情况下，按应力求解应力边界问题时，应力分量 σ_x，σ_y，τ_{xy} 应满足平衡微分方程式(3.4)、相容方程式(3.32)，并在边界上满足应力边界条件式(3.23)。

3.8.1　应力函数

求解这一类问题，通常可以应用一个重要的工具，即 Airy 应力函数 (airy stress function)，使得 σ_x、σ_y 和 τ_{xy} 三个变量都可用一个应力函数表示。Airy 应力函数由 G. B. Airy 于 1862 年提出。下面分析如何引入这个函数。

平衡微分方程式(3.4)是非齐次微分方程组，它的全解应包括两个部分：非齐次方程的特解和对应的齐次方程的通解。令体力为零，得到齐次平衡方程为

$$\left.\begin{aligned}\frac{\partial \sigma_x}{\partial x}+\frac{\partial \tau_{yx}}{\partial y}=0\\ \frac{\partial \tau_{xy}}{\partial x}+\frac{\partial \sigma_y}{\partial y}=0\end{aligned}\right\} \tag{3.33}$$

设 Airy 应力函数为 $\varphi(x,\ y)$，则方程组(3.33)的通解可表示为

$$\sigma_x=\frac{\partial^2 \varphi}{\partial y^2},\quad \sigma_y=\frac{\partial^2 \varphi}{\partial x^2},\quad \tau_{xy}=-\frac{\partial^2 \varphi}{\partial x \partial y} \tag{3.34}$$

非齐次平衡方程的特解通过试凑的方法很容易得到。如

$$\sigma_x=-f_x x,\quad \sigma_y=-f_y y,\quad \tau_{xy}=0 \tag{3.35}$$

式中：f_x 和 f_y 均为常数。

将齐次方程的通解式(3.34)与特解式(3.35)叠加，便得到非齐次平衡方程的全解，即

$$\left.\begin{aligned}\sigma_x&=\frac{\partial^2 \varphi}{\partial y^2}-f_x x\\ \sigma_y&=\frac{\partial^2 \varphi}{\partial x^2}-f_y y\\ \tau_{xy}&=-\frac{\partial^2 \varphi}{\partial x \partial y}\end{aligned}\right\} \tag{3.36}$$

显然，不论应力函数 φ 取什么形式，应力分量式(3.36)总能满足平衡微分方程式(3.4)。因此，只需要求出满足相容方程和应力边界条件的应力函数 φ，就可以得到该平面问题的解。

为此，将应力分量式(3.36)代入相容方程式(3.32)，得

$$\left(\frac{\partial^2}{\partial x^2}+\frac{\partial^2}{\partial y^2}\right)\left(\frac{\partial^2 \varphi}{\partial y^2}-f_x x+\frac{\partial^2 \varphi}{\partial x^2}-f_y y\right)=0 \tag{3.37}$$

由于体力为常量，式(3.37)简化为

$$\left(\frac{\partial^2}{\partial x^2}+\frac{\partial^2}{\partial y^2}\right)\left(\frac{\partial^2 \varphi}{\partial x^2}+\frac{\partial^2 \varphi}{\partial y^2}\right)=0 \tag{3.38}$$

或写成

$$\nabla^2 \nabla^2 \varphi=\nabla^4 \varphi=0 \tag{3.39}$$

式中，∇^4 称为双调和算子(biharmonic operator)，因此方程式(3.39)称为双调和方程(biharmonic equation)。由此可知，平面问题的应力分量可用应力函数 φ 来表示，而函数 φ 必须满足双调和方程，即 φ 为双调和函数。显然，函数 φ 的选取应使其满足边界条件。

双调和方程式(3.39)的求解方法很多。弹性力学里通常采用逆解法或半逆解法。所谓逆解法，是指先选定满足相容方程式(3.32)的应力函数 $\varphi(x,\ y)$，求出应力分量 σ_x、σ_y 和 τ_{xy}，再按应力边界条件求出表面力，以确定所选的应力函数能解决什么问题。半逆解法的思路是，事

先根据弹性体的边界形式和受力情况，假设出一部分应力分量的形式，并由此应力分量推导出应力函数 φ。然后，检查此应力函数能否满足相容方程，以及原来所假设的应力分量和由此应力函数求出的其余应力分量能否满足边界条件，如能满足所有边界条件，则此问题得到解答。第 4 章将通过具体例子展示这两种解法的具体操作过程。

3.8.2 体力为有势力的特例

下面讨论当常体力同时还是有势力的情况。有势力是指做功与路径无关的力，重力就是一个例子。当体力为有势力时，存在一个势能函数 V，使得

$$f_x = -\frac{\partial V}{\partial x}, \quad f_y = -\frac{\partial V}{\partial y} \tag{3.40}$$

于是，平衡微分方程式(3.4)变为

$$\left.\begin{aligned} \frac{\partial}{\partial x}(\sigma_x - V) + \frac{\partial \tau_{xy}}{\partial y} = 0 \\ \frac{\partial \tau_{xy}}{\partial x} + \frac{\partial}{\partial y}(\sigma_y - V) = 0 \end{aligned}\right\} \tag{3.41}$$

与式(3.33)类比可知，式(3.41)的通解为

$$\sigma_x = \frac{\partial^2 \varphi}{\partial y^2} + V, \quad \sigma_y = \frac{\partial^2 \varphi}{\partial x^2} + V, \quad \tau_{xy} = -\frac{\partial^2 \varphi}{\partial x \partial y} \tag{3.42}$$

将式(3.42)代入两类问题的应力相容方程，即可得到常体力为有势力情况下，应力函数需要满足的方程，即对于平面应力问题，有

$$\nabla^4 \varphi = -(1-\mu)\left(\frac{\partial^2 V}{\partial x^2} + \frac{\partial^2 V}{\partial y^2}\right) \tag{3.43}$$

对于平面应变问题，有

$$\nabla^4 \varphi = -\frac{1-2\mu}{1-\mu}\left(\frac{\partial^2 V}{\partial x^2} + \frac{\partial^2 V}{\partial y^2}\right) \tag{3.44}$$

3.9 按位移求解平面问题

按位移求解弹性力学平面问题，是指以位移分量 u 和 v 作为弹性力学微分方程和边界条件的基本未知量。在解出位移分量之后，由几何方程求出应变分量，再由物理方程求出应力分量。下面推导按位移求解平面问题所需的微分方程和边界条件。

首先把应力分量表示的平衡方程，通过几何方程和物理方程，改为用位移分量表示的形式。

对平面应力问题，将几何方程式(3.6)代入物理方程式(3.19)，得

$$\left.\begin{aligned} \sigma_x &= \frac{E}{1-\mu^2}\left(\frac{\partial u}{\partial x} + \mu \frac{\partial v}{\partial y}\right) \\ \sigma_y &= \frac{E}{1-\mu^2}\left(\frac{\partial v}{\partial y} + \mu \frac{\partial u}{\partial x}\right) \\ \tau_{xy} &= \frac{E}{2(1+\mu)}\left(\frac{\partial v}{\partial x} + \frac{\partial u}{\partial y}\right) \end{aligned}\right\} \tag{3.45}$$

将式(3.45)代入平衡方程式(3.4)，化简后就得到了按位移求解平面问题时，位移分量应满足的微分方程，即

$$\left.\begin{aligned}\frac{E}{1-\mu^2}\left(\frac{\partial^2 u}{\partial x^2}+\frac{1-\mu}{2}\frac{\partial^2 u}{\partial y^2}+\frac{1+\mu}{2}\frac{\partial^2 v}{\partial x\partial y}\right)+f_x=0\\ \frac{E}{1-\mu^2}\left(\frac{\partial^2 v}{\partial y^2}+\frac{1-\mu}{2}\frac{\partial^2 v}{\partial x^2}+\frac{1+\mu}{2}\frac{\partial^2 u}{\partial x\partial y}\right)+f_y=0\end{aligned}\right\} \tag{3.46}$$

式(3.46)本质上是用位移表示的平衡微分方程。

将式(3.45)代入应力边界条件式(3.23)，化简可得按位移求解平面问题时所用的应力边界条件，亦即位移表示的应力边界条件

$$\left.\begin{aligned}\overline{f}_x=\frac{E}{1-\mu^2}\left[l\left(\frac{\partial u}{\partial x}+\mu\frac{\partial v}{\partial y}\right)+m\frac{1-\mu}{2}\left(\frac{\partial u}{\partial y}+\frac{\partial v}{\partial x}\right)\right]\\ \overline{f}_y=\frac{E}{1-\mu^2}\left[l\frac{1-\mu}{2}\left(\frac{\partial u}{\partial y}+\frac{\partial v}{\partial x}\right)+m\left(\frac{\partial v}{\partial y}+\mu\frac{\partial u}{\partial x}\right)\right]\end{aligned}\right\} \tag{3.47}$$

平面应变问题按位移求解的基本方程和应力边界条件，都可以按上面的过程来推导。也可以通过将式(3.46)和应力边界条件式(3.47)中的弹性模量和泊松比作如下替换得到：

$$E\rightarrow\frac{E}{1-\mu^2},\qquad \mu\rightarrow\frac{\mu}{1-\mu}$$

平面应变问题按位移求解的基本方程为

$$\left.\begin{aligned}\frac{E}{2(1+\mu)}\left[\nabla^2 u+\frac{1}{1-2\mu}\frac{\partial}{\partial x}\left(\frac{\partial u}{\partial x}+\frac{\partial v}{\partial y}\right)\right]+f_x=0\\ \frac{E}{2(1+\mu)}\left[\nabla^2 v+\frac{1}{1-2\mu}\frac{\partial}{\partial y}\left(\frac{\partial u}{\partial x}+\frac{\partial v}{\partial y}\right)\right]+f_y=0\end{aligned}\right\} \tag{3.48}$$

应力边界条件为

$$\left.\begin{aligned}\overline{f}_x=\frac{E}{(1-2\mu)}\left[l\left(\frac{\partial u}{\partial x}+\frac{\mu}{1-\mu}\frac{\partial v}{\partial y}\right)+m\frac{1-2\mu}{2(1-\mu)}\left(\frac{\partial u}{\partial y}+\frac{\partial v}{\partial x}\right)\right]\\ \overline{f}_y=\frac{E}{(1-2\mu)}\left[l\frac{1-2\mu}{2(1-\mu)}\left(\frac{\partial u}{\partial y}+\frac{\partial v}{\partial x}\right)+m\left(\frac{\partial v}{\partial y}+\frac{\mu}{1-\mu}\frac{\partial u}{\partial x}\right)\right]\end{aligned}\right\} \tag{3.49}$$

两类平面问题中，位移边界条件仍然为式(3.24)。

从以上叙述可知，按位移求解弹性力学问题有如下特点：

(1)一般情况下，按位移求解平面问题不能像按应力求解那样，归结为处理一个单独的微分方程的问题，而是要解一个二阶偏微分方程组，因此求解难度较大。

(2)按位移求解适合于任何平面问题，不论体力和边界条件是何种形式。

(3)由于是通过单值连续的位移来求应变，因此不用考虑应变协调条件。

习　题

1.试分析说明，在不受任何面力作用的空间体表面附近的薄层中[见图 3.14(a)]，其应力状态接近于平面应力的情况；在板面上处处受法向约束且不受切向面力作用的等厚度薄片中[见图 3.14(b)]，当板边上只受 x、y 向的面力或约束，且不受厚度变化时，其应变状态接近于平面应变的情况。

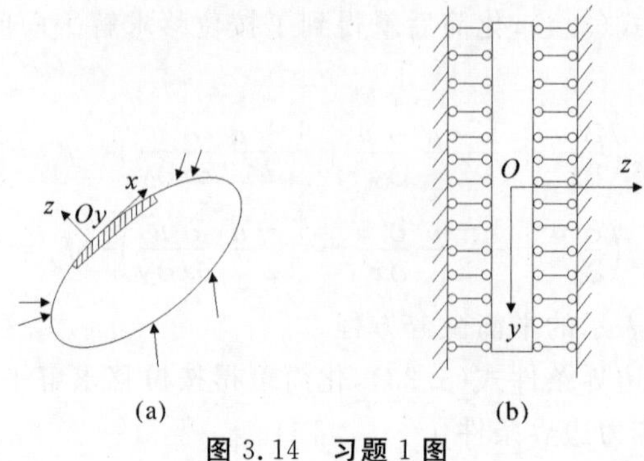

图 3.14　习题 1 图

2. 圣维南原理的内容是什么？应用中应注意哪些问题？

3. 为什么应用圣维南原理的积分型应力边界条件之后，得不到唯一解答？

4. 按应力求解弹性力学问题时，存在唯一解的条件是什么？

5. 体力为常量时，只要弹性体的形状和所受外力均相同，且所有边界都是应力边界，则其中的应力场与材料参数无关，为什么？

6. 应力函数法求解弹性力学问题的基本思路是什么，有哪些局限？

7. 为什么说按位移求解是一种通用的求解思路？为什么其中没有考虑变形协调条件？

8. 基于应力函数法的逆解法和半逆解法有何异同？

9. 电阻应变计是一种量测物体表面一点沿一定方向相对伸长的装置，通常利用它可以量测得到一点的平面应变状态。如图 3.15 所示，在一点的 3 个方向分别粘贴应变片，若测得这 3 个应变片的相对伸长为：$\varepsilon_{0^\circ} = 0.000\,5$，$\varepsilon_{90^\circ} = 0.000\,8$，$\varepsilon_{45^\circ} = 0.000\,3$。求该点的主应变和主方向。

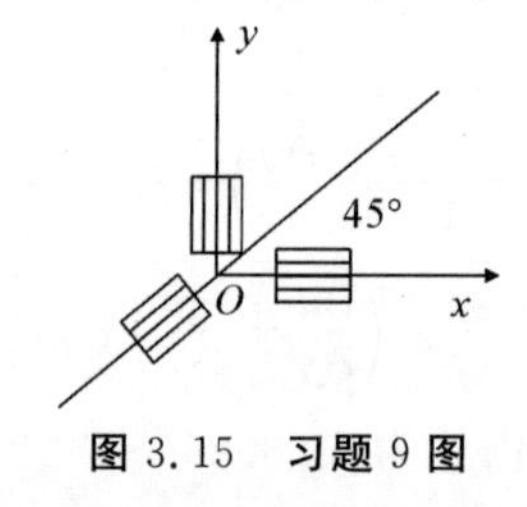

图 3.15　习题 9 图

10. 如图 3.16 所示，悬臂梁上部受线性分布荷载，梁的厚度为 1，不计体力。试利用材料力学知识写出 σ_x，τ_{xy} 表达式，并利用平面问题的平衡微分方程导出 σ_y，τ_{xy} 的表达式。

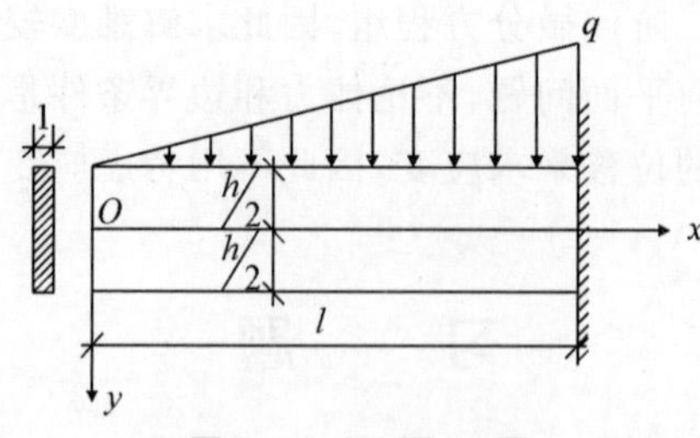

图 3.16　习题 10 图

11. 某一平面问题的应力分量表达式为：$\sigma_x = -xy^2 + Ax^3$，$\tau_{xy} = -By^3 - Cx^2y$，$\sigma_y = -\dfrac{3}{2}Bxy^2$。体力不计，试求 A，B，C 的值。

12. 已知平面应变状态下，变形体某点的位移函数为

$$u=\frac{1}{4}+\frac{3}{200}x+\frac{1}{40}y,\ v=\frac{1}{5}+\frac{1}{25}x-\frac{1}{200}y$$

试求该点的应变分量 $\varepsilon_x,\varepsilon_y,\gamma_{xy}$。

13. 形变状态 $\varepsilon_x=k(x^2+y^2)$，$\varepsilon_y=ky^2$，$\gamma_{xy}=2kxy$，$(k\neq 0)$ 是否可能存在？

14. 形变分量 $\varepsilon_x=0$，$\varepsilon_y=0$，$\gamma_{xy}=kxy$（k 为常数），试判断形变的存在性。

15. 已知图 3.17 所示平板中的应力分量为：$\sigma_x=-20y^3+30yx^2$，$\tau_{xy}=-30y^2x$，$\sigma_y=10y^3$。试确定 OA 边界上的 x 方向面力和 AC 边界上的 x 方向面力，并在图上画出，要求标注方向。

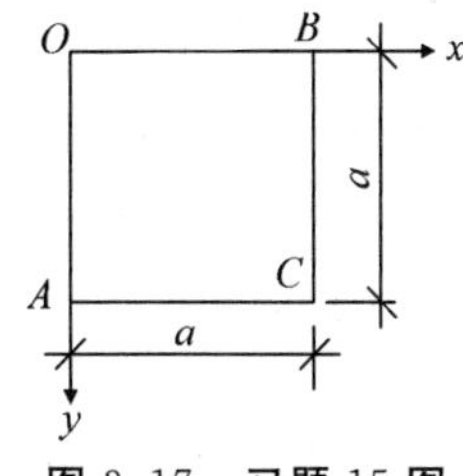

图 3.17　习题 15 图

16. 试推导 xOy 面内的平面应力问题中，过 P 点、外法向为 $N=(\cos\alpha、\sin\alpha)$ 的截面上的面内正应力 σ_N 和切应力 τ_N 的表达式，并分别求其最大值和最小值。

17. 指出图 3.18 中哪些是位移边界、哪些是应力边界，并写出边界条件表达式。

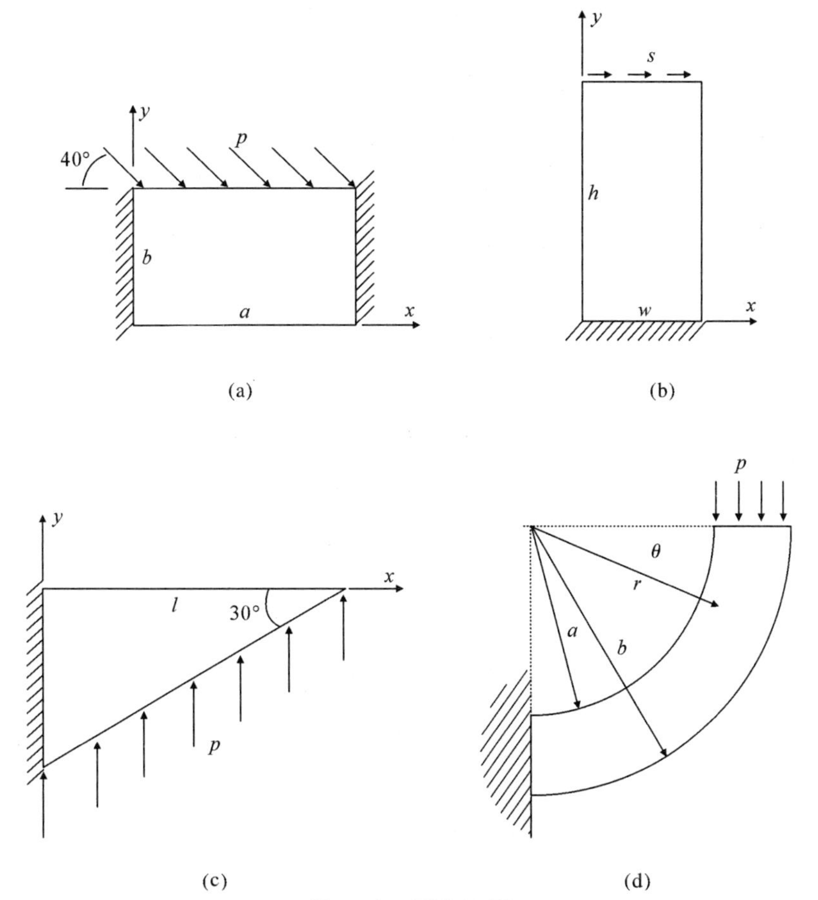

图 3.18　习题 17 图

18. 图 3.19 所示的三角形水坝，已求得应力分量为

$$\sigma_x = ax + by,\quad \sigma_y = cx + \mathrm{d}y,\quad \sigma_z = 0$$

$$\tau_{yz} = \tau_{xz} = 0,\quad \tau_{xy} = -\mathrm{d}x - ay - \gamma x$$

式中：γ 和 γ_1 分别是坝身和水的比重。求使上述应力分量满足边界条件的常数 a 、b 、c 、d 。

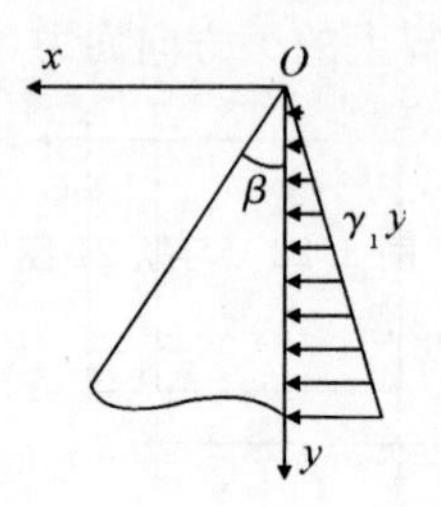

图 3.19　习题 18 图

19. 如图 3.20 所示，半径为 a 的球体，一半沉浸在密度为 ρ 的液体内，试写出该球的全部边界条件。

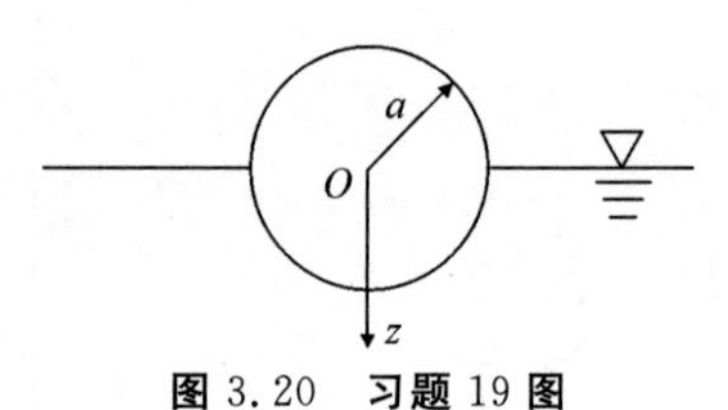

图 3.20　习题 19 图

20. 试验证应力分量 $\sigma_x = 0$，$\sigma_y = \frac{12}{h^2}qxy$，$\tau_{xy} = -\frac{q}{2}(1 - \frac{12}{h^2}x^2)$ 是否为图 3.21 所示平面问题的解答(假定不考虑体力)。

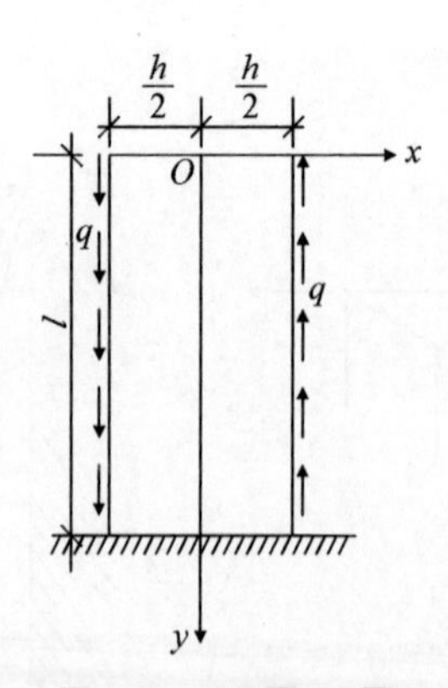

图 3.21　习题 20 图

21. 图 3.22 所示的楔形体，外形抛物线 $y = ax^2$，下端无限伸长，厚度为 1，材料的密度为 ρ。试证明：$\sigma_x = -\frac{\rho g}{6a}$，$\sigma_y = -\frac{2\rho g}{3}y$，$\tau_{xy} = -\frac{\rho g}{3}x$ 为其自重应力的正确解答。

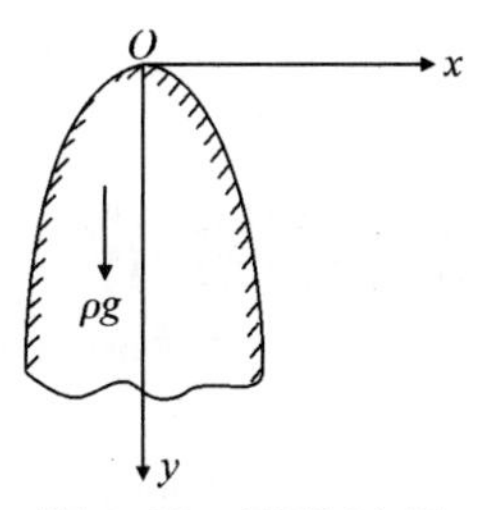

图 3.22　习题 21 图

22. 如图 3.23 所示，设有任意形状的等厚度薄板，体力可以不计，在全部边界上(包括孔口边界上)受有均布压力 q。试证明：$\sigma_x = \sigma_y = -q$，$\tau_{xy} = 0$ 就是该问题的正确解答。

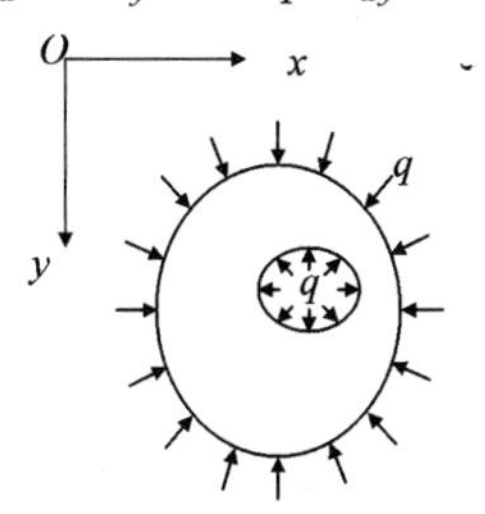

图 3.23　习题 22 图

第 4 章　平面问题的直角坐标解法

第 3 章建立了两类弹性力学平面问题的基本方程，进一步得出，对应力边界问题，这两类平面问题可以借助 Airy 应力函数来求解。由于 Airy 应力函数是自然满足平衡微分方程的，最终可将基本方程组简化为一个微分方程。当体力为常量时，此方程是双调和方程。因此，把弹性力学问题转化为在某一区域上求解双调和方程的问题，当然所求的解答应该满足一定的边界条件。本章将讨论直角坐标系下，解决此问题的多项式解法和三角级数解法。注意，本章如无特殊说明，均不计体力（即 $f_x = f_y = 0$）。

4.1　多项式解法

本节用逆解法寻求矩形区域上弹性力学平面问题的多项式解答。逆解法的基本思路是，预先设定一组满足双调和方程 $\nabla^4 \varphi = 0$ 的应力函数的表达式，然后讨论它能解决什么样的问题。作为试探解的应力函数，可以写成如下多项式形式：

$$\varphi(x, y) = \sum_{m=0}^{\infty} \sum_{n=0}^{\infty} A_{mn} x^m y^n \tag{4.1}$$

将此应力函数代入式(3.34)求出应力分量后，不难得出：当 $m + n \leqslant 1$ 时，由以上 φ 得出的应力分量均为零，因此以后仅考虑 $m + n \geqslant 1$ 的情况。φ 的二次表达式($m + n = 2$)对应于常值应力场，三次表达式($m + n = 3$)对应于线性变化的应力场，依此类推。

当多项式(4.1)的次数 $m + n \leqslant 3$ 时，对任意系数 A_{mn}，应力函数 φ 都满足双调和方程。但是，当次数 $m + n > 3$ 时，要使 φ 都满足双调和方程，多项式系数 A_{mn} 之间就必须满足一定的关系。这种关系很容易推出，只要将 φ 的表达式(4.1)代入双调和方程 $\nabla^4 \varphi = 0$，即可得

$$\begin{aligned} 0 = & \sum_{m=4}^{\infty} \sum_{n=0}^{\infty} m(m-1)(m-2)(m-3) A_{mn} x^{m-4} y^n + \\ & \sum_{m=2}^{\infty} \sum_{n=2}^{\infty} 2m(m-1)n(n-1) A_{mn} x^{m-2} y^{n-2} + \\ & \sum_{m=0}^{\infty} \sum_{n=4}^{\infty} n(n-1)(n-2)(n-3) A_{mn} x^m y^{n-4} \end{aligned} \tag{4.2}$$

式(4.2)按 x 和 y 的次数合并同类项后，得

$$\begin{aligned} 0 = & \sum_{m=2}^{\infty} \sum_{n=2}^{\infty} [(m+2)(m+1)m(m-1) A_{m+2,n-2} + 2m(m-1)n(n-1) A_{mn} + \\ & (n+2)(n+1)n(n-1) A_{m-2,n+2}] x^{m-2} y^{(n-2)} \end{aligned} \tag{4.3}$$

由于式(4.3)对任意 x 和 y 都必须满足，所以方括号内的系数需为零，即

$$(m+2)(m+1)m(m-1)A_{m+2,n-2}+2m(m-1)n(n-1)A_{mn}+(n+2)(n+1)n(n-1)A_{m-2,n+2}=0 \tag{4.4}$$

对于每一组选定的多项式次数 m 和 n，系数 A_{mn} 只有满足式(4.4)，才能保证应力函数 φ 满足双调和方程 $\nabla^4\varphi=0$。

作为例子，当取四次式 $(m+n=4)$ 时，式(4.4)变为

$$3A_{40}+A_{22}+3A_{04}=0 \tag{4.5}$$

因此，只有系数 A_{40}、A_{22} 和 A_{04} 满足式(4.5)的 φ 才能作为应力函数。

由于多项式解法得到的应力分量是按多项式规律变化的，因此，这种解法难以精确满足复杂的应力边界条件。但在一定条件下，可以应用 Saint-Venant 原理，将复杂的非多项式规律的应力边界条件用静力等效的多项式规律的边界条件来代替，从而得到问题的近似解答。从 4.2 节开始，将这种解法应用于解答几类矩形截面长梁的典型问题，以此来说明多项式解法解决弹性力学问题的基本过程。

4.2　矩形梁纯弯曲问题

设有矩形截面梁，长为 l，高为 $h(h\ll l)$，两端受大小相等方向相反的力偶作用而发生弯曲变形，如图 4.1 所示。为分析方便，取梁的厚度为 1，假设梁处于平面应力状态。

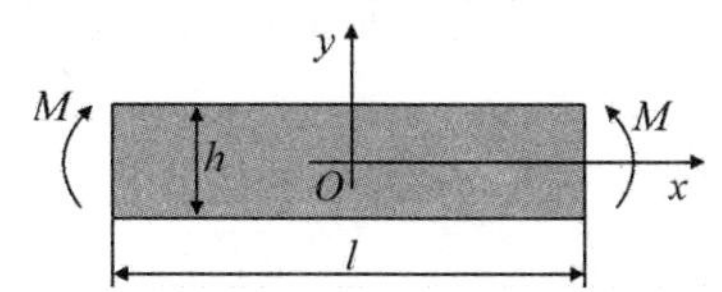

图 4.1　矩形截面长梁的纯弯曲问题

4.2.1　求应力分量

梁的上、下表面的应力边界条件为

$$\sigma_y(x,\pm h/2)=0,\quad \tau_{xy}(x,\pm h/2)=0 \tag{4.6}$$

左、右两端为次要边界，具体加载形式未知，可以用静力等效的积分条件来代替，边界条件表达式为

$$\left.\begin{aligned}&\int_{-h/2}^{h/2}\sigma_x(\pm l/2,y)\mathrm{d}y=0\\&\int_{-h/2}^{h/2}\sigma_x(\pm l/2,y)y\mathrm{d}y=-M\\&\int_{-h/2}^{h/2}\tau_{xy}(\pm l/2,y)\mathrm{d}y=0\end{aligned}\right\} \tag{4.7}$$

应用逆解法，首先要设定应力函数 φ。根据 4.1 节的讨论，可能满足边界条件的应力函数至少为三次多项式，因为此时应力场是线性的，存在一组线性分布的边界载荷使得在梁的端部 $x=\pm l/2$ 合力为零，但合力矩不为零。据此，设应力函数为

$$\varphi = A_{03} y^3 \tag{4.8}$$

计算相应的应力分量为

$$\sigma_x = 6A_{03} y, \quad \sigma_y = 0, \quad \tau_{xy} = 0 \tag{4.9}$$

以上应力分量精确满足上、下表面的边界条件。将 σ_x 代入两端积分条件式(4.7)，得

$$6A_{03} \int_{-h/2}^{h/2} y \mathrm{d}y = 0, \quad 6A_{03} \int_{-h/2}^{h/2} y^2 \mathrm{d}y = -M \tag{4.10}$$

前一式总能满足边界条件，后一式则要求

$$A_{03} = -\frac{2M}{h^3} \tag{4.11}$$

于是求得应力场为

$$\sigma_x = -\frac{12M}{h^3} y = -\frac{M}{I_z} y, \quad \sigma_y = 0, \quad \tau_{xy} = 0 \tag{4.12}$$

式中：$I_z = 1 \times h^3/12$ 为矩形截面梁的截面惯性矩。式(4.12)即为矩形截面梁纯弯曲时的应力分量，这和材料力学结果完全相同，即梁的弯曲正应力沿截面高度按线性分布，纵向纤维间无挤压。

4.2.2 求位移分量

为求位移分量，将应力分量式(4.12)代入平面应力问题的物理方程式(3.24)，再由几何方程式(3.12)，得

$$\left.\begin{aligned} \frac{\partial u}{\partial x} &= \varepsilon_x = -\frac{M}{EI_z} y \\ \frac{\partial v}{\partial y} &= \varepsilon_y = \frac{\mu M}{EI_z} y \\ \gamma_{xy} &= 0 \end{aligned}\right\} \tag{4.13}$$

对式(4.13)积分，得

$$\left.\begin{aligned} u &= -\frac{M}{EI_z} xy + f(y) \\ v &= \frac{\mu M}{2EI_z} y^2 + g(x) \end{aligned}\right\} \tag{4.14}$$

式中：$f(y)$ 和 $g(x)$ 均为未知函数。为确定 $f(y)$ 和 $g(x)$的表达式，将式(4.14)代入剪应力-应变关系，得

$$\frac{\partial v}{\partial x} + \frac{\partial u}{\partial y} = -\frac{M}{EI_z} x + f'(y) + g'(x) = 0 \tag{4.15}$$

式(4.15)即为

$$-\frac{M}{EI_z} x + g'(x) = -f'(y) \tag{4.16}$$

由于式(4.16)左边只是 x 的函数，右边只是 y 的函数，要使等式成立，只可能两边都等于同一常数，设为 ω_0，即

$$-f'(y)=\omega_0,\quad g'(x)=\frac{M}{EI_z}x+\omega_0 \tag{4.17}$$

注意，上面的推导逻辑在从应变分量求解位移分量中经常用到，初学者需理解和掌握。式(4.17)积分后得

$$\left.\begin{aligned} f(y)&=-\omega_0 y+u_0\\ g(x)&=\frac{M}{2EI_z}x^2+\omega_0 x+v_0 \end{aligned}\right\} \tag{4.18}$$

于是，位移分量为

$$\left.\begin{aligned} u&=-\frac{M}{EI_z}xy-\omega_0 y+u_0\\ v&=\frac{\mu M}{2EI_z}y^2+\frac{M}{2EI_z}x^2+\omega_0 x+v_0 \end{aligned}\right\} \tag{4.19}$$

式中：常数 ω_0、u_0 和 v_0 反映了刚体位移。它们需要根据一定的位移边界条件来确定。

4.2.3　位移约束条件

式(4.19)的位移表达式中仅有 3 个未知常数，因此需要边界条件提供三个关于位移分量的关系式就够了。但是，第 3 章介绍的位移边界条件式(3.24)在一段位移边界上有无穷多关系式，显然不适用于式(4.19)的情况。这是由多项式解法本身的近似性造成的。在选取应力函数时，只保留无穷项数的展开式中的前面若干项，造成了待定的常数由理论上的无穷多个变为有限多个(通常仅有少数几个)。因此，也需要对位移边界条件进行相应的近似，从而只根据需要提供有限个位移关系式。

对本节考虑的纯弯曲问题，梁的约束形式一般为两端简支。简支的位移约束有多种给法，其中一种是认为梁两端面中点上 y 向位移为零，且一端面中点 x 向位移为零。针对图 4.1 的情况，表达式为

$$u(-l/2,0)=0,\ v(\pm l/2,0)=0 \tag{4.20}$$

式(4.20)提供了 3 个独立的位移约束条件，代入式(4.19)可以确定 3 个刚体位移的值为

$$\omega_0=u_0=0,\ v_0=-\frac{Ml^2}{8EI_z} \tag{4.21}$$

于是，得到该简支梁的位移表达式为

$$\left.\begin{aligned} u&=-\frac{M}{EI_z}xy\\ v&=\frac{M}{2EI_z}\left(\mu y^2+x^2-\frac{l^2}{4}\right) \end{aligned}\right\} \tag{4.22}$$

由位移式(4.22)可知，任一横截面上轴向位移 u 均沿厚度线性变化，即变形过程中任一横截面保持为平面，这与材料力学中的平截面假设相一致。因此，材料力学关于长梁纯弯曲的结论在端部面力线性分布的情况下是准确的。对于其他复杂的分布，则是近似的。另外，由式(4.22)得到的梁中心线的挠曲线方程为

$$v(x,0)=\frac{M}{2EI_z}\left(x^2-\frac{l^2}{4}\right) \tag{4.23}$$

这也与材料力学中的 Euler-Burnoulli 梁理论的结论相同。

4.3 悬臂梁自由端受集中力

本节通过图 4.2 所示的悬臂梁在自由端作用集中力 P 的问题，介绍半逆解法的基本过程，考虑平面应力问题。

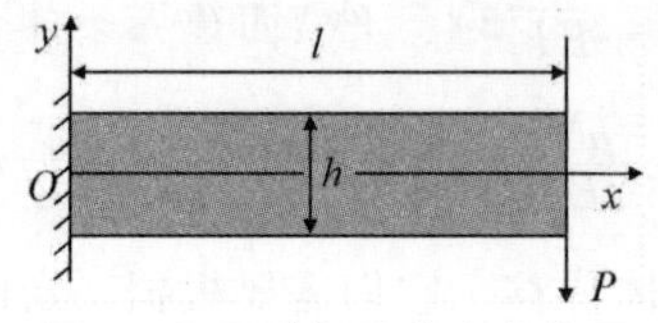

图 4.2 悬臂梁受集中力作用

4.3.1 确定应力函数

运用半逆解法，根据材料力学分析，求得此问题的应力函数 φ 。显然梁任意横截面 x 处的弯矩与 $l-x$ 成正比，而在某一横截面上，正应力 σ_x 又与作用点的 y 坐标成正比。因此可设

$$\sigma_x=\frac{\partial^2\varphi}{\partial y^2}=c_1(l-x)y \tag{4.24}$$

式中：c_1 是一个常数。将式(4.24)对 y 积分两次，得

$$\varphi=\frac{c_1}{6}(l-x)y^3+yf(x)+g(x) \tag{4.25}$$

式中：$f(x)$ 及 $g(x)$ 为待定函数。把此 φ 代入相容方程，得

$$yf^{(4)}(x)+g^{(4)}(x)=0 \tag{4.26}$$

由于式(4.26)在梁的范围内，对任意的 x 和 y 值都应满足，故有

$$f^{(4)}(x)=g^{(4)}(x)=0 \tag{4.27}$$

积分两式，得

$$\begin{cases}f(x)=c_2x^3+c_3x^2+c_4x+c_5\\ g(x)=c_6x^3+c_7x^2+c_8x+c_9\end{cases}$$

式中：c_2，c_3，…，c_9 都是待定的积分常数。把上式回代到式(4.25)，可得应力函数为

$$\varphi=\frac{c_1}{6}(l-x)y^3+y(c_2x^3+c_3x^2+c_4x)+(c_6x^3+c_7x^2) \tag{4.28}$$

注意，式(4.28)中省去了一次项。

至此，根据该问题中应力分量的特点，反推出应力函数的表达式。这是半逆解法与前面所介绍的逆解法的主要区别所在。下面确定待定常数的过程，与逆解法是相同的。

4.3.2 确定应力分量

应力函数式(4.28)对应的应力分量为

$$\left.\begin{aligned}\sigma_y &= \frac{\partial^2 \varphi}{\partial x^2} = 6(c_2 y + c_6)x + 2(c_3 y + c_7) \\ \tau_{xy} &= -\frac{\partial^2 \varphi}{\partial x \partial y} = \frac{c_1}{2}y^2 - 3c_2 x^2 - 2c_3 x - c_4\end{aligned}\right\} \tag{4.29}$$

下面根据边界条件确定常数 c_1，c_2，c_3，c_4，c_5，c_6，c_7。自由端加载形式未知，但由于是“小边界”，可以用积分边界条件来代替。于是，该问题的边界条件表达式为

$$\left.\begin{aligned}&\sigma_y(x, \pm h/2) = 0, \quad \tau_{xy}(x, \pm h/2) = 0 \\ &\int_{-h/2}^{h/2} \sigma_x(l, y)\mathrm{d}y = 0, \quad \int_{-h/2}^{h/2} \tau_{xy}(l, y)\mathrm{d}y = -P\end{aligned}\right\} \tag{4.30}$$

结合应力分量表达式(4.24)、式(4.29)和上、下表面边界条件式(4.30)，可知自由端 σ_x 边界条件自然满足，常数值为

$$c_2 = c_3 = c_6 = c_7 = 0, \quad c_1 = \frac{P}{I_z}, \quad c_4 = \frac{Ph^2}{8I_z} \tag{4.31}$$

将以上积分常数回代到式(4.24)和式(4.29)，得到梁的应力分量为

$$\left.\begin{aligned}\sigma_x &= \frac{P}{I_z}(l - x)y \\ \sigma_y &= 0 \\ \tau_{xy} &= \frac{P}{2I_z}\left(y^2 - \frac{h^2}{4}\right)\end{aligned}\right\} \tag{4.32}$$

式(4.32)与材料力学的公式完全相同。但必须指出，只有当固定端截面 $\sigma_x(0, y)$ 与 y 坐标成正比，在自由端 $\sigma_x(0, y) = 0$，并且作用力 P 由抛物线分布的剪应力组成合力时，式(4.32)才是精确解。如果边界力(例如自由端的载荷)并不遵循上述(抛物线)分布规律，但合力未变，则所得公式并不完全精确。这时，根据 Saint-Venant 原理，在距端部的距离大于梁高 h 处，上述公式仍然正确。

4.3.3　位移计算

与 4.2.2 节相同，仍通过对几何方程作积分来得到位移。首先，结合式(4.32)、平衡方程和几何方程，可得

$$\left.\begin{aligned}&\frac{\partial u}{\partial x} = \varepsilon_x = \frac{1}{E}(\sigma_x - \mu\sigma_y) = \frac{P}{EI_z}(l - x)y \\ &\frac{\partial v}{\partial y} = \varepsilon_y = \frac{1}{E}(\sigma_y - \mu\sigma_x) = -\frac{\mu P}{EI_z}(l - x)y \\ &\frac{\partial u}{\partial y} + \frac{\partial v}{\partial x} = \gamma_{xy} = \frac{2(1+\mu)}{E}\tau_{xy} = \frac{(1+\mu)P}{EI_z}\left(y^2 - \frac{h^2}{4}\right)\end{aligned}\right\} \tag{4.33}$$

对两个正应变进行积分，得到

$$\left.\begin{aligned}u &= \frac{P}{2EI_z}(2lx - x^2)y + r(y) \\ v &= -\frac{\mu P}{2EI_z}(l - x)y^2 + s(x)\end{aligned}\right\} \tag{4.34}$$

式中：$r(y)$ 和 $s(x)$ 为任意函数。把此结果代入剪应力-应变关系，得

$$\frac{P}{2EI_z}(2lx-x^2)+s'(x)=\frac{P}{EI_z}\left(1+\frac{\mu}{2}\right)y^2-\frac{(1+\mu)Ph^2}{4EI_z}-r'(y) \tag{4.35}$$

式(4.35)对任意 (x, y) 总成立的条件是等式两边都等于某一常数 a_1。据此将变量 x 和 y 分离开来，并积分，可得

$$\left.\begin{aligned} r(y)&=\frac{P}{3EI_z}\left(1+\frac{\mu}{2}\right)y^3-\frac{(1+\mu)Ph^2}{4EI_z}y-a_1y+a_3 \\ s(x)&=a_1x-\frac{P}{6EI_z}(3lx^2-x^3)+a_2 \end{aligned}\right\} \tag{4.36}$$

式中：a_2，a_3 是积分常数。将所得的 $r(y)$，$s(x)$ 回代到式(4.34)，得位移分量为

$$\left.\begin{aligned} u&=\frac{P}{2EI_z}(2lx-x^2)y+\frac{P}{3EI_z}\left(1+\frac{\mu}{2}\right)y^3-\frac{(1+\mu)Ph^2}{4EI_z}y-a_1y+a_3 \\ v&=-\frac{\mu P}{2EI_z}(l-x)y^2+a_1x-\frac{P}{6EI_z}(3lx^2-x^3)+a_2 \end{aligned}\right\} \tag{4.37}$$

利用固定端的边界条件可确定常数 a_1，a_2，a_3。

4.3.4 位移约束条件

这里的情况和前面确定纯弯曲梁位移遇到的情况相同，位移中仅有三个代表刚体位移的未知常数，因此需要提供三个位移约束条件。固支端的位移约束条件也不唯一，需要根据实际问题的约束情况来合理选定。下面分两种情况讨论。

(1)固定端梁的轴线无位移又无转角，如图 4.3(a)所示。

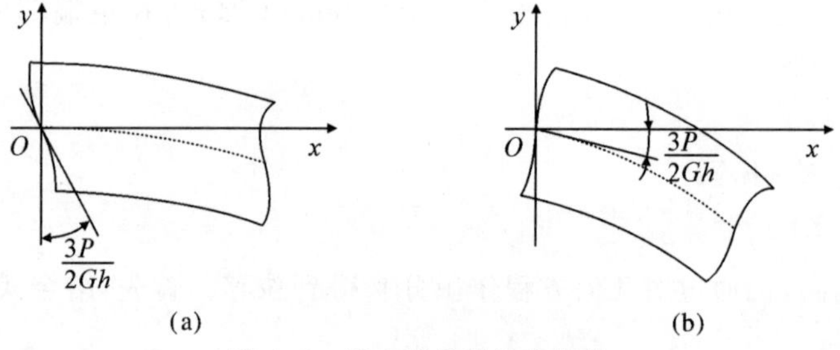

图 4.3 固支端位移约束条件

此时，三个位移约束条件为

$$u(0,0)=v(0,0)=0,\left(\frac{\partial v}{\partial x}\right)_{x=0}=0 \tag{4.38}$$

代入位移式(4.37)，可解得

$$a_1=a_2=a_3=0$$

于是可得梁的位移为

$$\left.\begin{aligned} u&=\frac{P}{2EI_z}(2lx-x^2)y+\frac{P}{3EI_z}\left(1+\frac{\mu}{2}\right)y^3-\frac{(1+\mu)Ph^2}{4EI_z}y \\ v&=-\frac{\mu P}{2EI_z}(l-x)y^2-\frac{P}{6EI_z}(3lx^2-x^3) \end{aligned}\right\} \tag{4.39}$$

由位移式(4.39)可知，梁变形后的轴线(弹性曲线)方程为

$$v(x,0)=-\frac{P}{6EI_z}(3lx^2-x^3) \tag{4.40}$$

自由端横截面中心沿 Oy 轴方向的位移为

$$v(l,0)=-\frac{Pl^3}{3EI_z} \tag{4.41}$$

这两个结果也和材料力学中的结果相同。

但是应该注意，按式(4.39)，梁变形后各横截面并不保持为平面。以固定端为例，将 $x=0$ 代入式(4.39)，得此面上各点在变形后的位移为

$$\left.\begin{aligned}u(0,y)&=\frac{P}{3EI_z}\left(1+\frac{\mu}{2}\right)y^3-\frac{(1+\mu)Ph^2}{4EI_z}y\\v(0,y)&=-\frac{\mu Pl}{2EI_z}y^2\end{aligned}\right\} \tag{4.42}$$

按式(4.42)画出截面变形后位置，如图 4.3(a)所示。可见，此梁不符合平截面假设，但材料力学中的应力计算公式仍是正确的。

另外，从式(4.39)可以看出，在 $x=y=0$ 的点，有

$$\left(\frac{\partial u}{\partial y}\right)_{\substack{x=0,\\y=0}}=-\frac{P}{2EI_z}(1+v)\frac{h^2}{2}=-\frac{3P}{2Gh} \tag{4.43}$$

亦即，固定端截面在其中心处仍有转角，如图 4.3(a)所示。

(2)固定端截面中心无位移也无转角，如图 4.3(b)所示。

此时，位移约束条件为

$$u(0,0)=v(0,0)=0,\left(\frac{\partial u}{\partial y}\right)_{\substack{x=0,\\y=0}}=0 \tag{4.44}$$

代入位移式(4.37)，可解得

$$a_1=-\frac{(1+\mu)Ph^2}{4EI_z},a_2=a_3=0$$

于是可得梁的位移为

$$\left.\begin{aligned}u&=\frac{P}{2EI_z}(2lx-x^2)y+\frac{P}{3EI_z}\left(1+\frac{\mu}{2}\right)y^3\\v&=-\frac{\mu P}{2EI_z}(l-x)y^2-\frac{P}{6EI_z}(3lx^2-x^3)-\frac{(1+\mu)Ph^2}{4EI_z}x\end{aligned}\right\} \tag{4.45}$$

梁变形后的轴线方程为

$$v(x,0)=-\frac{P}{6EI_z}(3lx^2-x^3)-\frac{(1+\mu)Ph^2}{4EI_z}x \tag{4.46}$$

自由端横截面中心沿 Oy 轴方向的位移为

$$v(l,0)=-\frac{Pl^3}{3EI_z}-\frac{(1+\mu)Ph^2}{4EI_z}l \tag{4.47}$$

式(4.46)比式(4.40)多了一项：

$$-\frac{Ph^2(1+\mu)}{4EI_z}x=-\frac{3P}{2Gh}x \tag{4.48}$$

此外，由式(4.45)可知

$$\left(\frac{\partial v}{\partial x}\right)_{\substack{y=0\\x=0,}} = -\frac{Ph^2(1+\mu)}{4EI_z} = -\frac{3P}{2Gh} \tag{4.49}$$

它是梁的中性轴在固定端的倾角，反映了剪变形对挠曲线的影响，而 x 是截面到固定端的距离，所以式(4.48)就是由剪切作用产生的挠度。按式(4.45)画出截面变形后的位置，如图 4.3(b)所示。

4.4　平面问题的 Fourier 级数解法

前面讨论的用多项式求解平面问题的方法有一定的局限性。对于狭长矩形截面梁，当载荷沿梁的长度分布比较复杂或不连续时，采用三角级数形式的应力函数是比较有效的，特别是当载荷连续分布于梁的上、下侧时，更为方便。

设有狭长梁，处于平面应力状态，不计体力。其应力函数的双调和方程为

$$\frac{\partial^4\varphi}{\partial x^4} + 2\frac{\partial^4\varphi}{\partial x^2\partial y^2} + \frac{\partial^4\varphi}{\partial y^4} = 0 \tag{4.50}$$

采用逆解法，可先假设

$$\varphi_1(x,y) = f_1(y)\sin\alpha x \tag{4.51}$$

式中：$\alpha = \pi/l$，代回双调和方程，可得

$$\sin\alpha x\left[f_1^{(4)}(y) - 2\alpha^2 f_1^{(2)}(y) + \alpha^4 f_1(y)\right] = 0$$

由 x 的任意性有

$$f_1^{(4)}(y) - 2\alpha^2 f_1^{(2)}(y) + \alpha^4 f_1(y) = 0$$

此式为函数 $f(y)$ 的常微分方程，其通解为

$$f_1(y) = C_1\cosh\alpha y + C_2\sinh\alpha y + C_3 y\cosh\alpha y + C_4 y\sinh\alpha y$$

式中：C_1，C_2，C_3，C_4 皆为常数，由边界条件确定。至此，得到应力函数的一个解，即

$$\varphi_1 = \sin\alpha x(C_1\cosh\alpha y + C_2\sinh\alpha y + C_3 y\cosh\alpha y + C_4 y\sinh\alpha y) \tag{4.52}$$

如再假设

$$\varphi_2(x,y) = f_2(y)\cos\alpha x \tag{4.53}$$

按相同的步骤，可得到应力函数的另一个解，即

$$\varphi_2 = \cos\alpha x(C'_1\cosh\alpha y + C'_2\sinh\alpha y + C'_3 y\cosh\alpha y + C'_4 y\sinh\alpha y) \tag{4.54}$$

由于双调和方程 $\nabla^4\varphi = 0$ 是应力函数 φ 的线性微分方程，所以应力函数 φ 的通解可以用叠加方法得出。因此，叠加解式(4.52)和式(4.54)，得

$$\begin{aligned}\varphi(x,y) = {} & \sin\alpha x(C_1\cosh\alpha y + C_2\sinh\alpha y + C_3 y\cosh\alpha y + C_4 y\sinh\alpha y) + \\ & \cos\alpha x(C'_1\cosh\alpha y + C'_2\sinh\alpha y + C'_3 y\cosh\alpha y + C'_4 y\sinh\alpha y)\end{aligned} \tag{4.55}$$

又由于 α 取任意 $\alpha_n = n\pi/l$ 时，每个对应的 φ 都是双调和方程的解，于是得到三角级数式的应力函数为

$$\begin{aligned}\varphi = {} & \sum_{n=1}^{\infty}\sin\alpha_n x(C_{1n}\cosh\alpha_n y + C_{2n}\sinh\alpha_n y + C_{3n}y\cosh\alpha_n y + C_{4n}y\sinh\alpha_n y) + \\ & \sum_{n=1}^{\infty}\cos\alpha_n x(C'_{1n}\cosh\alpha_n y + C'_{2n}\sinh\alpha_n y + C'_{3n}y\cosh\alpha_n y + C'_{4n}y\sinh\alpha_n y)\end{aligned} \tag{4.56}$$

式(4.56)满足相容方程式(4.50)。必要时还可以加上多项式。

不计体力时，对应的应力分量表达式是

$$\sigma_x = \frac{\partial^2 \varphi}{\partial y^2} = \sum_{n=1}^{\infty} \alpha_n^2 \sin\alpha_n x \left[\left(C_{2n} + \frac{2C_{3n}}{\alpha_n} \right) \sinh\alpha_n y + \left(C_{1n} + \frac{2C_{4n}}{\alpha_n} \right) \cosh\alpha_n y + C_{4n} y \sinh\alpha_n y + C_{3n} y \cosh\alpha_n y \right] + \sum_{n=1}^{\infty} \alpha_n^2 \cos\alpha_n x \left[\left(C'_{2n} + \frac{2C'_{3n}}{\alpha_n} \right) \sinh\alpha_n y + \left(C'_{1n} + \frac{2C'_{4n}}{\alpha_n} \right) \cosh\alpha_n y + C'_{4n} y \sinh\alpha_n y + C'_{3n} y \cosh\alpha_n y \right] \tag{4.57}$$

$$\sigma_y = \frac{\partial^2 \varphi}{\partial x^2} = \sum_{n=1}^{\infty} \alpha_n^2 \sin\alpha_n x \left(C_{1n} \cosh\alpha_n y + C_{2n} \sinh\alpha_n y + C_{3n} y \cosh\alpha_n y + C_{4n} y \sinh\alpha_n y \right) - \sum_{n=1}^{\infty} \cos\alpha_n x \left(C'_{1n} \cosh\alpha_n y + C'_{2n} \sinh\alpha_n y + C'_{3n} y \cosh\alpha_n y + C'_{4n} y \sinh\alpha_n y \right) \tag{4.58}$$

$$\tau_{xy} = -\frac{\partial^2 \varphi}{\partial x \partial y} = -\sum_{n=1}^{\infty} \alpha_n^2 \cos\alpha_n x \left[\left(C_{1n} + \frac{C_{4n}}{\alpha_n} \right) \sinh\alpha_n y + \left(C_{2n} + \frac{C_{3n}}{\alpha_n} \right) \cosh\alpha_n y + C_{3n} y \sinh\alpha_n y + C_{4n} y \cosh\alpha_n y \right] + \sum_{n=1}^{\infty} \alpha_n^2 \sin\alpha_n x \left[\left(C'_{1n} + \frac{C'_{4n}}{\alpha_n} \right) \sinh\alpha_n y + \left(C'_{2n} + \frac{C'_{3n}}{\alpha_n} \right) \cosh\alpha_n y + C'_{3n} y \sinh\alpha_n y + C'_{4n} y \cosh\alpha_n y \right] \tag{4.59}$$

显然，以上应力分量是满足平衡方程和相容方程的。其中的待定常数 C_{1n}，…，C'_{1n}，… 可由所求解的具体问题的边界条件而定。

【例 4.1】 一简支梁的中部上、下两表面，在 $2a$ 范围内对称地作用均布载荷 q_0，如图 4.4 所示。如此梁的厚度为一个单位，不计体力，试求其应力分量。

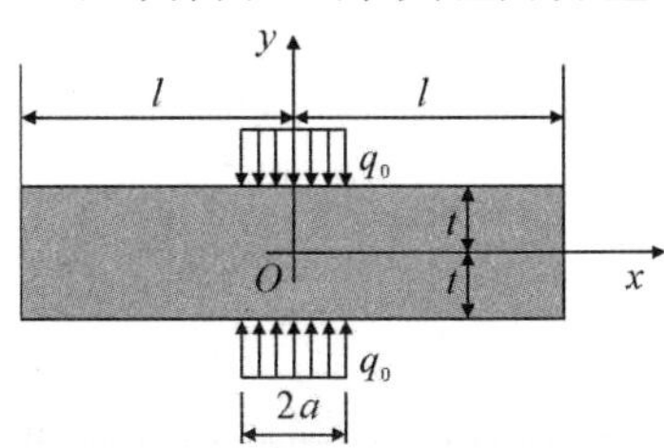

图 4.4　简支梁受对称均布力作用

解　首先将载荷展开为 Fourier 级数。上边界($y=t$)和下边界($y=-t$)的载荷均为

$$q(x) = A_0 + \sum_{n=1}^{\infty} A_n \cos\alpha_n x + \sum_{n=1}^{\infty} B_n \sin\alpha_n x \tag{4.60}$$

由于图示载荷对称于 Oy 轴，是 x 的偶函数，故展开式(4.60)中正弦项的系数 $B_n=0$。根据高等数学中的 Fourier 级数理论，其余展开系数为

$$\left.\begin{aligned} A_0 &= \frac{1}{2l}\int_{-l}^{l} q(x)\mathrm{d}x = -\frac{q_0 a}{l} \\ A_n &= \frac{1}{l}\int_{-l}^{l} q(x)\cos\alpha_n x\,\mathrm{d}x = -\frac{2q_0}{\alpha_n l}\sin\alpha_n a \end{aligned}\right\} \tag{4.61}$$

于是，上边界上的载荷为

$$q(x) = -\frac{q_0 a}{l} - \sum_{n=1}^{\infty} \frac{2q_0}{\alpha_n l} \sin\alpha_n a \cos\alpha_n x \tag{4.62}$$

下边界也有相同的表达式。

由 $q(x)$ 表达式，此问题可理解为上、下边界分别作用均布载荷 $A_0 = -q_0 a/l$ 再加上后面的三角级数所表示的载荷。于是，可以分别计算每一部分载荷所产生的应力，而后叠加。

当上、下边界作用均布压缩载荷 $-q_0 a/l$ 时，相应的应力分量为

$$\sigma_x = 0, \quad \sigma_y = -\frac{qa}{l}, \quad \tau_{xy} = 0 \tag{4.63}$$

至于由余弦级数表示的载荷所产生的应力分量，可选取应力函数式(4.56)中的余弦部分作为此问题的应力函数，即取

$$\varphi = \sum_{n=1}^{\infty} \cos\alpha_n x \,(C'_{1n} \cosh\alpha_n y + C'_{2n} \sinh\alpha_n y + C'_{3n} y \cosh\alpha_n y + C'_{4n} y \sinh\alpha_n y) \tag{4.64}$$

相应的应力分量为

$$\begin{aligned}\sigma_x = & \sum_{n=1}^{\infty} \cos\alpha_n x \,[C'_{1n}\alpha_n^2 \cosh\alpha_n y + C'_{2n}\alpha_n^2 \sinh\alpha_n y + C'_{3n}\alpha_n \\ & (2\sinh\alpha_n y + \alpha_n y \cosh\alpha_n y) + C'_{4n}\alpha_n (2\cosh\alpha_n y + \alpha_n y \sinh\alpha_n y)]\end{aligned} \tag{4.65}$$

$$\sigma_y = -\sum_{n=1}^{\infty} \alpha_n^2 \cos\alpha_n x \,(C'_{1n} \cosh\alpha_n y + C'_{2n} \sinh\alpha_n y + C'_{3n} y \cosh\alpha_n y + C'_{4n} y \sinh\alpha_n y) \tag{4.66}$$

$$\begin{aligned}\tau_{xy} = & \sum_{n=1}^{\infty} \alpha_n \sin\alpha_n x \,[C'_{1n}\alpha_n \sinh\alpha_n y + C'_{2n}\alpha_n \cosh\alpha_n y + \\ & C'_{3n}(2\cosh\alpha_n y + \alpha_n y \sinh\alpha_n y) + C'_{4n}(2\sinh\alpha_n y + \alpha_n y \cosh\alpha_n y)]\end{aligned} \tag{4.67}$$

将上、下边界应力条件代入，即当 $y = \pm t$ 时

$$\tau_{xy} = 0, \quad \sigma_y = q(x) = -\sum_{n=1}^{\infty} \frac{2q_0}{\alpha_n l} \sin\alpha_n a \cos\alpha_n x$$

代入应力分量(4.66)和(4.67)，可得

$$\left.\begin{aligned} & C'_{2n} = C'_{3n} = 0 \\ & C'_{1n} = \frac{4q_0 \sin\alpha_n a}{\alpha_n^3 l} \frac{\sinh\alpha_n t + \alpha_n t \cosh\alpha_n t}{\sinh 2\alpha_n t + 2\alpha_n t} \\ & C'_{4n} = -\frac{4q_0 \sin\alpha_n a}{\alpha_n^3 l} \frac{\alpha_n \sinh\alpha_n t}{\sinh 2\alpha_n t + 2\alpha_n t} \end{aligned}\right\} \tag{4.68}$$

将上面系数表达式代入应力分量式(4.65)～式(4.67)，即得相应的应力分量；再加上式(4.63)中因均布载荷而产生的应力，可得到梁内的应力场。例如，σ_y 的表达式为

$$\begin{aligned}\sigma_y = & -\frac{qa}{l} - \frac{4q_0}{\pi} \sum_{n=1}^{\infty} \frac{\sin\alpha_n a}{n(\sinh 2\alpha_n t + 2\alpha_n t)} \\ & [(\sinh\alpha_n t + \alpha_n t \cosh\alpha_n t)\cosh\alpha_n y - \alpha_n y \sinh\alpha_n t \sinh\alpha_n y] \cos\alpha_n x\end{aligned} \tag{4.69}$$

其他应力分量读者可自己练习写出。

习　题

1. 试验证应力函数

$$\varphi=\frac{3P}{4c}\left(xy-\frac{xy^3}{3c^2}\right)+\frac{N}{4c}y^2$$

可以近似解决图 4.5 所示的悬臂长梁端部受集中力作用的问题。

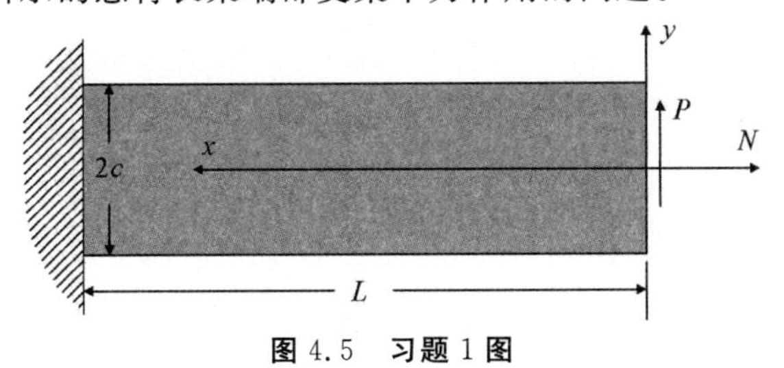

图 4.5　习题 1 图

2. 用应力函数

$$\varphi=c_1xy+c_2\frac{x^3}{6}+c_3\frac{x^3y}{6}+c_4\frac{xy^3}{6}+c_5\frac{x^3y^3}{9}+c_6\frac{xy^5}{20}$$

解决图 4.6 所示的问题。验证该应力函数可以满足所有边界条件，并确定各常数和应力分量。

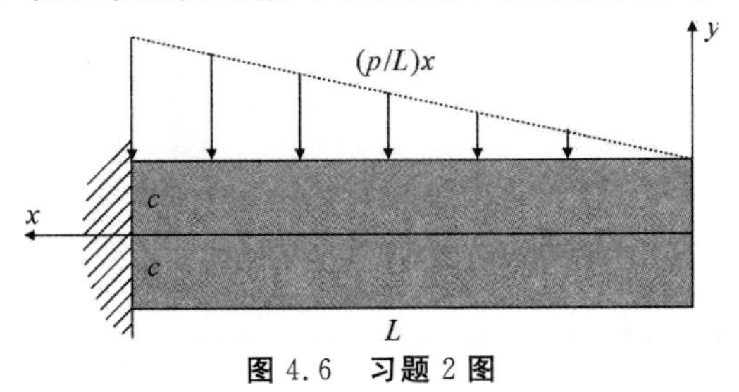

图 4.6　习题 2 图

3. 如图 4.7 所示，悬臂长梁上表面受分布力 $q(x)=\tau_0x/l$ 作用。取应力函数为

$$\varphi=c_1y^2+c_2y^3+c_3y^4+c_4y^5+c_5x^2+c_6x^2y+c_7x^2y^2+c_8x^2y^3$$

试确定各常数和应力分量。

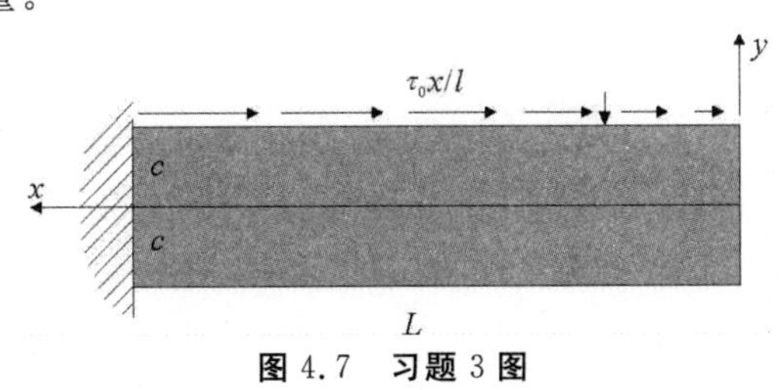

图 4.7　习题 3 图

4. 如图 4.8 所示的等厚度、三角形薄板，上边受均布力作用。验证应力函数

$$\varphi=\frac{p\cot\alpha}{2(1-\alpha\cot\alpha)}\left[-x^2\tan\alpha+xy+(x^2+y^2)\left(\alpha-\arctan\frac{y}{x}\right)\right]$$

可以解决此问题。当 $\alpha=30°$ 时，求出截面 AB 上的正应力和切应力，并给出该截面上的 σ_x-y、σ_y-y 和 $\tau_{xy}-y$ 曲线[横坐标可用 $y/(L\tan\alpha)$ 表示]。

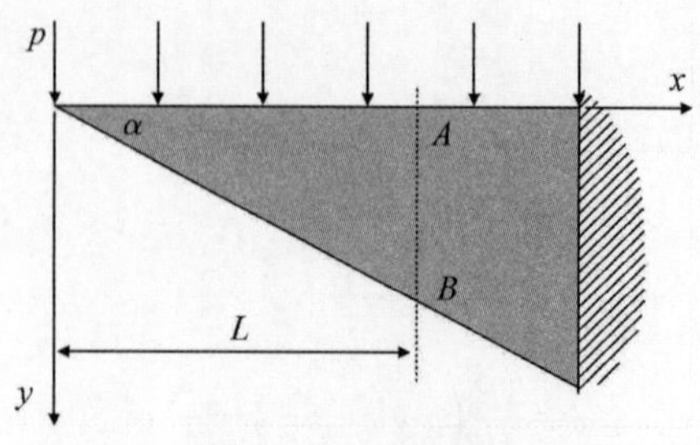

图 4.8 习题 4 图

5. 图 4.9 所示悬臂梁受均布载荷 q 作用，求应力分量。提示：假定 σ_y 和 x 无关。

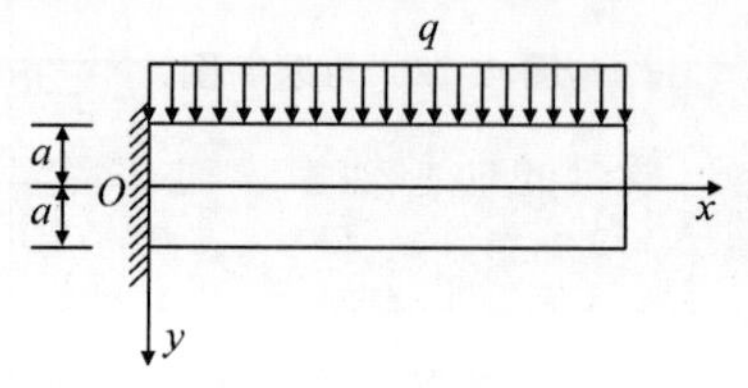

图 4.9 习题 5 图

6. 如图 4.10 所示，下端固支的矩形截面立柱厚度为 1，上端作用集中力 P，右侧受均布剪力 q 作用。不计体力，并假设 $l \gg h$。试求应力分量。［提示：可假设 $\sigma_x = 0$ 或 $\tau_{xy} = f(x)$］

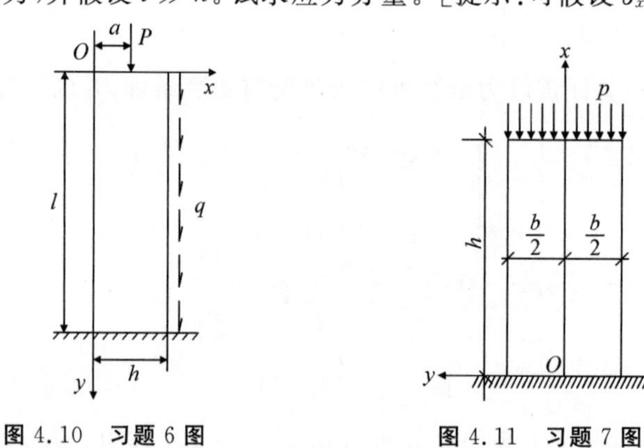

图 4.10 习题 6 图　　图 4.11 习题 7 图

7. 如图 4.11 所示，z 方向（垂直于板面）很长的直角六面体，上边界受均匀压力 p 作用，底部放置在绝对刚性与光滑的基础上。不计自重，且 $h >> b$。试选取适当的应力函数解此问题，求出相应的应力分量。［提示：可假设 $\sigma_x = 0$ 或 $\tau_{xy} = f(x)$］

8. 如图 4.12 所示，简支梁上表面受按正弦分布的载荷。试用 Fourier 级数法求其应力和位移。

提示：应力边界条件为

$$\sigma_x(0,y) = \sigma_x(l,y) = 0$$

$$\tau_{xy}(x,\pm c) = 0$$

$$\sigma_y(x,-c) = 0$$

$$\sigma_y(x,c) = -q_o\sin(\pi x/l)$$

$$\int_{-c}^{c}\tau_{xy}(0,y)\mathrm{d}y = -q_o l/\pi$$

$$\int_{-c}^{c}\tau_{xy}(l,y)\mathrm{d}y = q_o l/\pi$$

简支条件取 $u(0,0) = v(0,0) = v(l,0) = 0$ 。

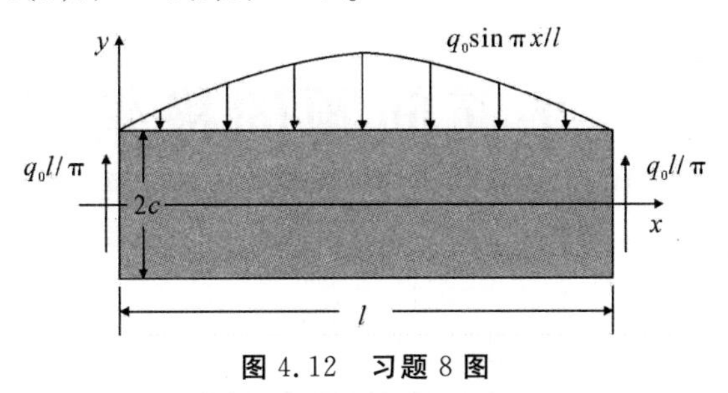

图 4.12　习题 8 图

9. 设有受纯弯的等截面直梁，取梁的形心轴为 x 轴，弯矩所在的主平面为 Oxy 平面。试证下述位移分量是该问题的解：

$$u = \frac{M}{EI}xy + \omega_y z - \omega_z y + u_0$$

$$v = -\frac{M}{2EI}(x^2 + vy^2 - vz^2) + \omega_z x - \omega_x z + v_0$$

$$w = -\frac{vM}{EI}yz + \omega_x y - \omega_y x + w_0$$

提示：在梁的端面上，按圣维南原理，已知面力的边界条件可以放松为

$$\int_A \sigma_x \mathrm{d}A = 0,\ \int_A \sigma_x z\mathrm{d}A = 0,\ \int_A \sigma_x y\mathrm{d}A = M$$

式中：A 是梁的横截面。

10. 设一等截面梁受轴向拉力 p 作用，梁的横截面积为 A，求应力分量和位移分量。设 z 轴和梁的轴线重合，原点取在梁长的一半处，并设在原点处，$u = v = w = 0$，且

$$\frac{\partial u}{\partial z} = \frac{\partial v}{\partial z} = \frac{\partial v}{\partial x} = 0$$

第 5 章　平面问题的极坐标解法

5.1　极坐标表示的基本方程

对于圆形或部分圆形(扇形、契形等)的物体,在极坐标系(r, θ)中求解比较方便。极坐标(r, θ)与直角坐标(x, y)之间的关系为

$$\left.\begin{aligned} x &= r\cos\theta \\ y &= r\sin\theta \end{aligned}\right\} \tag{5.1}$$

或

$$\left.\begin{aligned} r^2 &= x^2 + y^2 \\ \theta &= \arctan\frac{y}{x} \end{aligned}\right\} \tag{5.2}$$

下面推导极坐标平面问题的基本微分方程。

5.1.1　平衡微分方程

根据极坐标的特点,用两个同心柱面和通过垂直轴 Oz 的两个平面从物体内取出一微小单元体,如图 5.1 所示。设单元体厚度为 1 个单位。沿 r 方向的正应力称为径向正应力,用 σ_r 表示;沿 θ 方向的正应力称为周向正应力或切向正应力,用 σ_θ表示;剪应力用 $\tau_{r\theta}$及 $\tau_{\theta r}$ 表示。根据剪应力互等性,$\tau_{r\theta}=\tau_{\theta r}$。各应力分量的正负号规定和直角坐标系中相同(图中的应力分量都是正值)。径向和周向的体力分量分别用 f_r 及 f_θ表示。

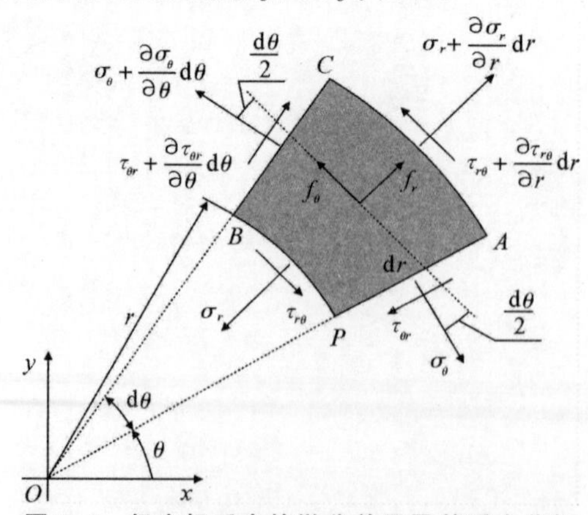

图 5.1　极坐标系中的微分单元及其受力分析

与直角坐标中相似，单元体各面上的应力分量，随坐标(r,θ)的变化而不同。由于单元体的厚度为 1，于是 PB 及 AC 面的面积分别等于 $r\mathrm{d}\theta$ 及 $(r+\mathrm{d}r)\mathrm{d}\theta$，$PA$ 及 BC 面的面积均为 $\mathrm{d}r$，单元体的体积等于 $r\mathrm{d}\theta\mathrm{d}r$（见图 5.1）。将单元体所受的力投影到通过其中心的径向轴上，可列出单元体径向平衡方程为

$$\left(\sigma_r+\frac{\partial\sigma_r}{\partial r}\mathrm{d}r\right)(r+\mathrm{d}r)\mathrm{d}\theta-\sigma_r r\mathrm{d}\theta-\left(\sigma_\theta+\frac{\partial\sigma_\theta}{\partial\theta}\mathrm{d}\theta\right)\mathrm{d}r\sin\frac{\mathrm{d}\theta}{2}-$$
$$\sigma_\theta\mathrm{d}r\sin\frac{\mathrm{d}\theta}{2}+\left(\tau_{\theta r}+\frac{\partial\tau_{\theta r}}{\partial\theta}\mathrm{d}\theta\right)\mathrm{d}r\cos\frac{\mathrm{d}\theta}{2}-\tau_{\theta r}\mathrm{d}r\cos\frac{\mathrm{d}\theta}{2}+f_r r\mathrm{d}\theta\mathrm{d}r=0 \tag{5.3}$$

由于 $\mathrm{d}\theta$ 是微小的，可取

$$\cos\frac{\mathrm{d}\theta}{2}\approx1,\quad \sin\frac{\mathrm{d}\theta}{2}\approx\frac{\mathrm{d}\theta}{2}$$

于是式(5.3)变为

$$\frac{\partial\sigma_r}{\partial r}+\frac{1}{r}\frac{\partial\tau_{\theta r}}{\partial\theta}+\frac{\sigma_r-\sigma_\theta}{r}+f_r=0$$

采用同样的方法，可以列出单元体在周向的平衡方程。与径向的平衡方程写在一起，得

$$\left.\begin{aligned}&\frac{\partial\sigma_r}{\partial r}+\frac{1}{r}\frac{\partial\tau_{\theta r}}{\partial\theta}+\frac{\sigma_r-\sigma_\theta}{r}+f_r=0\\&\frac{1}{r}\frac{\partial\sigma_\theta}{\partial\theta}+\frac{\partial\tau_{r\theta}}{\partial r}+\frac{2\tau_{r\theta}}{r}+f_\theta=0\end{aligned}\right\} \tag{5.4}$$

式(5.4)即为极坐标系下的平面问题的平衡微分方程。

5.1.2　几何方程

在极坐标中，用 ε_r 和 ε_θ 分别表示径向和周向正应变，用 $\gamma_{r\theta}$ 表示剪应变，用 u 和 v 分别表示径向和周向位移。

设单元体 $PACB$ 变形后到达 $P'A'C'B'$ 的位置，如图 5.2 所示。将角点 P、A 和 B 的位移分别作径向和周向分解，如 P 点位移

$$\overrightarrow{PP'}=\overrightarrow{PP_1}+\overrightarrow{P_1P'}$$

其余类同。OP'的延长线交 A_1A' 于 A_3。$P'A_2$ 平行于 P_1A_1（因此，$P'A_2=P_1A_1$）。半径为 OP' 的弧交 BB_1 于 B_2，且与点 B' 至该弧的垂线交于 B_3。设 P 点的径向和周向位移为 u 和 v，$PA=\mathrm{d}r$。考虑到 $\mathrm{d}\theta$ 为小量，可得各应变分量

$$\varepsilon_r=\frac{P'A'-PA}{PA}\approx\frac{P_1A_1-PA}{PA}=\frac{AA_1-PP_1}{PA}=\frac{u+\frac{\partial u}{\partial r}\mathrm{d}r-u}{\mathrm{d}r}=\frac{\partial u}{\partial r} \tag{5.5}$$

$$\varepsilon_\theta=\frac{P'B'-PB}{PB}\approx\frac{P'B_2+B_1B'-PB}{PB}$$
$$=\frac{[(r+u)\mathrm{d}\theta]-v+\left(v+\frac{\partial v}{\partial\theta}\mathrm{d}\theta\right)-r\mathrm{d}\theta}{r\mathrm{d}\theta}=\frac{1}{r}\frac{\partial v}{\partial\theta}+\frac{u}{r} \tag{5.6}$$

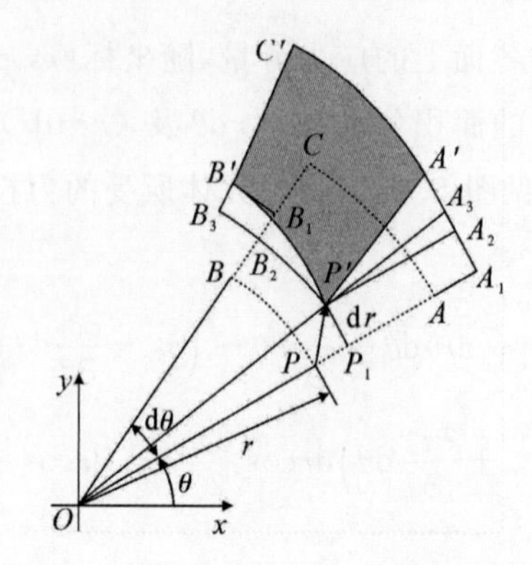

图 5.2　极坐标系中微分线段变形情况

在求切应变之前，先求两个角。

$$\angle A_3P'A' \approx \frac{A_2A'-A_2A_3}{P'A_2}=\frac{A_2A'}{P'A_2}-\frac{P_1P'}{OP_1}=\frac{\dfrac{\partial v}{\partial r}\mathrm{d}r}{dr+\dfrac{\partial u}{\partial r}dr}-\frac{v}{r+u}=\frac{\partial v}{\partial r}-\frac{v}{r}$$

$$\angle B_3P'B' \approx \frac{B_3B'}{P'B_3}=\frac{BB_1-PP_1}{P'B_3}=\frac{u+\dfrac{\partial u}{\partial \theta}\mathrm{d}\theta-u}{(r+u)d\theta+\dfrac{\partial v}{\partial \theta}d\theta}=\frac{1}{r}\frac{\partial u}{\partial \theta}$$

根据切应变的定义

$$\gamma_{r_\theta}=\angle A_3P'A'+\angle B_3P'B'=\frac{\partial v}{\partial r}-\frac{v}{r}+\frac{1}{r}\frac{\partial u}{\partial \theta} \tag{5.7}$$

综合式(5.5)～式(5.7)，可得极坐标下的几何方程为

$$\left.\begin{aligned}\varepsilon_r&=\frac{\partial u}{\partial r}\\ \varepsilon_\theta&=\frac{u}{r}+\frac{1}{r}\frac{\partial v}{\partial \theta}\\ \gamma_{r_\theta}&=\frac{1}{r}\frac{\partial u}{\partial \theta}+\frac{\partial v}{\partial r}-\frac{v}{r}\end{aligned}\right\} \tag{5.8}$$

5.1.3　物理方程

由于局部一点的坐标是正交坐标系，所以极坐标系和直角坐标系的物理方程具有相同的形式，只要将直角坐标系的公式中的 x，y 分别换成 r，θ 即可。

对于平面应力问题，有

$$\left.\begin{aligned}\varepsilon_r&=\frac{1}{E}(\sigma_r-\mu\sigma_\theta)\\ \varepsilon_\theta&=\frac{1}{E}(\sigma_\theta-\mu\sigma_r)\\ \gamma_{r\theta}&=\frac{1}{G}\tau_{r\theta}=\frac{2(1+\mu)}{E}\tau_{r\theta}\end{aligned}\right\} \tag{5.9}$$

对于平面应变问题，有

$$\left.\begin{aligned}\varepsilon_r &= \frac{1-\mu^2}{E}\left(\sigma_r - \frac{\mu}{1-\mu}\sigma_\theta\right)\\ \varepsilon_\theta &= \frac{1-\mu^2}{E}\left(\sigma_\theta - \frac{\mu}{1-\mu}\sigma_r\right)\\ \gamma_{r\theta} &= \frac{2(1+\mu)}{E}\tau_{r\theta}\end{aligned}\right\} \tag{5.10}$$

5.1.4　应力函数和相容方程

采用类似推导直角坐标系相容方程的方法，不难由式(5.8)消去位移分量 u_r，v_θ，得出以应变分量表示的极坐标中的相容方程，

$$\left(\frac{\partial^2}{\partial r^2}+\frac{2}{r}\frac{\partial}{\partial r}\right)\varepsilon_\theta+\left(\frac{1}{r^2}\frac{\partial^2}{\partial\theta^2}-\frac{1}{r}\frac{\partial}{\partial r}\right)\varepsilon_r=\left(\frac{1}{r^2}\frac{\partial}{\partial\theta}+\frac{1}{r}\frac{\partial^2}{\partial r\partial\theta}\right)\gamma_{r\theta} \tag{5.11}$$

由直角坐标系和极坐标系中 Laplace 算子的变换关系：

$$\nabla^2=\frac{\partial^2}{\partial x^2}+\frac{\partial^2}{\partial y^2}=\frac{\partial^2}{\partial r^2}+\frac{1}{r}\frac{\partial}{\partial r}+\frac{1}{r^2}\frac{\partial^2}{\partial\theta^2}$$

即可得到体力为零时，用应力函数 $\varphi(r,\ \theta)$ 表示的相容方程：

$$\left(\frac{\partial^2}{\partial r^2}+\frac{1}{r}\frac{\partial}{\partial r}+\frac{1}{r^2}\frac{\partial^2}{\partial\theta^2}\right)^2\varphi=0 \tag{5.12}$$

不计体力时，用应力函数表示的应力分量为

$$\left.\begin{aligned}\sigma_r &= \frac{1}{r}\frac{\partial\varphi}{\partial r}+\frac{1}{r^2}\frac{\partial^2\varphi}{\partial\theta^2}\\ \sigma_\theta &= \frac{\partial^2\varphi}{\partial r^2}\\ \tau_{r\theta} &= -\frac{1}{r}\frac{\partial^2\varphi}{\partial r\partial\theta}+\frac{1}{r^2}\frac{\partial\varphi}{\partial\theta}=-\frac{\partial}{\partial r}\left(\frac{1}{r}\frac{\partial\varphi}{\partial\theta}\right)\end{aligned}\right\} \tag{5.13}$$

容易证明，当体力 $f_r=f_\theta=0$ 时，这些应力分量能满足平衡微分方程式(5.4)。

综上可知，当体力可以不计时，用极坐标求解平面问题，只需从相容方程式(5.12)中解出应力函数 $\varphi(r,\ \theta)$，然后由式(5.13)求出应力分量，并使其满足位移单值条件和应力边界条件。

5.2　应力分量的坐标变换式

表示两个坐标系中应力分量之间的关系式，称为应力分量的坐标变换式。下面通过三角形单元体的平衡条件导出用极坐标应力分量 σ_r，σ_θ，$\tau_{r\theta}$ 表示直角坐标应力分量 σ_x，σ_y，τ_{xy} 的表达式。

在弹性体中取一三角形微元体 A，如图 5.3(a)所示，其厚度为一个单位。它的 ab 边及 ac 边分别沿 r 及 θ 方向，bc 边沿 y 方向，各边上作用的应力如图 5.3 所示。令 bc 边的长度为 ds，则 ab 边及 ac 边的长度分别为 $ds\sin\theta$ 及 $ds\cos\theta$ 。

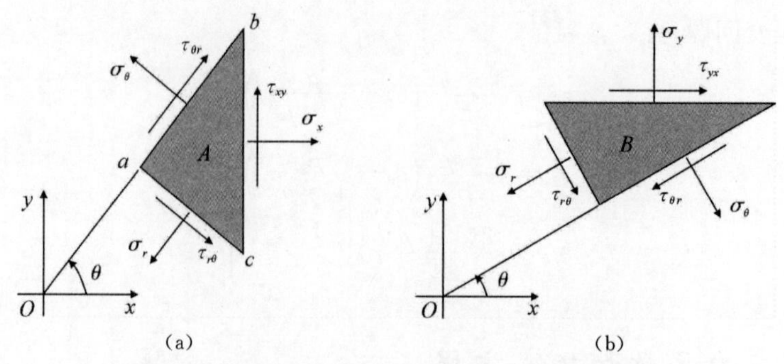

图 5.3　极坐标和直角坐标系中应力分量的变换

由三角形微元体 A 的平衡条件$\sum F_x = 0$,可得

$$\sigma_x \mathrm{d}s - \sigma_r \mathrm{d}s \cos^2\theta - \sigma_\theta \mathrm{d}s \sin^2\theta + \tau_{\theta r} \mathrm{d}s\sin\theta\cos\theta + \tau_{r\theta} \mathrm{d}s\sin\theta\cos\theta = 0$$

考虑到 $\tau_{r\theta} = \tau_{\theta r}$,可得

$$\sigma_x = \sigma_r \cos^2\theta + \sigma_\theta \sin^2\theta - 2\tau_{r\theta} \sin\theta\cos\theta \tag{5.14}$$

同理,取微元体 A 的平衡条件$\sum F_y = 0$,可得

$$\tau_{xy} = (\sigma_r - \sigma_\theta)\sin\theta\cos\theta + \tau_{r\theta}(\cos^2\theta - \sin^2\theta) \tag{5.15}$$

另取三角形微元体 B,如图 5.3(b)所示。根据它的平衡条件$\sum F_y = 0$,可与上面相似地得到

$$\sigma_y = \sigma_r \sin^2\theta + \sigma_\theta \cos^2\theta + 2\tau_{r\theta} \sin\theta\cos\theta \tag{5.16}$$

综上,可得应力分量由极坐标向直角坐标的变换式为

$$\left.\begin{aligned} \sigma_x &= \sigma_r \cos^2\theta + \sigma_\theta \sin^2\theta - 2\tau_{r\theta} \sin\theta\cos\theta \\ \sigma_y &= \sigma_r \sin^2\theta + \sigma_\theta \cos^2\theta + 2\tau_{r\theta} \sin\theta\cos\theta \\ \tau_{xy} &= (\sigma_r - \sigma_\theta)\sin\theta\cos\theta + \tau_{r\theta}(\cos^2\theta - \sin^2\theta) \end{aligned}\right\} \tag{5.17}$$

利用初等的三角公式,可将式(5.17)改写为

$$\left.\begin{aligned} \sigma_x &= \frac{\sigma_r + \sigma_\theta}{2} + \frac{\sigma_r - \sigma_\theta}{2}\cos 2\theta - \tau_{r\theta} \sin 2\theta \\ \sigma_y &= \frac{\sigma_r + \sigma_\theta}{2} - \frac{\sigma_r - \sigma_\theta}{2}\cos 2\theta + \tau_{r\theta} \sin 2\theta \\ \tau_{xy} &= \frac{\sigma_r - \sigma_\theta}{2}\sin 2\theta + \tau_{r\theta} \cos 2\theta \end{aligned}\right\} \tag{5.18}$$

采用类似的方法,可导出应力分量由直角坐标向极坐标的变换式为

$$\left.\begin{aligned} \sigma_r &= \sigma_x \cos^2\theta + \sigma_y \sin^2\theta + 2\tau_{xy} \sin\theta\cos\theta \\ \sigma_\theta &= \sigma_x \sin^2\theta + \sigma_y \cos^2\theta - 2\tau_{xy} \sin\theta\cos\theta \\ \tau_{r\theta} &= (\sigma_y - \sigma_x)\sin\theta\cos\theta + \tau_{xy}(\cos^2\theta - \sin^2\theta) \end{aligned}\right\} \tag{5.19}$$

或

$$\left.\begin{aligned} \sigma_r &= \frac{\sigma_x + \sigma_y}{2} + \frac{\sigma_x - \sigma_y}{2}\cos 2\theta + \tau_{xy} \sin 2\theta \\ \sigma_\theta &= \frac{\sigma_x + \sigma_y}{2} - \frac{\sigma_x - \sigma_y}{2}\cos 2\theta - \tau_{xy} \sin 2\theta \\ \tau_{r\theta} &= \frac{\sigma_y - \sigma_x}{2}\sin 2\theta + \tau_{xy} \cos 2\theta \end{aligned}\right\} \tag{5.20}$$

5.3　轴对称应力问题

如物体的形状和所承受的外力都对称于中心轴 Oz,此时其应力和应变分量将只是 r 的函数。采用逆解法,可假设应力函数 φ 只是径向坐标 r 的函数,即

$$\varphi = \varphi(r)$$

此时,相容方程式(5.12)变为

$$\left(\frac{\mathrm{d}^2}{\mathrm{d}r^2} + \frac{1}{r}\frac{\mathrm{d}}{\mathrm{d}r}\right)^2 \varphi = 0$$

展开得

$$\frac{\mathrm{d}^4\varphi}{\mathrm{d}r^4} + \frac{2}{r}\frac{\mathrm{d}^3\varphi}{\mathrm{d}r^3} - \frac{1}{r^2}\frac{\mathrm{d}^2\varphi}{\mathrm{d}r^2} + \frac{1}{r^3}\frac{\mathrm{d}\varphi}{\mathrm{d}r} = 0 \tag{5.21}$$

这是一个齐次的变系数常微分方程。可以引入变换式 $r = \mathrm{e}^t$将它变换为常系数的微分方程。由 $r=\mathrm{e}^t$,得 $t=\ln r$,于是有

$$\frac{\mathrm{d}\varphi}{\mathrm{d}r} = \frac{\mathrm{d}\varphi}{\mathrm{d}t}\frac{\mathrm{d}t}{\mathrm{d}r} = \frac{1}{r}\frac{\mathrm{d}\varphi}{\mathrm{d}t}$$

类似可得

$$\frac{\mathrm{d}^2\varphi}{\mathrm{d}r^2} = \frac{1}{r^2}\left(\frac{\mathrm{d}^2\varphi}{\mathrm{d}t^2} - \frac{\mathrm{d}\varphi}{\mathrm{d}t}\right)$$

$$\frac{\mathrm{d}^3\varphi}{\mathrm{d}r^3} = \frac{1}{r^3}\left(\frac{\mathrm{d}^3\varphi}{\mathrm{d}t^3} - 3\frac{\mathrm{d}^2\varphi}{\mathrm{d}t^2} + 2\frac{\mathrm{d}\varphi}{\mathrm{d}t}\right)$$

$$\frac{\mathrm{d}^4\varphi}{\mathrm{d}r^4} = \frac{1}{r^4}\left(\frac{\mathrm{d}^4\varphi}{\mathrm{d}t^4} - 6\frac{\mathrm{d}^3\varphi}{\mathrm{d}t^3} + 11\frac{\mathrm{d}^2\varphi}{\mathrm{d}t^2} - 6\frac{\mathrm{d}\varphi}{\mathrm{d}t}\right)$$

将以上四式代入式(5.21),并乘以 r^4,可得常系数常微分方程为

$$\frac{\mathrm{d}^4\varphi}{\mathrm{d}r^4} - 4\frac{\mathrm{d}^3\varphi}{\mathrm{d}t^3} + 4\frac{\mathrm{d}^2\varphi}{\mathrm{d}t^2} = 0 \tag{5.22}$$

其特征方程为

$$\lambda^4 - 4\lambda^3 + 4\lambda^2 = 0$$

显然,微分方程式(5.22)有两对重根 $\lambda_1 = \lambda_2 = 0$ 以及 $\lambda_3 = \lambda_4 = 2$。它的通解为

$$\varphi = At + Bt\,\mathrm{e}^{2t} + C\mathrm{e}^{2t} + D$$

注意到 $t = \ln r$,即得式(5.21)的通解为

$$\varphi = A\ln r + Br^2\ln r + Cr^2 + D \tag{5.23}$$

式中:A,B,C,D 是任意常数。

将式(5.23)代入式(5.13),得应力分量表达式为

$$\left.\begin{aligned}
\sigma_r &= \frac{A}{r^2} + B(1 + 2\ln r) + 2C \\
\sigma_\theta &= -\frac{A}{r^2} + B(3 + 2\ln r) + 2C \\
\tau_{r\theta} &= \tau_{\theta r} = 0
\end{aligned}\right\} \tag{5.24}$$

因为正应力分量只是 r 的函数,而剪应力等于零,所以应力状态是对称于通过 Oz 轴的任一平面的,即绕 Oz 轴对称,故称这种应力为轴对称应力。

对于平面应力的情况,将式(5.24)代入物理方程式(5.9),得应变分量

$$\left.\begin{aligned}\varepsilon_r &= \frac{1}{E}\left[(1+\mu)\frac{A}{r^2}+(1-3\mu)B+2(1-\mu)B\ln r+2(1-\mu)C\right]\\ \varepsilon_\theta &= \frac{1}{E}\left[-(1+\mu)\frac{A}{r^2}+(3-\mu)B+2(1-\mu)B\ln r+2(1-\mu)C\right]\\ \gamma_{r\theta} &= 0\end{aligned}\right\} \tag{5.25}$$

可见,应变也是轴对称的。将这些应变分量的表达式代入几何方程式(5.8),得

$$\left.\begin{aligned}&\frac{\partial u}{\partial r}=\frac{1}{E}\left[(1+\mu)\frac{A}{r^2}+(1-3\mu)B+2(1-\mu)B\ln r+2(1-\mu)C\right]\\ &\frac{u}{r}+\frac{1}{r}\frac{\partial v}{\partial \theta}=\frac{1}{E}\left[-(1+\mu)\frac{A}{r^2}+(3-\mu)B+2(1-\mu)B\ln r+2(1-\mu)C\right]\\ &\frac{1}{r}\frac{\partial u}{\partial \theta}+\frac{\partial v}{\partial r}-\frac{v}{r}=0\end{aligned}\right\} \tag{5.26}$$

由式(5.26)中第一式积分得

$$u=\frac{1}{E}\left[-(1+\mu)\frac{A}{r}+2(1-\mu)Br(\ln r-1)+(1-3\mu)Br+2(1-\mu)Cr\right]+f(\theta) \tag{5.27}$$

式中:$f(\theta)$ 是 θ 的任意函数。由式(5. 26)中的第二式可得

$$\frac{\partial v}{\partial \theta}=\frac{r}{E}\left[-(1+\mu)\frac{A}{r^2}+2(1-\mu)B\ln r+(3-\mu)B+2(1-\mu)C\right]-u$$

将式(5.27)代入上式,得

$$\frac{\partial v}{\partial \theta}=\frac{4Br}{E}-f(\theta)$$

积分以后得

$$v=\frac{4Br\theta}{E}-\int f(\theta)\mathrm{d}\theta+g(r) \tag{5.28}$$

式中:$g(r)$ 是 r 的任意函数。再将式(5.27)及式(5.28)代入式(5.26)中的第三式,可得

$$\frac{1}{r}f'(\theta)+g'(r)+\frac{1}{r}\int f(\theta)\mathrm{d}\theta-\frac{g(r)}{r}=0$$

分开变量后为

$$g(r)-rg'(r)=f'(\theta)+\int f(\theta)\mathrm{d}\theta$$

此方程等号左边为 r 的函数,而右边为 θ 的函数,因此两边必为同一常数 F,于是有

$$\left.\begin{aligned}g(r)-rg'(r)&=F\\ f'(\theta)+\int f(\theta)\mathrm{d}\theta&=F\end{aligned}\right\} \tag{5.29}$$

式(5.29)第一式的通解为

$$g(r)=Hr+F \tag{5.30}$$

式中:H 是任意常数。对第二式两边再微分一次,得到

$$f''+f=0$$

此方程的解为

$$f(\theta) = I\cos\theta + K\sin\theta \tag{5.31}$$

于是

$$\int f(\theta)\mathrm{d}\theta = F - f'(\theta) = F + I\sin\theta - K\cos\theta \tag{5.32}$$

将式(5.31)代入式(5.27)，并将式(5.32)及式(5.30)代入式(5.28)，得轴对称应力状态下的位移分量为

$$\left.\begin{aligned} u &= \frac{1}{E}\left[-(1+\mu)\frac{A}{r} + 2(1-\mu)Br(\ln r - 1) + (1-3\mu)Br + 2(1-\mu)Cr\right] + \\ &\quad I\cos\theta - K\sin\theta \\ v &= \frac{4Br\theta}{E} + Hr - I\sin\theta + K\cos\theta \end{aligned}\right\} \tag{5.33}$$

式中，共有 6 个积分常数 A,B,C,H,I,K。H,I,K 是求位移分量时产生的积分常数，表示刚体位移。

对于平面应变问题，只需把上述应变和位移分量公式中的 E 换成 $\frac{E}{1-\mu^2}$，μ 换为 $\frac{\mu}{1-\mu}$ 即可。

5.4　厚壁圆筒问题

厚壁圆筒在工业上用途很广，它属于典型的轴对称问题。

设有一厚壁圆筒，其内半径为 a，外半径为 b，受内压力 q_a 及外压力 q_b 作用，如图 5.4 所示。显然，应力分布是轴对称的。

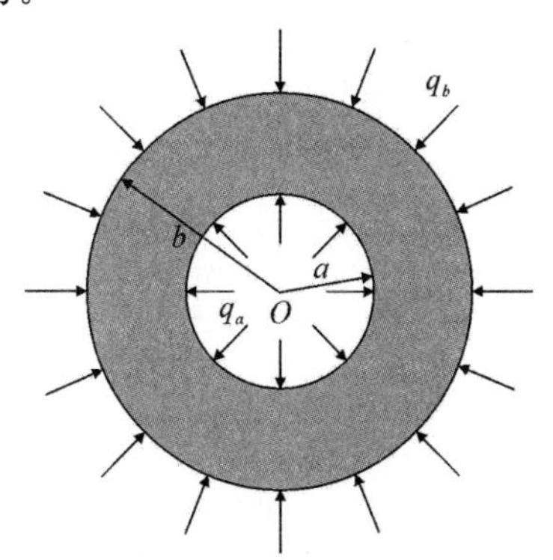

图 5.4　厚壁圆筒受内外压作用

内外边界均为应力边界，边界条件表达式为

$$\left.\begin{aligned} \sigma_r(a,\theta) &= -q_a, \quad \tau_{r\theta}(a,\theta) = 0 \\ \sigma_r(b,\theta) &= -q_b, \quad \tau_{r\theta}(b,\theta) = 0 \end{aligned}\right\} \tag{5.34}$$

结合应力分量表达式(5.24)可知，对正应力 σ_r 应有

$$\left.\begin{aligned} \frac{A}{a^2} + B(1+2\ln a) + 2C &= -q_a \\ \frac{A}{b^2} + B(1+2\ln b) + 2C &= -q_b \end{aligned}\right\} \tag{5.35}$$

切应力 $\tau_{r\theta}$ 条件能自然满足。由式(5.35)中的两个方程不能确定三个常数 A，B，C 。因为厚壁圆筒是多连体，还要考虑位移单值条件。

由式(5.33)中周向位移表达式：

$$v=\frac{4Br\theta}{E}+Hr-I\sin\theta+K\cos\theta$$

周向位移的单值条件要求 $v(r,\theta)=v(r,\theta+2\pi)$。因此，必须要求 $B=0$。现令 $B=0$，即可由式(5.35)求得常数 A 和 $2C$，即

$$A=\frac{a^2b^2(q_b-q_a)}{b^2-a^2},\quad 2C=\frac{q_aa^2-q_bb^2}{b^2-a^2} \tag{5.36}$$

代入公式(5.24)，可得应力分量为

$$\left.\begin{aligned}\sigma_r&=-\frac{\dfrac{b^2}{r^2}-1}{\dfrac{b^2}{a^2}-1}q_a-\frac{1-\dfrac{a^2}{r^2}}{1-\dfrac{a^2}{b^2}}q_b\\ \sigma_\theta&=\frac{\dfrac{b^2}{r^2}+1}{\dfrac{b^2}{a^2}-1}q_a-\frac{1+\dfrac{a^2}{r^2}}{1-\dfrac{a^2}{b^2}}q_b\end{aligned}\right\} \tag{5.37}$$

由式(5.37)可知

$$\sigma_r+\sigma_\theta=\frac{2(a^2q_a-b^2q_b)}{b^2-a^2} \tag{5.38}$$

这说明，厚壁圆筒内部，任一点径向和轴向正应力之和为常值。

下面分析两种简单情况。

(1)如果只受内压 q_a 作用，即 $q_b=0$。式(5.37)简化为

$$\sigma_r=-\frac{\dfrac{b^2}{r^2}-1}{\dfrac{b^2}{a^2}-1}q_a,\quad \sigma_\theta=\frac{\dfrac{b^2}{r^2}+1}{\dfrac{b^2}{a^2}-1}q_a \tag{5.39}$$

可见，σ_r总是压应力，σ_θ总是拉应力。应力分布大致如图 5.5(a)所示。由于最大周向应力 $(\sigma_\theta)_{\max}$在内壁出现，其值总是大于 q_a，当 q_a 大于厚壁圆筒材料流动极限 σ_s时，在弹性设计中，提高壁厚是无济于事的。这时应采用预压力组合筒。

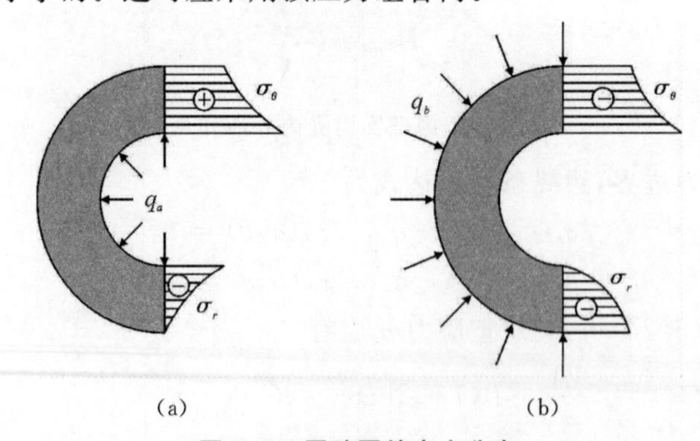

图 5.5　厚壁圆筒内力分布

当圆筒的外半径趋于无限大($b\to\infty$)时,相当于具有圆形孔道的无限大弹性体,或带圆孔的实体受内压,例如泵体。上面的解答成为

$$\sigma_r=-\frac{a^2}{r^2}q_a,\quad \sigma_\theta=\frac{a^2}{r^2}q_a,\quad \tau_{r\theta}=0 \tag{5.40}$$

其应力分布如图 5.6 所示。由于应力与 $(a/r)^2$ 成正比,在 r 远大于 a 之处,应力可以不计。这可作为 Saint-Venant 原理应用的实例。这是因为内压力是一个平衡力系。

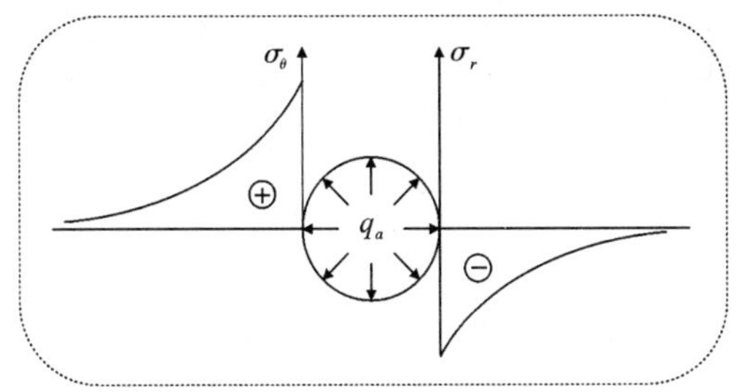

图 5.6　圆孔周边应力分布

(2)如果只受外压力 q_b 作用,内压力 $q_a=0$,式(5.37)将简化为

$$\sigma_r=-\frac{1-\frac{a^2}{r^2}}{1-\frac{a^2}{b^2}}q_b,\quad \sigma_\theta=-\frac{1+\frac{a^2}{r^2}}{1-\frac{a^2}{b^2}}q_b \tag{5.41}$$

可见,σ_r 和 σ_θ 总是压应力,应力分布大致如图 5.5(b)所示。

当圆筒的外径 $b\to\infty$ 时,式(5.41)中应力分量成为

$$\sigma_r=-\left(1-\frac{a^2}{r^2}\right)q_b,\quad \sigma_\theta=-\left(1+\frac{a^2}{r^2}\right)q_b \tag{5.42}$$

此应力场即为内圆孔边界无面力作用时的无限大平板,在平行板面的两个垂直方向上受大小相等的均布压力 $q_b=-q$ 作用时(见图 5.7)的应力分布。由式(5.42)可知,孔边应力最大值出现在孔边,有

$$\sigma_{\max}=(\sigma_\theta)_{\max}=\sigma_\theta(a,\theta)=-2q_b=2q$$

因此,此问题的应力集中因子 $\sigma_{\max}/q=2$。

特别地,当圆筒的内径为零时,相当于实心圆轴受外压作用,此时,$\sigma_r=\sigma_\theta=-q_b$。

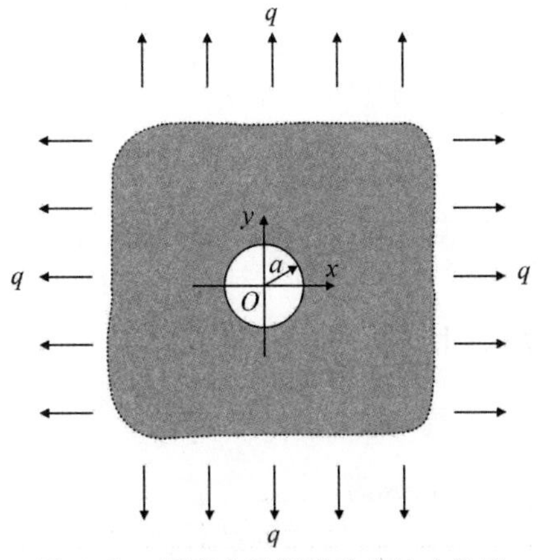

图 5.7　无限大平板受均布拉力作用

【例 5.1】 有一模具,由两个圆筒套合而成。外筒外半径为 c,内半径为 b,材料的弹性常数为 E_2 和 μ_2;内筒外半径为 $b+\delta$,内半径为 a,材料的弹性常数为 E_1 和 μ_1,其中 δ 为径向过盈量(见图 5.8)。试求两筒间的装配压力 q。

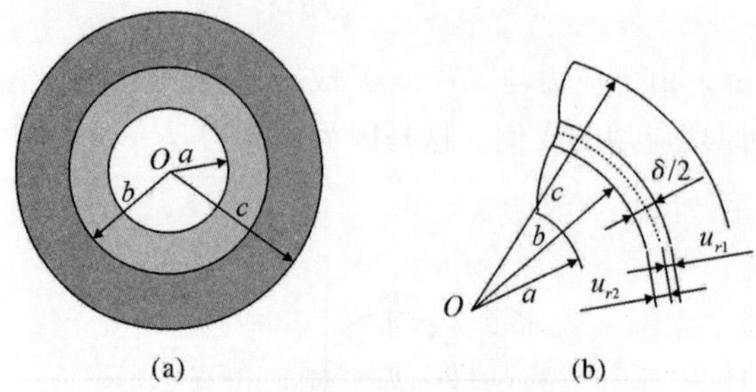

图 5.8 同心圆筒配合问题

解 由轴对称问题径向位移表达式(5.27),考虑到该问题属于轴对称问题,$B=0$ 及 $f(\theta)=0$,于是得径向位移为

$$u=\frac{1}{E}\left[-(1+\mu)\frac{A}{r}+2C(1-\mu)r\right]$$

将常数 A 和 $2C$ 用式(5.36)代替,得

$$u=\frac{1}{E}\left[(1+\mu)\frac{a^2b^2}{b^2-a^2}\frac{(q_a-q_b)}{r}+(1-\mu)\frac{a^2q_a-b^2q_b}{b^2-a^2}r\right] \tag{5.43}$$

式中:a, b 都是变形前的内、外半径(包含了公盈值)。因公盈值很小,在计算中取尺寸 b 时,可不计公盈值。

对内筒,将 $q_a=0$, $q_b=q$, $E=E_1$, $\mu=\mu_1$ 等代入式(5.43),可得内筒外半径 $r=b$ 处的径向位移为

$$u_{r1}=\frac{-bq}{E_1(b^2-a^2)}[(1+\mu_1)a^2+(1-\mu_1)b^2]$$

对外筒,将 $q_a=q$, $q_b=0$, $E=E_2$, $\mu=\mu_2$ 等代入式(5.43),可得外筒内半径 $r=b$ 处的径向位移为

$$u_{r2}=\frac{-bq}{E_2(c^2-b^2)}[(1+\mu_2)c^2+(1-\mu_2)b^2]$$

由图 5.8 (b) 可知,直径 $2b$ 的公盈为

$$\delta=2(u_{r_2}-u_{r_1})=2bq\left[\frac{(1+\mu_1)a^2+(1-\mu_1)b^2}{E_1(b^2-a^2)}+\frac{(1+\mu_2)c^2+(1-\mu_2)b^2}{E_2(c^2-b^2)}\right]$$

移项后,即得装配压力为

$$q=\frac{\delta}{2b\left[\dfrac{(1+\mu_1)a^2+(1-\mu_1)b^2}{E_1(b^2-a^2)}+\dfrac{(1+\mu_2)c^2+(1-\mu_2)b^2}{E_2(c^2-b^2)}\right]}$$

若两个筒若用同一材料做成,上式可简化为

$$q=\frac{(b^2-a^2)(c^2-b^2)E\delta}{4b^3(c^2-a^2)}$$

当外筒套在实心轴上时,$a=0$,上式成为

$$q=\frac{(c^2-b^2)E\delta}{4bc^2}$$

5.5　小圆孔引起的应力集中

如果物体内具有小孔，则孔边的应力将远大于无孔时的应力，也远大于距孔稍远处的应力，这种现象称为孔边应力集中。

孔边应力急剧增加的现象，不是物体面积减小了一些造成的，而是因为小孔的存在，使应力分布不连续，应力状态发生改变。各种形状的小孔以圆孔的应力集中程度最低。所以，工程结构如一定需要开孔，应尽量为接近圆形的孔。本节将讨论对边受均匀拉力作用的带圆孔的矩形平板。设圆孔的直径为 a，其与板的横向尺寸相比很小，如图 5.9 所示。对此问题仍可采用按应力求解。因此，关键问题在于应力函数 φ 的选择。

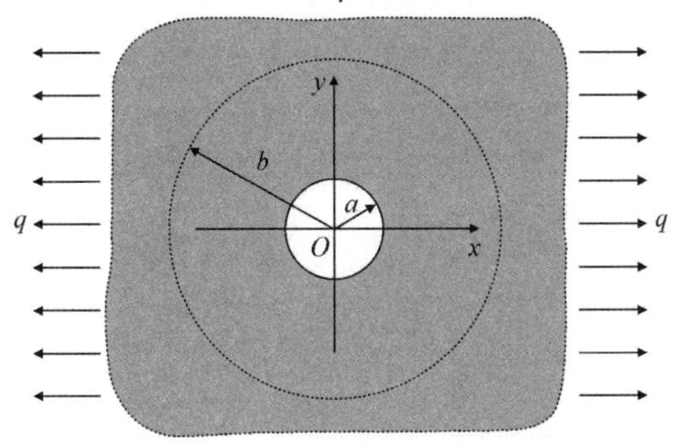

图 5.9　小圆孔应力集中问题

如果板内无圆孔，则板内应力分量为

$$\bar{\sigma}_x = q,\quad \bar{\sigma}_y = \bar{\tau}_{xy} = 0$$

此应力场对应的应力函数为

$$\bar{\varphi} = \frac{1}{2}qy^2 = \frac{q}{2}r^2\sin^2\theta = \frac{q}{4}r^2(1-\cos 2\theta) \tag{5.44}$$

极坐标系中此应力函数对应的应力分量为

$$\left.\begin{aligned} \bar{\sigma}_r &= \frac{q}{2}(1+\cos 2\theta) \\ \bar{\sigma}_\theta &= \frac{q}{2}(1-\cos 2\theta) \\ \bar{\tau}_{r\theta} &= -\frac{q}{2}\sin 2\theta \end{aligned}\right\} \tag{5.45}$$

以上是无孔时的应力。

当有孔时，由 Saint-Venant 原理可知，在远离小孔的地方（如 $r=b$ 处），孔边局部应力集中的影响将消失，应力分量仍可按式(5.45)计算。因此，有孔时的边界条件可以取为

$$\left.\begin{aligned} \sigma_r(a,\theta) &= \tau_{r\theta}(a,\theta) = 0 \\ \sigma_r(b,\theta) &= \bar{\sigma}_r(b,\theta) \\ \sigma_\theta(b,\theta) &= \bar{\sigma}_\theta(b,\theta) \\ \tau_{r\theta}(b,\theta) &= \bar{\tau}_{r\theta}(b,\theta) \end{aligned}\right\} \tag{5.46}$$

参考式(5.46)的情况,可设有孔时的应力函数为

$$\varphi = f(r) + g(r)\cos 2\theta \tag{5.47}$$

式中:$f(r)$和 $g(r)$为待定函数。将 φ 代入相容方程式(5.21),得

$$\left(\frac{d^2}{dr^2}+\frac{1}{r}\frac{d}{dr}\right)^2 f+\left(\frac{d^2}{dr^2}+\frac{1}{r}\frac{d}{dr}-\frac{4}{r^2}\right)^2 g\cos 2\theta = 0$$

由 θ 的任意性,可得

$$\left(\frac{d^2}{dr^2}+\frac{1}{r}\frac{d}{dr}\right)^2 f = 0 \tag{5.48}$$

$$\left(\frac{d^2}{dr^2}+\frac{1}{r}\frac{d}{dr}-\frac{4}{r^2}\right)^2 g = 0 \tag{5.49}$$

方程式(5.48)与方程式(5.21)相同,其通解为

$$f = C_1 + C_2\ln r + C_3 r^2 + C_4 r^2\ln r \tag{5.50}$$

方程式(5.49)为 Euler 线性方程,其特解为

$$g = r^n \tag{5.51}$$

于是有

$$\begin{aligned}\left(\frac{d^2}{dr^2}+\frac{1}{r}\frac{d}{dr}-\frac{4}{r^2}\right)^2 g &= \left(\frac{d^2}{dr^2}+\frac{1}{r}\frac{d}{dr}-\frac{4}{r^2}\right)[(n+2)(n-2)r^{n-2}] \\ &= (n+2)n(n-2)(n-4)r^{n-4} = 0\end{aligned}$$

此方程的四个根为

$$n = \pm 2,\quad n = 0,\quad n = 4$$

于是方程式(5.49)的通解为

$$g = \frac{C_5}{r^2} + C_6 + C_7 r^2 + C_8 r^4 \tag{5.52}$$

将式(5.50)和式(5.52)代入式(5.47),可得应力函数为

$$\varphi = C_2\ln r + C_3 r^2 + C_4 r^2\ln r + \left(\frac{C_5}{r^2} + C_6 + C_7 r^2 + C_8 r^4\right)\cos 2\theta \tag{5.53}$$

注意,式(5.53)中已省去常数项。相应的应力分量为

$$\left.\begin{aligned}\sigma_r &= \frac{C_2}{r^2} + 2C_3 + C_4(1+2\ln r) - \left(\frac{6C_5}{r^4} + \frac{4C_6}{r^2} + 2C_7\right)\cos 2\theta \\ \sigma_\theta &= -\frac{C_2}{r^2} + 2C_3 + C_4(3+2\ln r) + \left(\frac{6C_5}{r^4} + 2C_7 + 12C_8 r^2\right)\cos 2\theta \\ \tau_{r\theta} &= \left(-\frac{6C_5}{r^4} - \frac{2C_6}{r^2} + 2C_7 + 6C_8 r^2\right)\sin 2\theta\end{aligned}\right\} \tag{5.54}$$

式(5.54)中的积分常数 C_2, C_3, …, C_8 由下列边界条件确定:

(1)当 $r\to\infty$ 时,应力保持有限;

(2)当 $r\to\infty$ 时,应力分量式(5.54)将等于式(5.46);

(3)$\sigma_r(a,\theta) = \tau_{r\theta}(a,\theta) = 0$。

分析应力分量式(5.54),因为当 $r\to\infty$ 时,包含系数 C_4 和 C_8 的项将趋于无穷,故由条件(1)得

$$C_4 = C_8 = 0$$

由条件(2)得

$$C_7 = -\frac{q}{4}, \quad C_3 = \frac{q}{4}$$

由条件(3)得

$$2C_3 + \frac{C_2}{a^2} = 0$$

$$2C_7 + \frac{6C_5}{a^4} + \frac{4C_6}{a^2} = 0$$

$$2C_7 - \frac{6C_5}{a^4} - \frac{2C_6}{a^2} = 0$$

将 C_3 和 C_7 代入此方程组，可解得

$$C_2 = -\frac{q}{2}a^2, \quad C_5 = -\frac{q}{4}a^4, \quad C_6 = \frac{q}{2}a^2$$

将所有常数代入式(5.53)，得应力函数表达式

$$\varphi = \frac{q}{4}\left[r^2 - 2a^2\ln r - \left(r^2 - 2a^2 + \frac{a^4}{r^2}\right)\cos 2\theta\right] \tag{5.55}$$

及各应力分量表达式

$$\left.\begin{aligned} \sigma_r &= \frac{q}{2}\left(1 - \frac{a^2}{r^2}\right) + \frac{q}{2}\left(1 - \frac{4a^2}{r^2} + \frac{3a^4}{r^4}\right)\cos 2\theta \\ \sigma_\theta &= \frac{q}{2}\left(1 + \frac{a^2}{r^2}\right) - \frac{q}{2}\left(1 + \frac{3a^4}{r^4}\right)\cos 2\theta \\ \tau_{r\theta} &= \tau_{\theta r} = -\frac{q}{2}\left(1 + \frac{2a^2}{r^2} - \frac{3a^4}{r^4}\right)\sin 2\theta \end{aligned}\right\} \tag{5.56}$$

孔边周向应力为

$$\sigma_\theta(a, \theta) = q(1 - 2\cos 2\theta)$$

此应力在极坐标系下的曲线如图 5.10 所示。显然，当 $\theta = \pm\pi/2$ 时，孔边应力最大，即

$$\sigma_{\max} = \sigma_\theta(a, \pm\pi/2) = 3q$$

故此问题的孔边应力集中因子为 3。对比此结论与图 5.7 中两个垂直方向均匀拉伸的结论，可见，在图 5.9 中，增加 y 向均布拉力 q，事实上可以降低孔边应力集中。

为了显示小孔对均匀应力场[式(5.45)]的影响，图 5.11 给出了 $\theta = \pi/2$ 时的无因次周向应力 $\sigma_\theta(r, \pi/2)$ 随无因次半径 r/a 的变化情况。显然，孔边应力集中现象只发生在小孔附近；随着远离孔边，应力 σ_θ 的值从 $3q$ 急剧趋近于 q，在 $r = 5a$ 处，$\sigma_\theta = 1.022\,4q \approx q$。

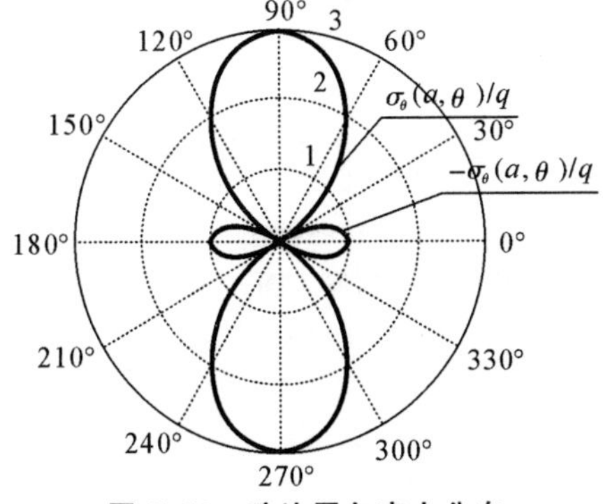

图 5.10　孔边周向应力分布

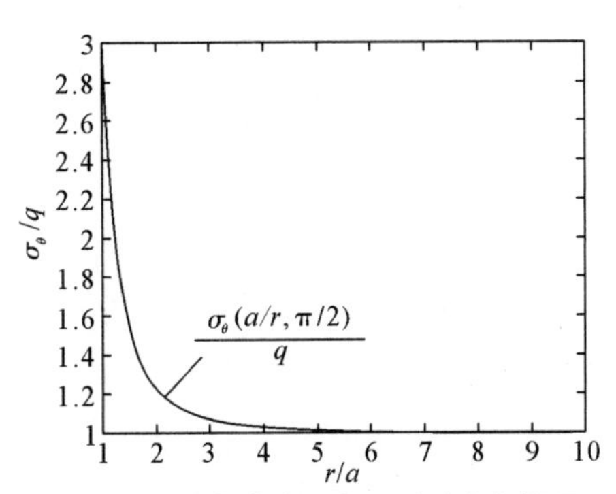

图 5.11　周向应力 $\sigma_\theta(r, \pi/2)$ 变化情况

习　题

1. 在机械工程中，利用热胀冷缩原理，可以将半径为 $r_1+\delta$ 的刚性圆柱装配到图 5.12 所示的内、外半径分别为 r_1 和 r_2 的圆筒中。在这个过程中，圆筒内壁发生径向位移 $u(r_1)=\delta$。假设圆筒外壁面自由，圆筒处于平面应变状态，试确定筒内应力场。

2. 设有无限大薄板（厚度为 1），板内有一小孔，孔边受合力为 P 的分布力作用（分布形式未知），如图 5.13 所示。若取应力函数

$$\varphi = Ar\ln r\cos\theta + Br\theta\sin\theta$$

试确定板内的应力场。[提示：取一包含小孔的圆板为分离体（图中虚线所示），则圆板以外的部分施加给圆板的“面力”应与小孔边上的合外力平衡，再由位移单值条件，可完全确定常数。]

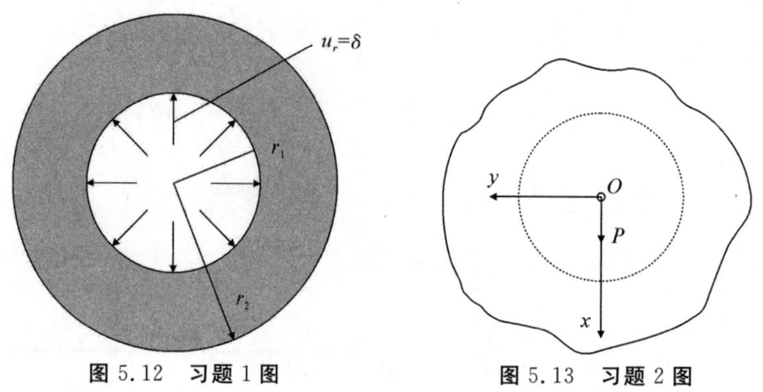

图 5.12　习题 1 图　　　图 5.13　习题 2 图

3. 设有一块内半径为 a、外半径为 b 的薄圆环板，内壁固定、外壁受均布剪力 q 作用，如图 5.14 所示，求应力和位移。

4. 图 5.15 所示为一尖劈，其一侧面受均布压力 q 作用，求应力分量 σ_r、σ_θ 和 $\tau_{r\theta}$。提示：应力函数取为

$$\varphi = r^2 f(\theta)$$

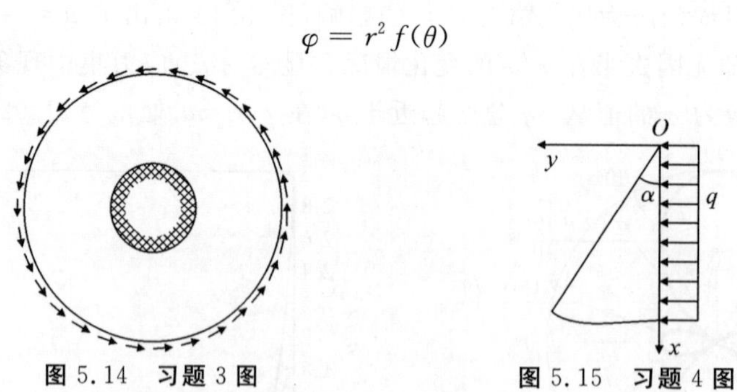

图 5.14　习题 3 图　　　图 5.15　习题 4 图

第6章 能量原理

由于偏微分方程边值问题的求解在数学上存在困难,因此对于弹性力学问题,采用解析方法只能得到个别问题的解答。一般问题的解析求解是十分困难的,甚至是不可能的。因此,开发弹性力学的数值或者近似解法就具有极为重要的意义。

能量原理就是一种最有成效的近似解法,其本质是把弹性力学基本方程的定解问题,转换为求解泛函的极值或者驻值问题,这样就将基本方程由偏微分方程的边值问题转换为线性代数方程组。能量原理不仅是弹性力学近似解法的基础,也是数值计算方法,例如有限元方法等的理论基础。

本章将系统地介绍弹性力学能量原理的基本概念和几类常见的能量原理,在此基础上介绍基于能量原理的弹性力学问题数值解法,为后面学习有限元方法打下基础。

6.1 变分法基础

6.1.1 泛函

如果对某区域 D 上任一点 $x \in D$,在另一区域 E 上都有一个 $y \in E$ 与之对应,则把这种自变量和因变量之间的对应关系称为函数,记为 $y = y(x)$。

如果对某区域 D 上定义的一类函数中的任一个,如 $y(x)$,按照某种对应关系总有一个变量 I 与之对应,则称 I 为依赖于 $y(x)$ 的泛函,记为

$$I = I[y(x)] \tag{6.1}$$

可见,函数是实数集合到实数集合的映射,泛函则是函数集合到实数集合的映射。

如图 6.1 所示,连接平面上两点 A 和 B 的任意一条光滑曲线的长度为

$$L = \int_a^b \sqrt{1 + \left(\frac{\mathrm{d}y}{\mathrm{d}x}\right)^2}\,\mathrm{d}x \tag{6.2}$$

显然, L 依赖于连接 A、B 两点的曲线的形状,即定义在区间 $[a, b]$ 上的函数 $y(x)$ 的形式,因此, L 是 $y(x)$ 的泛函。下面是一类常见的泛函表达式:

$$I = \int_a^b f(x, y, y')\,\mathrm{d}x \tag{6.3}$$

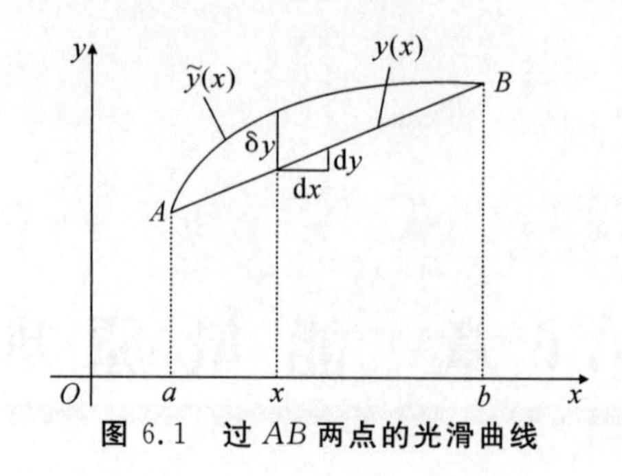

图 6.1　过 AB 两点的光滑曲线

6.1.2　函数的变分

对于函数 $y(x)$，由自变量 x 的微小增量 $\mathrm{d}x$ 所引起的因变量 y 的变化 $\mathrm{d}y$ 称为函数 $y(x)$ 的微分，有

$$\mathrm{d}y = y'\mathrm{d}x \tag{6.4}$$

若自变函数 $y(x)$ 改变为邻近某一函数 $\tilde{y}(x)$，则称 $\tilde{y}(x)$ 与 $y(x)$ 之差为 $y(x)$ 的变分，记为 δy，即

$$\delta y = \tilde{y}(x) - y(x), \quad x \in [a,b] \tag{6.5}$$

可见，函数的变分 δy 是由函数的微小变化引起的，而微分 $\mathrm{d}y$ 则是由自变量 x 的变化引起的。δy 是自变量 x 的函数，反映整个函数的改变，而 $\mathrm{d}y$ 则反映了同一函数在不同 x 处的变化。

6.1.3　泛函的变分

考察泛函式(6.3)中的被积函数 $f(x, y, y')$。当自变函数 $y(x)$ 具有变分 δy 时，其导函数 $y'(x)$ 也将有变分 $\delta y'$，这是因为导数的变分等于变分的导数，即 $\delta y' = (\delta y)'$，于是引起 f 的改变，定义为复合函数 f 的变分，即

$$\delta f = \frac{\partial f}{\partial y}\delta y + \frac{\partial f}{\partial y'}\delta y' \tag{6.6}$$

由于 f 的变分引起泛函 I 的变化，定义为 I 的变分

$$\delta I = \int_a^b \delta f \mathrm{d}x = \int_a^b \left(\frac{\partial f}{\partial y}\delta y + \frac{\partial f}{\partial y'}\delta y'\right)\mathrm{d}x \tag{6.7}$$

此式也说明，变分与积分的次序可以交换。

6.1.4　泛函极值问题

函数 $y(x)$ 取极值的必要条件是 $\mathrm{d}y/\mathrm{d}x = 0$。类似地，泛函 I 取极值的必要条件是

$$\delta I = 0 \tag{6.8}$$

进一步还可以得到泛函取极大值、极小值的充分条件：当 $\delta^2 I > 0$ 时，取极小值；当 $\delta^2 I < 0$ 时，取极大值。此处，$\delta^2 I$ 为泛函的二阶变分，有

$$\delta^2 I = \frac{1}{2}\int_a^b \left(\frac{\partial^2 f}{\partial y^2}\delta y^2 + 2\frac{\partial^2 f}{\partial y \partial y'}\delta y \delta y' + \frac{\partial^2 f}{\partial y'^2}\delta y'^2\right)\mathrm{d}x \tag{6.9}$$

实际中的许多问题，往往根据问题的本质就可以判断满足极值条件式(6.8)的值是极小值或极大值，而不必要再利用二阶变分来判断。线弹性力学中许多问题就属于这种情况。因此，线弹性力学中更关注泛函极值的必要条件。

由于

$$\int_a^b \frac{\partial f}{\partial y'}\delta y'\mathrm{d}x = \int_a^b \frac{\partial f}{\partial y'}\mathrm{d}(\delta y) = \frac{\partial f}{\partial y'}\delta y\Big|_a^b - \int_a^b \delta y \frac{\mathrm{d}}{\mathrm{d}x}\left(\frac{\partial f}{\partial y'}\right)\mathrm{d}x = -\int_a^b \frac{\mathrm{d}}{\mathrm{d}x}\left(\frac{\partial f}{\partial y'}\right)\delta y\mathrm{d}x$$

代入式(6.7)可得

$$\delta I = \int_a^b \left[\frac{\partial f}{\partial y} - \frac{\mathrm{d}}{\mathrm{d}x}\left(\frac{\partial f}{\partial y'}\right)\right]\delta y\mathrm{d}x = 0$$

由 δy 的任意性可得

$$\frac{\partial f}{\partial y} - \frac{\mathrm{d}}{\mathrm{d}x}\left(\frac{\partial f}{\partial y'}\right) = 0 \tag{6.10}$$

此即泛函极值问题所对应的 Euler 微分方程。可以证明，泛函极值问题[式(6.8)]和微分方程边值问题[式(6.10)][边界值 $y(a)$和 $y(b)$ 给定]是等价的。

变分法早期的工作，主要是研究如何将泛函的驻值问题转化为微分方程问题，一旦实现了这种转化，就认为问题得到了解决。自从 Ritz 提出直接求解泛函极值问题的近似方法(即著名的 Ritz 法)以后，人们发现，从近似解的角度看，从泛函极值问题出发常常要比从微分方程出发更为方便，尤其是计算机广泛应用之后，从泛函极值问题出发解决实际问题得到了越来越多的重视，并取得了发展。于是，研究的目标转为把原来的微分方程问题转化为泛函极值问题来处理。

弹性力学中的能量原理就是把弹性力学基本微分方程转化为弹性体能量泛函的极值问题来处理。由于求解泛函极值问题有许多成熟、有效的数值方法(如有限元、加权残量法等)，所以这一转变给近似求解弹性力学问题带来极大的方便。因此，能量原理是计算弹性力学的基础。

弹性力学能量原理是一种基本方法，经典的原理有两种：最小势能原理(principle of minimum potential energy)和最小余能原理(principle of minimum complementary energy)。

6.2　能量原理中的基本概念

考察在外力作用下处于平衡状态的弹性体 Ω。设其边界为 $\Gamma=\Gamma_u\cup\Gamma_\sigma$，其中，$\Gamma_u$为位移边界，$\Gamma_\sigma$为应力边界。作用于其上的外力包括体力 (f_x, f_y, f_z) 以及面力 $(\bar{f}_x, \bar{f}_y, \bar{f}_z)$。弹性体在外界面力和体力的作用下产生变形，在这个过程中外力做功。外力所做的功以应变能的形式储存在弹性体内部。对于理想的弹性体，外力撤销后这些应变能将会完全释放，从而使弹性体恢复到原来的无应变状态。能量原理就是研究这一功能转化过程中的规律。

6.2.1 变形条件和平衡条件

根据第2章的介绍，弹性体的真实位移、应力和应变应同时满足“五个条件”：平衡方程、几何方程、物理方程以及应力和位移边界条件。反过来，能同时满足这五个条件的位移、应力和应变只有一组，就是该问题的解。这五个条件中，平衡方程和应力边界条件是对应力分量的限制条件，称为平衡条件；几何方程和位移边界条件是对位移和应变的限制条件，称为变形条件。因此，真实解需同时满足平衡条件、变形条件和物理方程，反之亦然。

1. 变形许可的位移

变形许可的位移又称容许位移，是指满足变形条件的位移。由此位移求导得到的应变以及再通过物理方程而对应的应力，称为变形可能的应变和应力。显然，变形可能的位移有无穷多个，真实位移只是其中一个。后面用上标“k”表示变形许可的量，如 u^{k}。

如两组容许位移 u,v,w 和 u',v',w' 相差不大，则称它们的差值

$$\delta u = u - u', \quad \delta v = v - v', \quad \delta w = w - w' \tag{6.11}$$

为位移的变分，也叫虚位移 (virtual displacement)。虚位移是微小的，以至于发生虚位移的过程中外力保持不变，亦即它们与作用力无关。根据定义式(6.11)，在位移边界上因为位移给定，虚位移为零。实际上，虚位移是为了分析问题而假想的，具有几何约束容许、任意的和微小的(即改变后的状态仍在真实状态附近)三个特征。

由发生虚位移而引起的应变的微小变化，称为虚应变 (virtual strain)，用 $\delta\varepsilon_x$、$\delta\varepsilon_y$、$\delta\varepsilon_z$、$\delta\gamma_{xy}$、$\delta\gamma_{yz}$ 和 $\delta\gamma_{zx}$ 表示。由于其是由虚位移 δu、δv 和 δw 引起的，根据几何方程，它们之间满足下列关系：

$$\left.\begin{aligned}
\delta\varepsilon_x &= \delta\left(\frac{\partial u}{\partial x}\right) = \frac{\partial}{\partial x}\delta u \\
\delta\varepsilon_y &= \delta\left(\frac{\partial v}{\partial y}\right) = \frac{\partial}{\partial y}\delta v \\
\delta\varepsilon_z &= \delta\left(\frac{\partial w}{\partial z}\right) = \frac{\partial}{\partial z}\delta w \\
\delta\gamma_{xy} &= \delta\left(\frac{\partial v}{\partial x} + \frac{\partial u}{\partial y}\right) = \frac{\partial}{\partial x}\delta v + \frac{\partial}{\partial y}\delta u \\
\delta\gamma_{yz} &= \delta\left(\frac{\partial w}{\partial y} + \frac{\partial v}{\partial z}\right) = \frac{\partial}{\partial y}\delta w + \frac{\partial}{\partial z}\delta v \\
\delta\gamma_{zx} &= \delta\left(\frac{\partial w}{\partial x} + \frac{\partial u}{\partial z}\right) = \frac{\partial}{\partial x}\delta w + \frac{\partial}{\partial z}\delta u
\end{aligned}\right\} \tag{6.12}$$

2. 静力可能的应力

将满足平衡条件的应力，称为静力可能的应力。通过物理方程和几何方程，与这类应力相联系的应变和位移也是静力可能的。静力可能的应力未必是真实的应力，因为真实的应力还必须满足应力表达的变形协调方程，但是真实的应力分量必然是静力可能的应力。为了区别于真实的应力分量，用上标“s”表示静力可能的量，如应力分量 σ_x^{s}。

3. 外力的功

弹性体在体力（f_x,f_y,f_z）和面力（$\overline{f}_x,\overline{f}_y,\overline{f}_z$）的作用下产生位移（$u,v,w$）。这个过程中，外力所做的功为

$$W=\int_{\Omega}(f_x u+f_y v+f_z w)\mathrm{d}\Omega+\int_{\Gamma_\sigma}(\overline{f}_x u+\overline{f}_y v+\overline{f}_z w)\mathrm{d}\Gamma \tag{6.13}$$

注意，式(6.13)中面积分只在应力边界 Γ_σ 上进行。本课程假设外力在弹性体变形过程中保持不变，因此外力所做的功与变形过程无关，是有势力，可以定义势能 V 为功的负值，即

$$V=-W=-\int_{\Omega}(f_x u+f_y v+f_z w)\mathrm{d}\Omega-\int_{\Gamma_\sigma}(\overline{f}_x u+\overline{f}_y v+\overline{f}_z w)\mathrm{d}\Gamma \tag{6.14}$$

外力在虚位移 $\delta u,\delta v,\delta w$ 上所做的功称为虚功(virtual work)，由式(6.13)可得其计算式为

$$\delta W=\int_{\Omega}(f_x\delta u+f_y\delta v+f_z\delta w)\mathrm{d}\Omega+\int_{\Gamma_\sigma}(\overline{f}_x\delta u+\overline{f}_y\delta v+\overline{f}_z\delta w)\mathrm{d}\Gamma \tag{6.15}$$

6.2.2 内力功和应变能

1. 单轴拉伸情况

首先考虑无体力的简单均匀单轴拉伸情况，如图 6.2 所示。长度为 $\mathrm{d}x$、$\mathrm{d}y$、$\mathrm{d}z$ 的平行六面体微元受 x 方向上的均匀法向应力 σ 作用。

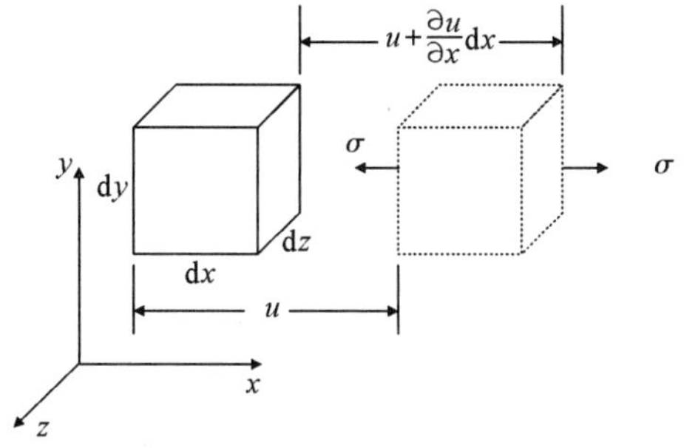

图 6.2 一维单轴拉伸变形

假设初始状态无应力，那么在这一变形过程中，应力从 0 缓慢增加到 σ_x，忽略惯性效应。微元上储存的应变能等于应力 σ 对单元所做的净功，即

$$\mathrm{d}U=\int_0^{\sigma_x}\sigma\mathrm{d}\left(u+\frac{\partial u}{\partial x}\mathrm{d}x\right)\mathrm{d}y\mathrm{d}z-\int_0^{\sigma_x}\sigma\mathrm{d}u\mathrm{d}y\mathrm{d}z=\int_0^{\sigma_x}\sigma\mathrm{d}\left(\frac{\partial u}{\partial x}\right)\mathrm{d}x\mathrm{d}y\mathrm{d}z \tag{6.16}$$

根据应变定义以及一维应力-应变关系：

$$\frac{\partial u}{\partial x}=\varepsilon_x=\frac{\sigma_x}{E}$$

于是，式(6.16)变为

$$\mathrm{d}U=\left(\int_0^{\varepsilon_x}\sigma\mathrm{d}\varepsilon\right)\mathrm{d}x\mathrm{d}y\mathrm{d}z=\int_0^{\sigma_x}\sigma\frac{\mathrm{d}\sigma}{E}\mathrm{d}x\mathrm{d}y\mathrm{d}z=\frac{\sigma_x^2}{2E}\mathrm{d}x\mathrm{d}y\mathrm{d}z \tag{6.17}$$

与前面用体力密度表示体力类似，在表示弹性体的应变能时，通常用的也是应变能的密

度，又称应变比能，用 $\overline{U}$ 表示，它是指单位体积弹性体内部所存储的应变能。对上述平行六面体微元而言，应变比能计算式为

$$\overline{U} = \frac{\mathrm{d}U}{\mathrm{d}x\mathrm{d}y\mathrm{d}z}$$

于是，可由式(6.17)中第一项得到一维拉压应力状态下应变比能的一般计算式为

$$\overline{U} = \frac{1}{E}\int_0^{\sigma_x}\sigma\mathrm{d}\sigma = \int_0^{\varepsilon_x}\sigma\mathrm{d}\varepsilon \tag{6.18}$$

将式(6.18)结合图 6.3 所示的等截面杆受轴向拉伸的 $\sigma-\varepsilon$ 曲线，可以看出，应变比能的物理意义是表示 $\sigma-\varepsilon$ 曲线与 ε 轴围成的面积。特别地，线弹性材料的 $\sigma-\varepsilon$ 曲线是一条直线，因此有

$$\overline{U} = \frac{\sigma_x^2}{2E} = \frac{E\varepsilon_x^2}{2} = \frac{1}{2}\sigma_x\varepsilon_x \tag{6.19}$$

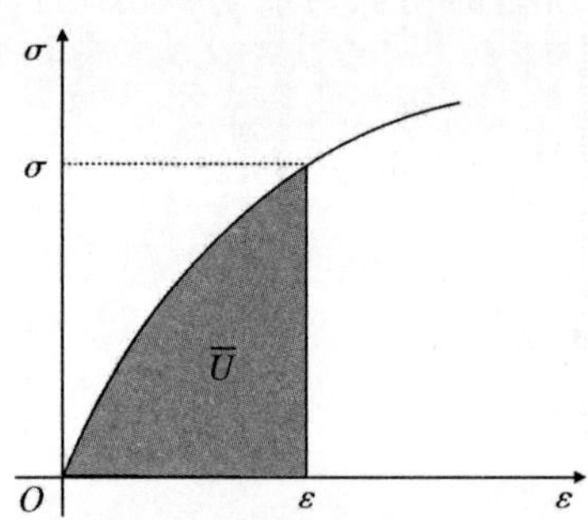

图 6.3　应力-应变曲线和应变比能

2. 面内纯剪切情况

同样的道理，假设线弹性材料只在某两个相互垂直的方向，如 x 和 y 方向，受均匀剪应力 τ_{xy} 和 τ_{yx} 而产生切应变 γ_{xy}，如图 6.4 所示。

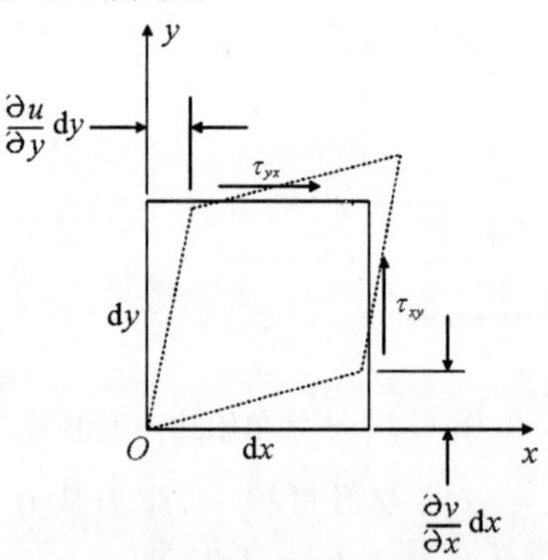

图 6.4　矩形微元平面纯剪切变形

剪应力 τ_{xy} 和 τ_{yx} 做功之和等于微元存储的应变能，因此

$$\mathrm{d}U = \int_0^{\gamma_{xy}}\tau\mathrm{d}\left(\frac{\partial v}{\partial x}\mathrm{d}x\right)\mathrm{d}y\mathrm{d}z + \int_0^{\gamma_{xy}}\tau\mathrm{d}\left(\frac{\partial u}{\partial y}\mathrm{d}y\right)\mathrm{d}x\mathrm{d}z = \int_0^{\gamma_{xy}}\tau\mathrm{d}\gamma\mathrm{d}x\mathrm{d}y\mathrm{d}z \tag{6.20}$$

由式(6.20)可得该应力状态下的应变比能为

$$\overline{U} = \int_0^{\gamma_{xy}}\tau\mathrm{d}\gamma \tag{6.21}$$

同样，对线弹性材料，$\tau = G\gamma$，因此

$$\overline{U} = \frac{1}{2}\tau_{xy}\gamma_{xy} = \frac{\tau_{xy}^2}{2G} = \frac{G\gamma_{xy}^2}{2} \tag{6.22}$$

3. 一般应力状态下的应变比能

前两种情况的结果表明，应变能是应力或应变的二次函数，而不是线性函数，因此不能用叠加原理来获得三维应力状态下的应变比能计算式。但是由于应变能是状态函数，与具体加载历史无关(否则，按一种顺序加载，而按另一种顺序卸载，就可以使物体在一个加载周期内增加一定的能量，这不符合能量守恒规律)。因此，可假设物体变形是等比例增长的，即物体应变状态从 0 到 ε_{ij} 的变化过程中，任一时刻的应变状态可以用 $k\varepsilon_{ij}$ ($0 \leqslant k \leqslant 1$) 来表示。对于线弹性材料，应力 σ_{ij} 也按比例增长。于是与 $k\varepsilon_{ij}$ 应变状态对应的应力状态为 $k\sigma_{ij}$，故

$$\begin{aligned}\overline{U} &= \int_0^{\varepsilon_{ij}} \sigma_{ij}\,\mathrm{d}\varepsilon_{ij} = \int_0^1 k\sigma_{ij}\,\mathrm{d}(k\varepsilon_{ij}) = \sigma_{ij}\varepsilon_{ij}\int_0^1 k\,\mathrm{d}k = \frac{1}{2}\sigma_{ij}\varepsilon_{ij} \\ &= \frac{1}{2}(\sigma_x\varepsilon_x + \sigma_y\varepsilon_y + \sigma_z\varepsilon_z + \tau_{xy}\gamma_{xy} + \tau_{yz}\gamma_{yz} + \tau_{zx}\gamma_{zx})\end{aligned} \tag{6.23}$$

获得应变比能表达式之后，对任意弹性体 Ω 而言，其总应变能可以积分求得，即

$$U = \int_\Omega \overline{U}\,\mathrm{d}\Omega \tag{6.24}$$

特别地，对线弹性体，总应变能计算式为

$$U = \frac{1}{2}\int_\Omega (\sigma_x\varepsilon_x + \sigma_y\varepsilon_y + \sigma_z\varepsilon_z + \tau_{xy}\gamma_{xy} + \tau_{yz}\gamma_{yz} + \tau_{zx}\gamma_{zx})\,\mathrm{d}\Omega \tag{6.25}$$

以上得到了应力和应变表示的应变能。在实际应用中，还会用到单纯用应力分量、应变分量或位移分量表达的应变能。它们都可以基于式(6.23)和式(6.25)，结合几何方程和物理方程来推导，下面只给出结论。具体推导过程不难，读者可以自行练习。

应力形式的应变比能为

$$\overline{U} = \frac{1}{2E}\left[(\sigma_x^2 + \sigma_y^2 + \sigma_z^2) - 2\mu(\sigma_x\sigma_y + \sigma_y\sigma_z + \sigma_z\sigma_x) + 2(1+\mu)(\tau_{xy}^2 + \tau_{yz}^2 + \tau_{zx}^2)\right] \tag{6.26}$$

应变形式的应变比能为

$$\overline{U} = \frac{E}{2(1+\mu)}\left[\frac{\mu}{1-2\mu}\vartheta^2 + (\varepsilon_x^2 + \varepsilon_y^2 + \varepsilon_z^2) + \frac{1}{2}(\gamma_{xy}^2 + \gamma_{yz}^2 + \gamma_{zx}^2)\right] \tag{6.27}$$

式中：ϑ 为体积应变。将几何方程代入式(6.27)，则可得到位移分量形式的应变比能为

$$\begin{aligned}\overline{U} = \frac{E}{2(1+\mu)}\Bigg[&\frac{\mu}{1-2\mu}\left(\frac{\partial u}{\partial x} + \frac{\partial v}{\partial y} + \frac{\partial w}{\partial z}\right)^2 + \left(\frac{\partial u}{\partial x}\right)^2 + \left(\frac{\partial v}{\partial y}\right)^2 + \left(\frac{\partial w}{\partial z}\right)^2 + \\ &\frac{1}{2}\left(\frac{\partial v}{\partial x} + \frac{\partial u}{\partial y}\right)^2 + \left(\frac{\partial w}{\partial y} + \frac{\partial v}{\partial z}\right)^2 + \left(\frac{\partial u}{\partial z} + \frac{\partial w}{\partial x}\right)^2\Bigg]\end{aligned} \tag{6.28}$$

6.2.3　热力学第一定律和应变能

前面通过对简单应力状态下应力做功的分析，推导出应变能的定量计算公式。下面将从热力学第一定律出发，通过更严格的方式推导弹性体应变能的定义。

在弹性范围内，物体受力发生变形，外力撤销后又恢复原状。一般情况下，物体变形过程中还可能发生温度的变化，从而有热量的交换。因此，物体变形过程实际上是一个热力学过程，它必须服从热力学定律。

热力学第一定律指出，物体总能量的增量等于外力所做的功和传入的热能之和。设在任

意一段时间 δt 内外力做的功和传入的热量分别为 δA 和 δQ,物体动能和内能的增量分别为 δK 和 δU,则由热力学第一定律,有

$$\delta A + \delta Q = \delta K + \delta U \tag{6.29}$$

弹性静力学中考虑的变形过程是缓慢发生的,且是小变形,此时外力作用所引起的动能增量 δK 以及因温度变化而产生的热量 δQ 远小于内能(即 $\delta K \ll \delta U, \delta Q \ll \delta U$),可忽略不计。故式(6.29)简化为

$$\delta A = \delta U \tag{6.30}$$

下面首先考察外力对物体所做的功 δA。假设弹性体在体力 (f_x, f_y, f_z) 和面力 $(\overline{f}_x, \overline{f}_y, \overline{f}_z)$ 作用下发生位移 $(\delta u, \delta v, \delta w)$,这个过程中外力做的功为

$$\delta A = \int_{\Omega} (f_x \delta u + f_y \delta v + f_z \delta w) \mathrm{d}\Omega + \int_{\Gamma} (\overline{f}_x \delta u + \overline{f}_y \delta v + \overline{f}_z \delta w) \mathrm{d}\Gamma \tag{6.31}$$

式中:Γ 表示弹性体的边界,$\Gamma = \partial\Omega$。式(6.31)中右边第一项表示体积力做的功,第二项表示表面力做的功。注意,式(6.31)将面力的积分拓展到整个位移边界上,这是因为位移边界上位移的变化 $(\delta u, \delta v, \delta w)$ 为零。根据前面的讨论,弹性体的应变能与应力和应变分量有关。因此,下面试图将式(6.31)表示的外力功和应力分量联系起来。观察此式的两个积分,第一个积分是关于体力分量,它们与平衡方程式(2.1)有关系;第二个积分是关于面力积分,与应力边界条件式(2.6)相关联。这里先考虑第二个积分,将应力边界条件式(2.6)代入可得

$$\begin{aligned} &\int_{\Gamma} (\overline{f}_x \delta u + \overline{f}_y \delta v + \overline{f}_z \delta w) \mathrm{d}\Gamma \\ &= \int_{\Gamma} [(\sigma_x l + \tau_{xy} m + \tau_{xz} n) \delta u + (\tau_{yx} l + \sigma_y m + \tau_{yz} n) \delta v + (\tau_{zx} l + \tau_{zy} m + \sigma_z n) \delta w] \mathrm{d}\Gamma \end{aligned}$$

等号右端每个括弧里的项可以应用 Gauss 散度定理。以第一项为例:

$$\begin{aligned} &\int_{\Gamma} (\sigma_x l + \tau_{xy} m + \tau_{xz} n) \delta u \mathrm{d}\Gamma \\ &= \int_{\Gamma} [(\sigma_x \delta u) l + (\tau_{xy} \delta u) m + (\tau_{xz} \delta u) n] \mathrm{d}\Gamma \\ &= \int_{\Omega} \left(\frac{\partial \sigma_x}{\partial x} + \frac{\partial \tau_{xy}}{\partial y} + \frac{\partial \tau_{xz}}{\partial z} \right) \delta u \mathrm{d}\Omega + \int_{\Omega} \left[\sigma_x \delta\left(\frac{\partial u}{\partial x}\right) + \tau_{xy} \delta\left(\frac{\partial u}{\partial y}\right) + \tau_{xz} \delta\left(\frac{\partial u}{\partial z}\right) \right] \mathrm{d}\Omega \end{aligned}$$

按同样的方式对其余两项进行转化,再将三个结果合并起来,可得

$$\begin{aligned} &\int_{\Gamma} (\overline{f}_x \delta u + \overline{f}_y \delta v + \overline{f}_z \delta w) \mathrm{d}\Gamma \\ &= \int_{\Omega} \left[\left(\frac{\partial \sigma_x}{\partial x} + \frac{\partial \tau_{xy}}{\partial y} + \frac{\partial \tau_{xz}}{\partial z} \right) \delta u + \left(\frac{\partial \tau_{yx}}{\partial x} + \frac{\partial \sigma_y}{\partial y} + \frac{\partial \tau_{yz}}{\partial z} \right) \delta v + \right. \\ &\left. \left(\frac{\partial \tau_{zx}}{\partial x} + \frac{\partial \tau_{zy}}{\partial y} + \frac{\partial \sigma_z}{\partial z} \right) \delta w \right] \mathrm{d}\Omega + \\ &\int_{\Omega} (\sigma_x \delta \varepsilon_x + \sigma_y \delta \varepsilon_y + \sigma_z \delta \varepsilon_z + \tau_{xy} \delta \gamma_{xy} + \tau_{yz} \delta \gamma_{yz} + \tau_{zx} \delta \gamma_{zx}) \mathrm{d}\Omega \end{aligned} \tag{6.32}$$

将平衡方程代入式(6.32),并与式(6.31)对比,最终可得

$$\delta A = \int_{\Omega} (\sigma_x \delta \varepsilon_x + \sigma_y \delta \varepsilon_y + \sigma_z \delta \varepsilon_z + \tau_{xy} \delta \gamma_{xy} + \tau_{yz} \delta \gamma_{yz} + \tau_{zx} \delta \gamma_{zx}) \mathrm{d}\Omega \tag{6.33}$$

以上利用平衡方程、应力边界条件以及 Gauss 散度定理,将外力功的表达式(6.31)转化为式(6.33)的形式。这个过程将在后面能量原理的推导中多次用到。

结合式(6.33)与热力学第一定律表达式(6.30)可知,存储在弹性体中的内能(即应变能)为

$$\delta U=\int_{\Omega}\delta\overline{U}\mathrm{d}\Omega=\delta A=\int_{\Omega}(\sigma_x\delta\varepsilon_x+\sigma_y\delta\varepsilon_y+\sigma_z\delta\varepsilon_z+\tau_{xy}\delta\gamma_{xy}+\tau_{yz}\delta\gamma_{yz}+\tau_{zx}\delta\gamma_{zx})\mathrm{d}\Omega \quad (6.34)$$

显然

$$\delta\overline{U}=\sigma_x\delta\varepsilon_x+\sigma_y\delta\varepsilon_y+\sigma_z\delta\varepsilon_z+\tau_{xy}\delta\gamma_{xy}+\tau_{yz}\delta\gamma_{yz}+\tau_{zx}\delta\gamma_{zx} \quad (6.35)$$

因为应变能是状态的单值连续函数,故必有全微分,即

$$\delta\overline{U}=\frac{\partial\overline{U}}{\partial\varepsilon_x}\delta\varepsilon_x+\frac{\partial\overline{U}}{\partial\varepsilon_y}\delta\varepsilon_y+\frac{\partial\overline{U}}{\partial\varepsilon_z}\delta\varepsilon_z+\frac{\partial\overline{U}}{\partial\gamma_{xy}}\delta\gamma_{xy}+\frac{\partial\overline{U}}{\partial\gamma_{yz}}\delta\gamma_{yz}+\frac{\partial\overline{U}}{\partial\gamma_{zx}}\delta\gamma_{zx} \quad (6.36)$$

比较式(6.35)和式(6.36),有

$$\left.\begin{aligned}\sigma_x&=\frac{\partial\overline{U}}{\partial\varepsilon_x},\quad \sigma_y=\frac{\partial\overline{U}}{\partial\varepsilon_y},\quad \sigma_z=\frac{\partial\overline{U}}{\partial\varepsilon_z}\\ \tau_{xy}&=\frac{\partial\overline{U}}{\partial\gamma_{xy}},\quad \tau_{yz}=\frac{\partial\overline{U}}{\partial\gamma_{yz}},\quad \tau_{zx}=\frac{\partial\overline{U}}{\partial\gamma_{zx}}\end{aligned}\right\} \quad (6.37)$$

或简写为

$$\sigma_i=\frac{\partial\overline{U}}{\partial\varepsilon_i},\quad i=x,y,z,xy,yz,zx \quad (6.38)$$

式(6.38)称为 Green 公式,它表明应力分量等于应变比能对相应应变分量的偏导数。式(6.38)是通过能量守恒原理推导出来的应力-应变关系。它是在小变形情况下得到的,不仅适用于线弹性体,也适用于非线性弹性体。这个公式在能量原理推导中发挥了重要作用。但是应注意,实际上应力-应变关系主要是通过实验测得的,此时可以利用式(6.38)推导应变能的表达式。

下面推导线弹性应变比能的表达式。

结合广义 Hooke 定律和应变比能变分式(6.35),不难看出,应变比能 $\overline{U}$ 是应变分量的二次齐次函数。根据齐次函数的 Euler 定理,二次齐次函数对各变量的偏导数乘以对应的变量之和的一半等于此函数。如设 $F=F(x,y,z)$ 为二次齐次函数,则有

$$F=\frac{1}{2}\left(\frac{\partial F}{\partial x}x+\frac{\partial F}{\partial y}y+\frac{\partial F}{\partial z}z\right)$$

将这一结论应用于应变能函数,则有

$$\overline{U}=\frac{1}{2}\left(\frac{\partial\overline{U}}{\partial\varepsilon_x}\varepsilon_x+\frac{\partial\overline{U}}{\partial\varepsilon_y}\varepsilon_y+\frac{\partial\overline{U}}{\partial\varepsilon_z}\varepsilon_z+\frac{\partial\overline{U}}{\partial\gamma_{xy}}\gamma_{xy}+\frac{\partial\overline{U}}{\partial\gamma_{yz}}\gamma_{yz}+\frac{\partial\overline{U}}{\partial\gamma_{zx}}\gamma_{zx}\right) \quad (6.39)$$

将式(6.37)代入式(6.39),即可得线弹性应变比能的表达式为

$$\overline{U}=\frac{1}{2}(\sigma_x\varepsilon_x+\sigma_y\varepsilon_y+\sigma_z\varepsilon_z+\tau_{xy}\gamma_{xy}+\tau_{yz}\gamma_{yz}+\tau_{zx}\gamma_{zx}) \quad (6.40)$$

6.2.4 应变余能

根据实变函数理论,Green 公式[式(6.37)]意味着在应变 ε_{ij} 的邻域内存在应力分量 σ_{ij} 和应变分量 ε_{ij} 的一一对应关系。因此,在此邻域内存在式(6.37)的如下形式的逆函数:

$$\varepsilon_i=f_i(\sigma_x,\sigma_y,\sigma_z,\tau_{xy},\tau_{yz},\tau_{zx})$$

求解出函数 f_{ij} 之后,就可以把 $\overline{U}$ 表达成应力分量 $\sigma_x,\sigma_y,\sigma_z,\tau_{xy},\tau_{yz},\tau_{zx}$ 的形式。

A. M. Legendre(1752—1833)证明，当 $\partial^2\overline{U}/\partial\varepsilon_i\partial\varepsilon_j$ 不恒为零时，可以通过引入一个函数：

$$\overline{U}_c = \sigma_x\varepsilon_x + \sigma_y\varepsilon_y + \sigma_z\varepsilon_z + \tau_{xy}\gamma_{xy} + \tau_{yz}\gamma_{yz} + \tau_{zx}\gamma_{zx} - \overline{U} \tag{6.41}$$

获得 Green 公式[式(6.37)]共轭形式。式(6.41)定义的 $\overline{U}_c$ 称为余应变能密度，或简称比余能。比余能的物理意义是图 6.3 中的 σ-ε 曲线与 σ 轴围成的面积，即整个矩形区域除去应变能 $\overline{U}$ 后"余"下的面积，它也因此得名。

由于式(6.41)中应变分量 ε_x、ε_y、ε_z、γ_{xy}、γ_{yz} 和 γ_{zx} 皆可视为应力分量 σ_x、σ_y、σ_z、τ_{xy}、τ_{yz} 和 τ_{zx} 的函数，故

$$\begin{aligned}\frac{\partial\overline{U}_c}{\partial\sigma_x} = {} & \varepsilon_x + \sigma_x\frac{\partial\varepsilon_x}{\partial\sigma_x} + \sigma_y\frac{\partial\varepsilon_y}{\partial\sigma_x} + \sigma_z\frac{\partial\varepsilon_z}{\partial\sigma_x} + \tau_{xy}\frac{\partial\gamma_{xy}}{\partial\sigma_x} + \tau_{yz}\frac{\partial\gamma_{yz}}{\partial\sigma_x} + \tau_{zx}\frac{\partial\gamma_{zx}}{\partial\sigma_x} - \\ & \frac{\partial\overline{U}}{\partial\varepsilon_x}\frac{\partial\varepsilon_x}{\partial\sigma_x} - \frac{\partial\overline{U}}{\partial\varepsilon_y}\frac{\partial\varepsilon_y}{\partial\sigma_x} - \frac{\partial\overline{U}}{\partial\varepsilon_z}\frac{\partial\varepsilon_z}{\partial\sigma_x} - \frac{\partial\overline{U}}{\partial\gamma_{xy}}\frac{\partial\gamma_{xy}}{\partial\sigma_x} - \frac{\partial\overline{U}}{\partial\gamma_{yz}}\frac{\partial\gamma_{yz}}{\partial\sigma_x} - \frac{\partial\overline{U}}{\partial\gamma_{zx}}\frac{\partial\gamma_{zx}}{\partial\sigma_x}\end{aligned} \tag{6.42}$$

将式(6.38)代入可得

$$\frac{\partial\overline{U}_c}{\partial\sigma_x} = \varepsilon_x$$

同理可得

$$\frac{\partial\overline{U}_c}{\partial\sigma_y} = \varepsilon_y,\quad \frac{\partial\overline{U}_c}{\partial\sigma_z} = \varepsilon_z$$

$$\frac{\partial\overline{U}_c}{\partial\tau_{xy}} = \gamma_{xy},\quad \frac{\partial\overline{U}_c}{\partial\tau_{yz}} = \gamma_{yz},\quad \frac{\partial\overline{U}_c}{\partial\tau_{zx}} = \gamma_{zx}$$

或与式(6.38)类似地简写为

$$\frac{\partial\overline{U}_c}{\partial\sigma_i} = \varepsilon_i,\quad i = x, y, z, xy, yz, zx \tag{6.43}$$

式(6.43)称为 Castigliano 公式。

将应变余能看成应力分量的函数，在弹性体的应变余能的变分为

$$\begin{aligned}\delta U_c &= \int_\Omega \delta\overline{U}_c \mathrm{d}\Omega \\ &= \int_\Omega \left(\frac{\partial\overline{U}_c}{\partial\sigma_x}\delta\sigma_x + \frac{\partial\overline{U}_c}{\partial\sigma_y}\delta\sigma_y + \frac{\partial\overline{U}_c}{\partial\sigma_z}\delta\sigma_z + \frac{\partial\overline{U}_c}{\partial\tau_{xy}}\delta\tau_{xy} + \frac{\partial\overline{U}_c}{\partial\tau_{yz}}\delta\tau_{yz} + \frac{\partial\overline{U}_c}{\partial\tau_{zx}}\delta\tau_{zx}\right)\mathrm{d}\Omega\end{aligned} \tag{6.44}$$

6.3 弹性体的可能功原理

可能功原理是弹性力学中的一个基本原理，是其他变分法原理的基础。

6.3.1 可能功原理

1. 表达式及其含义

对任意一组静力可能的应力分量 σ_{ij}^s 和任意一组变形许可的位移 u^k，v^k，w^k 及其对应的应变分量 ε_{ij}^k，下式都成立：

$$\int_{\Omega}(\sigma_x^s\varepsilon_x^k+\sigma_y^s\varepsilon_y^k+\sigma_z^s\varepsilon_z^k+\tau_{xy}^s\gamma_{xy}^k+\tau_{yz}^s\gamma_{yz}^k+\tau_{zx}^s\gamma_{zx}^k)\mathrm{d}\Omega$$
$$=\int_{\Omega}(f_xu^k+f_yv^k+f_zw^k)\mathrm{d}\Omega+\int_{\Gamma}(\overline{f}_x^su^k+\overline{f}_y^sv^k+\overline{f}_z^sw^k)\mathrm{d}\Gamma \tag{6.45}$$

式(6.45)即为虚功原理的表达式。下面提供几种常见的等价表述。

表述一：在弹性体上，外力在任意一组变形许可位移上做的功，等于另外一组静力可能的应力在变形许可的应变上所做的功。

表述二：在弹性体上，任意满足平衡条件的力系在任意满足变形条件的变形状态上做的功之和为零，即体系外力功与内力功之和为零。

式(6.45)中包括两个体积分和一个面积分。第一个体积分表示静力可能应力在变形许可应变上做的功，第二个体积分表示体力分量 f_x,f_y,f_z 在变形许可位移上做的功，这部分是容易理解的。但是式中的面积分要引起注意，因为实际的外力只作用在应力边界上，而式中的面积分是对整个边界的。因此，在可能功原理中，实际上是认为整个边界 Γ 都是应力边界，其上满足应力-外力关系式 $\overline{f}_i^s=\sigma_{ij}^sn_j$。这就是为什么在式(6.45)中面力上加了上标“s”，其含义是，在应力边界上 $\overline{f}_i^s$ 就是真实外力 $\overline{f}_i^s=\overline{f}_i$，而在位移边界上 $\overline{f}_i^s$ 代表约束反力，同时把位移边界上的给定位移 $\overline{u}_i$ 看成是变形许可的位移，即 $u_i^k=\overline{u}_i$。这一点可以结合下面的证明过程更好地理解。

2. 证明

可能功原理的证明，可以采用式(6.31)和式(6.32)相同的过程来进行。考虑面力积分项，由于作用在整个边界上的外界面力和约束反力满足应力边界条件，因此有

$$\int_{\Gamma}(\overline{f}_xu^k+\overline{f}_yv^k+\overline{f}_zw^k)\mathrm{d}\Gamma$$
$$=\int_{\Gamma}[(\sigma_x^sl+\tau_{xy}^sm+\tau_{xz}^sn)u^k+(\tau_{yx}^sl+\sigma_y^sm+\tau_{yz}^sn)v^k+(\tau_{zx}^sl+\tau_{zy}^sm+\sigma_z^sn)w^k]\mathrm{d}\Gamma$$

等号右端每个括弧里的项可以应用 Gauss 散度定理。以第一项为例：

$$\int_{\Gamma}(\sigma_x^sl+\tau_{xy}^sm+\tau_{xz}^sn)u^k\mathrm{d}\Gamma$$
$$=\int_{\Gamma}[(\sigma_x^su^k)l+(\tau_{xy}^su^k)m+(\tau_{xz}^su^k)n]\mathrm{d}\Gamma$$
$$=\int_{\Omega}\left(\frac{\partial\sigma_x^s}{\partial x}+\frac{\partial\tau_{xy}^s}{\partial y}+\frac{\partial\tau_{xz}^s}{\partial z}\right)u^k\mathrm{d}\Omega+\int_{\Omega}\left[\sigma_x^s\left(\frac{\partial u^k}{\partial x}\right)+\tau_{xy}^s\left(\frac{\partial u^k}{\partial y}\right)+\tau_{xz}^s\left(\frac{\partial u^k}{\partial z}\right)\right]\mathrm{d}\Omega$$

按同样的方式对其余两项进行转化，再将三个结果合并起来，可得

$$\int_{\Gamma}(\overline{f}_xu^k+\overline{f}_yv^k+\overline{f}_zw^k)\mathrm{d}\Gamma$$
$$=\int_{\Omega}\left[\left(\frac{\partial\sigma_x^s}{\partial x}+\frac{\partial\tau_{xy}^s}{\partial y}+\frac{\partial\tau_{xz}^s}{\partial z}\right)u^k+\left(\frac{\partial\tau_{yx}^s}{\partial x}+\frac{\partial\sigma_y^s}{\partial y}+\frac{\partial\tau_{yz}^s}{\partial z}\right)v^k+\right.$$
$$\left.\left(\frac{\partial\tau_{zx}^s}{\partial x}+\frac{\partial\tau_{zy}^s}{\partial y}+\frac{\partial\sigma_z^s}{\partial z}\right)w^k\right]\mathrm{d}\Omega+$$
$$\int_{\Omega}(\sigma_x^s\varepsilon_x^k+\sigma_y^s\varepsilon_y^k+\sigma_z^s\varepsilon_z^k+\tau_{xy}^s\gamma_{xy}^k+\tau_{yz}^s\gamma_{yz}^k+\tau_{zx}^s\gamma_{zx}^k)\mathrm{d}\Omega \tag{6.46}$$

将平衡方程代入式(6.46)，即可得式(6.45)。注意，以上推导中，应变是由位移求导获得的，两者都是变形许可的。

3. 关于可能功原理的说明

前面从平衡微分方程、应力边界条件、几何方程和位移边界条件出发，证明了可能功原理成立。反之，也可利用可能功原理推导出平衡微分方程、应力边界条件、几何方程和位移边界条件。其步骤与上述相反。

以上可能功原理的证明过程，没有涉及材料的性质，因此该原理适用于任何材料。当然，由于证明时使用了小变形假设，因此必须满足小变形条件。

可能功原理式(6.45)中的静力可能应力 σ_{ij}^{s} 和几何可能位移 u_i^{k} 及其对应的应变 ε_{ij}^{k}，可以是同一弹性体的两种不同的受力状态和变形状态，二者彼此独立而无任何的关系。但是，作为特例，当静力可能应力 σ_{ij}^{s} 和变形可能应变 ε_{ij}^{k} 服从物理方程时，可能功原理中的应力、位移和应变均成为真实的应力、位移和应变分量，此时可能功原理的表达式变为

$$\int_{\Omega}\sigma_{ij}\varepsilon_{ij}\,\mathrm{d}\Omega = \int_{\Omega} f_i u_i\,\mathrm{d}\Omega + \int_{\Gamma_\sigma}\overline{f}_i u_i\,\mathrm{d}\Gamma + \int_{\Gamma_u}\sigma_{ij}n_j\overline{u}_i\,\mathrm{d}\Gamma \tag{6.47}$$

此式即为能量守恒关系，即外力做的功等于应力做的功。

6.3.2 功的互等定理

如果将可能功原理应用于同一弹性体的两种不同的受力和变形状态，则可以得到功的互等定理，也称为贝蒂互换定理(Betti's reciprocal theorem)。它可以对弹性体上两种不同的受力和变形状态建立起联系，在求解弹性力学问题中具有独特优点。

考虑如下两种真实的应力和变形状态：

状态一：$f_i^{(1)}$，$\overline{f}_i^{(1)}$，$\overline{u}_i^{(1)}$，$\sigma_{ij}^{(1)}$，$\varepsilon_{ij}^{(1)}$，$u_i^{(1)}$。

状态二：$f_i^{(2)}$，$\overline{f}_i^{(2)}$，$\overline{u}_i^{(2)}$，$\sigma_{ij}^{(2)}$，$\varepsilon_{ij}^{(2)}$，$u_i^{(2)}$。

由于这两种状态都是真实解，因此其中的应力、位移和应变既是静力可能的，又是变形许可的。

现在把第一种状态的应力作为静力可能的应力，而把第二种状态的位移和应变作为几何可能的位移和应变。将上述两种状态的应力和位移分别代入可能功方程，有

$$\int_{\Omega} f_i^{(1)}u_i^{(2)}\,\mathrm{d}\Omega + \int_{\Gamma}\overline{f}_i^{(1)}u_i^{(2)}\,\mathrm{d}\Gamma = \int_{\Omega}\sigma_{ij}^{(1)}\varepsilon_{ij}^{(2)}\,\mathrm{d}\Omega \tag{6.48}$$

同理，把第二种状态的应力取为静力可能的应力，而把第一种状态的位移和应变作为几何可能的位移和应变分别代入可能功方程，有

$$\int_{\Omega} f_i^{(2)}u_i^{(1)}\,\mathrm{d}\Omega + \int_{\Gamma}\overline{f}_i^{(2)}u_i^{(1)}\,\mathrm{d}\Gamma = \int_{\Omega}\sigma_{ij}^{(2)}\varepsilon_{ij}^{(1)}\,\mathrm{d}\Omega \tag{6.49}$$

对于线弹性材料，有

$$\sigma_{ij}^{(1)}\varepsilon_{ij}^{(2)} = \sigma_{ij}^{(2)}\varepsilon_{ij}^{(1)} \tag{6.50}$$

因此，由式(6.48)和式(6.49)可得

$$\int_{\Omega} f_i^{(1)}u_i^{(2)}\,\mathrm{d}\Omega + \int_{\Gamma}\overline{f}_i^{(1)}u_i^{(2)}\,\mathrm{d}\Gamma = \int_{\Omega} f_i^{(2)}u_i^{(1)}\,\mathrm{d}\Omega + \int_{\Gamma}\overline{f}_i^{(2)}u_i^{(1)}\,\mathrm{d}\Gamma \tag{6.51}$$

式(6.51)称为功的互等定理，可以表述为：作用在弹性体上的第一种状态的外力，包括体力和面力，在第二种状态对应的位移上所做的功等于第二种状态的外力在第一种状态对应的位移

上所做的功。

功的互等定理是一个很重要的力学概念，主要用于推导有关的力学公式，也可以直接用于求解力学问题。该定理的独特之处在于两个考察状态可以任意选择。例如，假设对与力系相对应的位移感兴趣，则可以将另一状态选择成解已经知道的简单状态，然后由式(6.51)建立关于未知位移场的方程。

最后要注意，由于式(6.50)只对线弹性状态成立，因此功的互等定理只适用于线弹性材料的情况。

6.4　位移变分原理

弹性力学变分原理分为位移变分原理和应力变分原理。位移变分原理是在考察位移变分(即虚位移)的基础上建立的，包括虚位移原理和最小势能原理。与之相对应，应力变分原理则是在考察应力变分(虚应力)的基础上建立的，包括虚应力原理和最小余能原理。这两类变分原理可以和前面学到的弹性力学问题两类基本解法，即按位移求解和按应力求解对应起来：基于位移变分原理可以建立起按位移求解弹性力学问题的数值方法体系，基于应力变分原理则可以获得按应力求解弹性力学问题的数值方法。

本节首先介绍位移变分法中的虚位移原理，然后在此基础上引出最小势能原理。

6.4.1　虚位移原理

虚位移原理可以用 6.3 节的可能功方程来推导，只需将变形可能的位移取为真实位移和虚位移之和即可，推导过程不难，读者可自行练习。这里为了更清晰地展示其内涵，换一种推导方法。

考虑一组静力可能的应力 σ_{ij}，它们在弹性体内部满足平衡方程

$$\sigma_{ij,j} + f_i = 0, \quad i = 1,2,3 \tag{6.52}$$

在应力边界上满足应力边界条件：

$$\sigma_{ij} n_j - \overline{f}_i = 0, \quad i = 1,2,3 \tag{6.53}$$

同时，取真实位移的变分 δu_i。利用虚位移 δu_i 可以将以上两个方程式转化为下面的积分形式：

$$\int_\Omega (\sigma_{ij,j} + f_i)\delta u_i \mathrm{d}\Omega - \int_{\Gamma_\sigma} (\sigma_{ij} n_j - \overline{f}_i)\delta u_i \mathrm{d}\Gamma = 0 \tag{6.54}$$

由于虚位移的任意性，式(6.54)与平衡关系式(6.52)和式(6.53)是等价的，因此称之为平衡方程和应力边界条件的等效积分形式。注意，其中的面积分只需要在应力边界上进行，因为位移边界上 δu_i 为零。

下面对积分方程式(6.54)进行变形。首先，对体积分中的第一项进行分部积分，并应用应力张量的对称性，可得

$$\int_{\Omega} \delta u_i \sigma_{ij,j} \mathrm{d}\Omega = \int_{\Omega} (\delta u_i \sigma_{ij,j}) \mathrm{d}\Omega - \int_{\Omega} \frac{1}{2} (\delta u_{i,j} + \delta u_{j,i}) \sigma_{ij} \mathrm{d}\Omega$$
$$= \int_{\Gamma} \sigma_{ij} n_j \delta u_i \mathrm{d}\Gamma - \int_{\Omega} \sigma_{ij} \delta \varepsilon_{ij} \mathrm{d}\Omega \tag{6.55}$$

将式(6.55)代回式(6.54),整理可得

$$\int_{\Omega} \sigma_{ij} \delta \varepsilon_{ij} \mathrm{d}\Omega = \int_{\Omega} f_i \delta u_i \mathrm{d}\Omega + \int_{\Gamma_\sigma} \overline{f}_i \delta u_i \mathrm{d}\Gamma \tag{6.56}$$

式(6.56)等号左端的体积分是弹性体内的应力在虚应变上所做的功,即内力的虚功。等号右端的体积分和面积分分别代表体力和面力在虚位移上所做的功,即外力的虚功。外力的虚功等于内力的虚功,这就是虚功原理。现在的虚功是外力和内力分别在虚位移和与之相对应的虚应变上所做的功,所以得到的是虚功原理中的虚位移原理。

弹性体的虚位移原理可以表述为:在外力作用下处于平衡状态的弹性体在发生虚位移的过程中,外力所做的虚功等于内力所做的虚功。

从以上的推导过程可以看出,虚位移原理的表达式(6.56)"等价于"平衡方程和应力边界条件。但实际上,这两者并不是严格数学意义上的等价,仔细对比积分方程式(6.54)和式(6.56)可以发现,式(6.54)中出现了应力分量的一阶导数 $\sigma_{ij,j}$,因此要求应力分量的一阶导数可积,否则关于 $\sigma_{ij,j}$ 的体积分不存在。而积分方程式(6.56)中没有应力分量的导数,却出现了虚位移的一阶导数,即虚应变 $\delta\varepsilon_{ij}$,这时要求虚位移的一阶导是可积的。可见两个方程对应力和虚位移的连续性要求不同,这是由式(6.55)中的分部积分过程造成的。通过分部积分,将应力分量的导数转移到虚位移上,让虚位移"分担"了一部分连续性要求造成的"负担"。因此,在有限元法的数学理论中将虚位移原理称为平衡条件的等效积分"弱"形式,意思是虚位移原理对应力分量的连续性要求减弱了。

细心的读者会发现,虚位移原理表达式(6.56)的左端项与式(6.34)的应变能的表达式形式上是相同的。也因为这个原因,一些文献中将虚位移原理表述为:外力的虚功等于弹性体的虚应变能。这种理解是不合适的,这是因为虚位移原理中的应力是静力可能的,而虚位移是变形许可的,两者之间并不涉及物理方程,是没有关系的,因此式(6.56)的左端项并不是弹性体的虚应变能。

如果忽略上述数学意义上的连续性要求,从力学意义上来看,虚位移原理等价于弹性体的平衡条件。因此,虚位移原理也可以表述为:弹性体平衡的充要条件是,外力的虚功等于内力的虚功。虚位移原理不仅可以用于线弹性问题,而且可以用于非线性弹性及弹塑性等非线性问题,但必须服从小变形假设。

6.4.2 最小势能原理

如上所述,虚位移原理中的应力是静力可能的,而虚位移是变形许可的,它们分别属于两个不同的集合。

作为一个特例,现考虑应力和应变满足物理方程的情况。此时虚位移原理式(6.56)仍然成立,且其右端积分项等于弹性体的虚应变能,即

$$\delta U = \int_{\Omega} \delta \overline{U} \mathrm{d}\Omega = \int_{\Omega} (\sigma_x \delta\varepsilon_x + \sigma_y \delta\varepsilon_y + \sigma_z \delta\varepsilon_z + \tau_{xy} \delta\gamma_{xy} + \tau_{yz} \delta\gamma_{yz} + \tau_{zx} \delta\gamma_{zx}) \mathrm{d}\Omega \tag{6.57}$$

而式(6.56)的右端项是外力的虚功，也可以写成外力虚势能的负值，即

$$\delta W = -\delta V = -\left(\int_{\Omega} f_i \delta u_i \mathrm{d}\Omega + \int_{\Gamma_\sigma} \overline{f}_i \delta u_i \mathrm{d}\Gamma\right) \tag{6.58}$$

根据式(6.57)和式(6.58)，可以将虚位移原理表达式(6.56)写成

$$\delta U = \delta W = -\delta V$$

即

$$\delta U + \delta V = \delta(U + V) = 0 \tag{6.59}$$

定义 $\Pi_p = U + V$ 为弹性体的总势能，它是弹性体的应变能与外力势能之和。则式(6.59)可表示为

$$\delta \Pi_p = \delta(U + V) = 0 \tag{6.60}$$

依据前面介绍的变分法，式(6.60)表达了弹性体总势能取极值的条件。从以上推导过程可以看出，它是虚位移原理中考虑物理方程时的特例。

下面考察表达式(6.60)的含义。对于一组满足变形条件的位移和应变，由它们通过物理方程导出的应力也满足变形条件。这样的应力是用位移表示的应力，这个表示过程和前面推导按位移求解弹性力学问题基本方程的过程相同。式(6.60)实际上是用位移形式的应力所表达的虚位移原理。它等价于平衡条件，则说明事先考虑的位移在满足变形条件和物理方程的基础上，还满足了平衡条件，那么很显然这个位移已经满足了弹性力学的所有方程和边界条件，就是该问题的解。这和按位移求解弹性力学问题的思路是一脉相承的。在按位移求解弹性力学基本方程时，把位移表示的应力分量代入平衡方程和应力边界条件，所得到的位移分量的基本方程和边界条件表达式，实际上是位移形式的平衡条件。那个平衡条件是用微分方程边值问题的形式表达的，而这里则是用积分形式表达的，两者在力学意义上是等价的。可见，满足变分式(6.60)的位移、应力和应变是存在的、唯一的。

至此，可以将变分式(6.60)的含义表述为：在给定外力作用下保持平衡状态的弹性体，在满足位移边界条件的所有变形状态(或位移)中，实际存在的变形状态应使弹性体的总势能取极值；反过来，如果某个几何容许的变形状态使弹性体的总势能取极值，则此状态必是真实变形状态。

如果考虑二阶变分，可以证明

$$\delta^2 \Pi_p \geqslant 0 \tag{6.61}$$

因此，线弹性小变形问题的唯一解(即真实解)使总势能泛函 Π_p 在所有几何容许的变形状态中取极小值。不仅如此，在线弹性小变形问题中，使依赖于位移的总势能泛函 Π_p 在所有几何容许的变形状态中取极值的位移，也使 Π_p 取极小值，也是问题的唯一解。因此，上述结论变成最小势能原理。

由上面讨论可知，最小势能原理等价于位移形式的平衡方程和应力边界条件，因此是按位移求解弹性力学问题的变分原理，基于它可以得到弹性力学问题的通用解法。还要指出，在最小势能原理中，位移选取的条件是事先满足位移边界条件，在变分原理中称为强制边界条件。而应力边界条件可以从变分式(6.60)中自然推得，因此称为自然边界条件。

6.4.3 Galerkin 变分方程

由最小势能原理的推导过程可以体会到，由它得出问题真实解的过程并不神秘，无非就是

让位移以不同的形式去满足变形条件、物理方程和平衡条件。

在最小势能原理中，选取的位移事先满足变形条件。因此只需要再用位移通过物理方程表示应力，让这些应力满足虚位移原理。由于后者等价于平衡条件，最小势能原理中的位移就满足了所有条件，因而是弹性力学问题的唯一解答。

以此类比，会产生一个问题：如果事先选取的位移不仅满足位移边界条件和几何方程，还满足应力边界条件，那么要使其成为弹性力学问题的唯一解答，它们还需满足什么变分关系呢？换句话说，基于这样的位移能构造怎样的变分原理呢？

显然，根据这里位移的取法，它们只需要再满足平衡方程。仿照虚位移原理的等效积分形式(6.54)的推导思路，现取虚位移 δu_i。根据虚位移的任意性，可以将平衡方程写成如下的等效积分形式：

$$\int_{\Omega}(\sigma_{ij,j}+f_i)\delta u_i \mathrm{d}\Omega=0$$

或写成

$$\int_{\Omega}\Big[\Big(\frac{\partial\sigma_x}{\partial x}+\frac{\partial\tau_{xy}}{\partial y}+\frac{\partial\tau_{xz}}{\partial z}+f_x\Big)\delta u+\Big(\frac{\partial\tau_{yx}}{\partial x}+\frac{\partial\sigma_y}{\partial y}+\frac{\partial\tau_{yz}}{\partial z}+f_y\Big)\delta v+ \Big(\frac{\partial\tau_{zx}}{\partial x}+\frac{\partial\tau_{zy}}{\partial y}+\frac{\partial\sigma_z}{\partial z}+f_z\Big)\delta w\Big]\mathrm{d}\Omega=0 \tag{6.62}$$

式(6.62)即为位移分量预先满足了位移和应力边界条件之后，要成为实际位移，还应满足的条件。文献中称其为 Galerkin 变分方程。需要指出，式(6.62)中的应力分量是用位移表示的，所以此式也是按位移求解弹性力学问题的一个变分原理。

【例 6.1】 最小势能原理主要应用于公式推导和近似求解弹性力学问题两个方面。这里以图 6.5 所示的弹性长梁弯曲问题为例，介绍最小势能原理在推导弹性力学问题平衡微分方程和面力边界条件方面的应用。6.5 节将介绍它在近似求解弹性力学问题方面的应用。

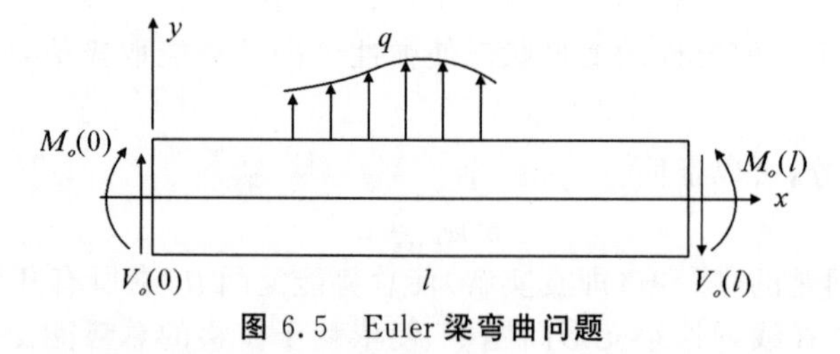

图 6.5 Euler 梁弯曲问题

图 6.5 所示的长梁，在轴线所在的铅垂平面内作用分布载荷 $q(x)$。用最小势能原理推导问题的平衡微分方程和面力边界条件。

解 由于外载荷 $q(x)$ 的作用，将在梁内产生弯矩 $M(x)$ 和剪力 $V(x)$。根据经典梁理论，梁的挠度 w 、应力 σ_x 、弯矩 M 和剪力 V 服从如下关系：

$$\sigma_x=-\frac{My}{I},\quad M=EI\frac{\mathrm{d}^2w}{\mathrm{d}x^2},\quad V=\frac{\mathrm{d}M}{\mathrm{d}x} \tag{6.63}$$

式中：EI 为梁的弯曲刚度。

由于仅有一个应力分量，应变能密度为

$$\overline{U}=\frac{\sigma_x^2}{2E}=\frac{M^2y^2}{2EI^2}=\frac{E}{2}\left(\frac{\mathrm{d}^2w}{\mathrm{d}x^2}\right)^2y^2$$

因而，梁的应变能为

$$U=\int_0^l\left[\iint_A\frac{E}{2}\left(\frac{\mathrm{d}^2w}{\mathrm{d}x^2}\right)^2y^2\mathrm{d}A\right]\mathrm{d}x=\int_0^l\frac{EI}{2}\left(\frac{\mathrm{d}^2w}{\mathrm{d}x^2}\right)^2\mathrm{d}x \tag{6.64}$$

外力功包括分布力 $q(x)$ 和两端的集中载荷，合并写成

$$W=\int_0^l qw\mathrm{d}x-\left[V_ow-M_o\frac{\mathrm{d}w}{\mathrm{d}x}\right]_0^l \tag{6.65}$$

因此，系统总势能为

$$\Pi_p=U-W=\int_0^l\left[\frac{EI}{2}\left(\frac{\mathrm{d}^2w}{\mathrm{d}x^2}\right)^2-qw\right]\mathrm{d}x+\left[V_ow-M_o\frac{\mathrm{d}w}{\mathrm{d}x}\right]_0^l \tag{6.66}$$

由总势能极值条件 $\delta\Pi_p=0$ 得

$$\begin{aligned}\delta\Pi_p&=\delta\int_0^l\left[\frac{EI}{2}\left(\frac{\mathrm{d}^2w}{\mathrm{d}x^2}\right)^2-qw\right]\mathrm{d}x+\delta\left[V_ow-M_o\frac{\mathrm{d}w}{\mathrm{d}x}\right]_0^l\\&=\int_0^l\delta\left[\frac{EI}{2}\left(\frac{\mathrm{d}^2w}{\mathrm{d}x^2}\right)^2-qw\right]\mathrm{d}x+\left[V_o\delta w-M_o\frac{\mathrm{d}\delta w}{\mathrm{d}x}\right]_0^l\\&=\frac{EI}{2}\int_0^l2\frac{\mathrm{d}^2w}{\mathrm{d}x^2}\frac{\mathrm{d}^2\delta w}{\mathrm{d}x^2}\mathrm{d}x-\int_0^lq\delta w\mathrm{d}x+\left[V_o\delta w-M_o\frac{\mathrm{d}\delta w}{\mathrm{d}x}\right]_0^l=0\end{aligned}$$

对第一个积分应用分部积分，将对 δw 的二阶导数转移到挠度 $w(x)$ 上，并与后面几项合并，最终可得

$$\int_0^l\left(EI\frac{\mathrm{d}^4w}{\mathrm{d}x^4}-q\right)\delta w\mathrm{d}x+\left[\frac{\mathrm{d}\delta w}{\mathrm{d}x}(M-M_o)-\delta w(V-V_o)\right]_0^l=0 \tag{6.67}$$

为满足式(6.67)，需要使圆括弧和方括弧中的项为零，即得

$$\left.\begin{aligned}&EI\frac{\mathrm{d}^4w}{\mathrm{d}x^4}-q=0\\&V=V_o\qquad\text{或}\quad\delta w=0,\quad x=0,l\\&M=M_o\qquad\text{或}\quad\delta\left(\frac{\mathrm{d}w}{\mathrm{d}x}\right)=0,\quad x=0,l\end{aligned}\right\} \tag{6.68}$$

式(6.68)中第一行即为经典梁的挠度微分方程，第二、三行为对应的边界条件，它们的含义是，梁的两端可以给定剪力 V 或挠度 w，也可以给定弯矩 M 或转角 $\theta=\mathrm{d}w/\mathrm{d}x$。

6.5　位移变分法

在弹性力学的近似求解方面，应用最小势能原理可以建立许多有效的、以位移为未知量的近似解法。本节介绍的 Rayleigh-Ritz 法[或称 Ritz(利兹)法]和 Bubnov-Galerkin 法[或称 Galerkin(伽辽金)法]就是其中典型的两种。

6.5.1　Ritz(利兹)法

根据最小势能原理，在变形许可的位移中，使总势能 Π_p 变分为零(取极值)的位移就是真实位移。Ritz 法的思路是：先选取一组满足位移边界条件的位移表达式，但其中包含若干待

定参数,然后根据总势能的极值条件确定待定参数,从而得到问题的解答。

取位移函数为

$$\left.\begin{aligned} u &= u_0(x,y,z) + \sum_{i=1}^{n} a_i u_i(x,y,z) \\ v &= v_0(x,y,z) + \sum_{i=1}^{n} b_i v_i(x,y,z) \\ w &= w_0(x,y,z) + \sum_{i=1}^{n} c_i w_i(x,y,z) \end{aligned}\right\} \tag{6.69}$$

式中:a_i, b_i, c_i 为待定系数; u_0, v_0, w_0 为设定的函数,它在位移边界上等于给定的位移;设定函数 u_i, v_i, $w_i(i=1, \cdots, n)$ 在位移边界上值为零。这样以来,不论系数 a_i, b_i, c_i 取何值,由式(6.69)给出的位移总能满足位移边界条件。

应当指出,由于函数 u_i, v_i, $w_i(i=0, 1, \cdots, n)$ 是预先设定的,因此,位移式(6.69)的变分将由系数 a_i, b_i, c_i 的变分来实现,故位移的变分为

$$\delta u = \sum_{i=1}^{n} u_i \delta a_i, \quad \delta v = \sum_{i=1}^{n} v_i \delta b_i, \quad \delta w = \sum_{i=1}^{n} w_i \delta c_i \tag{6.70}$$

式中:系数变分 δa_i, δb_i, δc_i 是完全任意的,彼此无关。

当应变能 U 用位移式(6.69)表达时,不难看出,U 应是系数 a_i, b_i, c_i 的二次函数,于是类比多元函数求导法则,有

$$\delta U = \sum_{i=1}^{n} \left(\frac{\partial U}{\partial a_i} \delta a_i + \frac{\partial U}{\partial b_i} \delta b_i + \frac{\partial U}{\partial c_i} \delta c_i \right) \tag{6.71}$$

将式(6.70)和式(6.71)代入最小势能原理表达式(6.60),整理后得

$$\begin{aligned} \delta \Pi = &\sum_{i=1}^{n} \left(\frac{\partial U}{\partial a_i} - \int_{\Omega} f_x u_i \mathrm{d}\Omega - \int_{\Gamma_\sigma} \overline{f}_x u_i \mathrm{d}\Gamma \right) \delta a_i + \\ &\sum_{i=1}^{n} \left(\frac{\partial U}{\partial b_i} - \int_{\Omega} f_y v_i \mathrm{d}\Omega - \int_{\Gamma_\sigma} \overline{f}_y v_i \mathrm{d}\Gamma \right) \delta b_i + \\ &\sum_{i=1}^{n} \left(\frac{\partial U}{\partial c_i} - \int_{\Omega} f_z w_i \mathrm{d}\Omega - \int_{\Gamma_\sigma} \overline{f}_z w_i \mathrm{d}\Gamma \right) \delta c_i = 0 \end{aligned}$$

根据变分 δa_i, δb_i, δc_i 的任意性,上式变为

$$\left.\begin{aligned} \frac{\partial U}{\partial a_i} &= \int_{\Omega} f_x u_i \mathrm{d}\Omega - \int_{\Gamma_\sigma} \overline{f}_x u_i \mathrm{d}\Gamma, \quad (i=1,2,\cdots,n) \\ \frac{\partial U}{\partial b_i} &= \int_{\Omega} f_y v_i \mathrm{d}\Omega - \int_{\Gamma_\sigma} \overline{f}_y v_i \mathrm{d}\Gamma, \quad (i=1,2,\cdots,n) \\ \frac{\partial U}{\partial c_i} &= \int_{\Omega} f_z w_i \mathrm{d}\Omega - \int_{\Gamma_\sigma} \overline{f}_z w_i \mathrm{d}\Gamma, \quad (i=1,2,\cdots,n) \end{aligned}\right\} \tag{6.72}$$

由于 U 是系数 a_i, b_i, c_i 的二次函数,式(6.72)将是系数的线性方程组。系数个数为 $3n$,方程个数也是 $3n$,由方程组[式(6.72)]可以解出各待定系数,从而可由式(6.69)确定位移分量。

6.5.2　Galerkin(伽辽金)法

根据前面的讨论,当位移分量同时满足位移边界条件和应力边界条件时,真实位移的变分还应满足 Galerkin 变分方程。Galerkin 法的思路是,假定选择的位移表达式(6.69)能同时满足位移边界条件和应力边界条件,根据 Galerkin 变分方程确定其中的待定参数 a_i, b_i, c_i。

为此,将位移变分式(6.70)代入 Galerkin 变分方程式(6.62),再利用系数变分 δa_i,δb_i,δc_i 的任意性,可得

$$\left.\begin{aligned}
&\int_\Omega\left(\frac{\partial\sigma_x}{\partial x}+\frac{\partial\tau_{xy}}{\partial y}+\frac{\partial\tau_{xz}}{\partial z}+f_x\right)u_i\mathrm{d}\Omega=0,\quad(i=1,2,\cdots,n)\\
&\int_\Omega\left(\frac{\partial\tau_{yx}}{\partial x}+\frac{\partial\sigma_y}{\partial y}+\frac{\partial\tau_{yz}}{\partial z}+f_y\right)v_i\mathrm{d}\Omega=0,\quad(i=1,2,\cdots,n)\\
&\int_\Omega\left(\frac{\partial\tau_{zx}}{\partial x}+\frac{\partial\tau_{zy}}{\partial y}+\frac{\partial\sigma_z}{\partial z}+f_z\right)w_i\mathrm{d}\Omega=0,\quad(i=1,2,\cdots,n)
\end{aligned}\right\}\tag{6.73}$$

将以上方程中的应力分量通过物理方程和几何方程转化为位移分量表示的形式,可得

$$\left.\begin{aligned}
&\int_\Omega\left[\frac{E}{2(1+\mu)}\left(\frac{1}{1-2\mu}\frac{\partial\theta}{\partial x}+\nabla^2u\right)+f_x\right]u_i\mathrm{d}\Omega=0\\
&\int_\Omega\left[\frac{E}{2(1+\mu)}\left(\frac{1}{1-2\mu}\frac{\partial\theta}{\partial y}+\nabla^2v\right)+f_y\right]v_i\mathrm{d}\Omega=0\\
&\int_\Omega\left[\frac{E}{2(1+\mu)}\left(\frac{1}{1-2\mu}\frac{\partial\theta}{\partial z}+\nabla^2w\right)+f_z\right]w_i\mathrm{d}\Omega=0
\end{aligned}\right\}\tag{6.74}$$

因为位移分量是系数 a_i, b_i, c_i 的线性函数,所以式(6.74)应是系数的线性方程组;$3n$ 个系数,$3n$ 个方程,从而解出系数,确定位移。

对比以上两种基于位移变方法的近似计算方法可知:在位移函数的选择上,Galerkin 法比 Ritz 法更为严格,它不但要求满足位移边界条件,还必须满足应力边界条件;但在应用上,Galerkin 法比 Ritz 法方便,因为它不需求总势能泛函,直接由平衡方程就可以列出 Galerkin 方程。

用位移变分法求解弹性力学问题,位移的精度较高,而由位移导出的应力精度一般较低。为了求得较高精度的应力,必须使位移表达式(6.69)包含更多的项,或选取更合适的基函数 u_i, v_i, w_i。

6.6　用位移变分法解平面问题

在平面问题中,不考虑位移分量 w,而且位移分量 u 和 v 仅是坐标 x 和 y 的函数。对平面应变问题,如在 z 方向取单位长度,则应变能表达式(6.28)可简化为

$$U=\frac{E}{2(1+\mu)}\int_\Omega\left[\frac{\mu}{1-2\mu}\left(\frac{\partial u}{\partial x}+\frac{\partial v}{\partial y}\right)^2+\left(\frac{\partial u}{\partial x}\right)^2+\left(\frac{\partial v}{\partial y}\right)^2+\frac{1}{2}\left(\frac{\partial v}{\partial x}+\frac{\partial u}{\partial y}\right)^2\right]\mathrm{d}\Omega\tag{6.75}$$

对于平面应力问题,只需要将式(6.75)中的 E 换为 $E(1+2\mu)/(1+\mu)$,将 μ 换为 $\mu/(1+\mu)$,即可得到

$$U=\frac{E}{2(1-\mu^2)}\int_\Omega\left[\left(\frac{\partial u}{\partial x}\right)^2+\left(\frac{\partial v}{\partial y}\right)^2+2\mu\frac{\partial u}{\partial x}\frac{\partial v}{\partial y}+\frac{1-\mu}{2}\left(\frac{\partial v}{\partial x}+\frac{\partial u}{\partial y}\right)^2\right]\mathrm{d}\Omega \tag{6.76}$$

在解平面问题时,选取位移表达式为

$$\left.\begin{aligned}u&=u_0(x,y)+\sum_{i=1}^{n}a_iu_i(x,y)\\v&=v_0(x,y)+\sum_{i=1}^{n}b_iv_i(x,y)\end{aligned}\right\} \tag{6.77}$$

【例 6.2】 (Gakerkin 法)如图 6.6 所示,宽度为 $2l$ 、高度为 h 的矩形薄板,左、右两边及下边固定,上边给定以下位移:

$$u=0,\quad v=-\eta\left(1-\frac{x^2}{l^2}\right) \tag{6.78}$$

不计体力,试求薄板的位移和应力。

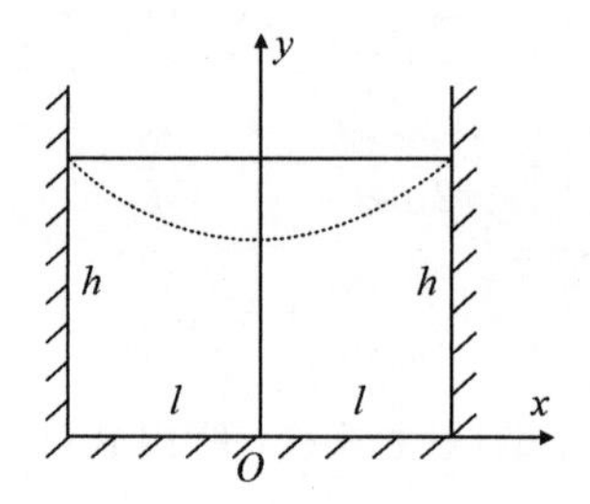

图 6.6 三边固定的矩形薄板

解 取坐标系如图 6.6 所示。选取位移函数为

$$\left.\begin{aligned}u&=a_1\left(1-\frac{x^2}{l^2}\right)\frac{x}{l}\frac{y}{h}\left(1-\frac{y}{h}\right)\\v&=-\eta\left(1-\frac{x^2}{l^2}\right)\frac{y}{h}+b_1\left(1-\frac{x^2}{l^2}\right)\frac{y}{h}\left(1-\frac{y}{h}\right)\end{aligned}\right\} \tag{6.79}$$

式中:a_1,b_1 为待定常数。不难验证,以上位移分量满足位移边界条件,即

$$\begin{cases}u|_{x=\pm l}=0,\quad u|_{y=0}=0,\quad u|_{y=h}=0\\v|_{x=\pm l}=0,\quad v|_{y=0}=0,\quad v|_{y=h}=-\eta\left(1-\dfrac{x^2}{l^2}\right)\end{cases}$$

此外,由于 u 是 x 的奇函数,而 v 是 x 的偶函数,位移式(6.79)显然也满足对称性条件(这就是在 u 的表达式中放置因子 x/l 的理由)。还注意到,在这一问题中,没有应力边界条件,全部边界上均为位移边界条件。因此,位移式(6.79)既然满足位移边界条件,也就满足了全部边界条件,故可以应用 Galerkin 法求解。

由于体力 $f_x=f_y=0$,方程式(6.74)变为

$$\left.\begin{aligned}&\int_{-l}^{l}\int_{0}^{h}\left(\frac{\partial^2 u}{\partial x^2}+\frac{1-\mu}{2}\frac{\partial^2 u}{\partial y^2}+\frac{1+\mu}{2}\frac{\partial^2 v}{\partial x\partial y}\right)u_1\mathrm{d}x\mathrm{d}y=0\\&\int_{-l}^{l}\int_{0}^{h}\left(\frac{\partial^2 v}{\partial y^2}+\frac{1-\mu}{2}\frac{\partial^2 v}{\partial x^2}+\frac{1+\mu}{2}\frac{\partial^2 u}{\partial x\partial y}\right)v_1\mathrm{d}x\mathrm{d}y=0\end{aligned}\right\}\tag{6.80}$$

现按式(6.79)求得

$$\left.\begin{aligned}\frac{\partial^2 u}{\partial x^2}&=-\frac{6a_1xy}{l^3h}\left(1-\frac{y}{h}\right)\\\frac{\partial^2 u}{\partial y^2}&=-\frac{2a_1x}{lh^2}\left(1-\frac{x^2}{l^2}\right)\\\frac{\partial^2 u}{\partial x\partial y}&=\frac{a_1}{lh}\left(1-3\frac{x^2}{l^2}\right)\left(1-2\frac{y}{h}\right)\\\frac{\partial^2 v}{\partial x^2}&=\frac{2\eta y}{l^2h}-\frac{2b_1}{l^2}\frac{y}{h}\left(1-\frac{y}{h}\right)\\\frac{\partial^2 v}{\partial y^2}&=-\frac{2h_1}{h^2}\left(1-\frac{x^2}{l^2}\right)\\\frac{\partial^2 v}{\partial x\partial y}&=\frac{2\eta x}{l^2h}-\frac{2b_1x}{l^2h}\left(1-2\frac{y}{h}\right)\end{aligned}\right\}\tag{6.81}$$

另外，由式(6.79)可知

$$\left.\begin{aligned}u_1&=\frac{x}{l}\left(1-\frac{x^2}{l^2}\right)\frac{y}{h}\left(1-\frac{y}{h}\right)\\v_1&=\left(1-\frac{x^2}{l^2}\right)\frac{y}{h}\left(1-\frac{y}{h}\right)\end{aligned}\right\}\tag{6.82}$$

将式(6.81)和 u_1、v_1 代入式(6.80)，进行积分后得到关于 a_1 和 b_1 的两个线性方程，联立解得

$$a_1=\frac{35(1+\mu)\eta}{42\dfrac{h}{l}+20(1-\mu)\dfrac{l}{h}},\quad b_1=\frac{5(1-\mu)\eta}{16\dfrac{l^2}{h^2}+2(1-\mu)}$$

代入式(6.79)，即得到位移分量的解答为

$$\left\{\begin{aligned}u&=\frac{35(1+\mu)\eta}{42\dfrac{h}{l}+20(1-\mu)\dfrac{l}{h}}\left(1-\frac{x^2}{l^2}\right)\frac{x}{l}\frac{y}{h}\left(1-\frac{y}{h}\right)\\v&=-\eta\left(1-\frac{x^2}{l^2}\right)\frac{y}{h}+\frac{5(1-\mu)\eta}{16\dfrac{l^2}{h^2}+2(1-\mu)}\left(1-\frac{x^2}{l^2}\right)\frac{y}{h}\left(1-\frac{y}{h}\right)\end{aligned}\right.$$

当 $l=h$，$\mu=0.2$ 时，上面解答成为

$$\left\{\begin{aligned}u&=0.724\mu\frac{x}{l}\left(1-\frac{x^2}{l^2}\right)\frac{y}{l}\left(1-\frac{y}{l}\right)\\v&=-\eta\left(1-\frac{x^2}{l^2}\right)\left(0.773\frac{y}{l}+0.227\frac{y^2}{l^2}\right)\end{aligned}\right.$$

应用几何方程和物理方程，可由上式求得应力分量，为

$$
\begin{cases}
\sigma_x = \dfrac{E}{1-\mu^2}\left(\dfrac{\partial u}{\partial x}+\mu\dfrac{\partial v}{\partial y}\right)\\
\quad =-\dfrac{E\mu}{l}\left[\left(1-\dfrac{x^2}{l^2}\right)\left(0.161-0.095\dfrac{y}{l}\right)-0.754\left(1-3\dfrac{x^2}{l^2}\right)\dfrac{y}{l}\left(1-\dfrac{y}{l}\right)\right]\\
\sigma_y = \dfrac{E}{1-\mu^2}\left(\dfrac{\partial v}{\partial y}+\mu\dfrac{\partial u}{\partial x}\right)\\
\quad =-\dfrac{E\mu}{l}\left[\left(1-\dfrac{x^2}{l^2}\right)\left(0.805+0.473\dfrac{y}{l}\right)-0.302\left(1-3\dfrac{x^2}{l^2}\right)\dfrac{y}{l}\left(1-\dfrac{y}{l}\right)\right]\\
\tau_{xy} = \dfrac{E}{2(1+\mu)}\left(\dfrac{\partial v}{\partial x}+\mu\dfrac{\partial u}{\partial y}\right)\\
\quad =\dfrac{E\mu}{l}\left[\dfrac{xy}{l^2}\left(0.644+0.189\dfrac{y}{l}\right)+0.302\dfrac{x}{l}\left(1-\dfrac{x^2}{l^2}\right)\left(1-2\dfrac{y}{l}\right)\right]
\end{cases}
$$

在 $y=h$ 处，相应的面力为

$$
\begin{cases}
\overline{f}_x = \sigma_y\big|_{y=l} =-1.278\dfrac{E\mu}{l}\left(1-\dfrac{x^2}{l^2}\right)\\
\overline{f}_y = \tau_{xy}\big|_{y=l} = \dfrac{E\mu x}{l^2}\left(0.531+0.302\dfrac{x^2}{l^2}\right)
\end{cases}
$$

这就是为了维持薄板边界 $y=h$ 处的给定位移式(6.78)，而需要在该边界上施加的面力。

【例 6.3】 (Ritz 法)图 6.7 所示的薄板，宽为 a，高度为 b，左边和下边受连杆支承，右边和上边分别受均布压力 q_1 和 q_2 作用，不计体力。试用 Ritz 法求薄板的位移。

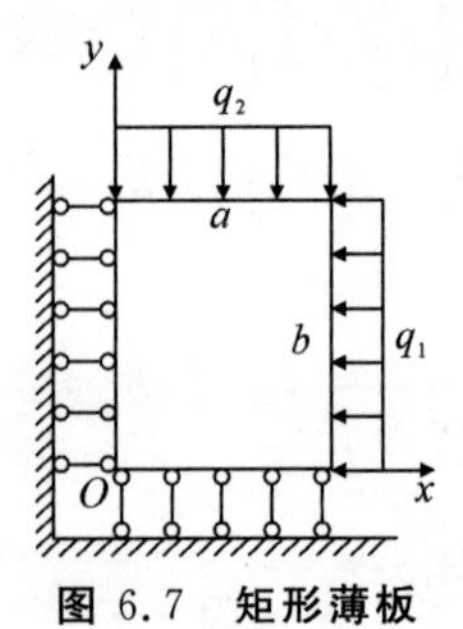

图 6.7 矩形薄板

解 (1)假设位移函数为

$$
\begin{cases}
u = x(A_1+A_2x+A_3y+\cdots)\\
v = y(B_1+B_2x+B_3y+\cdots)
\end{cases}
$$

满足边界条件：

$$
(u)_{x=0}=0,\quad (v)_{y=0}=0
$$

可在上式中只取第一项，即

$$
u=A_1u_1=A_1x,\quad v=B_1v_1=B_1y
$$

(2)计算形变势能 U。由平面应力问题的应变能计算式得

$$
U=\frac{E}{2(1-\mu^2)}\int_0^a\int_0^b(A_1^2+B_1^2+2\mu A_1B_1)\mathrm{d}x\mathrm{d}y
$$

积分得

$$U = \frac{Eab}{2(1-\mu^2)}(A_1^2 + B_1^2 + 2\mu A_1 B_1) \tag{6.83}$$

(3)代入 Ritz 法方程求解。由于体力 $f_x = f_y = 0$，故

$$\frac{\partial U}{\partial A_1} = \int_{\Gamma_\sigma} \overline{f}_x u_1 \mathrm{d}s, \quad \frac{\partial U}{\partial B_1} = \int_{\Gamma_\sigma} \overline{f}_y v_1 \mathrm{d}s$$

在右边界有 $\overline{f}_x = -q_1$，$u_1 = x = a$，$\mathrm{d}s = \mathrm{d}y$，故

$$\int_{\Gamma_\sigma} \overline{f}_x u_1 \mathrm{d}s = \int_0^b -q_1 a \mathrm{d}y = -q_1 ab \tag{6.84}$$

在上边界有 $\overline{f}_y = -q_2$，$v_1 = y = b$，$\mathrm{d}s = \mathrm{d}x$，故

$$\int_{\Gamma_\sigma} \overline{f}_y v_1 \mathrm{d}s = \int_0^a -q_2 b \mathrm{d}y = -q_2 ab \tag{6.85}$$

将式(6.84)和式(6.85)代入应变能计算式(6.83)，有

$$\begin{cases} \dfrac{Eab}{1-\mu^2}(A_1 + \mu B_1) = -q_1 ab \\ \dfrac{Eab}{1-\mu^2}(B_1 + \mu A_1) = -q_2 ab \end{cases}$$

联立解得

$$A_1 = -\frac{q_1 - \mu q_2}{E}, \quad B_1 = -\frac{q_2 - \mu q_1}{E}$$

代入位移表达式，得

$$u = -\frac{q_1 - \mu q_2}{E}x, \quad v = -\frac{q_2 - \mu q_1}{E}y$$

该位移解为问题的精确解。

【例 6.4】　(Ritz 法)图 6.8 所示的简支梁，中点处承受有集中力 P，试求梁的挠曲线方程。

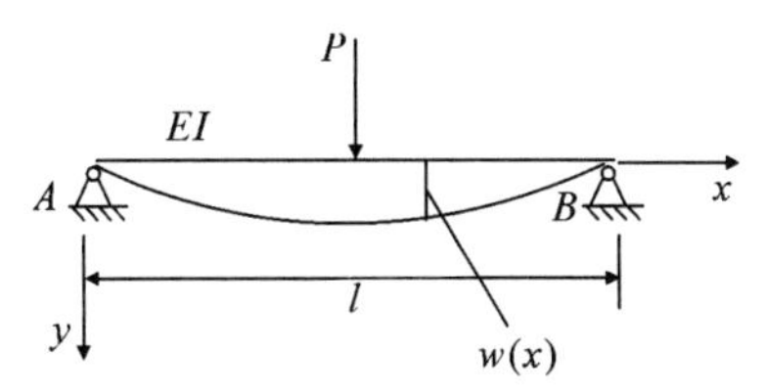

图 6.8　简支梁受力图

解　(1)假设位移试探函数(必须满足位移边界条件)。

设位移试探函数为(取一项)

$$w = a\sin\frac{\pi}{l}x \quad (0 \leqslant x \leqslant l)$$

式中：a 为待定常数。

显然，上式满足端点的位移边界条件：$w(0) = 0, w(l) = 0$ 。

(2)计算应变能，有

$$U = \frac{EI}{2}\int_0^l \left(\frac{\mathrm{d}^2 w}{\mathrm{d}x^2}\right)^2 \mathrm{d}x = \frac{\pi^4 EI}{4l^3}a^2$$

$$\frac{\partial U}{\partial a}=\frac{\pi^4 EI}{2l^3}a$$

该问题体积力为零，外力为集中力 P。外力在位移试函数上所做的功为

$$\iiint f u_i \mathrm{d}x\mathrm{d}y\mathrm{d}z+\iint \bar{f} u_i \mathrm{d}S=P\sin\frac{\pi}{l}\frac{l}{2}=P$$

(3)代入 Ritz 法方程得

$$\frac{\partial U}{\partial a}=\frac{\pi^4 EI}{2l^3}a=P$$

解得

$$a=\frac{2l^3 P}{\pi^4 EI}$$

故挠曲线方程为

$$w=\frac{2l^3 P}{\pi^4 EI}\sin\frac{\pi}{l}x$$

6.7 应力变分原理

6.4 节所讨论的位移变分原理及其数学表达式是从位移变分出发的。用位移变分法及相应的各种近似解法可以直接求出位移分量。但在工程实际中，有时感兴趣的是直接得到表征结构强度的应力分量。由位移变分法得到的位移分量，必须通过位移求导得到应变，再利用物理方程来求出应力分量，得到应力分量的误差较大。此时，直接以应力分量为未知量来求解弹性力学问题的应力方法便更为方便。另外，对一些特殊问题，如平面问题、柱体扭转等，可以引入应力函数，此时用应力法求解也会更为方便。下面介绍基于应力变分的弹性力学变分原理。

6.7.1 虚应力

在对处于平衡状态的弹性体应用位移变分原理时，要取位移的变分(即虚位移)。这些位移的变分必须是变形许可的。与此对应，在对处于平衡状态的弹性体推导应力变分原理时，要用到应力的变分 $\delta\sigma_x$，$\delta\sigma_y$，…，$\delta\tau_{zx}$，称之为虚应力，而且要求这些虚应力必须是静力可能的，即变分后，新的应力分量满足平衡方程和应力边界条件。

设 σ_x，σ_y，…，τ_{zx} 为实际存在于弹性体内部的应力分量，显然，它们满足平衡方程、应力边界条件以及应力协调条件。现在让这些应力分量发生静力许可的微小变化，得到新的应力分量

$$\sigma_x+\delta\sigma_x,\quad \sigma_y+\delta\sigma_y,\quad \cdots,\quad \tau_{zx}+\delta\tau_{zx}$$

由于这些新的应力分量满足平衡方程和应力边界条件，有

$$\begin{cases}\dfrac{\partial}{\partial x}(\sigma_x+\delta\sigma_x)+\dfrac{\partial}{\partial y}(\tau_{yx}+\delta\tau_{yx})+\dfrac{\partial}{\partial z}(\tau_{zx}+\delta\tau_{zx})+f_x=0\\ \dfrac{\partial}{\partial x}(\tau_{xy}+\delta\tau_{xy})+\dfrac{\partial}{\partial y}(\sigma_y+\delta\sigma_y)+\dfrac{\partial}{\partial z}(\tau_{zy}+\delta\tau_{zy})+f_y=0\\ \dfrac{\partial}{\partial x}(\tau_{xz}+\delta\tau_{xz})+\dfrac{\partial}{\partial y}(\tau_{yz}+\delta\tau_{yz})+\dfrac{\partial}{\partial z}(\sigma_z+\delta\sigma_z)+f_z=0\end{cases}$$

注意，由于体力是给定的，因此上式中体力分量 f_x，f_y，f_z在应力发生变化后保持不变。将上式与变化前的平衡方程相减，即得到弹性体内部虚应力应满足的关系

$$\left.\begin{aligned}\frac{\partial}{\partial x}(\delta\sigma_x)+\frac{\partial}{\partial y}(\delta\tau_{yx})+\frac{\partial}{\partial z}(\delta\tau_{zx})=0\\ \frac{\partial}{\partial x}(\delta\tau_{xy})+\frac{\partial}{\partial y}(\delta\sigma_y)+\frac{\partial}{\partial z}(\delta\tau_{zy})=0\\ \frac{\partial}{\partial x}(\delta\tau_{xz})+\frac{\partial}{\partial y}(\delta\tau_{yz})+\frac{\partial}{\partial z}(\delta\sigma_z)=0\end{aligned}\right\}\tag{6.86}$$

在表面力没有给定的边界上，应力的变分也将引起表面力发生相应的变化（变分），记为 $\delta\overline{f}_x$，$\delta\overline{f}_y$，$\delta\overline{f}_z$。于是，新的面力为

$$\overline{f}_x+\delta\overline{f}_x,\ \overline{f}_y+\delta\overline{f}_y,\ \overline{f}_z+\delta\overline{f}_z$$

因为新面力分量在此边界上应满足面力边界条件，所以有

$$\begin{cases}l(\sigma_x+\delta\sigma_x)+m(\tau_{yx}+\delta\tau_{yx})+n(\tau_{zx}+\delta\tau_{zx})=\overline{f}_x+\delta\overline{f}_x\\ l(\tau_{xy}+\delta\tau_{xy})+m(\sigma_y+\delta\sigma_y)+n(\tau_{zy}+\delta\tau_{zy})=\overline{f}_y+\delta\overline{f}_y\\ l(\tau_{xz}+\delta\tau_{xz})+m(\tau_{yz}+\delta\tau_{yz})+n(\sigma_z+\delta\sigma_z)=\overline{f}_z+\delta\overline{f}_z\end{cases}$$

将上式与原面力边界条件相减，得

$$\left.\begin{aligned}l(\delta\sigma_x)+m(\delta\tau_{yx})+n(\delta\tau_{zx})=\delta\overline{f}_x\\ l(\delta\tau_{xy})+m(\delta\sigma_y)+n(\delta\tau_{zy})=\delta\overline{f}_y\\ l(\delta\tau_{xz})+m(\delta\tau_{yz})+n(\delta\sigma_z)=\delta\overline{f}_z\end{aligned}\right\}\tag{6.87}$$

在面力给定的边界上，面力分量不能变化，即

$$\delta\overline{f}_x=\delta\overline{f}_y=\delta\overline{f}_z=0\tag{6.88}$$

故应力变分在此边界上应满足

$$\left.\begin{aligned}l(\delta\sigma_x)+m(\delta\tau_{yx})+n(\delta\tau_{zx})=0\\ l(\delta\tau_{xy})+m(\delta\sigma_y)+n(\delta\tau_{zy})=0\\ l(\delta\tau_{xz})+m(\delta\tau_{yz})+n(\delta\sigma_z)=0\end{aligned}\right\}\tag{6.89}$$

由以上推导可以看出，为了使应力的变分是静力可能的，它必须在弹性体内部满足式(6.86)，在位移边界上满足式(6.87)，而在应力边界上满足式(6.89)。

6.7.2　虚应力原理

现在考虑几何方程：

$$\varepsilon_{ij} = \frac{1}{2}(u_{i,j} + u_{j,i})$$

和位移边界条件

$$u_i = \bar{u}_i$$

同时，取真实应力的变分 $\delta\sigma_{ij}$ 及其相应的边界面力 $\delta\bar{f}_i$，$\delta\bar{f}_i = \delta\sigma_{ij} n_j$，在应力边界上 $\delta\bar{f}_i = 0$。这样，可以将几何方程和位移边界条件转化为如下等效积分形式：

$$\int_\Omega \delta\sigma_{ij}\left[\varepsilon_{ij} - \frac{1}{2}(u_{i,j} + u_{j,i})\right]\mathrm{d}\Omega + \int_{\Gamma_u} \delta\bar{f}_i (u_i - \bar{u}_i)\mathrm{d}\Gamma = 0 \tag{6.90}$$

对式(6.90)进行分部积分后可得

$$\int_\Omega (\delta\sigma_{ij}\varepsilon_{ij} + u_i \delta\sigma_{ij,j})\mathrm{d}\Omega - \int_\Gamma \delta\sigma_{ij} n_j u_i \mathrm{d}\Gamma + \int_{\Gamma_u} \delta\bar{f}_i (u_i - \bar{u}_i)\mathrm{d}\Gamma = 0 \tag{6.91}$$

考虑式(6.86)～式(6.88)之后，可将式(6.91)化简为

$$\int_\Omega \delta\sigma_{ij}\varepsilon_{ij}\mathrm{d}\Omega = \int_{\Gamma_u} \delta\bar{f}_i \bar{u}_i \mathrm{d}\Gamma \tag{6.92}$$

式(6.92)称为应力变分方程，或 Castigliano 变分方程。式中左端体积分代表虚应力在应变上所做的虚功，第二项代表虚边界约束反力在给定位移上所做的虚功。为和前述内力和给定外力在虚应变和虚位移上所做的虚功相区别，将这两项虚功称为余虚功。式(6.92)称为虚应力原理，可以表述为：对于变形许可的位移和应变，虚应力在应变上做的功等于虚边界约束反力在给定位移上做的功。反之，给定一组位移和应变，如果虚应力在应变上做的功等于虚边界约束反力在给定位移上做的功，则这组位移和应变一定是变形许可的。所以，虚应力原理表述了位移协调的必要而充分的条件。

和虚位移原理相同，在导出虚应力原理过程中，同样未涉及物理方程，因此，虚应力原理同样可以应用于线弹性、非线性弹性和弹塑性等力学问题。但是应指出，无论是虚位移原理还是虚应力原理，它们所依赖的几何方程和平衡方程都是基于小变形理论的，所以它们不能直接应用于大变形理论的力学问题。

应当说明，式(6.92)右端积分在两种情况下为零：①由于右端积分只在位移边界上进行，因此当全部为应力边界时右端为零；②当位移边界上给定位移为零时，右端也为零。特别地，当弹性体全部边界上的面力都给定时，应力边界式(6.92)变为

$$\int_\Omega \delta\sigma_{ij}\varepsilon_{ij}\mathrm{d}\Omega = 0 \tag{6.93}$$

此即最小功原理的表达式。

6.7.3 最小余能原理

最小余能原理的推导步骤和最小位能原理的推导类似，只是现在是从虚应力原理出发。当其中的应力和应变满足物理方程时，虚应力原理式(6.92)右端项即为余能的变分，即

$$\delta U_c = \int_\Omega \delta U_c \mathrm{d}\Omega = \int_\Omega \delta\sigma_{ij}\varepsilon_{ij}\mathrm{d}\Omega \tag{6.94}$$

于是,式(6.92)变为

$$\delta U_c - \int_{\Gamma_u} \delta \overline{f}_i \overline{u}_i \mathrm{d}\Gamma = 0$$

由于积分在位移边界上进行,此时位移给定,在变分过程中保持不变,因此式(6.94)可写成

$$\delta U_c - \int_{\Gamma_u} \delta \overline{f}_i \overline{u}_i \mathrm{d}\Gamma = \delta\left(U_c - \int_{\Gamma_u} \overline{f}_i \overline{u}_i \mathrm{d}\Gamma\right) = 0$$

上式括弧中是弹性体的余能和外力余能之和,称为系统的总余能,用 Π_c 表示,即

$$\Pi_c = U_c - \int_{\Gamma_u} \overline{f}_i \overline{u}_i \mathrm{d}\Gamma$$

于是有

$$\delta \Pi_c = 0 \tag{6.95}$$

式(6.95)表明,在所有静力可能的应力中间,真实应力应使弹性体的总余能取极值。如果进一步考虑总余能的二阶变分,可以证明,这个极值是极小值,所以上述结论称为最小余能原理。

在讲解按应力求解弹性力学问题时,我们知道,实际存在的应力,除了满足平衡方程和应力边界条件以外,还应当满足相容方程;现在又看到,实际存在的应力,除了满足平衡方程和应力边界条件以外,还应该满足变分方程式(6.95)。实际上,由以上推导过程结合虚应力原理不难理解,最小余能原理是以能量形式表示的相容条件,它们是等价的。应该注意,以上分析仅限于单连体,如在应力变分过程中再考虑多连体的位移单值条件,问题将会复杂得多。

6.8　应力变分法

6.7 节导出的应力变分方程,给弹性力学问题提供了这样一类近似解法:以应力为未知量,类似于位移变分法,设定应力分量的表达式,使其自然满足平衡方程和应力边界条件,其中包含若干待定系数,然后利用应力变分方程确定这些系数。

那么,自然满足平衡方程和应力边界条件的应力分量怎么取?根据帕普考维奇建议,应力分量的表达式如下:

$$\left.\begin{aligned}
\sigma_x &= (\sigma_x)_0 + \sum_{i=1}^{n} a_i (\sigma_x)_i, &\quad \tau_{xy} &= (\tau_{xy})_0 + \sum_{i=1}^{n} a_i (\tau_{xy})_i \\
\sigma_y &= (\sigma_y)_0 + \sum_{i=1}^{n} a_i (\sigma_y)_i, &\quad \tau_{yz} &= (\tau_{yz})_0 + \sum_{i=1}^{n} a_i (\tau_{yz})_i \\
\sigma_z &= (\sigma_x)_0 + \sum_{i=1}^{n} a_i (\sigma_z)_i, &\quad \tau_{zx} &= (\tau_{zx})_0 + \sum_{i=1}^{n} a_i (\tau_{zx})_i
\end{aligned}\right\} \tag{6.96}$$

式中：$a_i(i=1,\cdots,n)$ 为待定系数；$(\sigma_x)_0,\cdots,(\tau_{zx})_0$ 为满足平衡方程和应力边界条件的设定函数；函数 $(\sigma_x)_i,\cdots,(\tau_{zx})_i$ 是满足“没有体力和面力作用时的平衡方程和应力边界条件”的设定函数。这样以来，不论系数 a_i 取何值，应力分量式(6.62)总能满足平衡方程和应力边界条件。

与对 Ritz 法中位移的变分相同，这里对应力分量的变分也是通过对系数 a_i 的变分来实现的，至于各设定函数，则是坐标的函数，与应力变分无关。这样一来，应力分量的变分为

$$\left.\begin{aligned}\delta\sigma_x &= \sum_{i=1}^{n}(\sigma_x)_i\delta a_i, \quad \delta\tau_{xy} = \sum_{i=1}^{n}(\tau_{xy})_i\delta a_i \\ \delta\sigma_y &= \sum_{i=1}^{n}(\sigma_y)_i\delta a_i, \quad \delta\tau_{yz} = \sum_{i=1}^{n}(\tau_{yz})_i\delta a_i \\ \delta\sigma_z &= \sum_{i=1}^{n}(\sigma_z)_i\delta a_i, \quad \delta\tau_{zx} = \sum_{i=1}^{n}(\tau_{zx})_i\delta a_i\end{aligned}\right\} \tag{6.97}$$

下面分两种情况来讨论应力变分方程式(6.92)。

(1)当全部边界上给定面力，或位移边界上指定位移为零时，由最小功原理式(6.93)，有

$$\delta U_c = \sum_{i=1}^{n}\frac{\partial U_c}{\partial a_i}\delta a_i = 0$$

根据 δa_i 的任意性，可得

$$\frac{\partial U_c}{\partial a_i} = 0 \quad (i = 1,2,\cdots) \tag{6.98}$$

此式为关于待定系数 a_i 的线性方程组，解出 a_i 后，便可得到问题的解答。

(2)当给定位移不为零时，应力变分方程为

$$\delta U_c = \int_{\Gamma_u}(\bar{u}\delta\bar{f}_x + \bar{v}\delta\bar{f}_y + \bar{w}\delta\bar{f}_z)\mathrm{d}\Gamma \tag{6.99}$$

式(6.99)中积分只在位移边界上进行，而这部分边界上，面力和应力变分应服从式(6.87)。于是，把应力分量变分式(6.97)代入式(6.87)，从而将面力变分用待定系数的变分来表示，然后将此面力变分代入式(6.99)，可得

$$\delta U_c = \sum_{i=1}^{n}\frac{\partial U_c}{\partial a_i}\delta a_i = \sum_{i=1}^{n}B_i\delta a_i \tag{6.100}$$

式中

$$\begin{aligned}B_i = \int_{\Gamma_u}\{&\bar{u}[l(\sigma_x)_i + m(\tau_{yx})_i + n(\tau_{zx})_i] + \bar{v}[l(\tau_{xy})_i + m(\sigma_y)_i + \\ &n(\tau_{zy})_i] + \bar{w}[l(\tau_{xz})_i + m(\tau_{yz})_i + n(\sigma_z)_i]\}\mathrm{d}\Gamma\end{aligned} \tag{6.101}$$

式(6.100)中，考虑到 δa_i 的任意性，有

$$\frac{\partial U_c}{\partial a_i} = B_i \quad (i = 1,2,\cdots,n) \tag{6.102}$$

式(6.102)仍是待定系数的线性方程组。

在应用应力变分法时，应力分量要同时满足平衡方程和应力边界条件，通常比较困难。但

是某些问题(如平面问题)存在应力函数。用应力函数表示的应力分量自然满足平衡方程,这时只须设定应力函数的表达式,并使它给出的应力分量满足应力边界条件,困难就大大减小了。这就进一步扩大了应力变分原理的应用范围。

6.9　用应力变分法解平面问题

在平面问题中仅存在应力分量 σ_x,σ_y 和 τ_{xy},且与坐标 z 无关。如在 z 向取单位长度,则弹性体的应变余能的表达式为

$$U_c=\frac{1}{2E}\int\left[\sigma_x^2+\sigma_y^2-2\mu\sigma_x\sigma_y+2(1+\mu)\tau_{xy}^2\right]\mathrm{d}x\mathrm{d}y \tag{6.103}$$

对于平面应变问题,只需要将式(6.103)中的 E 换为 $E/(1-\mu^2)$,将 μ 换为 $\mu/(1-\mu)$,即可得到

$$U_c=\frac{1+\mu}{2E}\int\left[(1-\mu)(\sigma_x^2+\sigma_y^2)-2\mu\sigma_x\sigma_y+2\tau_{xy}^2\right]\mathrm{d}x\mathrm{d}y \tag{6.104}$$

如果所考虑的弹性体是单连体,体力为常数,而且是应力边界问题,则应力分量 σ_x,σ_y 和 τ_{xy} 应当与材料的弹性常数无关。此时为计算方便,可在式(6.103)和式(6.104)中取 $\mu=0$。如此一来,两类平面问题中弹性体的应变余能的表达式可统一写成

$$U_c=\frac{1}{2E}\int(\sigma_x^2+\sigma_y^2+2\tau_{xy}^2)\mathrm{d}x\mathrm{d}y \tag{6.105}$$

前面已经证明,当体力为常数时就存在应力函数。此时,应力分量可由应力函数表示。将用应力函数表示的应力分量代入式(6.105),可得

$$U_c=\frac{1}{2E}\int\left[\left(\frac{\partial^2\varphi}{\partial y^2}-f_x x\right)^2+\left(\frac{\partial^2\varphi}{\partial x^2}-f_y y\right)^2+2\left(\frac{\partial^2\varphi}{\partial x\partial y}\right)^2\right]\mathrm{d}x\mathrm{d}y \tag{6.106}$$

在 6.8 节已经知道,应力变分法中,应力分量需同时满足平衡方程和应力边界条件。由于应力函数表示的应力分量自然满足平衡方程,因此,只要这样的应力分量满足应力边界条件就可以了。为此,可把应力函数取为

$$\varphi=\varphi_0+\sum_{i=1}^{n}a_i\varphi_i \tag{6.107}$$

式中:由 φ_0 给出的应力分量满足实际应力边界条件,而由 φ_i 给出的应力分量满足面力为零时的应力边界条件,a_i 为待定常数。

应力边界问题需用式(6.98)来求解。于是,将式(6.107)代入式(6.106)后得到系数 a_i 表示的应变余能 U_c,再由式(6.98)得到

$$\begin{aligned}\iint\Big[&\left(\frac{\partial^2\varphi}{\partial y^2}-f_x x\right)\frac{\partial}{\partial a_i}\frac{\partial^2\varphi}{\partial y^2}+\left(\frac{\partial^2\varphi}{\partial x^2}-f_y y\right)\frac{\partial}{\partial a_i}\frac{\partial^2\varphi}{\partial x^2}+\\&2\left(\frac{\partial^2\varphi}{\partial x\partial y}\right)\frac{\partial}{\partial a_i}\frac{\partial^2\varphi}{\partial x\partial y}\Big]\mathrm{d}x\mathrm{d}y=0,\quad(i=1,2,\cdots,n)\end{aligned} \tag{6.108}$$

解此方程组即可得到系数 a_i。

【例 6.5】 设有图 6.9 所示的矩形薄板或长柱，在两对边 $x = \pm l$ 上受按抛物线规律分布的拉力，其最大集度为 q。不计体力，试确定体内应力分量。

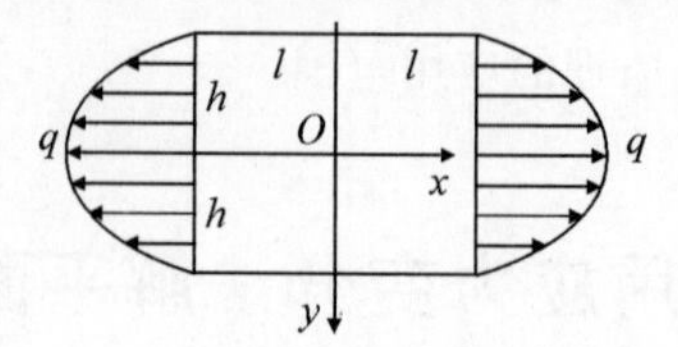

图 6.9 矩形薄板两端受分布力作用

解 本题的边界条件为

$$\left.\begin{array}{ll}\sigma_x\big|_{x=\pm l} = q\left(1-\dfrac{y^2}{h^2}\right), & \tau_{xy}\big|_{x=\pm l} = 0 \\ \sigma_y\big|_{y=\pm h} = 0, & \tau_{xy}\big|_{x=\pm h} = 0\end{array}\right\} \tag{6.109}$$

取式(6.107)中的 φ_0 为

$$\varphi_0 = \frac{qy^2}{2}\left(1-\frac{y^2}{6h^2}\right)$$

则

$$(\sigma_x)_0 = q\left(1-\frac{y^2}{h^2}\right), \quad (\sigma_y)_0 = (\tau_{xy})_0 = 0$$

显然满足应力边界条件式(6.109)。

在选取 φ_i 时，为了使由它得出的应力分量在边界上为零，可取共同项

$$\left(1-\frac{x^2}{l^2}\right)^2\left(1-\frac{y^2}{h^2}\right)^2 \text{ 或 } (x^2-l^2)^2(y^2-h^2)^2$$

作为 φ_i 的因子，以保证 φ_i 对 y 的二阶偏导数在 $x = \pm l$ 处为零，φ_i 对 x 的二阶偏导数在 $y = \pm h$ 处为零，φ_i 对 x 及 y 的偏导数在所有四边上均为零。于是，可以取

$$\begin{aligned}\varphi &= \varphi_0 + \sum_{i=1}^{n} a_i\varphi_i \\ &= \frac{qy^2}{2}\left(1-\frac{y^2}{6h^2}\right) + qh^2\left(1-\frac{x^2}{l^2}\right)^2\left(1-\frac{y^2}{h^2}\right)^2\left[a_1 + \left(a_2\frac{x^2}{l^2} + a_3\frac{y^2}{h^2}\right) + \right. \\ &\quad \left.\left(a_4\frac{x^4}{l^4} + a_5\frac{x^2y^2}{l^2h^2} + a_6\frac{y^4}{h^4}\right) + \cdots\right]\end{aligned} \tag{6.110}$$

注意，由于应力分布对称于 x 和 y 轴，式(6.110)中方括号内的级数部分只取 x 和 y 的偶次项。首先，在式(6.110)中只取一个待定系数 a_1，亦即

$$\varphi = \frac{qy^2}{2}\left(1-\frac{y^2}{6h^2}\right) + a_1qh^2\left(1-\frac{x^2}{l^2}\right)^2\left(1-\frac{y^2}{h^2}\right)^2 \tag{6.111}$$

由于 φ 是 x 和 y 的偶函数，式(6.108)成为

$$4\int_0^l\int_0^h\left[\frac{\partial^2\varphi}{\partial y^2}\frac{\partial}{\partial a_i}\frac{\partial^2\varphi}{\partial y^2} + \frac{\partial^2\varphi}{\partial x^2}\frac{\partial}{\partial a_i}\frac{\partial^2\varphi}{\partial x^2} + 2\left(\frac{\partial^2\varphi}{\partial x\partial y}\right)\frac{\partial}{\partial a_i}\frac{\partial^2\varphi}{\partial x\partial y}\right]\mathrm{d}x\mathrm{d}y = 0, \quad (i = 1,2,\cdots,n)$$

将式(6.111)代入，积分化简后可得

$$\left(\frac{64}{7} + \frac{256h^2}{49l^2} + \frac{64h^4}{7l^4}\right)a_1 = 1$$

对正方形板或正方形剖面的长柱，$l = h$，于是解得 $a_1 = 0.042\,5$。

代入应力函数(6.111)，并令 $l = h$，求得应力分量为

$$\begin{cases}\sigma_x = q\left(1-\dfrac{y^2}{h^2}\right)-0.170q\left(1-\dfrac{x^2}{h^2}\right)^2\left(1-\dfrac{3y^2}{h^2}\right)^2 \\ \sigma_y =-0.170q\left(1-\dfrac{3x^2}{h^2}\right)^2\left(1-\dfrac{y^2}{h^2}\right)^2 \\ \tau_{xy} =-0.681q\left(1-\dfrac{x^2}{h^2}\right)^2\left(1-\dfrac{y^2}{h^2}\right)^2\dfrac{xy}{h^2}\end{cases}$$

在薄板或长柱的中心，$x = y = 0$，此时 $\sigma_x = 0.830q$。

为了求得更精确的应力数值，可在式(6.110)中保留三个待定系数 a_1，a_2，a_3，即取

$$\varphi = \frac{qy^2}{2}\left(1-\frac{y^2}{6h^2}\right)+qh^2\left(1-\frac{x^2}{l^2}\right)^2\left(1-\frac{y^2}{h^2}\right)^2\left(a_1+a_2\frac{x^2}{l^2}+a_3\frac{y^2}{h^2}\right)$$

进行与上面相同的运算，可得关于 a_1，a_2，a_3 的线性方程组，解之可得

$$a_1 = 0.040\,405,\quad a_2 = a_3 = 0.011\,716$$

同样，对于正方形薄板和长柱，可求得中心处 x 向正应力

$$\sigma_x = 0.862q$$

在式(6.110)中保留更多项会提高结果精度，当然，计算量也将增大。

习　　题

1. 设平面应变问题中体力分量为 f_x 和 f_y，应变能密度为

$$\overline{U} = \frac{1}{2}b_{11}\varepsilon_x^2 + b_{22}\varepsilon_y^2 + b_{33}\gamma_{xy}^2 + 2b_{12}\varepsilon_x\varepsilon_y + 2b_{13}\varepsilon_x\gamma_{xy} + 2b_{23}\varepsilon_y\gamma_{xy}$$

式中：b_{ij} 为材料弹性常数。试根据上式推导位移 u 和 v 形式的平衡方程。

2. 取参考状态为 $u_i^{(1)} = Ax_i$，$F_i^{(1)} = 0$，$T_i^{(1)} = 3kAn_i$，其中，A 为任意常数，k 为体积模量。试利用功的互等定理证明，在状态 u_i，F_i，T_i 下，弹性体的体积变化量为

$$\Delta V = \int_V e_{ii}\,\mathrm{d}V = \frac{1}{3k}\left(\int_V F_i x_i\,\mathrm{d}V + \int_S T_i x_i\,\mathrm{d}S\right)$$

3. 有一长度为 l 的简支梁，在 $x = a$ 处受集中力 P 作用，如图 6.10 所示。试用利兹法和伽辽金法求梁中点的挠度。

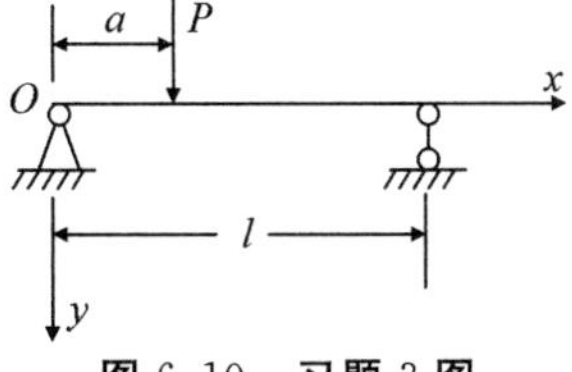

图 6.10　习题 3 图

4. 图 6.11 所示的简支梁，梁上总荷重为 W_0，试用利兹法求最大挠度。

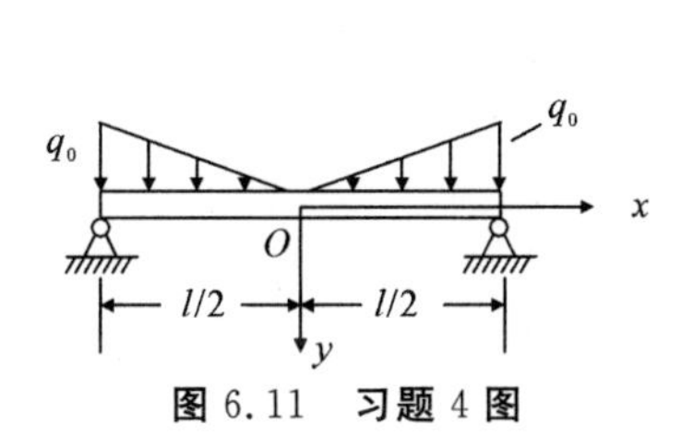

图 6.11　习题 4 图

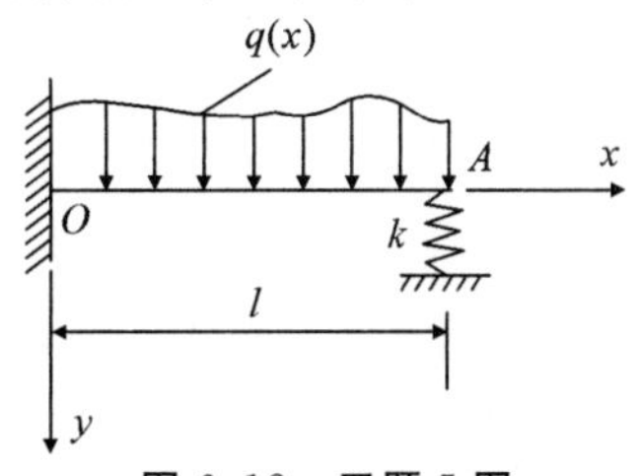

图 6.12　习题 5 图

5. 一端固定、另一端支承的梁，其跨度为 l，抗弯刚度 EI 为常数，弹簧刚度为 k，承受分布荷载 $q(x)$ 作用，如图 6.12 所示。试用位移变分方程（或最小势能原理），导出该梁以挠度形式表示的平衡微分方程和静力边界条件。

6. 如图 6.13 所示的矩形薄板，右半边的边界条件为

$$\begin{cases} u = 0, y = 0 \text{ and } y = b \\ v = 0, x = 0 \text{ and } x = a \end{cases}$$

体力为常数 $f_y = p$。一般情况下，板的位移表达式可写成为

$$\begin{cases} u = \sum_{n=1}^{\infty}\left[c_{on} + \sum_{m=1}^{\infty}\cos\left(\frac{m\pi x}{a}\right)\right]\sin\left(\frac{n\pi y}{b}\right) \\ v = \sum_{m=1}^{\infty}\left[c_{om} + \sum_{n=1}^{\infty}\cos\left(\frac{n\pi y}{a}\right)\right]\sin\left(\frac{m\pi x}{b}\right) \end{cases}$$

先取 $m=n=1, a=b$，试用 Ritz 法计算板的位移式。

7. 设四边固定的矩形薄板，受有平行于板面的体力作用（ $x = 0$， $y = -\rho g$ ），坐标轴如图 6.14 所示。设位移表达式为

$$\begin{cases} u = \sum_{m}\sum_{n} A_{mn}\sin\frac{m\pi x}{a}\sin\frac{n\pi y}{b} \\ v = \sum_{m}\sum_{n} B_{mn}\sin\frac{m\pi x}{a}\sin\frac{n\pi y}{b} \end{cases}$$

试计算位移和应力分量。

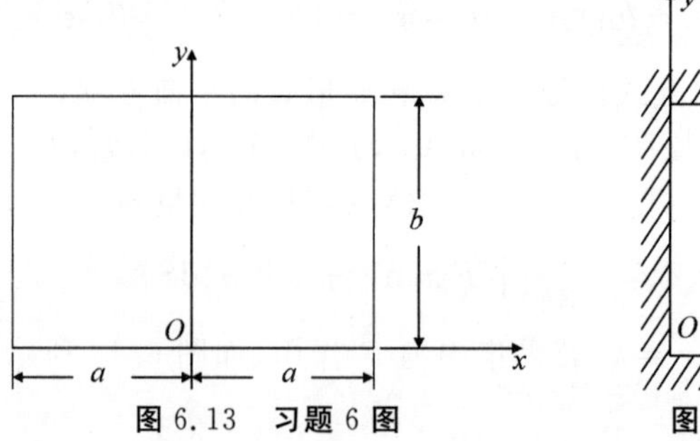

图 6.13　习题 6 图

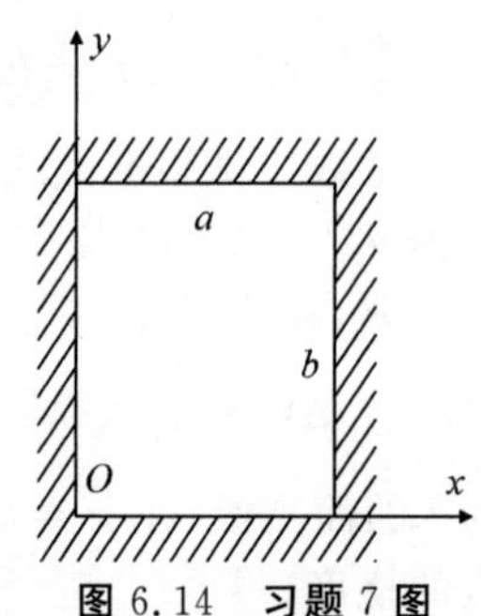

图 6.14　习题 7 图

第 7 章　从利兹法到有限元法

7.1 引　　言

第 6 章所建立的基于最小能量原理的 Ritz 法，本质上是通过势能泛函驻值条件求未知位移函数的一种近似方法，英国的 Lord Rayleigh 于 1877 年在《声学理论》一书中首先采用，后由瑞士的 Walther Ritz 于 1908 年将其作为一个有效方法提出。利兹法的具体过程是，通过选择一组位移的试函数来逼近问题的精确解，将试函数代入势能泛函中，然后对泛函求驻值，以确定试函数中的待定参数，最终获得弹性力学问题的近似解。利兹法的收敛性有严格的理论基础，长期以来，在物理和力学的微分方程的近似解法中占有很重要的地位，得到了广泛的应用。

利兹法的位移试函数是一个定义在整个弹性体上的全局函数，并且要满足两个条件：一是在求解区域内一阶可导，可以求应变；二是在位移边界上事先满足给定的位移边界条件。对于常规弹性力学问题，第一个条件相对容易满足，而要找一组全局函数来满足后者，除非非常简单的形状和边界条件形式，对一般工程问题是十分困难的。同时，为了提高近似解的精度，需要增加试探函数的项数。但由于试探函数定义于全域，因此很难根据问题的要求在求解域的不同部位对试探函数提出不同精度的要求；即使可行，也往往由于局部精度的要求给整个问题的求解增加了许多困难。这些问题导致 Ritz 法难以用来解决一般的复杂工程实际问题。

在此背景下有限元法应运而生，其基本思想可以追溯到 Courant 在 1943 年的工作。他在求解 St. Venant 扭转问题时，首先尝试将求解区域划分为三角形单元，并将定义在三角形单元上的分片连续函数作为 Ritz 法的试函数。

有限元法通过将求解区域划分为若干单元（离散化），并在单元上构造插值函数，解决了经典利兹法中位移试函数难以构造的问题，在工程应用中得到了广泛发展。从这一点上来看，有限元法和利兹法的主要区别就在于位移试探函数的构造，后面的操作过程和利兹法基本相同。但实际上，有限元法的这种“离散＋插值”的思路，使有限元的数值求解过程与经典利兹法展现出许多新特征，比如，系统矩阵的稀疏性和奇异性、有限元子结构分析技术、网格划分技术、稀疏矩阵方程解法、工程大规模计算分析等。这也使有限元法脱颖而出，最终发展成一个重要的工程数值方法，并对相关的数学理论和工程技术的发展，都产生了深远影响。本课程后面将会结合具体知识点，对这些问题作不同程度的介绍。

本章以弹性力学平面应力问题的求解为例，在利兹法的框架下展示有限元法解决问题的基本思路，从而建立起对有限元法的基本认识。后面各章节将循序渐进，对其中的重要知识点，作深入的讲解和剖析。

用有限元方法求解弹性力学问题的首要步骤，是选择合适的单元对弹性体进行离散。平面问题3结点三角形单元是有限元方法最早采用，而且至今仍经常采用的单元形式。本章以它作为典型，讨论如何建立单元位移插值函数和利兹法中的位移试探函数，以及如何根据最小位能原理建立有限元系统方程的过程，从而勾勒出弹性力学有限元法的表达格式和一般步骤。

7.2 位移试函数构造

考虑图7.1(a)所示平面多边形弹性体，把它占据的平面区域记为Ω，把该区域的边界记为Γ，Γ由位移边界和应力边界组成。本节首先将该区域划分为一组三角形单元，然后讨论三角形单元上的位移试函数构造方法。需要指出，这里考虑的区域边界是直线，但实际问题中，弹性区域的形状是任意的。本节所介绍的单元划分方法对任意区域同样适用，但是一般会引入离散误差，这一点后面将会详细介绍。

7.2.1 求解区域的有限单元划分

要直接在图7.1(a)所示的区域上构造一组位移试函数，使其预先满足一定的位移边界条件，通常很困难。有限元法解决该问题的思路是，把求解区域Ω划分为若干个三角形子域，如图7.1(b)所示。每个三角形子域称为一个单元(element)。有限元法中的平面单元除了三角形以外，四边形也很常见。这些单元通过它们边界上的角点相互连接，拼成整个求解域Ω，这个过程就如同用瓷砖铺地，不论什么形状的地板，都可以采用有限个瓷砖铺成。将求解区域划分单元的过程，称为对求解区域的离散化，也称为单元剖分。

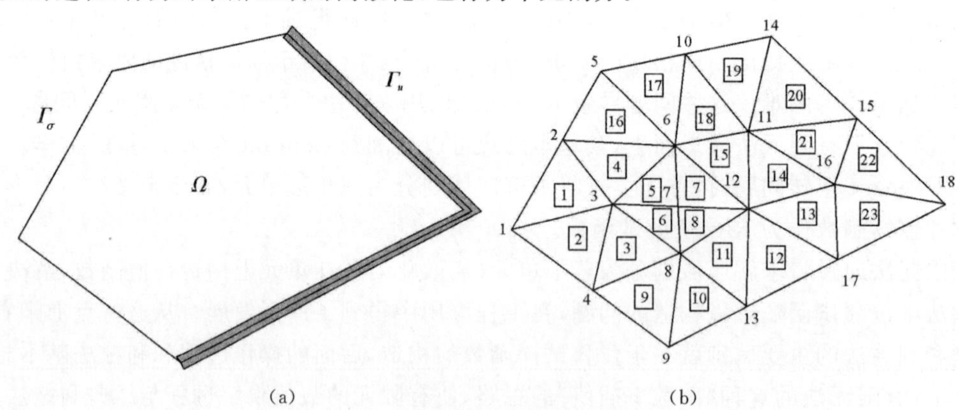

图7.1 平面区域及其单元划分

图7.1(b)所示的三角形单元剖分中，每个三角形单元由三个角点确定，角点就是单元的结点(node)，因此称之为平面3结点三角形单元。在划分单元的同时，要对所有单元和结点进行编号。图中结点附近的数字是结点编号，单元中方框中的数字是单元编号。结点编号用于指代结点，同时也可以指代单元；指代单元时，约定结点的编号按逆时针顺序排列。例如图中编号为9的单元，也可以用它的三个结点编号表示为“9-8-4”，而一般不说单元“9-4-8”。单元

结点编号方法不是唯一的，不同编号方法不会影响有限元求解的精度，但会影响有限元求解的计算量，有时这种影响会很显著，这主要是由于结点编号决定着有限元法系统矩阵的带宽，进而决定了线性方程组求解的计算量。

对一个求解域的单元剖分不是唯一的，这种不唯一性体现在两个方面。一方面，单元类型选取上可以用三角形，也可以用四边形，还可以几种单元混用；另一方面，单元数目和大小具有任意性。但是，根据有限元收敛理论，只要单元划得足够细(单元数目足够多)，单元质量良好，有限元解都会收敛于真实解，因而这种单元划分上的不唯一性不会对有限元分析的结果造成太大影响。

下面将在这组单元上构造利兹法所需的位移试探函数。由于单元连接而成的组合体正好和弹性体 Ω 相同，因此这些单元上的函数同时也就是定义在弹性体 Ω 上的。事先要明白，所构造的试函数要一阶可导，且满足位移边界条件。有限元法采取的办法是，在单元上以结点为单位进行拉格朗日插值，构造定义在整个求解域上的插值函数，一旦获得了每个结点对应的插值函数，定义在 Ω 上的任意函数都可以用这组插值函数来逼近，而且随着单元的细分，逼近的精度越来越高。

下面首先以一维拉格朗日插值方法来说明，然后推广到二维三角形单元剖分的情况。

7.2.2　一维线性拉格朗日插值

拉格朗日插值理论在数值分析或计算方法课程中已经学过。不失一般性，设插值区间为[0,1]，其上有 $N+1$ 个插值点 x_i（$i=0,1,\cdots,N$，$x_0=0$，$x_N=1$），将此区间分为 N 个子区间，它们的长度不一定相等，如图7.2所示。在弹性力学有限元法中，插值区间[0,1]代表一个一维杆件，通过中间插入 N 个结点 x_i，将杆件划分为 N 个单元，一个子区间就是一个单元，而插值点就是结点。

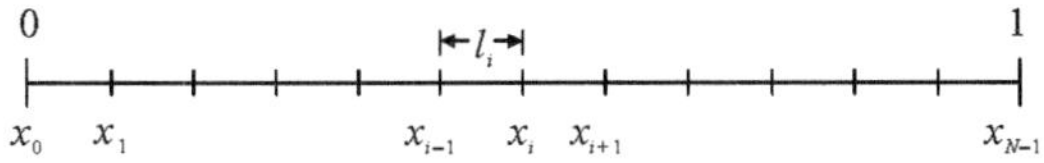

图7.2　区间[0,1]上的插值点

假设只知道未知函数 $u(x)$ 在 x_i 上的函数值 $u_i=u(x_i)$，通过拉格朗日插值，可以构造出 $u(x)$ 的近似表达式为

$$u(x)\approx\tilde{u}(x)=\sum_{i=0}^{N}u_iN_i(x)\tag{7.1}$$

式中：$N_i(x)$ 为 x_i 点对应的拉格朗日插值多项式，在有限元法中称之为形状函数，它的阶数决定了式(7.1)的逼近精度。

有限元法中通常采用低阶多项式进行函数逼近，这是综合考虑计算精度和计算量的前提下作出的较好选择。有限元法中允许的最简单的插值函数是分段线性的。根据拉格朗日插值函数的插值特性，$N_i(x)$ 在 x_i 点值为1，在其余插值点上值均为0，即

$$N_i(x_j)=\delta_{ij}\tag{7.2}$$

由此可知，线性插值函数 $N_i(x)$ 在 x_i 相邻的子区间上数值从1到0线性变化，而在其他子区间上一律为0，具体表达式如下：

$$\varphi_i(x)=\begin{cases}\dfrac{x-x_{i-1}}{l_i}, & x\in[x_{i-1},x_i]\\ \dfrac{x_{i+1}-x}{l_{i+1}}, & x\in[x_i,x_{i+1}]\\ 0, & x\ \text{在其他子区间上}\end{cases}\tag{7.3}$$

式中：$l_i=x_i-x_{i-1}$ 为第 i 个子区间的长度。当 x_i 位于区间端点时，其表达式只有一段。结点 x_i 和 x_N 对应的分段线性插值函数的图像如图 7.3 所示。

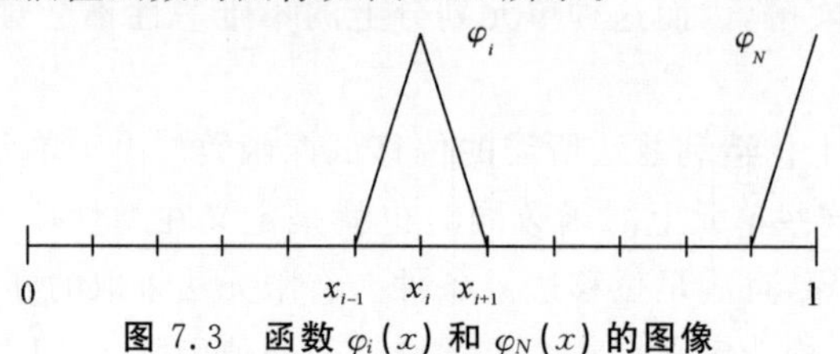

图 7.3　函数 $\varphi_i(x)$ 和 $\varphi_N(x)$ 的图像

在数学上，将函数数值不为零的区间称为该函数的支撑区间，那么 $N_i(x)$ 的支撑区间即为 $[x_{i-1},x_{i+1}]$。它的支撑区间只占整个定义域的一小部分，因此称其为紧支撑的，此性质意味着有限元法可以得到稀疏性很好的系统矩阵，对降低有限元法的计算量十分重要。

此外，还可以验证，$\varphi_i(x)$ 满足

$$\sum_{i=0}^{N}\varphi_i(x)=1\tag{7.4}$$

这也是拉格朗日插值函数都满足的一条性质，它对有限元法的意义将在后面论述收敛性时解释。

对 $u(x)$ 进行分段线性插值后的近似函数如图 7.4 所示，它实际上是把 u_i 依次用线段连结起来。如果只看第 i 个子区间，则 $\tilde{u}(x)$ 从 u_{i-1} 到 u_i 线性变化，表达式为

$$\tilde{u}(x)=\frac{x_i-x}{l_i}u_{i-1}+\frac{x-x_{i-1}}{l_i}u_i,\quad x\in[x_{i-1},x_i]\tag{7.5}$$

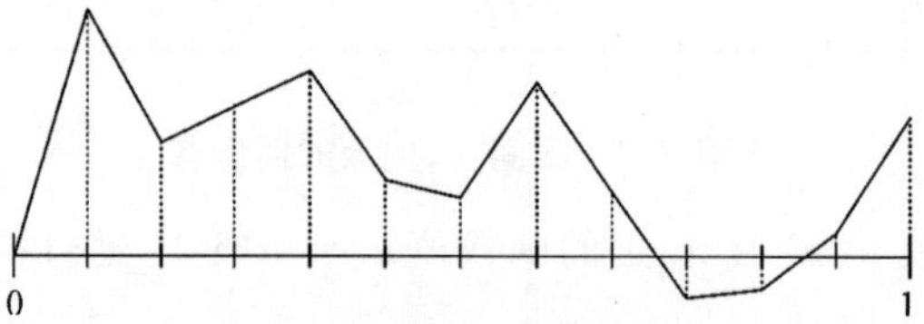

图 7.4　近似函数 $\tilde{u}(x)$ 的图像

由于每个插值函数都是连续的，则 $\tilde{u}(x)$ 在区间 $[0,1]$ 上是连续的，它的一阶导数是一个分段常值函数，在区间 $[x_{i-1},x_i]$ 值为

$$\tilde{u}'(x)=\frac{1}{l_i}(u_i-u_{i-1})\tag{7.6}$$

显然，导数 $\tilde{u}'(x)$ 在插值点上是不连续的，其二阶导数在插值点上值为无穷，不可导。数学上把像 $\tilde{u}(x)$ 这样分段连续、一阶导数不连续、二阶不可导的函数集合记为 $C_0(I)$，其中 I 表示定义域，本节即为 $I=[0,1]$。C_0 连续的意思是它们本身连续，但一阶导数存在有限个不连续点。图 7.5 展示了 C_0 连续函数导数的特点。

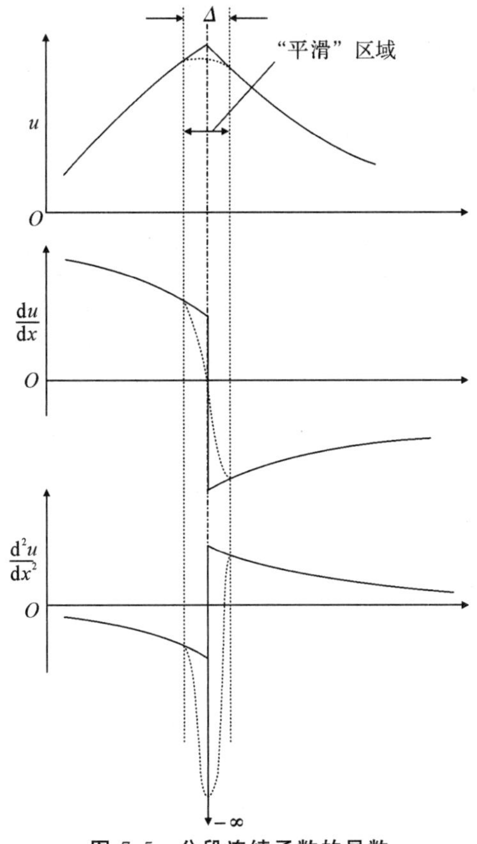

图 7.5　分段连续函数的导数

总结起来，本节基于拉格朗日插值理论，构造了一维结构 $\Omega=[0,1]$ 上的一组基函数 $\varphi_i(x)$，它们具有如下特点：

(1)它们是分段线性函数，具有 C_0 连续性，可用来作为任意位移函数 u 的近似展开；

(2)每个插值结点对应一个基函数，因此基函数的数目和有限元结点个数相等；

(3)这些基函数满足插值特性，且都是紧支撑的，可据此来计算 $\varphi_i(x)$的表达式。

7.2.3　三角形单元上的线性拉格朗日插值

1. 整个单元剖分上的插值

前面一维问题线性插值的思路，可以推广到平面 3 结点三角形单元上。如图 7.6 所示，建立平面直角坐标系 xOy，考虑求解域 Ω 的一组 3 结点三角形单元剖分，结点数目为 n。在一维问题中已经知道，拉格朗日插值基函数是对应于结点的。对任一结点 a 而言，插值函数 $N_a(x,y)$ 在 a 周围单元上的值从 1 到 0 线性变化，在其余单元上数值均为 0，它形如草帽，故在文献中常被称为草帽函数(hat function)，如图 7.6(b)所示。对图 7.6(b)的情况，结点 a 被周围 6 个单元共用，所以 $N_a(x,y)$ 不为零的部分由 6 片组成，每一片的定义域是一个单元。

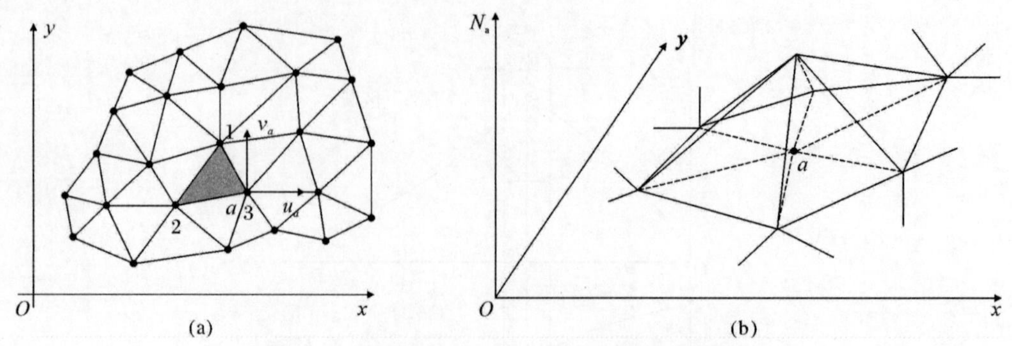

图 7.6　平面三结点三角形单元插值函数示意图

考虑如图 7.6 所示的以 a 为结点的单元，为表示方便，设三个结点编号依次为 1－2－3，其中 3 号结点即为 a 点。已知三个结点的坐标分别为 (x_i, y_i)，$i=1,2,3$，现求形函数 $N_a(x,y)$ 在此单元上的表达式。首先，$N_a(x,y)$ 是线性函数，因此可写成

$$N_a(x,y)=\alpha_0+\alpha_1 x+\alpha_2 y \tag{7.7}$$

再由插值性质 $N_a(x_3,y_3)=1$，$N_a(x_1,y_1)=N_a(x_2,y_2)=0$（如图 7.7 所示），可得关于待定系数 α_i，$(i=1,2,3)$ 的线性方程组为

$$\begin{bmatrix}1 & x_1 & y_1\\1 & x_2 & y_2\\1 & x_3 & y_3\end{bmatrix}\begin{bmatrix}\alpha_0\\\alpha_1\\\alpha_2\end{bmatrix}=\begin{bmatrix}0\\0\\1\end{bmatrix} \tag{7.8}$$

解之可得

$$\alpha_0=\frac{1}{2A}(x_1y_2-x_2y_1),\alpha_1=\frac{1}{2A}(y_1-y_2),\alpha_2=\frac{1}{2A}(x_2-x_1) \tag{7.9}$$

式中：A 为单元面积。将求出的系数代入式(7.7)，可得 $N_a(x,y)$ 在单元 1－2－3 上的表达式。按相同的步骤，可以求出 $N_a(x,y)$ 在其余单元上的表达式，从而获得 $N_a(x,y)$ 的完整表达式。

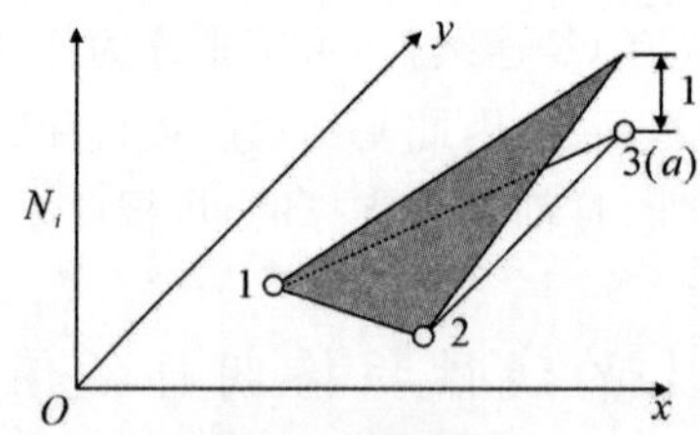

图 7.7　三角形单元上形函数 $N_a(x,y)$ 图像

按照以上过程可求得所有 n 个结点的形函数 N_i，进而构造位移试探函数形式如下：

$$u(x,y)\approx\tilde{u}(x,y)=\sum_{i=0}^{n-1}u_iN_i(x,y) \tag{7.10}$$

7.2.2 节中介绍的一维拉格朗日插值函数的插值性和归一性，这些二维形函数同样满足，即

$$N_i(x_j,y_j)=\delta_{ij},\ \sum_{i=0}^{n-1}N_i(x,y)=1 \tag{7.11}$$

插值性意味着，上面位移试函数中的待定系数 u_i 就是结点 (x_i, y_i) 上的位移，具有明确的物理

意义。这些插值函数还是紧支撑的,因此可以在利兹法中获得稀疏的系统矩阵。

以上是从整个定义域Ω的层面构造结点插值函数,这对于厘清有限元法和利兹法的关系很有帮助。无论是利兹法还是有限元法,都是基于函数逼近的思想,将求解未知位移的无限自由度问题转化为求解有限项展开系数的有限自由度问题,只是两者所用的基函数有所不同。利兹法是在全域上寻求基函数,体现的是整体思维。而有限元法则是采用分而治之的思想,更多地是从单元上考虑问题。对于有限元剖分中的任一单元,其三个结点上的位移是待求量,是位移试探函数的待定系数。单元内部的位移由三个结点位移通过线性插值获得,下面介绍插值计算过程。

2. 单元位移

如图7.8所示,位移函数在单元结点上的值为u_i、u_j和u_k,现寻求用结点位移表示单元位移的表达式。线性插值逼近中的单元位移是线性函数,总可写成

$$u(x,y)=\alpha_0+\alpha_1 x+\alpha_2 y \tag{7.12}$$

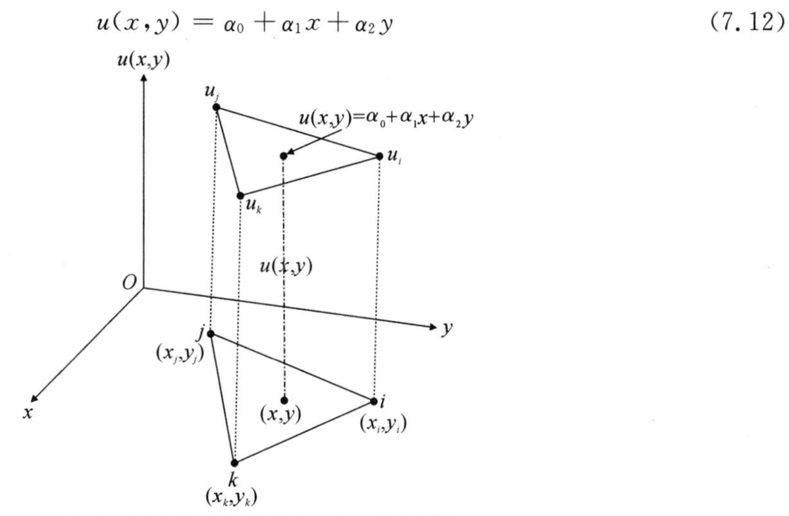

图7.8　3结点三角形单元上的函数插值

再根据三个结点位移,可以确定式(7.12)中的待定系数α_0、α_1和α_2。结点位移表达式为

$$\left.\begin{aligned}\alpha_0+\alpha_1 x_i+\alpha_2 y_i&=u_i\\ \alpha_0+\alpha_1 x_j+\alpha_2 y_j&=u_j\\ \alpha_0+\alpha_1 x_k+\alpha_2 y_k&=u_k\end{aligned}\right\}\text{或}\begin{bmatrix}1&x_i&y_i\\1&x_j&y_j\\1&x_k&y_k\end{bmatrix}\begin{bmatrix}\alpha_0\\ \alpha_1\\ \alpha_2\end{bmatrix}=\begin{bmatrix}u_i\\u_j\\u_k\end{bmatrix} \tag{7.13}$$

解之可得

$$\left.\begin{aligned}\alpha_0&=\frac{1}{2S}(a_i u_i+a_j u_j+a_k u_k)\\ \alpha_1&=\frac{1}{2S}(b_i u_i+b_j u_j+b_k u_k)\\ \alpha_2&=\frac{1}{2S}(c_i u_i+c_j u_j+c_k u_k)\end{aligned}\right\} \tag{7.14}$$

$$S=\frac{1}{2}\begin{vmatrix}1&x_i&y_i\\1&x_j&y_j\\1&x_k&y_k\end{vmatrix}=\frac{1}{2}(x_i y_j+x_j y_k+x_k y_i-x_i y_k-x_j y_i-x_k y_j)$$

$$\left.\begin{aligned} a_i &= x_j y_k - x_k y_j, b_i = y_j - y_k, c_i = x_k - x_j \\ a_j &= x_k y_i - x_i y_k, b_j = y_k - y_i, c_j = x_i - x_k \\ a_k &= x_i y_j - x_j y_i, b_k = y_i - y_j, c_k = x_j - x_i \end{aligned}\right\} \tag{7.15}$$

将上面参数代入式(7.12),并按结点位移项进行整理,即可得用结点位移表示的单元位移为

$$u(x,y) = N_i(x,y)u_i + N_j(x,y)u_j + N_k(x,y)u_k \tag{7.16}$$

式中

$$\left.\begin{aligned} N_i(x,y) &= \frac{1}{2A}(a_i + b_i x + c_i y) \\ N_j(x,y) &= \frac{1}{2A}(a_j + b_j x + c_j y) \\ N_k(x,y) &= \frac{1}{2A}(a_k + b_k x + c_k y) \end{aligned}\right\} \tag{7.17}$$

此即为三个结点对应的形函数在单元 ijk 上的表达式。对比式(7.17)与式(7.7)和式(7.9)可知,它们和直接利用差值特性的计算结果是相同的。

至此已经根据拉格朗日插值理论,构造了定义在 3 结点三角形单元剖分上的插值函数 $N_i(x,y)$。这是一组线性无关的函数,它们是分段线性的,且是 C_0 连续的,可以用来对 Ω 上的任意函数 $u(x,y)$ 进行式(7.10)的线性插值逼近。近似函数 $\tilde{u}(x,y)$ 满足利兹法对位移试探函数一阶可导的要求,但是这样的位移近似解在任一单元上的应变为常数,不同单元之间的应变不连续。

但是,现在还遗留一个重要问题:如何让 $\tilde{u}(x,y)$ 事先满足位移边界条件。其实这个问题不难回答。在表达式(7.10)中,i 代表有限元结点编号,系数 u_i 是位移在结点 i 上的值,因此只要让位移边界上的结点所对应的系数 u_i 等于给定的位移值,则式(7.10)给出的 $\tilde{u}(x,y)$ 就满足位移边界条件。当然这里只是近似地满足,相当于对位移边界条件的线性插值,当单元划分得较密时满足情况会更好。为此,可以将全部结点分为两组,一组是位移边界上结点的集合,用 I_u 表示,其余结点的集合用 I_r 表示,于是式(7.10)可写成

$$\tilde{u}(x,y) = \sum_{i \in I_u} u_i N_i(x,y) + \sum_{i \in I_r} u_i N_i(x,y) \tag{7.18}$$

由形函数 $N_i(x,y)$ 的插值特性可知,等号右边第一项满足位移边界条件,而第二项在位移边界上值为零,正好满足利兹法对位移试探函数的要求。由于 I_u 中的结点上的位移是已知的,$\tilde{u}(x,y)$ 中的未知量是 I_r 中结点的位移。

7.3 有限元总体平衡方程

本节采用 7.2 节构造的位移试函数,根据最小势能原理推导待定系数需要满足的系统方程,在有限元法中称之为总体平衡方程。

推导之前先指出有限元法和利兹法在处理位移边界条件上的一个区别。利兹法要求位移试探函数事先满足位移边界条件,即采用式(7.18)推导系统方程,而有限元法不要求它事先满

足位移边界条件，而是直接采用式(7.10)进行系统方程的推导，在获得系统方程之后才考虑位移边界条件。因此，有限元法在推导总体平衡方程时，暂时认为所有边界都是应力边界。这样一来，实际位移边界上所存在的约束反力也被看成是结构所受的“外力”，因此，约束反力所做的功(未知量)也要计入系统的总势能之中。通过这种思路得到的总体平衡方程只与结构本身的单元划分形式有关，而与约束形式无关，因此，在对同一结构进行不同边界条件下的有限元分析时，无需重复形成总体平衡方程，可以降低计算量。在得到总体平衡方程之后，可以根据实际约束情况施加位移边界条件，具体做法将在后面介绍。

7.3.1　位移、应变和应力

考虑平面弹性体 Ω 上的一组 3 结点三角形单元剖分，结点数目为 n，在其上构造结点形函数 $N_i(x,y)$，则弹性体上任意点的位移函数 $u(x,y)$ 和 $v(x,y)$ 可以展开成

$$\left.\begin{aligned} u(x,y) &= \sum_{i=1}^{n} u_i N_i(x,y) \\ v(x,y) &= \sum_{i=1}^{n} v_i N_i(x,y) \end{aligned}\right\} \tag{7.19}$$

式中：u_i 和 v_i 为结点 i 上的位移，即

$$u_i = u(x_i, y_i), \quad v_i = v(x_i, y_i)$$

这里先不考虑位移边界条件，所有结点位移都是未知量。还要说明，对于弹性力学平面问题，每个点有两个位移，因此每个结点上也有两个独立的结点位移，分别代表该结点在 x 和 y 方向的位移[见图 7.6(a)]，它们代表了这个结点的自由度。结点位移是有限元法中的基本未知量，结点位移的总数也就是有限元系统的总自由度数目。

在获得位移试探函数式(7.19)之后，有限元法的分析步骤和 Ritz 方法基本相同。有限元法推导过程常用矩阵形式来表示。本章把矩阵和列向量分别用黑体大写和黑体小写字母表示。结点 i 的位移向量为

$$\boldsymbol{q}_i = \begin{bmatrix} u_i \\ v_i \end{bmatrix}$$

将所有 n 个结点的位移 $\boldsymbol{q}_i$，$i = 1,\cdots,n$，写成列向量形式，记为

$$\boldsymbol{q} = \begin{bmatrix} \boldsymbol{q}_1 \\ \boldsymbol{q}_2 \\ \vdots \\ \boldsymbol{q}_n \end{bmatrix} = [u_1 \ v_1 \ u_2 \ v_2 \ \cdots \ u_n \ v_n]^{\mathrm{T}}$$

弹性体上的位移向量为

$$\boldsymbol{u} = \begin{bmatrix} u(x,y) \\ v(x,y) \end{bmatrix}$$

则式(7.19)可写成

$$\boldsymbol{u} = \begin{bmatrix} N_1 & 0 & N_2 & 0 & \cdots & N_n & 0 \\ 0 & N_1 & 0 & N_2 & \cdots & 0 & N_n \end{bmatrix} \boldsymbol{q} = \boldsymbol{N}\boldsymbol{q} \tag{7.20}$$

式中：$\boldsymbol{N}$ 为 $2 \times 2n$ 维函数矩阵，称为形状函数矩阵，具体为

$$\boldsymbol{N} = \begin{bmatrix} N_1 & 0 & N_2 & 0 & \cdots & N_n & 0 \\ 0 & N_1 & 0 & N_2 & \cdots & 0 & N_n \end{bmatrix}$$

注意，$\boldsymbol{N}$ 中形函数 $N_i(x,y)$ 的位置与结点位移的排列方式有关。位移式(7.20)可简写为

$$\boldsymbol{u} = \boldsymbol{N}\boldsymbol{q} \tag{7.21}$$

平面问题的应力和应变向量分别为

$$\boldsymbol{\sigma} = \begin{bmatrix} \sigma_x \\ \sigma_y \\ \tau_{xy} \end{bmatrix}, \quad \boldsymbol{\varepsilon} = \begin{bmatrix} \varepsilon_x \\ \varepsilon_y \\ \gamma_{xy} \end{bmatrix} \tag{7.22}$$

根据几何方程，可将应变向量用结点位移向量 $\boldsymbol{q}$ 表示为

$$\boldsymbol{\varepsilon} = \begin{bmatrix} \varepsilon_x \\ \varepsilon_y \\ \gamma_{xy} \end{bmatrix} = \begin{bmatrix} \dfrac{\partial}{\partial x} & 0 \\ 0 & \dfrac{\partial}{\partial y} \\ \dfrac{\partial}{\partial y} & \dfrac{\partial}{\partial x} \end{bmatrix} \begin{bmatrix} u \\ v \end{bmatrix} = \boldsymbol{L}\boldsymbol{u} = \boldsymbol{L}\boldsymbol{N}\boldsymbol{q} = \boldsymbol{B}\boldsymbol{q} \tag{7.23}$$

式中：$\boldsymbol{L}$ 为微分算子矩阵，为

$$\boldsymbol{L} = \begin{bmatrix} \dfrac{\partial}{\partial x} & 0 \\ 0 & \dfrac{\partial}{\partial y} \\ \dfrac{\partial}{\partial y} & \dfrac{\partial}{\partial x} \end{bmatrix}$$

矩阵 $\boldsymbol{B} = \boldsymbol{L}\boldsymbol{N}$ 称为几何矩阵，它建立了弹性体的应变场和结点位移之间的关系。

平面问题的物理方程可以写成矩阵形式：

$$\boldsymbol{\sigma} = \boldsymbol{D}\boldsymbol{\varepsilon} \tag{7.24}$$

式中：$\boldsymbol{D}$ 为弹性系数矩阵。平面应力问题的物理方程为

$$\left.\begin{aligned} \sigma_x &= \frac{E}{1-\nu^2}(\varepsilon_x + \nu\,\varepsilon_y) \\ \sigma_x &= \frac{E}{1-\nu^2}(\varepsilon_y + \nu\,\varepsilon_x) \\ \tau_{xy} &= \frac{E}{2(1+\nu)}\gamma_{xy} \end{aligned}\right\}$$

于是

$$\boldsymbol{D} = \frac{E}{1-\nu^2}\begin{bmatrix} 1 & \nu & 0 \\ \nu & 1 & 0 \\ 0 & 0 & \dfrac{1-\nu}{2} \end{bmatrix} \tag{7.25}$$

显然 $\boldsymbol{D}$ 为对称矩阵。平面应变问题的弹性矩阵也可按上面的方法写出。

将几何方程代入物理方程，可得到结点位移表示的应力为

$$\boldsymbol{\sigma} = \boldsymbol{D}\boldsymbol{B}\boldsymbol{q} \tag{7.26}$$

7.3.2　应用最小势能原理

1. 应变能

应变能密度为

$$\overline{U}=\frac{1}{2}(\sigma_x\varepsilon_x+\sigma_y\varepsilon_y+\tau_{xy}\gamma_{xy})=\frac{1}{2}\boldsymbol{\sigma}^{\mathrm{T}}\boldsymbol{\varepsilon} \tag{7.27}$$

将应力、应变向量表达式(7.26)和式(7.23)代入式(7.27)，则总应变能为

$$U=\int_{\Omega}\overline{U}\mathrm{d}\Omega=\frac{1}{2}\boldsymbol{q}^{\mathrm{T}}\left(\int_{\Omega}\boldsymbol{B}^{\mathrm{T}}\boldsymbol{DB}\mathrm{d}\Omega\right)\boldsymbol{q}=\frac{1}{2}\boldsymbol{q}^{\mathrm{T}}\boldsymbol{Kq} \tag{7.28}$$

式中，

$$\boldsymbol{K}=\int_{\Omega}\boldsymbol{B}^{\mathrm{T}}\boldsymbol{DB}\mathrm{d}\Omega \tag{7.29}$$

称为系统总体刚度矩阵。当给定单元剖分和形函数时，矩阵 $\boldsymbol{K}$ 就确定了。由式(7.29)不难看出，$\boldsymbol{K}$ 是对称矩阵，即

$$\boldsymbol{K}^{\mathrm{T}}=\int_{\Omega}(\boldsymbol{B}^{\mathrm{T}}\boldsymbol{DB})^{\mathrm{T}}\mathrm{d}\Omega=\int_{\Omega}\boldsymbol{B}^{\mathrm{T}}\boldsymbol{DB}\mathrm{d}\Omega=\boldsymbol{K}$$

根据这个性质，在计算机中存储 $\boldsymbol{K}$ 时，只需要存储上(或下)三角矩阵的元素，可以节省大约一半的存储空间。

2. 外力的功

前面已经说明，有限元推导中认为结构所有边界均为应力边界，实际位移边界上的约束反力所做的功也应计入外力的功，因此外力功的表达式为

$$\begin{aligned}W&=\int_{\Omega}(f_xu+f_yv)\mathrm{d}\Omega+\int_{\Gamma}(\overline{f}_xu+\overline{f}_yv)\mathrm{d}\Gamma\\&=\int_{\Omega}[u\ v]\begin{bmatrix}f_x\\f_y\end{bmatrix}\mathrm{d}\Omega+\int_{\Gamma}[u\ v]\begin{bmatrix}\overline{f}_x\\\overline{f}_y\end{bmatrix}\mathrm{d}\Gamma\end{aligned} \tag{7.30}$$

应记住，实际位移边界上的面力 $\overline{f}_x$ 和 $\overline{f}_y$ 为约束反力。引入外力向量：

$$\boldsymbol{F}=\begin{bmatrix}f_x(x,y)\\f_y(x,y)\end{bmatrix},\quad\overline{\boldsymbol{F}}=\begin{bmatrix}\overline{f}_x(x,y)\\\overline{f}_y(x,y)\end{bmatrix}$$

并将位移式(7.21)代入式(7.30)，可得

$$W=\int_{\Omega}[u\ v]\begin{bmatrix}f_x\\f_y\end{bmatrix}\mathrm{d}\Omega+\int_{\Gamma}[u\ v]\begin{bmatrix}\overline{f}_x\\\overline{f}_y\end{bmatrix}\mathrm{d}\Gamma=\int_{\Omega}(\boldsymbol{Nq})^{\mathrm{T}}\boldsymbol{F}\mathrm{d}\Omega+\int_{\Gamma}(\boldsymbol{Nq})^{\mathrm{T}}\overline{\boldsymbol{F}}\mathrm{d}\Gamma \tag{7.31}$$

由于结点位移 $\boldsymbol{q}$ 是常量，可以提到积分号之外，于是

$$W=\boldsymbol{q}^{\mathrm{T}}\left(\int_{\Omega}\boldsymbol{N}^{\mathrm{T}}\boldsymbol{F}\mathrm{d}\Omega+\int_{\Gamma}\boldsymbol{N}^{\mathrm{T}}\overline{\boldsymbol{F}}\mathrm{d}\Gamma\right)=\boldsymbol{q}^{\mathrm{T}}\boldsymbol{P} \tag{7.32}$$

式中

$$\boldsymbol{P}=\int_{\Omega}\boldsymbol{N}^{\mathrm{T}}\boldsymbol{F}\mathrm{d}\Omega+\int_{\Gamma}\boldsymbol{N}^{\mathrm{T}}\overline{\boldsymbol{F}}\mathrm{d}\Gamma \tag{7.33}$$

$\boldsymbol{P}$ 是一个与结点位移 $\boldsymbol{q}$ 模式相同的列向量，其元素的物理意义是结点上的“外力”，因此有限元法中称 $\boldsymbol{P}$ 为等效结点(外)载荷向量。在面力和体力已知的单元上，$\boldsymbol{P}$ 中相应的元素可以按式(7.33)计算得到，而在位移边界上，由于面力(约束反力)未知，$\boldsymbol{P}$ 中对应的元素也是未知量。据此，总可以将 $\boldsymbol{P}$ 中已知的元素写在一起，而将剩余未知的元素写在一起，即 $\boldsymbol{P}$ 可以写成

$$\boldsymbol{P}=\begin{bmatrix}\boldsymbol{P}_u\\ \overline{\boldsymbol{P}}_\sigma\end{bmatrix} \tag{7.34}$$

式中：$\boldsymbol{P}_u$ 表示位移边界上的结点力向量，它是未知的；$\overline{\boldsymbol{P}}_\sigma$ 是其余结点上的等效结点外力向量，它可以由式(7.33)计算得到，是已知的(为方便记忆，已知量用上面带横线的字母表示)。

3. 总体平衡方程

系统的总势能为

$$\Pi=U-W \tag{7.35}$$

将应变能和外力功代入总势能表达式，可得

$$\Pi=\frac{1}{2}\boldsymbol{q}^{\mathrm{T}}\boldsymbol{K}\boldsymbol{q}-\boldsymbol{q}^{\mathrm{T}}\boldsymbol{P} \tag{7.36}$$

总势能变分由结点位移的变分 $\delta\boldsymbol{q}$ 引起，即

$$\delta\Pi=\frac{1}{2}\delta\boldsymbol{q}^{\mathrm{T}}\boldsymbol{K}\boldsymbol{q}+\frac{1}{2}\boldsymbol{q}^{\mathrm{T}}\boldsymbol{K}\delta\boldsymbol{q}-\delta\boldsymbol{q}^{\mathrm{T}}\boldsymbol{P} \tag{7.37}$$

由 $\boldsymbol{K}$ 的对称性，可得

$$\delta\boldsymbol{q}^{\mathrm{T}}\boldsymbol{K}\boldsymbol{q}=\boldsymbol{q}^{\mathrm{T}}\boldsymbol{K}\delta\boldsymbol{q} \tag{7.38}$$

因此

$$\delta\Pi=\delta\boldsymbol{q}^{\mathrm{T}}\boldsymbol{K}\boldsymbol{q}-\delta\boldsymbol{q}^{\mathrm{T}}\boldsymbol{P}$$

应用最小势能原理

$$\delta\Pi=\delta\boldsymbol{q}^{\mathrm{T}}(\boldsymbol{K}\boldsymbol{q}-\boldsymbol{P})=0$$

于是可得

$$\boldsymbol{K}\boldsymbol{q}=\boldsymbol{P} \tag{7.39}$$

式中：$\boldsymbol{K}$ 为总体刚度矩阵，其维数为总结点个数的二倍 $2n$；$\boldsymbol{P}$ 为 $2n$ 维等效结点载荷列向量。式(7.39)即为有限元法最终形成的线性方程组，称之为有限元系统平衡方程或总体平衡方程，它建立了结点位移和结点力之间的关系。

7.3.3 结点位移的求解

由于上述推导过程中没有考虑位移边界条件，结构存在刚体位移，因此无法由总体平衡方程唯一地确定结点位移 $\boldsymbol{q}$。由线性代数理论可知，总刚阵 $\boldsymbol{K}$ 应是奇异的，因为线性方程组要有无穷多解 $\boldsymbol{q}$，必须要求系数矩阵是奇异的。奇异性是有限元总体刚度矩阵的又一重要性质。当然，总刚阵的奇异性还有多种解释，例如可以由总刚阵元素的物理意义说明，它的所有行、列之和为零，请读者自己思考。要获得唯一的位移解，需要考虑位移边界条件。下面说明在总体平衡方程中施加位移边界条件的方法。

有限元法中施加位移边界条件的过程非常简单：只要让位移边界上的所有结点 i 对应的

系数 u_i 和 v_i 等于给定的位移值即可。与结点载荷向量 $\boldsymbol{P}$ 的分解式(7.34)类似,也可将结点位移列向量 $\boldsymbol{q}$ 分解成两部分,一部分包含位移边界上的已知位移值 $\bar{\boldsymbol{q}}_u$,它由位移边界条件确定,另一部分包括应力边界上的未知位移 $\boldsymbol{q}_\sigma$,即

$$\boldsymbol{q} = \begin{bmatrix} \bar{\boldsymbol{q}}_u \\ \boldsymbol{q}_\sigma \end{bmatrix} \tag{7.40}$$

于是可以将总体平衡方程式(7.39)写成如下分解形式:

$$\begin{bmatrix} \boldsymbol{K}_{uu} & \boldsymbol{K}_{u\sigma} \\ \boldsymbol{K}_{\sigma u} & \boldsymbol{K}_{\sigma\sigma} \end{bmatrix} \begin{bmatrix} \bar{\boldsymbol{q}}_u \\ \boldsymbol{q}_\sigma \end{bmatrix} = \begin{bmatrix} \boldsymbol{P}_u \\ \bar{\boldsymbol{P}}_\sigma \end{bmatrix} \tag{7.41}$$

根据第二个方程可以求未知位移 $\boldsymbol{q}_\sigma$:

$$\boldsymbol{K}_{\sigma\sigma}\boldsymbol{q}_\sigma = \bar{\boldsymbol{P}}_\sigma - \boldsymbol{K}_{\sigma u}\bar{\boldsymbol{q}}_u \equiv \boldsymbol{P}'_\sigma \tag{7.42}$$

由于 $\bar{\boldsymbol{P}}_\sigma$ 和位移向量 $\bar{\boldsymbol{q}}_u$ 是已知的,故右端向量 $\boldsymbol{P}'_\sigma$ 是已知的,因此求解线性方程组(7.42)即可得到 $\boldsymbol{q}_\sigma$。不难理解,如果在近似位移式中考虑位移边界条件,然后按利兹法的过程,最终仍将得到式(7.42),有兴趣的读者可以自行推导。求得 $\boldsymbol{q}_\sigma$ 之后,可以根据第一个方程计算位移边界上的约束反力 $\boldsymbol{P}_u$:

$$\boldsymbol{K}_{uu}\bar{\boldsymbol{q}}_u + \boldsymbol{K}_{u\sigma}\boldsymbol{q}_\sigma = \boldsymbol{P}_u \tag{7.43}$$

确定了结点位移向量 $\boldsymbol{q}$ 之后,可按式(7.21)计算弹性体内任意点的位移,按式(7.23)和式(7.26)计算弹性体内任意点的应变和应力。

7.3.4　线性方程组的求解

获得总体平衡方程之后,可以按式(7.41)施加位移边界条件,得到关于未知位移的线性方程组 $\boldsymbol{K}_{\sigma\sigma}\boldsymbol{q}_\sigma = \boldsymbol{P}'_\sigma$,它的一般形式为

$$\boldsymbol{A}\boldsymbol{x} = \boldsymbol{b} \tag{7.44}$$

式中:$\boldsymbol{A}$ 为 $n \times n$ 维系数矩阵。线性方程组(7.44)的求解方法很多,总体分为两大类:直接解法和迭代解法。直接解法就是直接(显式或隐式地)计算系数矩阵 $\boldsymbol{A}$ 的逆矩阵,然后求解 $\boldsymbol{x} = \boldsymbol{A}^{-1}\boldsymbol{b}$,其缺点是计算量大,为 n 的立方 $O(n^3)$ 量级,因此无法用于 n 很大的情况。迭代解法包括高斯-赛德尔方法、GMRES 方法、共轭梯度法等。它首先给定初始解 $\boldsymbol{x}_0$,然后通过迭代计算 $\boldsymbol{A}\boldsymbol{x}_{k-1}(k=1,2,\cdots)$,获得新的近似解 $\boldsymbol{x}_k$,当 $\boldsymbol{x}_k$ 满足精度要求时停止迭代。这种方法的优点是计算量较小,一般为 $O(Mk)$,其中 k 为总迭代次数,M 为系数矩阵 $\boldsymbol{A}$ 的非零元素数目。由于有限元法的系数矩阵 $\boldsymbol{K}_{\sigma\sigma}$ 是稀疏的,非零元素数目为 $O(n)$,因此迭代求解的计算量就是 $O(k \cdot n)$。

迭代解法是求解大规模线性方程组的主要方法,其计算量与迭代次数有关,而收敛所需要的迭代次数则与系数矩阵 $\boldsymbol{A}$ 的性态有关,性态好时,迭代次数较少,性态不好(ill-conditioned)时,迭代收敛很慢,有的甚至无法收敛。对大量工程实际问题,矩阵 $\boldsymbol{A}$ 的性态往往不好,解决这个问题的方法是想办法改善系数矩阵的性态,在数值计算中通常通过对系数矩阵的预处理(preconditioning)来改善矩阵性态。例如,可以构造一个矩阵 $\boldsymbol{M}$,使原方程组变为

$$\boldsymbol{A}'\boldsymbol{x} = \boldsymbol{b}', \quad \boldsymbol{A}' = \boldsymbol{M}\boldsymbol{A}, \quad \boldsymbol{b}' = \boldsymbol{M}\boldsymbol{b} \tag{7.45}$$

并使新的系数矩阵 $\boldsymbol{A}'$ 的性态较好,从而达到减少迭代次数的目的。系数矩阵的预处理一直以

来都是线性方程组求解方面的研究热点，已经提出了大量预处理方法。有兴趣的读者可以自己查阅相关文献。线性方程组的解法有大量开源程序可以利用，请读者在使用时自己查找、调用。

7.4 总体平衡方程的分解

至此已经可以看出，采用有限元法求解弹性力学问题，首先要对弹性体进行单元剖分，然后通过单元上的插值来构造近似位移，再应用利兹法即可得到等效结点载荷和结点位移的关系式，即总体平衡方程。本节要考虑的问题是：如何依据这些理论推导，获得一个通用的有限元分析步骤和程序，且可以在计算机上实现。其中的关键是总刚阵 $\boldsymbol{K}$ 和等效结点载荷向量 $\boldsymbol{P}$ 的分解和计算。

7.4.1 总刚阵的分解

总体刚度矩阵 $\boldsymbol{K}$ 的表达式已在式(7.29)中给出，即

$$\boldsymbol{K}=\int_{\Omega}\boldsymbol{B}^{\mathrm{T}}\boldsymbol{D}\boldsymbol{B}\,\mathrm{d}\Omega$$

这是一个在弹性体 Ω 上的积分运算，被积函数是一个矩阵，因此要对矩阵的每个元素进行积分。考虑到有限元法已经将 Ω 划分成 N_{E} 个单元，Ω 上积分可写成 N_{E} 个单元上的积分之和，即

$$\boldsymbol{K}=\sum_{i=1}^{N_{\mathrm{E}}}\int_{e_i}\boldsymbol{B}^{\mathrm{T}}\boldsymbol{D}\boldsymbol{B}\,\mathrm{d}\Omega \tag{7.46}$$

因此只要计算被积函数 $\boldsymbol{B}^{\mathrm{T}}\boldsymbol{D}\boldsymbol{B}$ 在每个单元 e 上的积分即可。弹性矩阵 $\boldsymbol{D}$ 与单元无关，只有几何矩阵 $\boldsymbol{B}$ 与结点和单元有关。因此需要写出 $\boldsymbol{B}$ 在单元 e 上的表达式，记为 $\boldsymbol{B}^e$。

为此，再来考虑图 7.8 所示的情况。单元 e 由结点 i,j,k 组成。由 $\boldsymbol{B}=\boldsymbol{L}\boldsymbol{N}$，可知

$$\boldsymbol{B}^e=\boldsymbol{L}\boldsymbol{N}^e \tag{7.47}$$

式中：$\boldsymbol{N}^e$ 为单元 e 所对应的形函数矩阵，表达式为

$$\boldsymbol{N}^e=\begin{bmatrix}\cdots & N_i^e & 0 & \cdots & N_j^e & 0 & \cdots & N_k^e & 0 & \cdots\\ \cdots & 0 & N_i^e & \cdots & 0 & N_j^e & \cdots & 0 & N_k^e & \cdots\end{bmatrix} \tag{7.48}$$
$$\qquad\quad\ \ 2i{+}1\quad 2i{+}2\qquad\quad 2j{+}1\quad 2j{+}2\qquad\quad 2k{+}1\quad 2k{+}2$$

式中：除写出数值的 6 列之外其余各列均为 0 元素，矩阵下面标出了非零列的序号，N_i^e 表示结点 i 对应的形函数在单元 e 上的值，它的计算方法见 7.2.3 节。于是有

$$\boldsymbol{B}^e=\begin{bmatrix}\dfrac{\partial}{\partial x} & 0\\ 0 & \dfrac{\partial}{\partial y}\\ \dfrac{\partial}{\partial y} & \dfrac{\partial}{\partial x}\end{bmatrix}\begin{bmatrix}\cdots & N_i^e & 0 & \cdots & N_j^e & 0 & \cdots & N_k^e & 0 & \cdots\\ \cdots & 0 & N_i^e & \cdots & 0 & N_j^e & \cdots & 0 & N_k^e & \cdots\end{bmatrix} \tag{7.49}$$

$$
=\begin{bmatrix} & \frac{\partial N_i^e}{\partial x} & 0 & & \frac{\partial N_j^e}{\partial x} & 0 & & \frac{\partial N_k^e}{\partial x} & 0 & \\ \cdots & 0 & \frac{\partial N_i^e}{\partial y} & \cdots & 0 & \frac{\partial N_j^e}{\partial y} & \cdots & 0 & \frac{\partial N_k^e}{\partial y} & \cdots \\ & \frac{\partial N_i^e}{\partial y} & \frac{\partial N_i^e}{\partial x} & & \frac{\partial N_j^e}{\partial y} & \frac{\partial N_j^e}{\partial x} & & \frac{\partial N_k^e}{\partial y} & \frac{\partial N_k^e}{\partial x} & \end{bmatrix} \tag{7.50}
$$

$$
=\begin{bmatrix} & b_i^e & 0 & & b_j^e & 0 & & b_k^e & 0 & \\ \cdots & 0 & c_i^e & \cdots & 0 & c_j^e & \cdots & 0 & c_k^e & \cdots \\ & c_i^e & b_i^e & & c_j^e & b_j^e & & c_k^e & b_k^e & \end{bmatrix} \tag{7.51}
$$

几何矩阵 $\boldsymbol{B}^e$ 的维数是 $3\times 2n$，除去结点 i,j 和 k 对应的六列之外，其余各列均为零。其中常数 b 和 c 的表达式见式(7.15)。结合式(7.51)也能看出，几何矩阵 $\boldsymbol{B}^e$ 只与单元 e 的结点坐标有关，为常值矩阵。下面为讨论方便，引入扩展的单元刚度矩阵 $\boldsymbol{K}^e$。由于几何矩阵和弹性矩阵均为常数，故

$$
\boldsymbol{K}^e=\int_e \boldsymbol{B}^{\mathrm{T}}\boldsymbol{D}\boldsymbol{B}\,\mathrm{d}\Omega = A^e t^e\,(\boldsymbol{B}^e)^{\mathrm{T}}\boldsymbol{D}\boldsymbol{B}^e \tag{7.52}
$$

式中：t^e 和 A^e 分别为单元厚度和面积。显然，在知道单元的结点坐标后，单元刚度矩阵(简称“单刚”) $\boldsymbol{K}^e$ 可以计算出来。于是，总体刚度矩阵有如下分解：

$$
\boldsymbol{K}=\sum_{i=1}^{N_{\mathrm{E}}}\boldsymbol{K}^{e_i} \tag{7.53}
$$

所以，在分别计算出每个单元的单刚之后，系统的总体刚度矩阵可以求和得到。

为了进一步方便有限元分析，可以将式(7.51)给出的(扩展的)单元几何矩阵 $\boldsymbol{B}^e$ 写成

$$
\boldsymbol{B}^e=\underbrace{\begin{bmatrix} b_i^e & 0 & b_j^e & 0 & b_k^e & 0 \\ 0 & c_i^e & 0 & c_j^e & 0 & c_k^e \\ c_i^e & b_i^e & c_j^e & b_j^e & c_k^e & b_k^e \end{bmatrix}}_{\overline{\boldsymbol{B}}^e}\underbrace{\overset{\begin{matrix} \quad 2i+1 & 2i+2 & & 2j+1 & 2j+2 & & 2k+1 & 2k+2 \end{matrix}}{\begin{bmatrix} & 1 & 0 & & 0 & 0 & & 0 & 0 & \\ & 0 & 1 & & 0 & 0 & & 0 & 0 & \\ \cdots & 0 & 0 & \cdots & 1 & 0 & \cdots & 0 & 0 & \cdots \\ & 0 & 0 & & 0 & 1 & & 0 & 0 & \\ & 0 & 0 & & 0 & 0 & & 1 & 0 & \\ & 0 & 0 & & 0 & 0 & & 0 & 1 & \end{bmatrix}_{6\times 2n}}}_{\boldsymbol{R}^e}
$$

$$
=\overline{\boldsymbol{B}}^e\boldsymbol{R}^e \tag{7.54}
$$

式中：$\boldsymbol{R}^e$ 为单元 e 的扩展矩阵，有

$$
\boldsymbol{R}^e=\overset{\begin{matrix} \quad 2i+1 & 2i+2 & & 2j+1 & 2j+2 & & 2k+1 & 2k+2 \end{matrix}}{\begin{bmatrix} & 1 & 0 & & 0 & 0 & & 0 & 0 & \\ & 0 & 1 & & 0 & 0 & & 0 & 0 & \\ \cdots & 0 & 0 & \cdots & 1 & 0 & \cdots & 0 & 0 & \cdots \\ & 0 & 0 & & 0 & 1 & & 0 & 0 & \\ & 0 & 0 & & 0 & 0 & & 1 & 0 & \\ & 0 & 0 & & 0 & 0 & & 0 & 1 & \end{bmatrix}_{6\times 2n}} \tag{7.55}
$$

$\overline{\boldsymbol{B}}^e$ 为单元几何矩阵，由单元的结点编号而定，有

$$\overline{\boldsymbol{B}}^e = \begin{bmatrix} \dfrac{\partial}{\partial x} & 0 \\ 0 & \dfrac{\partial}{\partial y} \\ \dfrac{\partial}{\partial y} & \dfrac{\partial}{\partial x} \end{bmatrix} \underbrace{\begin{bmatrix} N_i^e & 0 & N_j^e & 0 & N_k^e & 0 \\ 0 & N_i^e & 0 & N_j^e & 0 & N_k^e \end{bmatrix}}_{\overline{N}^e} = \boldsymbol{L}\overline{\boldsymbol{N}}^e \tag{7.56}$$

式中：$\overline{\boldsymbol{N}}^e$ 为单元 e 上的形函数矩阵，它的维数是 2×6，它与 $\boldsymbol{N}^e$ 的关系为

$$\boldsymbol{N}^e = \overline{\boldsymbol{N}}^e \boldsymbol{R}^e \tag{7.57}$$

可见，单元几何矩阵 $\overline{\boldsymbol{B}}^e$ 只与单元的结点坐标有关。扩展矩阵 $\boldsymbol{R}^e$ 实际上是代表了一个矩阵变换，将矩阵 $\overline{\boldsymbol{B}}^e$ 中的元素按结点编号“投放”到 $\boldsymbol{B}^e$ 的对应位置上。

将式(7.54)代入单元刚度矩阵计算式(7.52)，可得

$$\boldsymbol{K}^e = (\boldsymbol{R}^e)^{\mathrm{T}}[A^e t^e (\overline{\boldsymbol{B}}^e)^{\mathrm{T}} \boldsymbol{D} \overline{\boldsymbol{B}}^e]\boldsymbol{R}^e = (\boldsymbol{R}^e)^{\mathrm{T}} \overline{\boldsymbol{K}}^e \boldsymbol{R}^e \tag{7.58}$$

式中：矩阵 $\overline{\boldsymbol{K}}^e$ 为单元刚度矩阵，

$$\overline{\boldsymbol{K}}^e = A^e t^e (\overline{\boldsymbol{B}}^e)^{\mathrm{T}} \boldsymbol{D} \overline{\boldsymbol{B}}^e \tag{7.59}$$

它的维数是 6×6，只与单元 e 的属性(材料参数、结点坐标)有关。式(7.58)给出了如何由单刚 $\overline{\boldsymbol{K}}^e$ 得到扩展单刚 $\boldsymbol{K}^e$ 。下面详细解释这个扩展方法。

仍以图 7.8 所示的单元为例，以结点 i,j,k 为索引可以将 6×6 的单刚 $\overline{\boldsymbol{K}}^e$ 写成 3×3 的分块矩阵

$$\overline{\boldsymbol{K}}^e = \begin{bmatrix} \boldsymbol{K}_{ii}^e & \boldsymbol{K}_{ij}^e & \boldsymbol{K}_{ik}^e \\ \boldsymbol{K}_{ji}^e & \boldsymbol{K}_{jj}^e & \boldsymbol{K}_{jk}^e \\ \boldsymbol{K}_{ki}^e & \boldsymbol{K}_{kj}^e & \boldsymbol{K}_{kk}^e \end{bmatrix} \tag{7.60}$$

每个子块 $\boldsymbol{K}_{ij}^e$ 是 2×2 的矩阵。按式(7.58)扩展后的单刚 $\boldsymbol{K}^e$ 为

$$\boldsymbol{K}^e = \begin{bmatrix} \ddots & \overset{i}{\boldsymbol{0}} & \cdots & \overset{j}{\boldsymbol{0}} & \cdots & \overset{k}{\boldsymbol{0}} & \iddots \\ \boldsymbol{0} & \boldsymbol{K}_{ii}^e & \boldsymbol{0} & \boldsymbol{K}_{ij}^e & \boldsymbol{0} & \boldsymbol{K}_{ik}^e & \boldsymbol{0} \\ \vdots & \boldsymbol{0} & \ddots & \boldsymbol{0} & \iddots & \boldsymbol{0} & \vdots \\ \boldsymbol{0} & \boldsymbol{K}_{ji}^e & \boldsymbol{0} & \boldsymbol{K}_{jj}^e & \boldsymbol{0} & \boldsymbol{K}_{jk}^e & \boldsymbol{0} \\ \vdots & \boldsymbol{0} & \iddots & \boldsymbol{0} & \ddots & \boldsymbol{0} & \vdots \\ \boldsymbol{0} & \boldsymbol{K}_{ki}^e & 0 & \boldsymbol{K}_{kj}^e & \boldsymbol{0} & \boldsymbol{K}_{kk}^e & \boldsymbol{0} \\ \iddots & \boldsymbol{0} & \cdots & \boldsymbol{0} & \cdots & \boldsymbol{0} & \ddots \end{bmatrix} \begin{matrix} \\ i \\ \\ j \\ \\ k \\ \\ \end{matrix} \tag{7.61}$$

由式(7.61)可以归纳出，有限元总体刚度矩阵的计算可按照以下步骤来进行：

(1)先对每个单元 e，按式(7.59)形成单元刚度矩阵 $\overline{\boldsymbol{K}}^e$。这一步称为单元分析。它只考虑单元 e，而不考虑 e 的结点在总结点序列中的位置。

(2)再按式(7.61)，将单刚 $\overline{\boldsymbol{K}}^e$ 进行扩展，形成扩展单刚 $\boldsymbol{K}^e$。这一步是根据单元结点的编号而进行扩展的。

(3)最后，按式(7.53)对所有单元的扩展单刚 $\boldsymbol{K}^e$ 进行求和，得到总体刚度矩阵 $\boldsymbol{K}$。

这里要指出总体刚度矩阵 $\boldsymbol{K}$ 的另一个重要性质——稀疏性，即虽然 $\boldsymbol{K}$ 是 $2n$ 维方阵，但其中非零元素的数目与总结点个数 n 为同一量级 $O(n)$。这是因为 $\boldsymbol{K}$ 是由 N_{E} 个单元刚度矩阵 $\boldsymbol{K}^e$ 叠加而成的，而每个 $\boldsymbol{K}^e$ 中仅有不多于 $6 \times 6 = 36$ 个非零元素。另外，由 $\boldsymbol{K}^e$ 的结构式(7.61)可知，$\boldsymbol{K}$ 中第 i 行子块中仅包含少数几个非零的子块，而且这个数目与结点总数目 n 无关。事实

上，第 i 行子块中的非零子块就是与第 i 个结点相邻的几个结点所对应的子块。以图 7.1(b) 所示的情况为例，结点 7 周围有 4 个结点(编号分别为 3，8，12 和 6)，那么 $\boldsymbol{K}$ 中结点 7 所对应的行(和列)中就只有这 4 个结点所对应的列(和行)是非零的子块，其余子块都是 0。由单元剖分可知，无论结构多么复杂，划分的单元数目多么庞大，每个结点周围的结点数目都只有少数几个(一般为 5～7 个)。稀疏性是有限元系数矩阵的重要特征，它大大提高了有限元法处理大规模问题的能力，使其成为目前工程上应用最为广泛和深入的数值方法之一。

7.4.2　等效节点载荷的计算

等效结点载荷 $\boldsymbol{P}$ 的计算依据为式(7.33)，即

$$\boldsymbol{P} = \int_{\Omega} \boldsymbol{N}^{\mathrm{T}} \boldsymbol{F} \mathrm{d}\Omega + \int_{\Gamma} \boldsymbol{N}^{\mathrm{T}} \overline{\boldsymbol{F}} \mathrm{d}\Gamma$$

考虑结构的单元划分之后，上式变为

$$\boldsymbol{P} = \sum_{e=1}^{N_{\mathrm{E}}} \left[\int_{e} (\boldsymbol{N}^{e})^{\mathrm{T}} \boldsymbol{F}^{e} \mathrm{d}\Omega + \int_{\Gamma_{e}} (\boldsymbol{N}^{e})^{\mathrm{T}} \overline{\boldsymbol{F}}^{e} \mathrm{d}\Gamma \right] \tag{7.62}$$

利用单元的形函数矩阵代替扩展的形函数矩阵，即将式(7.57)代式(7.62)，可得

$$\boldsymbol{P} = \sum_{e=1}^{N_{\mathrm{E}}} (\boldsymbol{R}^{e})^{\mathrm{T}} \left[\int_{e} (\overline{\boldsymbol{N}}^{e})^{\mathrm{T}} \boldsymbol{F}^{e} \mathrm{d}\Omega + \int_{\Gamma_{e}} (\overline{\boldsymbol{N}}^{e})^{\mathrm{T}} \overline{\boldsymbol{F}}^{e} \mathrm{d}\Gamma \right] \tag{7.63}$$

再定义单元的等效结点载荷向量为

$$\overline{\boldsymbol{P}}^{e} = \int_{e} (\overline{\boldsymbol{N}}^{e})^{\mathrm{T}} \boldsymbol{F}^{e} \mathrm{d}\Omega + \int_{\Gamma_{e}} (\overline{\boldsymbol{N}}^{e})^{\mathrm{T}} \overline{\boldsymbol{F}}^{e} \mathrm{d}\Gamma \tag{7.64}$$

它只与单元 e 所受的体力 $\boldsymbol{F}^{e}$ 和单元边界上的面力 $\overline{\boldsymbol{F}}^{e}$ 有关。于是由式(7.63)可知

$$\boldsymbol{P} = \sum_{e=1}^{N_{\mathrm{E}}} (\boldsymbol{R}^{e})^{\mathrm{T}} \overline{\boldsymbol{P}}^{e} = \sum_{e=1}^{N_{\mathrm{E}}} \boldsymbol{P}^{e} \tag{7.65}$$

式中：$\boldsymbol{P}^{e} = (\boldsymbol{R}^{e})^{\mathrm{T}} \overline{\boldsymbol{P}}^{e}$ 为扩展的单元节点载荷向量，和刚度矩阵的扩展方法相同。

7.5　单元分析与单元平衡方程

7.5.1　由结构平衡到单元平衡

以上按照利兹法的基本步骤，推导了有限元法的总体平衡方程，而后，讨论了有限元总体平衡方程的分解，主要是把总体刚度矩阵和等效结点载荷分解为关于单元的刚度矩阵和结点载荷。有限元法的总刚阵和等效结点载荷，都是通过对每个单元的分析来实现的。事实上，如果更进一步，还能推导出一个类似于总体平衡方程的单元平衡方程。单元平衡方程极大地方便了有限元法的研究和推导。下面展示这个过程。

有限元总体平衡方程 $\boldsymbol{Kq} = \boldsymbol{P}$ 是通过单元刚度矩阵 $\overline{\boldsymbol{K}}^{e}$ 和等效结点向量 $\overline{\boldsymbol{P}}^{e}$ 按下式组装起来的：

$$\sum_{e=1}^{N_{\mathrm{E}}} (\boldsymbol{R}^{e})^{\mathrm{T}} \overline{\boldsymbol{K}}^{e} \boldsymbol{R}^{e} \boldsymbol{q} - (\boldsymbol{R}^{e})^{\mathrm{T}} \overline{\boldsymbol{P}}^{e} = \sum_{e=1}^{N_{\mathrm{E}}} (\boldsymbol{R}^{e})^{\mathrm{T}} (\overline{\boldsymbol{K}}^{e} \boldsymbol{q}^{e} - \overline{\boldsymbol{P}}^{e}) = 0 \tag{7.66}$$

式中，

$$\boldsymbol{q}^e = \boldsymbol{R}^e\boldsymbol{q} \tag{7.67}$$

是通过变换矩阵从结构结点位移向量 $\boldsymbol{q}$ 中拾取出单元 e 的结点位移，形成单元结点位移向量 $\boldsymbol{q}^e$。在式(7.66)中，令

$$\overline{\boldsymbol{F}}^e = \overline{\boldsymbol{K}}^e\boldsymbol{q}^e - \overline{\boldsymbol{P}}^e \tag{7.68}$$

式中：$\overline{\boldsymbol{F}}^e$ 代表了相邻单元对单元 e 的结点作用力，属于结构内力，故不出现在总体平衡方程 $\boldsymbol{Kq} = \boldsymbol{P}$ 中。但是，在考虑单元 e 时，它成了单元 e 的外力。这样一来，总体平衡方程式(7.66)可以写成

$$\sum_{e=1}^{N_E} (\boldsymbol{R}^e)^{\mathrm{T}}\, \overline{\boldsymbol{F}}^e = 0 \tag{7.69}$$

$\overline{\boldsymbol{F}}^e$ 的表达式(7.68)可改写为

$$\overline{\boldsymbol{K}}^e\boldsymbol{q}^e = \overline{\boldsymbol{P}}^e + \overline{\boldsymbol{F}}^e \tag{7.70}$$

这就是有限元法中的单元平衡方程，代表了任意一个单元 e 的平衡。其中，单元结点位移向量与单元无关，只与结点有关；而右端的单元结点力与单元上的作用力有关，其中 $\overline{\boldsymbol{P}}^e$ 代表了作用在单元上的结构外力，$\overline{\boldsymbol{F}}^e$ 代表了相邻单元的作用内力。从总体平衡方程得到式(7.69)和式(7.70)的过程表明，结构总体处于平衡状态等价于每个单元在单元外力的作用下处于平衡状态，且单元之间的反作用力相互抵消。

至此，从总体平衡方程中分离出了每个单元的平衡方程。事实上，后者也可以直接在单元上应用利兹法的过程而建立，这个过程称为单元分析。建立起单元平衡方程之后，再按 7.4 节的步骤集成，得到总体平衡方程，这才是有限元法中最寻常的做法。

7.5.2 单元分析和单元平衡方程

现从单元分析入手，利用最小势能原理建立单元平衡方程式(7.70)。为简化符号表示，从本小节开始，式(7.70)中所有和单元有关的量，省去上面的横杠，并把式(7.70)右端两项结点力分量合并写成 $\boldsymbol{P}^e$，称为单元的等效结点力。

1. 单元位移、应变和应力

考虑图 7.9 所示的 3 结点三角形单元。结点 i,j,k 的坐标分别为 (x_i,y_i)，(x_j,y_j)，(x_k,y_k)。每个结点上有两个位移分量 u 和 v，在位移有限元法中这两个独立的位移分量即为结点的自由度。同时为方便讨论，这里假设单元上只有作用于结点的 x 和 y 方向的集中力 U 和 V，称之为结点力。后面可以看到，这些等效结点力可以是由作用于单元上的其他力“等效”转化而来。将单元的结点位移和力组合写成向量形式为

$$\boldsymbol{q}^e = \begin{bmatrix} \boldsymbol{q}_i \\ \boldsymbol{q}_j \\ \boldsymbol{q}_k \end{bmatrix} = \begin{bmatrix} u_i \\ v_i \\ u_j \\ v_j \\ u_k \\ v_k \end{bmatrix},\quad \boldsymbol{P}^e = \begin{bmatrix} \boldsymbol{P}_i \\ \boldsymbol{P}_j \\ \boldsymbol{P}_k \end{bmatrix} = \begin{bmatrix} U_i \\ V_i \\ U_j \\ V_j \\ U_k \\ V_k \end{bmatrix} \tag{7.71}$$

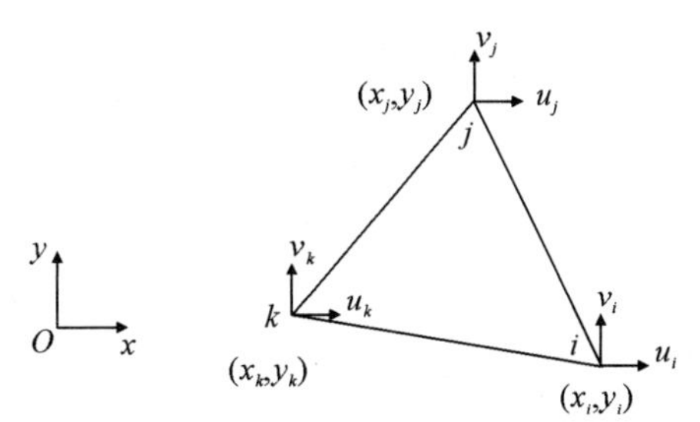

图 7.9　平面 3 结点三角形单元模型

采用第 7.2 节式(7.17)构造的 3 结点三角形单元上的形函数 $N_i(x,y)$，可以将单元上的位移场表示为

$$\boldsymbol{u}=\begin{bmatrix}u(x,y)\\v(x,y)\end{bmatrix}=\begin{bmatrix}N_i & 0 & N_j & 0 & N_k & 0\\0 & N_i & 0 & N_j & 0 & N_k\end{bmatrix}\boldsymbol{q}^e=\boldsymbol{N}^e\boldsymbol{q}^e \tag{7.72}$$

单元应变表达式和式(7.23)相同，只是此处将结构位移 $\boldsymbol{u}$ 换成了单元上的 $\boldsymbol{u}^e$，即

$$\boldsymbol{\varepsilon}=\begin{bmatrix}\varepsilon_x\\\varepsilon_y\\\gamma_{xy}\end{bmatrix}=\begin{bmatrix}\dfrac{\partial}{\partial x} & 0\\0 & \dfrac{\partial}{\partial y}\\\dfrac{\partial}{\partial y} & \dfrac{\partial}{\partial x}\end{bmatrix}\begin{bmatrix}u\\v\end{bmatrix}=\boldsymbol{L}\boldsymbol{u}^e=\boldsymbol{L}\boldsymbol{N}^e\boldsymbol{q}^e=\boldsymbol{B}^e\boldsymbol{q}^e \tag{7.73}$$

式中：单元几何矩阵 $\boldsymbol{B}^e$ 的表达式为

$$\boldsymbol{B}^e=\boldsymbol{L}\boldsymbol{N}^e=\frac{1}{2A^e}\begin{bmatrix}b_i & 0 & b_j & 0 & b_k & 0\\0 & c_i & 0 & c_j & 0 & c_k\\c_i & b_i & c_j & b_j & c_k & b_k\end{bmatrix} \tag{7.74}$$

也可以把 $\boldsymbol{B}^e$ 写成分块矩阵的形式 $\boldsymbol{B}^e=[\boldsymbol{B}_i\quad\boldsymbol{B}_j\quad\boldsymbol{B}_k]$，其中

$$\boldsymbol{B}_i=\frac{1}{2A^e}\begin{bmatrix}b_i & 0\\0 & c_i\\c_i & b_i\end{bmatrix} \tag{7.75}$$

同理，仿照式(7.26)写出单元应力向量：

$$\boldsymbol{\sigma}=\boldsymbol{D}\boldsymbol{\varepsilon}=\boldsymbol{D}\boldsymbol{B}^e\boldsymbol{q}^e \tag{7.76}$$

定义 $\boldsymbol{S}^e=\boldsymbol{D}\boldsymbol{B}^e$ 为单元应力矩阵，则有

$$\boldsymbol{\sigma}=\boldsymbol{S}^e\boldsymbol{q}^e \tag{7.77}$$

仿照 $\boldsymbol{B}^e$，$\boldsymbol{S}^e$ 也可分解为 $\boldsymbol{S}^e=[\boldsymbol{S}_i\quad\boldsymbol{S}_j\quad\boldsymbol{S}_k]$，其中

$$\boldsymbol{S}_i=\boldsymbol{D}\boldsymbol{B}_i=\frac{E}{2A^e(1-\nu^2)}\begin{bmatrix}b_i & \nu c_i\\\nu b_i & c_i\\\dfrac{1-\nu}{2}c_i & \dfrac{1-\nu}{2}b_i\end{bmatrix} \tag{7.78}$$

2. 单元平衡方程

在单元上应用最小势能原理，按照利兹法的步骤，可以建立单元结点位移和结点力之间的关系，即单元平衡方程。这个过程与前面建立总体平衡方程的过程相同，只是现在把单元看成

整个结构,更容易理解了,因此这里省去了详细的推演过程,只提要点。

单元总势能的表达式为

$$\Pi^e = \frac{1}{2}(\boldsymbol{q}^e)^{\mathrm{T}}\boldsymbol{K}^e\boldsymbol{q}^e - (\boldsymbol{q}^e)^{\mathrm{T}}\boldsymbol{P}^e \tag{7.79}$$

式中:单元刚度矩阵为

$$\boldsymbol{K}^e = \int_e \boldsymbol{B}^{\mathrm{T}}\boldsymbol{D}\boldsymbol{B}\,\mathrm{d}\Omega = A^e t^e (\boldsymbol{B}^e)^{\mathrm{T}}\boldsymbol{D}\boldsymbol{B}^e \tag{7.80}$$

这些表达式与式(7.36)和式(7.52)形式相同。根据总势能的驻值条件即可得到单元平衡方程为

$$\boldsymbol{K}^e\boldsymbol{q}^e = \boldsymbol{P}^e \tag{7.81}$$

单元刚度矩阵可写成分块矩阵形式:

$$\boldsymbol{K}^e = \begin{bmatrix} \boldsymbol{K}_{ii} & \boldsymbol{K}_{ij} & \boldsymbol{K}_{ik} \\ \boldsymbol{K}_{ji} & \boldsymbol{K}_{jj} & \boldsymbol{K}_{jk} \\ \boldsymbol{K}_{ki} & \boldsymbol{K}_{kj} & \boldsymbol{K}_{kk} \end{bmatrix}$$

每个子块对应于两个结点的交互作用,计算式为

$$\boldsymbol{K}_{rs} = A^e t^e (\boldsymbol{B}_r^e)^{\mathrm{T}}\boldsymbol{D}\boldsymbol{B}_s^e = \frac{Et^e}{4(1-\nu^2)A^e}\begin{bmatrix} b_r b_s + \frac{1-\nu}{2}c_r c_s & \nu b_r c_s + \frac{1-\nu}{2}c_r b_s \\ \nu c_r b_s + \frac{1-\nu}{2}b_r c_s & c_r c_s + \frac{1-\nu}{2}b_r b_s \end{bmatrix}$$

式中:$r,s=i,j,k$。无论这里的单元刚度矩阵,还是前面推导的总体刚度矩阵,其元素的排列顺序都是由结点位移向量中位移的排列方式确定的,结点位移的排列顺序改变了,刚度矩阵的元素位置也要作相应改变。

通过单元分析,可以获得每个单元的刚度矩阵和等效结点载荷向量,再按照前面的方式进行集成组装,就可以得到总体平衡方程式(7.39)。

7.5.3 单元刚度矩阵的物理意义和性质

为研究单元刚度矩阵元素的物理意义,将单元平衡方程(7.81)写成展开形式,即

$$\begin{bmatrix} K_{ix,ix} & K_{ix,iy} & K_{ix,jx} & K_{ix,jy} & K_{ix,kx} & K_{ix,ky} \\ K_{iy,ix} & K_{iy,iy} & K_{iy,jx} & K_{iy,jy} & K_{iy,kx} & K_{iy,ky} \\ K_{jx,ix} & K_{jx,iy} & & & & \\ K_{jy,ix} & K_{jy,iy} & & & & \\ K_{kx,ix} & K_{kx,iy} & \vdots & \vdots & \vdots & \vdots \\ K_{ky,ix} & K_{ky,iy} & & & & \end{bmatrix}\begin{bmatrix} u_i \\ v_i \\ u_j \\ v_j \\ u_k \\ v_k \end{bmatrix} = \begin{bmatrix} U_i \\ V_i \\ U_j \\ V_j \\ U_k \\ V_k \end{bmatrix} \tag{7.82}$$

这是单元结点的平衡方程,每个结点在 x 和 y 方向上各有一个平衡方程,3 个结点共有 6 个平衡方程。方程左端是通过单元结点位移表示的单元结点内力,方程右端是单元结点力,它是外载荷和相邻单元的作用力之和。

为研究刚度矩阵第 1 列元素的物理意义,令 $u_i = 1$,其他位移为 0,即

$$\begin{bmatrix} u_i \\ v_i \\ u_j \\ v_j \\ u_k \\ v_k \end{bmatrix} = \begin{bmatrix} 1 \\ 0 \\ 0 \\ 0 \\ 0 \\ 0 \end{bmatrix}$$

代入式(7.82)可得

$$\begin{bmatrix} K_{ix,ix} \\ K_{iy,ix} \\ K_{jx,ix} \\ K_{jy,ix} \\ K_{kx,ix} \\ K_{ky,ix} \end{bmatrix} = \begin{bmatrix} U_i \\ V_i \\ U_j \\ V_j \\ U_k \\ V_k \end{bmatrix}$$

上式表明，单元刚度矩阵第 1 列元素的物理意义是：要使结点 i 在 x 方向发生单位位移 $u_i = 1$，而其他结点位移都为零时，需要在单元各结点施加结点力。当然，单元在这些结点力作用下应处于平衡，因此在 x 和 y 方向上结点力之和应为零，即

$$\left.\begin{aligned} \text{在 } x \text{ 方向：} K_{ix,ix} + K_{jx,ix} + K_{kx,ix} = 0 \\ \text{在 } y \text{ 方向：} K_{iy,ix} + K_{jy,ix} + K_{ky,ix} = 0 \end{aligned}\right\} \tag{7.83}$$

按此思路，可知刚度矩阵中任一元素 K_{ij} 的物理意义为，当单元的第 j 个结点位移为单位位移而其他结点位移为零时，需在单元第 i 个结点位移方向上施加的结点力。单元刚度矩阵中的每个元素反映了单元刚度的大小，称之为刚度系数。

单元刚度矩阵的特性可以归纳如下：

(1)对称性。该性质由单元刚度矩阵的定义式(7.80)即可得到，不仅 3 结点三角形单元具有这种对称性质，其他各种形式的单元都普遍具有这种对称性质。

(2)奇异性。前面研究元素物理意义时已提及，当 $u_i = 1$ 而其他结点位移都为零时，单元 x 方向和 y 方向的结点力都应平衡，从而得到刚度系数之间的关系式(7.83)。于是，刚度矩阵中这一列元素之和也应为零，即

$$K_{ix,ix} + K_{jx,ix} + K_{kx,ix} + K_{iy,ix} + K_{jy,ix} + K_{ky,ix} = 0$$

再由刚度矩阵的对称性可知，第一行元素之和也应为零。按此思路可知，刚度矩阵的每一行和列元素之和均为零。因此由矩阵理论可知，刚度矩阵应该是奇异的。

对于 3 结点三角形单元而言，刚度矩阵是 6×6 阶的，但可以验证其中只有 3 行(列)是独立的，亦即它是奇异的，行列式 $|\boldsymbol{K}^e| = 0$。在此情况下，虽然在任意给定位移条件下，可以由方程式(7.82)计算出作用于单元的结点力，并且它们满足平衡(两个方向力的平衡和绕任一点力矩的平衡)条件，但是，如果给定结点载荷，即使它们满足平衡条件，也不能由该方程确定单元结点位移。这是因为在单元平衡方程推导中没有考虑位移约束，单元还可以有任意的刚体位移。

(3)主元恒正。计算一下刚度矩阵的元素就可以看出，它的主对角线上的元素是恒大于零的，即 $K_{ii} > 0$。

K_{ii} 恒正的物理意义是：要使结点在某一方向上产生一个位移，就必须在该结点上施加与位移方向相同的力，简言之，就是结点力和结点位移方向应该相同。这是结构处于稳定的必然要求。

(4)半正定性。单元刚度矩阵是半正定(positive semi-definite)的。这一点可以由单元应变能的表达式来说明。结点位移表示的单元应变能为

$$U = \frac{1}{2}(\boldsymbol{q}^e)^{\mathrm{T}}\boldsymbol{K}^e\boldsymbol{q}^e \tag{7.84}$$

也就是说，U 是关于结点位移 $\boldsymbol{q}^e$ 的二次齐次多项式。在线性代数里，式(7.84)称为“二次型”，单元刚度矩阵 $\boldsymbol{K}^e$ 在这里是二次型矩阵。在去除刚体位移的情况下，只要 $\boldsymbol{q}^e \neq 0$，应变能 U 总是正值，这样的二次型在数学上称为是“正定(positive definite)的”，相应的二次线矩阵也称为是“正定矩阵”。但单元在刚体位移情况下，虽然 $\boldsymbol{q}^e \neq 0$ (存在刚体位移)，但此时应变能仍为零，这就说明 $|\boldsymbol{K}^e| = 0$，因此，单元刚度矩阵 $\boldsymbol{K}^e$ 是半正定的。

7.5.4 单元等效结点载荷计算

本节在推导单元平衡方程时，为了简化推导过程而假设单元上只有作用于结点的集中力，即结点力。这样的结点力可以是实际作用力，也可以由单元上其他作用力“等效转化”而来。所谓的等效转化，实际上就是按照单元位移插值在单元上计算外力功，从而建立起外力功和结点位移间的关系式，而结点位移的系数就是等效后的结点力。这个过程在前面推导结构总体平衡方程的过程中已经得到体现，具体见式(7.33)和式(7.64)。归纳起来，将单元外力转化为等效结点力遵循静力等效原则，即转化前、后的两组载荷在单元任意虚位移上的虚功相等。下面针对平面结构分析中常见的几种外载荷形式，推导等效结点力的计算式。

如图 7.10 所示，平面结构有限元模型中通常存在以下几种载荷形式：

(1) 直接作用于单元结点的集中力，如图 7.10 中的节点 i。实际上，所有没有作用集中力的结点，都可以看成是这种情况，只是其上的集中力为 0 而已。

(2) 作用于单元上的分布力，如单元 e_1。

(3) 作用于单元边界的分布力，如单元 e_2 的一个边界。

(4) 作用于单元内部的集中力，如单元 e_3。

第(1)种情况无需转化，结点 i 上的外力就是总结点力中的相应元素值。后面三种情况的载荷不在单元结点上，需要转化到结点上去。下面分别讨论这三种情况的结点载荷转化方法。

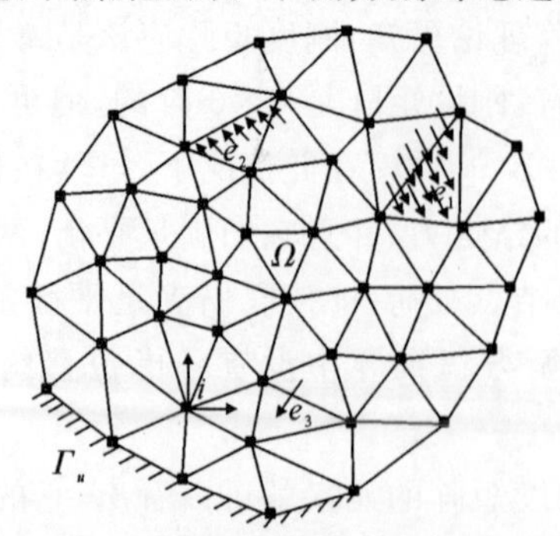

图 7.10　平面结构单元上的载荷形式

1. 集中力

如图 7.11 所示，设单元内 $C(x_C, y_C)$ 点作用集中力

$$\boldsymbol{F}_C = \begin{bmatrix} U \\ V \end{bmatrix} \tag{7.85}$$

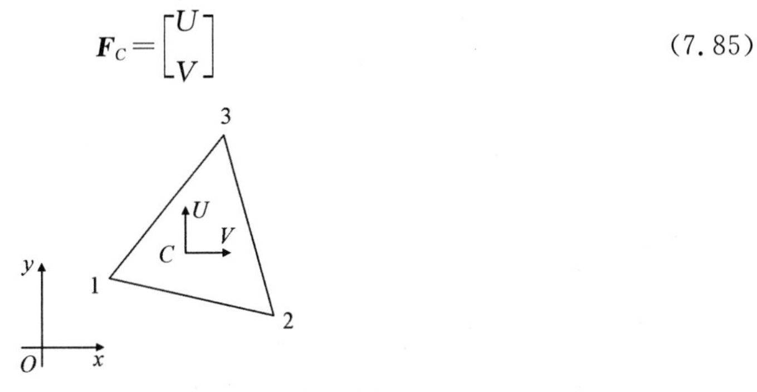

图 7.11　单元上集中力向结点载荷的转化

现在计算集中力 $\boldsymbol{F}_C$ 的等效结点载荷。根据静力等效原则，先计算结点发生位移 $\boldsymbol{q}^e$ 时 $\boldsymbol{F}_C$ 所做的功。由单元位移表达式(7.72)可知，C 点的位移为

$$\boldsymbol{u}_C = \begin{bmatrix} u(x_C, y_C) \\ v(x_C, y_C) \end{bmatrix} = \boldsymbol{N}^e(x_C, y_C)\boldsymbol{q}^e$$

于是外力 $\boldsymbol{F}_C$ 所做的功为

$$W = \boldsymbol{u}_C{}^{\mathrm{T}}\boldsymbol{F}_C = (\boldsymbol{q}^e)^{\mathrm{T}}[\boldsymbol{N}^e(x_C, y_C)]^{\mathrm{T}}\boldsymbol{F}_C \tag{7.86}$$

转化后的结点载荷为 $\boldsymbol{P}^e$，表达式为式(7.71)，它的功为 $(\boldsymbol{q}^e)^{\mathrm{T}}\boldsymbol{P}^e$。再由静力等效原理，转化前后两组力在虚位移 $\delta\boldsymbol{q}^e$ 上所做的虚功相等，可得

$$(\delta\boldsymbol{q}^e)^{\mathrm{T}}\boldsymbol{P}^e = (\delta\boldsymbol{q}^e)^{\mathrm{T}}[\boldsymbol{N}^e(x_C, y_C)]^{\mathrm{T}}\boldsymbol{F}_C$$

所以，集中力的等效结点载荷计算式为

$$\boldsymbol{P}^e = [\boldsymbol{N}^e(x_C, y_C)]^{\mathrm{T}}\boldsymbol{F}_C \tag{7.87}$$

不难发现，上述求等效结点力的过程可以简化为：只需要获得实际外力在发生结点位移 $\boldsymbol{q}^e$ 时所做的功的表达式，等效结点力就是表达式中 $\boldsymbol{q}^e$ 的系数，参见式(7.86)。

2. 单元体力

如图 7.12 所示，设单元上作用分布力为

$$\boldsymbol{Q}(x, y) = \begin{bmatrix} q_x(x, y) \\ q_y(x, y) \end{bmatrix} \tag{7.88}$$

结点位移为 $\boldsymbol{q}^e$ 时它所做的功为

$$W = \int_{\Omega} \boldsymbol{u}^{\mathrm{T}}\boldsymbol{Q}\mathrm{d}\Omega = (\boldsymbol{q}^e)^{\mathrm{T}}\int_{\Omega}[\boldsymbol{N}^e(x, y)]^{\mathrm{T}}\boldsymbol{Q}(x, y)\mathrm{d}\Omega$$

于是，等效节点载荷计算式为

$$\boldsymbol{P}^e = \int_{\Omega}[\boldsymbol{N}^e(x, y)]^{\mathrm{T}}\boldsymbol{Q}(x, y)\mathrm{d}\Omega \tag{7.89}$$

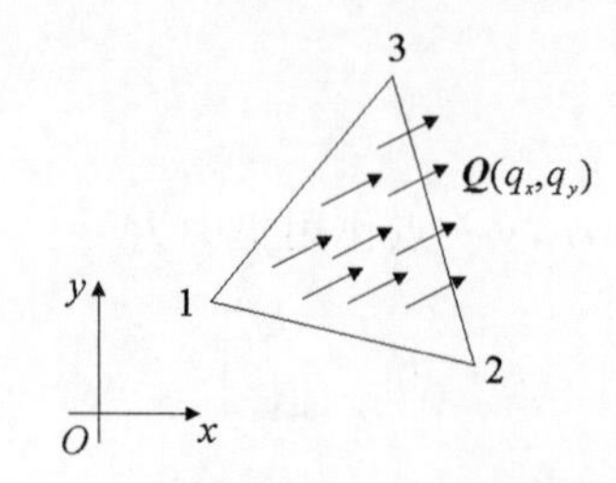

图 7.12　单元体力向结点载荷的转化

3. 单元边界面力

如图 7.13 所示，单元边界 1－3 上作用着式(7.88)形式的分布力。很显然，此时 $\boldsymbol{Q}$ 只对结点 1 和 3 上的等效力有贡献。由于单元边界 1-3 为两个单元 e 和 f 所共用，在计算结点载荷时既可以选取单元 e，又可以选取单元 f，两者的结果相同，这里选取单元 e。

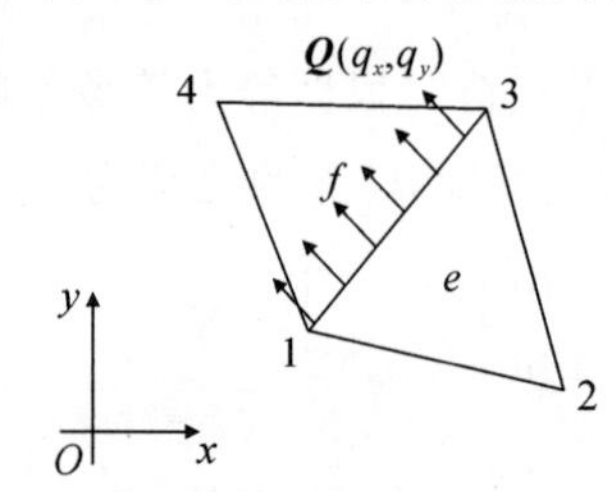

图 7.13　单元边界上的分布力向结点载荷的转化

$\boldsymbol{Q}$ 所做的功可表示为

$$W=\int_{1-3}\boldsymbol{u}^{\mathrm{T}}\boldsymbol{Q}\mathrm{d}s=[\boldsymbol{q}^{e}]^{\mathrm{T}}\int_{1-3}[\boldsymbol{N}^{e}(x,y)]^{\mathrm{T}}\boldsymbol{Q}(x,y)\mathrm{d}s$$

因此，边界 l 上的分布力 $\boldsymbol{Q}$ 的等效结点载荷表达式为

$$\boldsymbol{P}^{e}=\int_{l}[\boldsymbol{N}^{e}(x,y)]^{\mathrm{T}}\boldsymbol{Q}(x,y)\mathrm{d}s \tag{7.90}$$

式中：l 表示物理单元的边界；$\mathrm{d}s$ 为物理单元中的线元。

【例 7.1】　图 7.14 为一 3 结点三角形单元，设单元厚度为 t，面积为 A，单位体积重量为 ρg，计算体力的等效结点载荷向量。

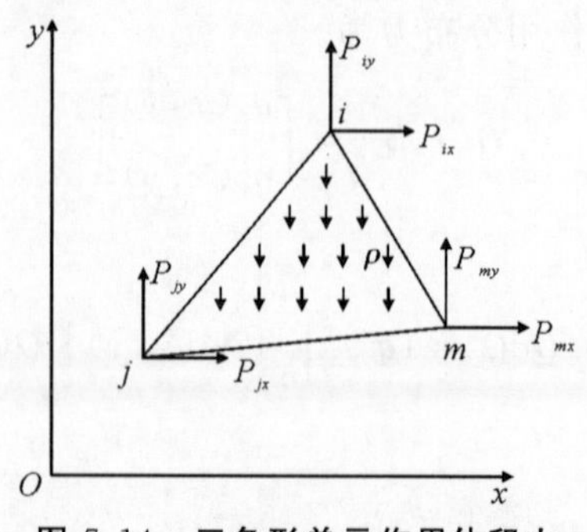

图 7.14　三角形单元作用体积力

解　体力向量为

$$\boldsymbol{Q}=\begin{bmatrix}0\\-\rho g\end{bmatrix}$$

按照式(7.89)，应有

$$\boldsymbol{P}^e=\int_e[\boldsymbol{N}^e]^{\mathrm{T}}\boldsymbol{Q}t\,\mathrm{d}x\mathrm{d}y$$

结点 i 的等效载荷为

$$\boldsymbol{P}_i^e=\int_e\begin{bmatrix}N_i&0\\0&N_i\end{bmatrix}\begin{bmatrix}0\\-\rho g\end{bmatrix}t\,\mathrm{d}x\mathrm{d}y=\begin{bmatrix}0\\-\int_e N_i\rho gt\,\mathrm{d}x\mathrm{d}y\end{bmatrix}=\begin{bmatrix}0\\-\frac{1}{3}\rho gtA\end{bmatrix}$$

因此，自重的等效结点载荷为

$$\boldsymbol{P}^e=-\frac{1}{3}\rho gtA\,[0\quad 1\quad 0\quad 1\quad 0\quad 1]^{\mathrm{T}}$$

【**例 7.2**】　如图 7.15，侧压 q 作用在 i-j 边，q 以压为正。试求等效结点载荷向量。

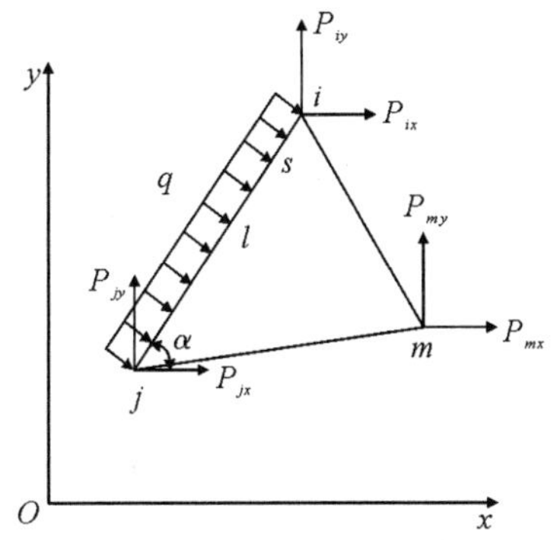

图 7.15　单元边上作用均布测压

解　i-j 边长为 l，与 x 轴的夹角为 α，侧压 q 在 x 和 y 方向的分量 q_x 和 q_y 为

$$q_x=q\sin\alpha=\frac{q}{l}(y_i-y_j)$$

$$q_y=-q\cos\alpha=\frac{q}{l}(x_j-x_i)$$

作用在单元边界上的面积力为

$$\boldsymbol{T}=\begin{bmatrix}q_x\\q_y\end{bmatrix}=\frac{q}{l}\begin{bmatrix}y_i-y_j\\x_j-x_i\end{bmatrix}$$

在单元边界上可取局部坐标系 s（见图 7.15），沿 i-j 边插值函数可写作

$$N_i=1-\frac{s}{l}\qquad N_j=\frac{s}{l}\qquad N_m=0$$

按照式(7.90)可求得侧压作用下的单元等效节点载荷为

$$P_{ix}=\int_l N_iq_xt\,\mathrm{d}s=\int_l\left(1-\frac{s}{l}\right)q_xt\,\mathrm{d}s=\frac{t}{2}q(y_i-y_j)$$

$$P_{iy}=\frac{t}{2}q(x_j-x_i)$$

$$P_{jx}=\int_l N_jq_xt\,\mathrm{d}s=\int_l\frac{s}{l}q_xt\,\mathrm{d}s=\frac{t}{2}q(y_i-y_j)$$

$$P_{jy} = \frac{t}{2}q(x_j - x_i)$$

$$P_{mx} = P_{my} = 0$$

因此
$$\boldsymbol{P}^e = \frac{1}{2}qt\begin{bmatrix} y_i - y_j & x_j - x_i & y_i - y_j & x_j - x_i & 0 & 0 \end{bmatrix}^{\mathrm{T}}$$

7.6 有限元分析过程

总结起来,用有限元法解决弹性力学问题的步骤如下:

(1)选取总体坐标系,划分单元,然后对单元和结点进行统一编号。

(2)整理原始数据,确定各结点的坐标及单元的结点号。

(3)依次形成各单元的单元刚阵并组装成总体刚度矩阵,形成各单元结点载荷列阵并组装成总结点载荷列阵。

(4)施加边界条件,消除总体刚度矩阵奇异性。

(5)求解全结构平衡方程。

(6)后处理,求得所需要的位移、应力和应变。

下面举例说明具体分析过程。

【例 7.3】 图 7.16 所示的等腰三角形薄板,底边长 2 m,高 2 m,厚度 $t=0.01$ m,顶点作用有集中载荷 $P_x = 1$ kN, $P_y = 1$ kN,材料的弹性模量 $E = 10$ MPa, $\nu = 0.3$。

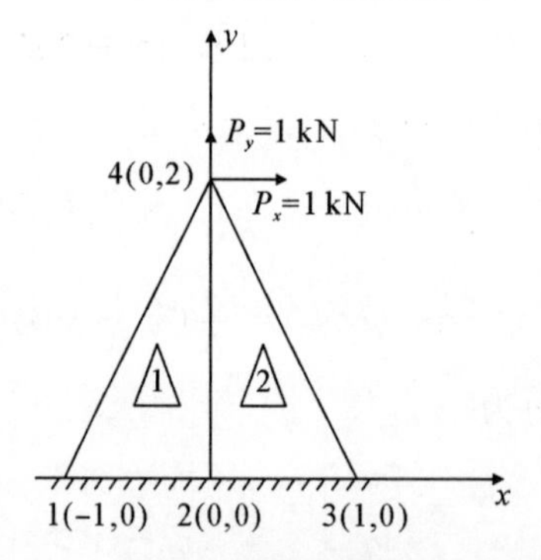

图 7.16 等腰三角形薄板受集中力作用

解

(1)将板划分为两个 3 结点三角形单元,共 4 个结点,选取总体坐标系,如图 7.16 所示。整理原始数据,各单元的结点号为

	i	j	k
1	1	2	4
2	2	3	4

结点坐标为

	x	y
1	-1	0
2	0	0
3	1	0
4	0	2

此薄板为平面应力问题,弹性矩阵为

$$\boldsymbol{D}=\frac{E}{1-\nu^2}\begin{bmatrix}1 & \nu & 0\\ \nu & 1 & 0\\ 0 & 0 & \dfrac{1-\nu}{2}\end{bmatrix}=1.098\,9\times10^7\begin{bmatrix}1 & 0.3 & 0\\ 0.3 & 1 & 0\\ 0 & 0 & 0.35\end{bmatrix}$$

(2)单元分析。写出每个单元的平衡方程:

$$\boldsymbol{K}^e\boldsymbol{q}^e=\boldsymbol{P}^e$$

$$\boldsymbol{K}^e=\int_\Omega \boldsymbol{B}^{\mathrm{T}}\boldsymbol{D}\boldsymbol{B}\,\mathrm{d}\Omega=tA\boldsymbol{B}^{\mathrm{T}}\boldsymbol{D}\boldsymbol{B}$$

$$\boldsymbol{B}^{(124)}=\frac{1}{2A}\begin{bmatrix}y_{23} & 0 & y_{31} & 0 & y_{12} & 0\\ 0 & x_{32} & 0 & x_{13} & 0 & x_{21}\\ x_{32} & y_{23} & x_{13} & y_{31} & x_{21} & y_{12}\end{bmatrix}=\frac{1}{2}\begin{bmatrix}-2 & 0 & 2 & 0 & 0 & 0\\ 0 & 0 & 0 & -1 & 0 & 1\\ 0 & -2 & -1 & 2 & 1 & 0\end{bmatrix}$$

$$\boldsymbol{K}^{(124)}=tA\boldsymbol{B}^{\mathrm{T}}\boldsymbol{D}\boldsymbol{B}=2.747\times10^4\begin{bmatrix}4 & 0 & -4 & 0.6 & 0 & -0.6\\ 0 & 1.4 & 0.7 & -1.4 & -0.7 & 0\\ -4 & 0.7 & 4.35 & -1.3 & -0.35 & 0.6\\ 0.6 & -1.4 & -1.3 & 2.4 & 0.7 & -1\\ 0 & -0.7 & -0.35 & 0.7 & 0.35 & 0\\ -0.6 & 0 & 0.6 & -1 & 0 & 1\end{bmatrix}$$

$$\boldsymbol{B}^{(234)}=\frac{1}{2A}\begin{bmatrix}y_{23} & 0 & y_{31} & 0 & y_{12} & 0\\ 0 & x_{32} & 0 & x_{13} & 0 & x_{21}\\ x_{32} & y_{23} & x_{13} & y_{31} & x_{21} & y_{12}\end{bmatrix}=\frac{1}{2}\begin{bmatrix}-2 & 0 & 2 & 0 & 0 & 0\\ 0 & -1 & 0 & 0 & 0 & 1\\ -1 & -2 & 0 & 2 & 1 & 0\end{bmatrix}$$

$$\boldsymbol{K}^{(234)}=tA\boldsymbol{B}^{\mathrm{T}}\boldsymbol{D}\boldsymbol{B}=2.747\times10^4\begin{bmatrix}4.35 & 1.3 & -4 & -0.7 & -0.35 & -0.6\\ 1.3 & 2.4 & -0.6 & -1.4 & -0.7 & -1\\ -4 & -0.6 & 4 & 0 & 0 & 0.6\\ -0.7 & -1.4 & 0 & 1.4 & 0.7 & 0\\ -0.35 & -0.7 & 0 & 0.7 & 0.35 & 0\\ -0.6 & -1 & 0.6 & 0 & 0 & 1\end{bmatrix}$$

(3)通过单元平衡方程扩展、叠加,形成总体刚度矩阵和结点载荷向量为

$$\boldsymbol{K}=2.747\times10^4\begin{bmatrix}4&0&-4&0.6&0&0&0&-0.6\\0&1.4&0.7&-1.4&0&0&-0.7&0\\-4&0.7&8.7&0&-4&-0.7&-0.7&0\\0.6&-1.4&0&4.8&-0.6&-1.4&0&-2\\0&0&-4&-0.6&4&0&0&0.6\\0&0&-0.7&-1.4&0&1.4&0.7&0\\0&-0.7&-0.7&0&0&0.7&0.7&0\\-0.6&0&0&-2&0.6&0&0&2\end{bmatrix}$$

$$\boldsymbol{P}=\begin{bmatrix}R_{1x}\\R_{1y}\\R_{2x}\\R_{2y}\\R_{3x}\\R_{3y}\\1\ 000\\1\ 000\end{bmatrix}$$

(4)施加边界条件,并求解。有

$$2.747\times10^4\begin{bmatrix}4&0&-4&0.6&0&0&0&-0.6\\0&1.4&0.7&-1.4&0&0&-0.7&0\\-4&0.7&8.7&0&-4&-0.7&-0.7&0\\0.6&-1.4&0&4.8&-0.6&-1.4&0&-2\\0&0&-4&-0.6&4&0&0&0.6\\0&0&-0.7&-1.4&0&1.4&0.7&0\\0&-0.7&-0.7&0&0&0.7&0.7&0\\-0.6&0&0&-2&0.6&0&0&2\end{bmatrix}\begin{bmatrix}0\\0\\0\\0\\0\\0\\u_4\\v_4\end{bmatrix}=\begin{bmatrix}R_{1x}\\R_{1y}\\R_{2x}\\R_{2y}\\R_{3x}\\R_{3y}\\1\ 000\\1\ 000\end{bmatrix}$$

$$2.747\times10^4\begin{bmatrix}0.7&0\\0&2\end{bmatrix}\begin{bmatrix}u_4\\v_4\end{bmatrix}=\begin{bmatrix}1\ 000\\1\ 000\end{bmatrix}\qquad\begin{bmatrix}u_4\\v_4\end{bmatrix}=\begin{bmatrix}0.052\ 0\\0.018\ 2\end{bmatrix}\text{m}$$

(5)后处理。

1)求得支反力,可验证静力平衡:

$$\boldsymbol{R}=\begin{bmatrix}R_{1x}\\R_{1y}\\R_{2x}\\R_{2y}\\R_{3x}\\R_{3y}\end{bmatrix}=\begin{bmatrix}-300\\-1\ 000\\-1\ 000\\-1\ 000\\300\\1\ 000\end{bmatrix}\text{N}$$

2)单元(124)的应变场和应力场分布为

$$\boldsymbol{\varepsilon}^{(124)}=\boldsymbol{Bq}^{(124)}=\frac{1}{2}\begin{bmatrix}-2 & 0 & 2 & 0 & 0 & 0\\ 0 & 0 & 0 & -1 & 0 & 1\\ 0 & -2 & -1 & 2 & 1 & 0\end{bmatrix}\begin{bmatrix}0\\0\\0\\0\\0.0520\\0.0182\end{bmatrix}=\begin{bmatrix}0\\0.0091\\0.0260\end{bmatrix}$$

$$\boldsymbol{\sigma}^{(124)}=\boldsymbol{D\varepsilon}^{(124)}=1.0989\times10^{7}\begin{bmatrix}1 & 0.3 & 0\\ 0.3 & 1 & 0\\ 0 & 0 & 0.35\end{bmatrix}\begin{bmatrix}0\\0.0091\\0.0260\end{bmatrix}=\begin{bmatrix}30\\100\\100\end{bmatrix}\text{kPa}$$

3)类似地,可以计算单元(234)的应力和应变场。

习　　题

1.求式(7.17)中形函数 $N_i(x,y)$ 在三角形形心 (x_c,y_c) 上的函数值。

2.设图7.17中 i 点有水平位移 $u_i=1$,试由单元平衡方程写出各链杆的反力,并证明各水平、竖向反力之和为零。

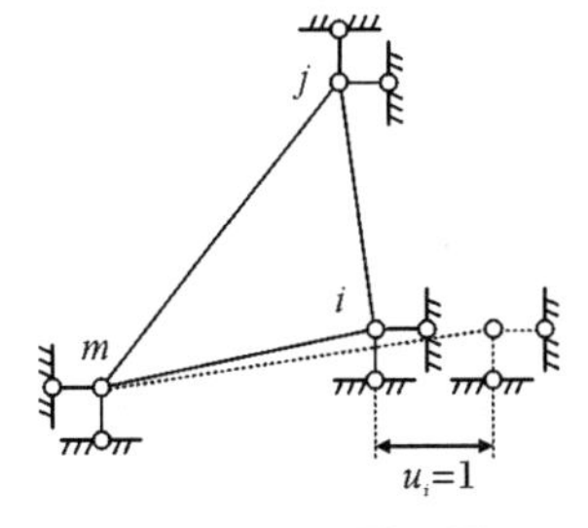

图7.17　习题2图

3.求图7.18中单元1、2的单元刚度矩阵和应力矩阵。(结论:将单元逆时针转动180°,则单刚无影响而应力矩阵反号)

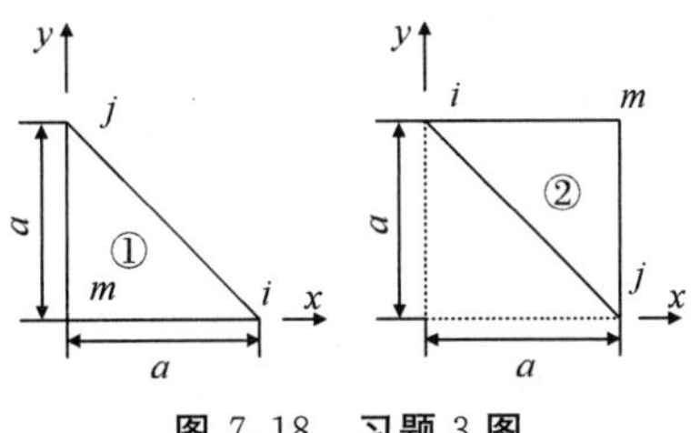

图7.18　习题3图

4. 求图 7.19 中三角形单元的等效结点荷载。已知：$t=1.5$ cm，体力 $W_x=0$，$W_y=-0.003$ kg/cm^3，$P=6$ kg，$q=2$ kg/cm，$a=20$ cm。

部分答案：$R_{jx}=-15.011\ 1$ kg，$R_{jy}=-8.926\ 5$ kg。

5. 用有限元法计算图 7.20 中结构的各支座反力。已知材料弹性模量为 E，泊松比为 ν，结构分成两个三角形单元。

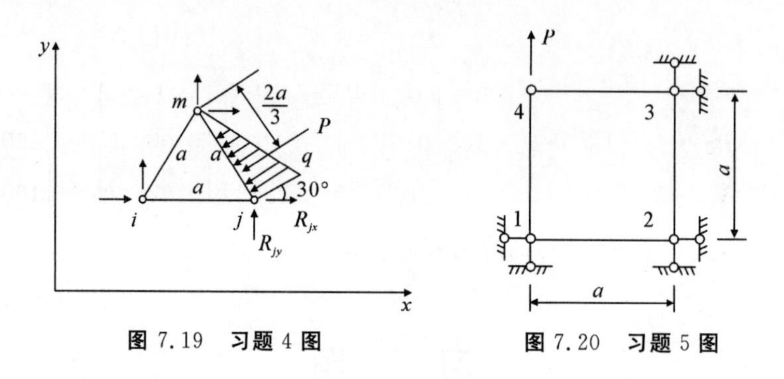

图 7.19　习题 4 图　　　　图 7.20　习题 5 图

6. 根据第 1 题结果，计算作用于单元形心 x 方向单元集中力的等效结点力。

7. 图 7.21 左图为平面板结构，其厚度为 t，弹性模量为 E，泊松比为 $\nu=0$，在自由端面上作用有面内均匀载荷 F，若用右图的两个三角形单元进行有限元分析，试计算各个结点的位移。

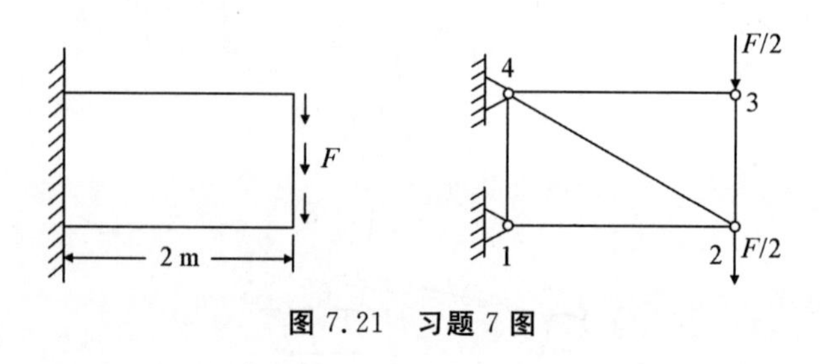

图 7.21　习题 7 图

8. 用一个 3 结点三角形单元计算图 7.22 所示三角形薄板的应力。

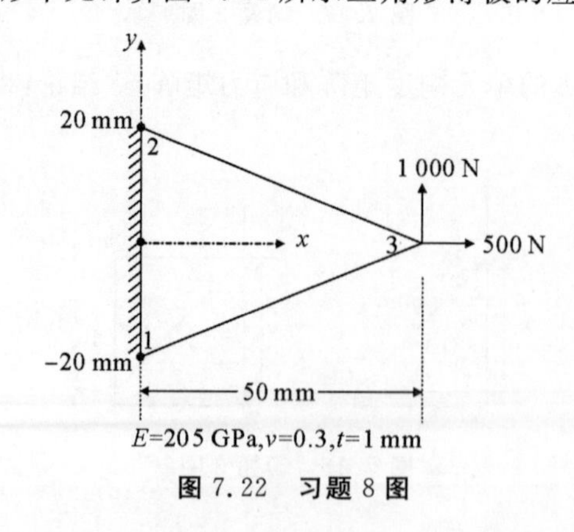

图 7.22　习题 8 图

9. 用两个 3 结点三角形单元计算图 7.23 所示矩形薄板的应力。

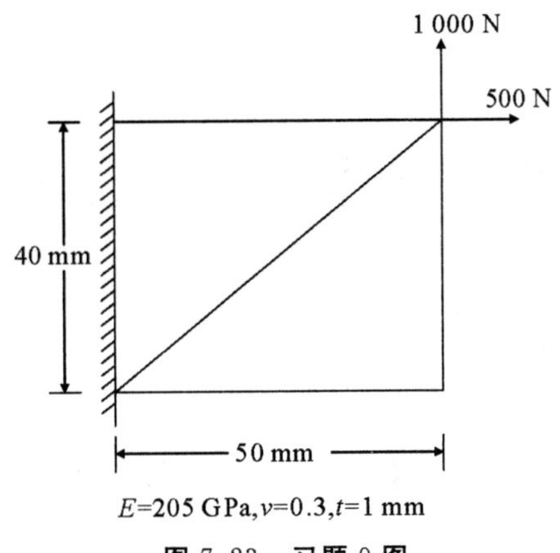

图 7.23　习题 9 图

10. 平面 3 节点三角形单元，结点坐标如图 7.24 所示，厚度为 $t=2.0$ mm，材料为铝，弹性模量 $E=71.0$ GPa，泊松比 $\nu=0.3$。设其处于平面应力状态，试确定：

(1) 三个结点的形函数表达式。

(2) 几何矩阵 $\boldsymbol{B}$。

(3) 单元刚度矩阵 $\boldsymbol{K}^e$。

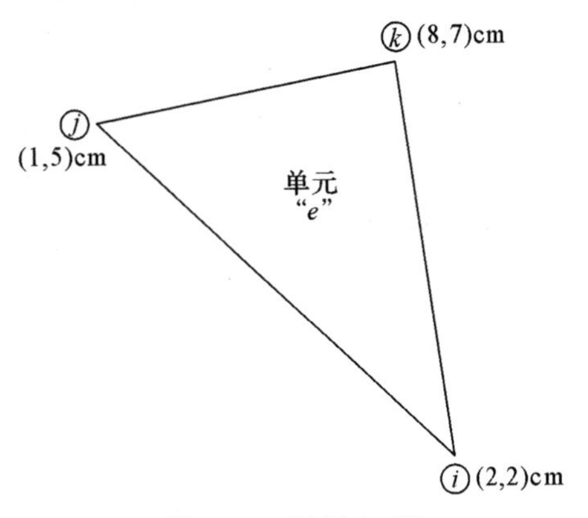

图 7.24　习题 10 图

第 8 章　有限元法基本理论

8.1 引　　言

第 7 章以 3 结点三角形单元为例,介绍了平面问题有限元方法的基本思路和有限元分析的基本过程。本章将重新审视前面所建立的基本框架,从理论上对前面建立起的框架进行完善和引申,讨论单元位移函数的构造规则、有限元收敛性等问题,从而形成有限元法较为一般的理论方法体系。

8.2 结构离散化

结构的离散化,是将结构划分为由各种单元组成的计算模型的过程,是有限元法分析的第一步。离散后的单元与单元之间通过单元的结点相互连接起来,将求解区域变成由有限数目的单元组合成的集合体。单元的形状原则上是任意的。在平面问题中,通常采用三角形单元、矩形或任意四边形单元。在空间问题中,可以采用四面体、长方形或任意六面体单元。

不管采用什么形状的单元,在一般情况下,单元的边界不会与求解区域的真实边界完全吻合,这就带来有限元法的一个基本近似性,即几何近似。所以,有限元法中分析的结构已不是原有的结构,而是同样材料的众多单元以一定方式连接成的离散体。后面还将介绍有限元法的第二个近似性,即函数逼近的近似。因此,用有限元法计算所得到的结果只是近似的。如果划分单元数目非常多而且合理,则计算结果精度就越高。在一个具体的结构中,确定单元的类型和数目,以及哪些部位的单元可以取得大一些,哪些部位单元应该取得小一些,都需要根据经验来作出判断。单元划分越细意味着有限元解越精确,但计算量也会越大。正所谓天下没有不劳而获的东西,一份耕耘,一份收获,有限元分析又何尝不是如此!

有限元结构离散化必须综合考虑结构的几何特征、边界条件、材料和载荷特征、精度要求等诸多因素。根据这些特点和要求,确定出需要采用的单元类型、几何形状、数目、单元大小分布规律等,以期在保证几何离散误差和函数逼近误差足够小的同时,把计算量和存储量控制在可承受的范围内。这就好比装修房子铺地板,要根据地板的形状、房间布局设计、造价条件,选择合适的瓷砖。这是一对矛盾,对分析人员的知识水平和有限元分析经验要求较高。一般说来,单元类型和形状的选择,依赖于结构或总体求解域的几何特点和方程的类型;单元的形状、结点的类型和数目等又决定了有限元分析的精度。下面介绍这些单元参数选取的一般原则。

8.2.1　单元划分的一些原则

有限元离散化需要满足一定条件，下面以三角形单元划分为例来说明。

如果两个单元有公共部分，必须是公共结点，或两个单元的完整公共边，除此之外，两个单元不能重叠。图 8.1(a)是两种不合理的单元划分情况，其中左图中两个单元的重合边界，不是单元的一个完整边界。

单元划分还必须考虑边界条件，两种类型边界的交界点上，必须有单元结点，而不允许一个单元的边界有一部分在位移边界上，另一部分在应力边界上[见图 8.1(b)]。

单元划分中一般不允许畸形单元存在。单元畸形，是指单元中某一条边的尺寸远小于其他边的情况。这种情况会导致利兹法中的系统矩阵条件数不好，或近似奇异，给线性方程组的求解带来麻烦，同时降低求解精度，因此是单元剖分中应当避免的。但是对复杂的问题，进行单元形状优化，消除畸形单元，往往需要很大的计算量开支，甚至是无法实现的。这时，一般应优先消除最为畸形的单元。

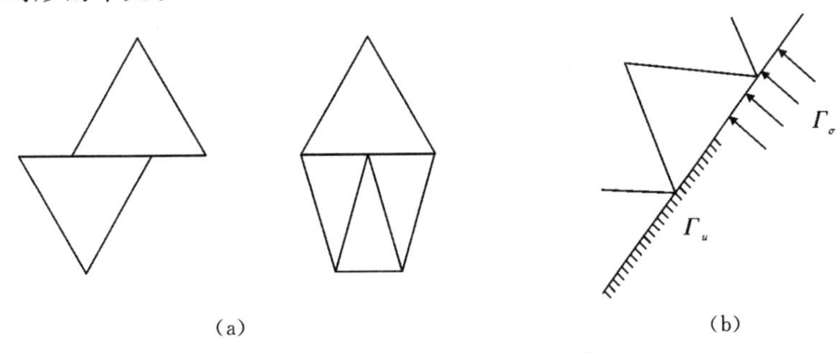

图 8.1　几种单元划分不合理情况

8.2.2　单元类型

有限元法中的单元，是预先构造好的，保存在单元库里供用户选用。第 7 章介绍的 3 结点三角形单元是最基本的一种，还有许多其他类型的单元。不同类型的单元有不同的物理性质和几何特征，这些统称为单元属性。比如，3 结点三角形单元的形状是三角形的，有 3 个结点，每个结点有两个自由度(两个独立的线位移)，这些就是这一类单元的属性。熟悉每一类单元的基本属性，才能在结构分析时合理选用单元。就好比要铺出好看的地板，就要多了解一些瓷砖；想搭出好看的模型，就要对手上有什么样的积木了如指掌。

离散化中选择哪一类单元，取决于要解决的物理问题中独立未知量的类型和个数。例如，在对给定荷载作用下的桁架结构进行分析时[见图 8.2 (a)]，用于离散化的单元类型可以是图 8.2 (b)所示的杆件，包括杆单元和梁单元。同样，在图 8.3 (a)所示的一面固定立方块的应力分析中，可以使用图 8.3 (b)所示的三维实体单元进行离散。一般而言，结构分析中可以使用的单元类型不唯一，此时用户要综合考虑精度要求、计算量、建模复杂度等多个因素，从而选用合适的单元。例如在对图 8.4 (a)所示薄壁壳体进行的分析中，可以采用的单元类型有平面三角形板单元、曲面三角形壳单元等，如图 8.4 (b)所示。在更一般的工程问题中，结构组件的内力比较复杂，一种单元难以满足要求，必须搭配使用两种甚至多种单元。典型的例子是图 8.5 中的弹翼的分析。较大的弹翼通常由翼梁、翼肋、蒙皮、腹板和筋条组成，这些结构组件需要用不同类型的单元来模拟，比如蒙皮和较薄的腹板用三角形板单元、翼梁和翼肋用梁单元。

上面提及的各类单元，将在后续章节中一一介绍。

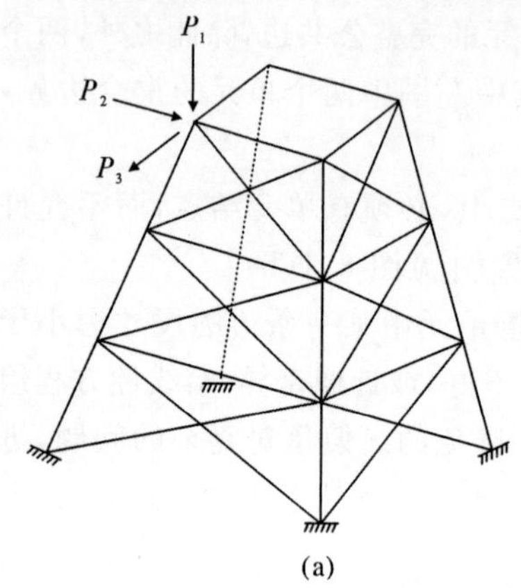

(b)

图 8.2　桁架结构及其离散化

(a)物理结构；(b)杆件单元离散化

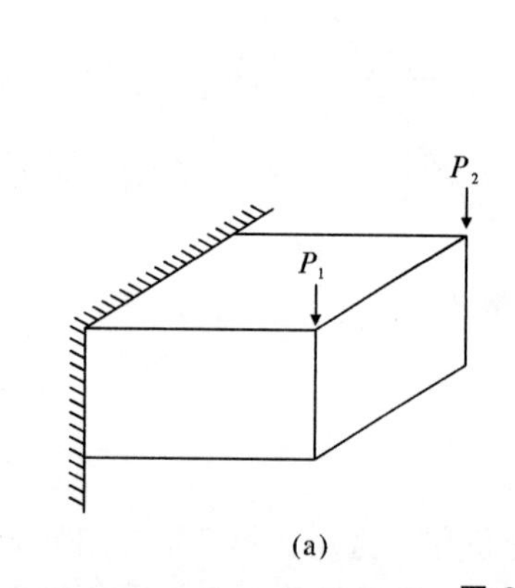

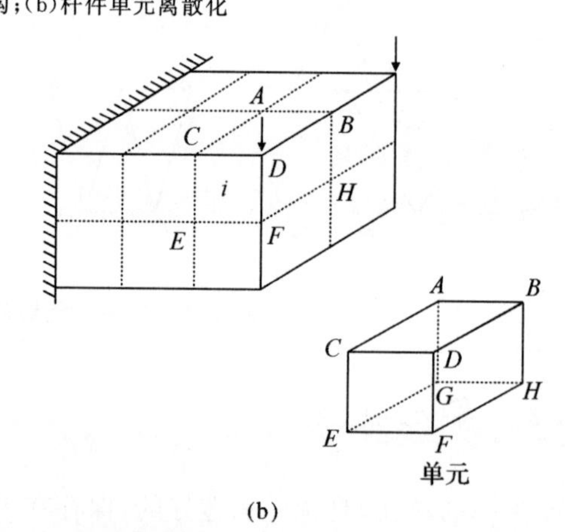

(a)　(b)

图 8.3　立方块结构及其离散化

(a)物理结构；(b)三维体单元离散化

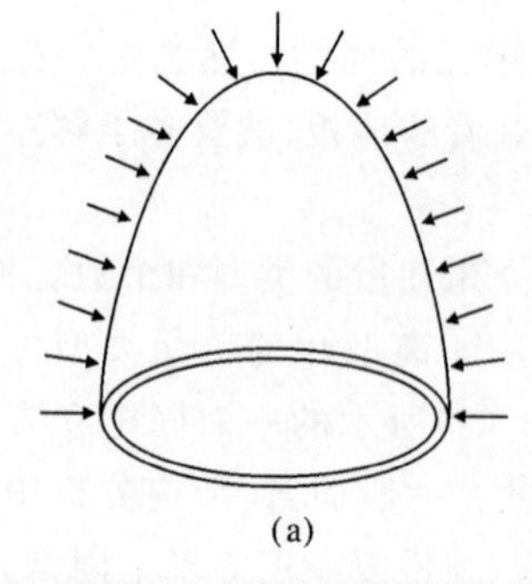

(a)

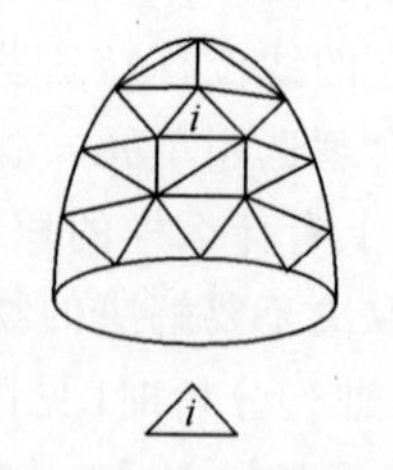

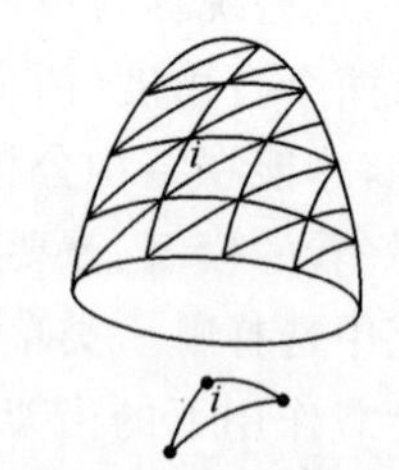

(b)

图 8.4　薄壳结构及其离散化方法

(a)物理结构；(b)用不同单元进行离散化

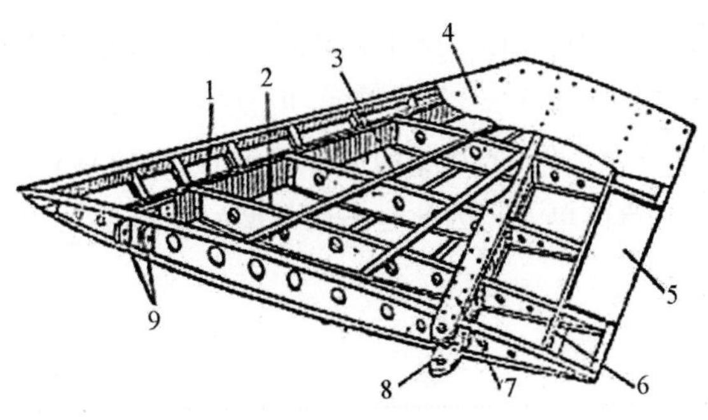

图 8.5　弹翼结构

1—辅助梁；2—翼肋；3—桁条；4—蒙皮；5—副翼；6—后墙；
7—翼梁；8—主接头；9—辅助接头

8.2.3　单元形状

单元形状选择的主要考虑是尽可能从几何上逼近原结构，同时有效控制精度和计算量。从几何形状上，可将单元分一维、二维和三维单元。一维问题情况比较简单，通常都是采用图 8.6 (a)所示的一维单元或线单元。虽然这些单元有一个截面积，而且单元的横截面积可能是不均匀的，但它们通常以线元素的形式显示[见图 8.6 (b)]。值得注意的是，几何形状上同属一维单元，都有两个结点，一端一个，但却可能是不同类型的单元，这是因为单元类型通常主要取决于结点的自由度特征。比如图 8.6 (a)是通常意义上的杆单元，每个结点只有一个沿轴向的自由度，而图 8.6(c)则是一个平面梁弯曲单元，每个结点有两个自由度，分别是横向位移和绕垂直于平面方向的转角。

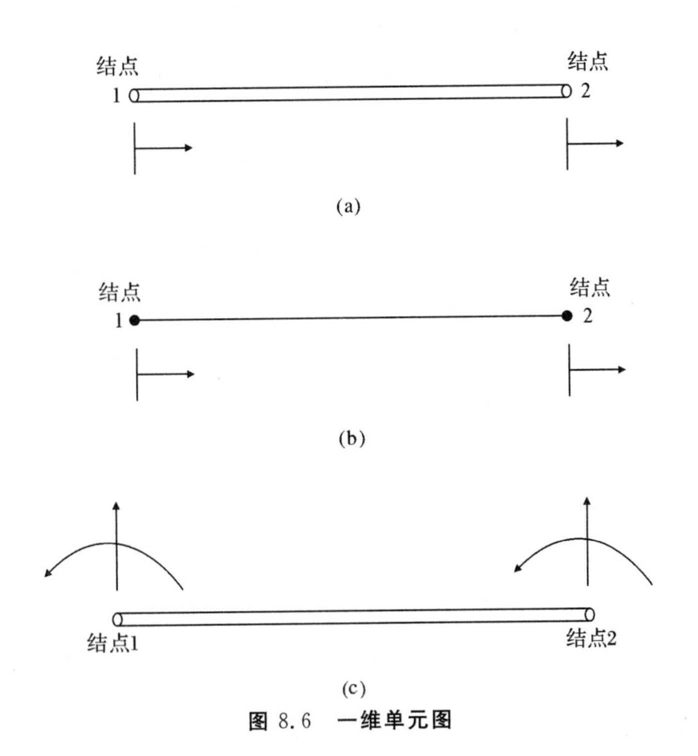

图 8.6　一维单元图

二维问题可以使用图 8.7 所示的二维单元离散。常用的是三角形或四边形单元。虽然一个四边形单元可以分成两个或四个三角形单元,但直接采用四边形单元可以减少结点数目并提高计算精度。与一维单元类似,形状相同的平面单元,有的只有面内自由度(膜单元),有的还有法向自由度(如板的弯曲单元),因此是不同类型的单元。

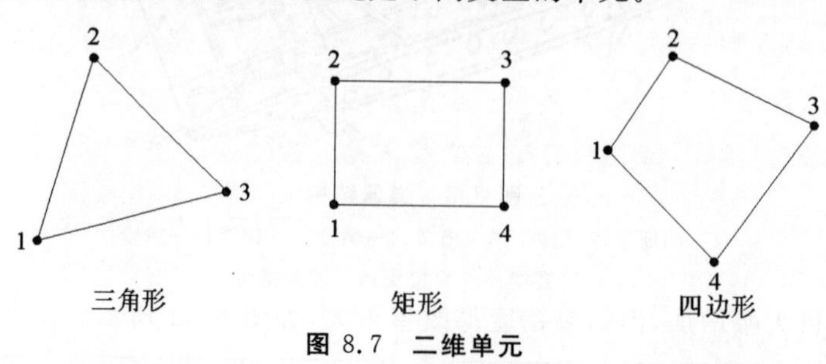

图 8.7 二维单元

三维问题常见的单元如图 8.8 所示。与二维问题中的三角形单元类似,基本的三维单元是四面体单元。而二维问题的四边形单元,在三维问题中对应于六面体单元。

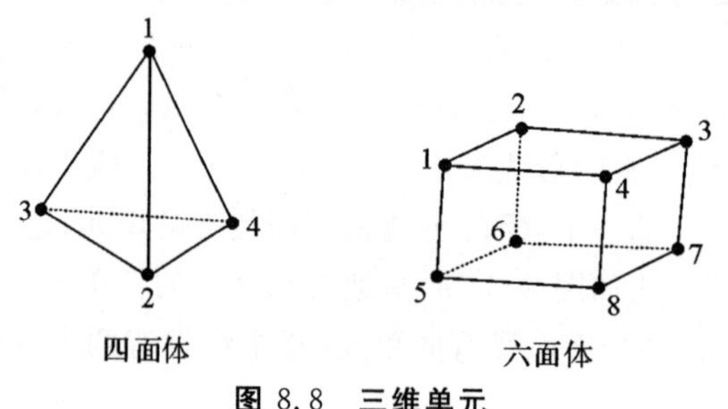

图 8.8 三维单元

上述单元只有端部结点和角结点,通常逼近阶数精度较低,是低阶单元。为提高单元精度,可以在单元内部增加结点,以提高单元位移函数的阶数,如图 8.9(a)所示。此外,对于外形包含曲面或曲线的结构,采用图 8.9(b)所示的具有曲面或曲边的单元来离散,可以获得较好的精度。这类包含内部结点的单元,在有限元法中称为高次单元,其构造将在后面详细介绍。

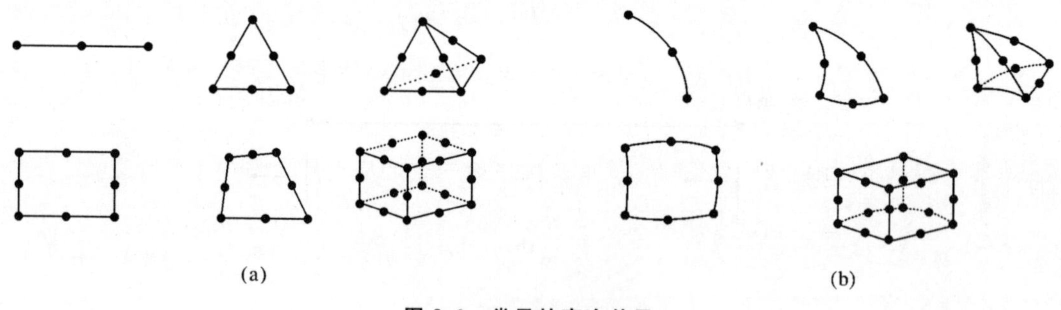

图 8.9 常见的高次单元

(a)直边单元;(b)曲边单元

8.2.4 单元大小

在有限元分析中,单元的大小直接影响数值解的收敛性,因此必须谨慎选择。一般而言,单元尺寸越小，结果将会越精确，但是计算量也会更大。为取得计算量和分析精度的平衡，通常是在同一结构的不同部位使用不同大小的单元。例如，在图 8.10 (a)所示的带孔板应力分析中，考虑到孔周围会有应力集中，即应力在这里变化比较大，因此在这里需要将单元划得比较密集，而在远离孔边的地方应力变化趋于平缓，单元就可以划得稀疏一些，如图 8.10 (b)所示。这个思想是容易理解的，函数逼近理论告诉我们，在函数变化剧烈的地方需要布置较多的插值点，才能使整个定义域上的误差在同一水平。但是，单元尺寸的合理控制，需要用户能准确把握结构承载和内力规律，并且具有丰富的有限元分析经验。还需指出，单元尺寸和单元数目对有限元分析结果的影响，在单元划分合理的情况下是一致的。单元尺寸越小意味着单元数目越多，结果也就越精确。但是片面追求局部的单元细化，而忽略总体单元尺寸分布的协调，会造成单元数目大幅增加，但结果精度却改善不大，如图 8.11 所示。

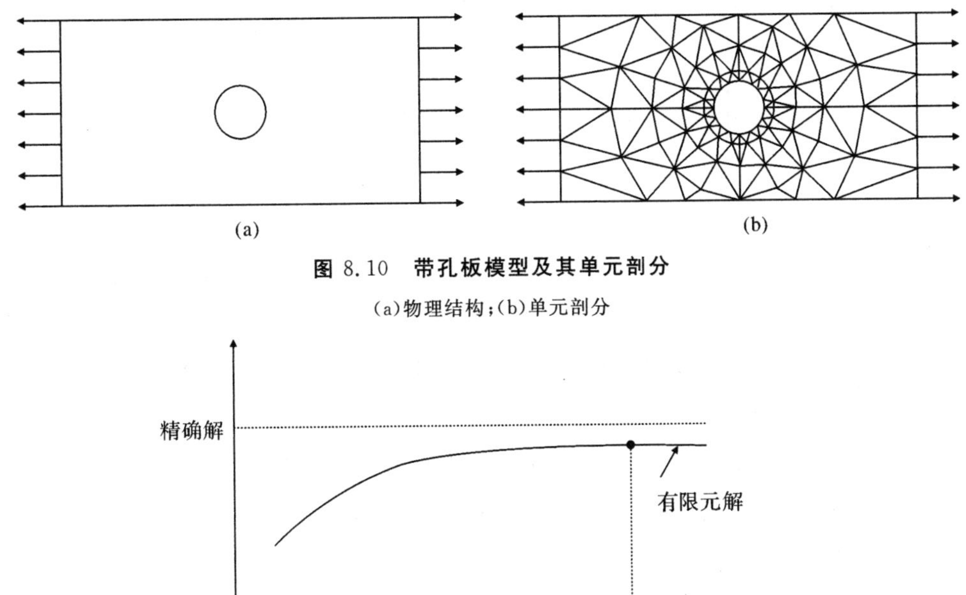

图 8.10　**带孔板模型及其单元剖分**

(a)物理结构；(b)单元剖分

图 8.11　**有限元分析精度和单元数目的关系**

影响有限元求解精度的另一个与单元尺寸有关的因素是单元的形状因子。形状因子用来表征单元形状是否规则。对于平面单元，形状因子取元素的最大尺寸与最小尺寸之比。好的单元剖分，应使形状因子接近 1；形状因子太大的单元是畸形单元，会造成刚度矩阵病态，因此应尽量避免。

8.2.5　结点编号的影响

如第 7 章所述，有限元法的刚度矩阵是带状的稀疏矩阵，这样可以大幅降低有限元分析的计算量和存储量，这是有限元法在工程问题分析中得以广泛应用的重要原因。

有限元刚度矩阵的带宽，取决于结点编号方案和每个结点的自由度数。使矩阵带宽最小化，则存储需求和求解时间也可以最小化。一般而言，有限元模型中每个结点的自由度是固定的，因此可以通过优化结点编号方案使带宽最小化。例如，图 8.12 所示的具有 20 层高的三跨平面刚架结构，共有 84 个结点。假设每个结点有 3 个自由度，则结构总体平衡方程中有 252 个未知数(结点自由度)。如果不考虑稀疏性，将整个刚度矩阵存储在计算机中，需要 $252^2 = 63\ 504$ 个非零元素。

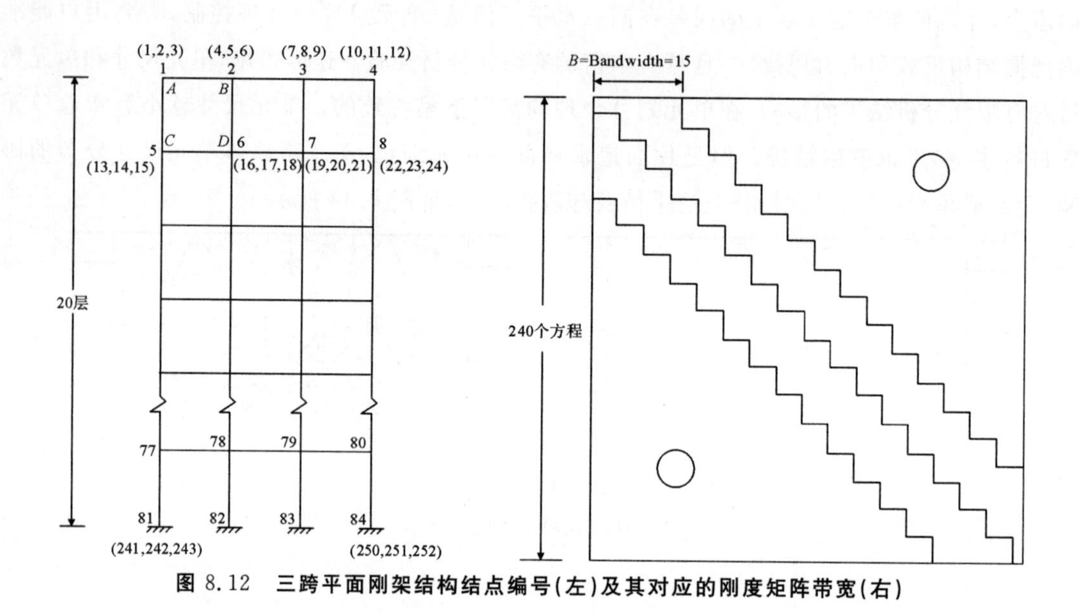

图 8.12　三跨平面刚架结构结点编号(左)及其对应的刚度矩阵带宽(右)

考虑稀疏性后结果如何呢？下面先根据第 7 章关于刚度矩阵非零元素位置的判断方法，分析该问题的矩阵带宽。矩阵带宽，是矩阵中偏离主对角线元素最远的非零元素与主对角线的距离。刚度矩阵的一行或一列中，两个元素的距离是由它们对应结点的编号决定的。因此，刚度矩阵带宽 B 可按下式计算：

$$B = (D + 1)f \tag{8.1}$$

式中：D 为所有单元中结点标号差异的最大值，图 8.12 中一个单元上结点编号差值最大为 4，即 $D=4$。f 为每个结点自由度数目。由式(8.1)可知，该模型整体刚度矩阵的带宽(严格地说，半带宽)为 15，因此上半带所需存储空间仅为 $15 \times 252 = 3\ 780$ 个元素。

式(8.1)表明，为了使带宽最小，必须使 D 最小。因此，为了获得更短的带宽，需要使每个单元上的结点编号差异尽量小，即要在结构的最短尺度上对结点进行编号。从图 8.13 中可以清楚地看出，沿着较短尺度的结点编号产生的带宽为 $B = 15\ (D = 4)$，而沿着较长尺度的结点编号产生的带宽为 $B = 66\ (D = 21)$。实际上，有限元结点编号是一个复杂的优化问题。对于简单的结构模型，很容易标记结点以最小化带宽。但是对于大型复杂结构，仅结点编号优化的计算耗时就十分可观，甚至是难以实现的。

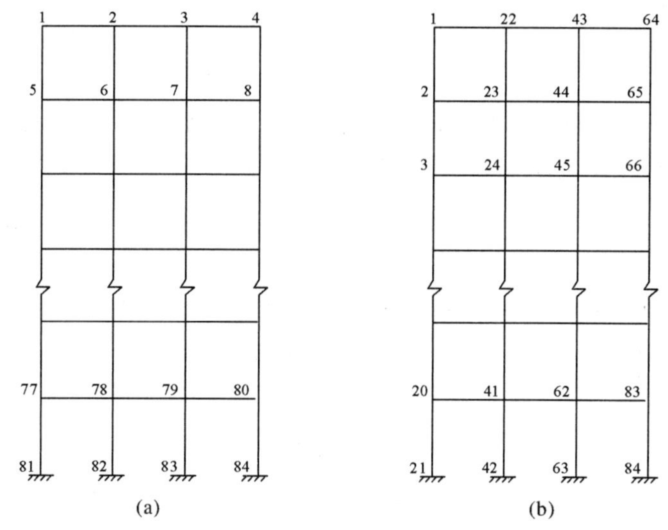

图 8.13　平面刚架两种不同的结点编号方案

(a)沿较短尺度的结点编号;(b)沿较大尺度的结点编号

8.3　单元位移函数和收敛准则

有限元法的基本思想是分段逼近。采用有限元法求解偏微分方程边值问题时,首先将求解区域分割成若干个小区域,即单元,这些单元在指定的结点上相互连接。然后,在每个单元上用一个简单函数逼近问题的解,连接起来就是原问题的近似解。解在结点上的值,称为结点自由度,是待求量。随着单元增多,近似解的精度将不断提高。这种化整为零、化复杂为简单的做法,就像搭积木一样,使有限元法不仅能适应复杂工程问题,而且执行过程程式化,便于工程应用。因此,单元上位移函数近似式的构造是一个核心问题。

8.3.1　单元位移函数

在有限元法中,单元位移的近似式称为位移模式,或单元位移函数。单元位移函数通常采用多项式插值的形式,这是因为多项式简便,并且随着项数的增加,可以逼近任何光滑函数。单元位移函数中的变量数目取决于物理问题的几何维度。前面介绍的平面问题,位移函数是二元多项式,因为位移本身是 x 和 y 的二元函数。同理,一维问题的位移函数应是一元多项式,三维问题应选三元多项式。

常规有限元法的位移函数均为低阶多项式,具体项数由独立位移数目以及单元结点个数确定。前面 3 结点三角形单元的推导过程已经表明,单元位移函数最终要通过结点自由度表达,因此单元位移多项式的待定系数(广义坐标)个数之和,应与单元结点自由度的总和相等。比如,3 结点三角形单元有 3 个结点,每个结点有 2 个自由度,一个单元总共有 6 个自由度,可以确定 6 个待定系数,因此单元位移 u 和 v 的表达式就各包含三个待定系数,即

$$\left.\begin{aligned}u(x,y) &= \alpha_1 + \alpha_2 x + \alpha_3 y \\ v(x,y) &= \alpha_4 + \alpha_5 x + \alpha_6 y\end{aligned}\right\} \tag{8.2}$$

详见式(7.12)。按照这个规律可知,图 8.7 中的 4 结点四边形单元,单元总自由度数目为 8,因而单元位移函数应该是包含 4 项的多项式,一般取为

$$\left.\begin{aligned}u(x,y) &= \alpha_1 + \alpha_2 x + \alpha_3 y + \alpha_4 xy \\ v(x,y) &= \alpha_5 + \alpha_6 x + \alpha_7 y + \alpha_8 xy\end{aligned}\right\} \tag{8.3}$$

图 8.8 中展示的 4 结点四面体单元是最简单的三维单元,它有 4 个结点,每个结点有 3 个自由度,因此单元总自由度是 12,单元位移中包含 4 项多项式,即

$$\left.\begin{aligned}u(x,y,z) &= \alpha_1 + \alpha_2 x + \alpha_3 y + \alpha_4 z \\ v(x,y,z) &= \alpha_5 + \alpha_6 x + \alpha_7 y + \alpha_8 z \\ w(x,y,z) &= \alpha_9 + \alpha_{10} x + \alpha_{11} y + \alpha_{12} z\end{aligned}\right\} \tag{8.4}$$

以上各式中 α_i 为待定系数。式(8.3)和式(8.4)对应的形函数将在后面介绍。

当单元位移函数为一阶多项式时,称这类单元为线性单元,简称线性元。平面 3 结点三角形单元和空间 4 结点四面体单元,它们的单元位移[式(8.2)和式(8.4)]都是标准的一阶多项式,因此都是线性元。如果在一维、二维和三维空间中单元的结点数分别为 2、3 和 4,这样的线性元称为单纯形单元(complex)。单元位移函数也可以采用更高阶的多项式。如果是二阶或二阶以上的,则称该单元为高阶单元,或高次元。在高阶单元中,除了主结点(角结点)外,还要引入一些辅助结点(中间结点和/或内部结点),以使结点的自由度与单元位移函数中的广义坐标数量相匹配。

单元位移函数中多项式的选取应遵循由低阶到高阶、优先选取完全多项式的原则,以提高单元的精度。一般来说,对于每边具有两个端结点或角结点的单元,应包含完全的一次项,如图 8.6～图 8.8 中的几种一维、二维和三维单元。而每边有 3 个结点时,则位移函数应包含完全二次多项式,如图 8.9 中的单元所示。若由于受单元总自由度数目限制不能选取完全多项式时,选择的多项式应具有坐标的对称性,并且一个坐标方向的次数不应超过完全多项式的次数,以保证相邻单元交界面(线)上位移的协调性。根据这一原则,单元位移函数的选取可以参照图 8.14 和图 8.15 中的帕斯卡(Pascal)三角形和帕斯卡四面体。其中,越往上、越靠中线的项,越要优先选取。表 8.1 为几种常见单元的位移模式。

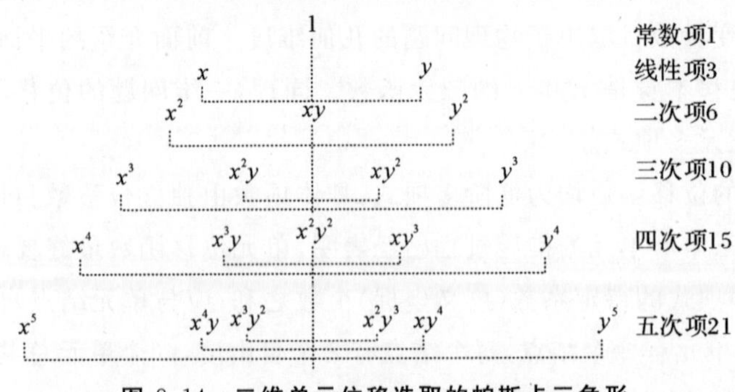

图 8.14　二维单元位移选取的帕斯卡三角形

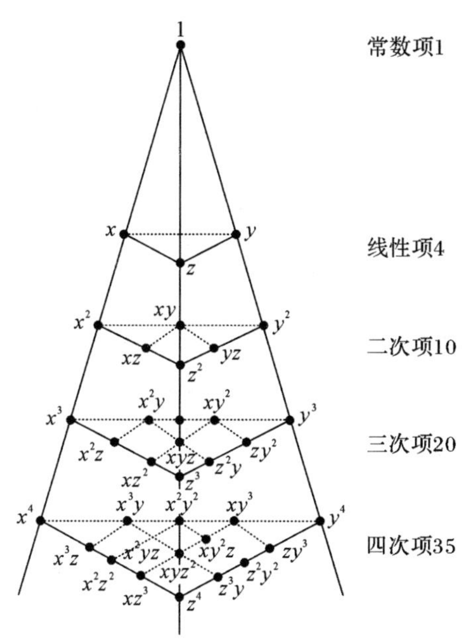

图 8.15　三维单元位移选取的帕斯卡四面体

表 8.1　几种常见单元的位移模式

单元形式	位移模式
3 结点三角形平面单元	$1\ x\ y$
6 结点三角形平面单元	$1\ x\ y\ x^2\ xy\ y^2$
4 结点四边形平面单元	$1\ x\ y\ xy$
8 结点四边形平面单元	$1\ x\ y\ \ x^2\ xy\ y^2\ x^2y\ \ xy^2$
4 结点四面体三维单元	$1\ x\ y\ z$
8 结点六面体三维单元	$1\ x\ y\ z\ xy\ yz\ zx\ xyz$

单元位移函数还必须包含常数项和完备的一次项。位移模式中的常数项和一次项反映了单元刚体位移和常应变的特性。这是因为当划分的单元数趋于无穷,即单元缩小趋于一点时,此时单元应变应趋于常数,3 结点三角形单元的位移模式正好满足这个基本要求。

8.3.2　有限元解的收敛准则

有限元法是一种数值方法,当单元尺寸依次减小时,可以得到一个近似解序列。为使这个序列可以收敛于精确解,位移函数必须满足一些收敛准则。关于这些准则的严密论证涉及复杂而高深的数学理论,相关文献很多,感兴趣的读者可自行查阅。直观理解,就是单元位移函数应保证当单元尺寸趋于零时,每个单元的势能泛函存在,且整个系统的泛函趋于精确值。为此,有限元法的位移函数应满足如下两个要求:

(1)完备性要求。如果出现在(势能)泛函中位移函数的最高阶导数是 m 阶,则为保证有限元解收敛,单元位移试探函数至少是 m 次完全多项式,或者说试探函数中必须包括本身和直至 m 阶导数为常数的项。当单元位移函数满足该条件时,称这样的单元是完备的。

(2)协调性要求。如果出现在势能泛函中的最高阶导数是 m 阶,则位移试探函数在单元交界面上必须具有 C_{m-1} 连续性,即在相邻单元的交界面上函数应有直至 $m-1$ 阶的连续导数。当单元位移函数满足上述要求时,称这样的单元是协调的。单元间的位移协调性,就是要求单元之间既不会出现开裂也不会出现重叠的现象。

概括起来,当单元既完备又协调时,有限元解就是收敛的,即当单元尺寸趋于零时,有限元解趋于精确解。需要补充说明的是,有限元解中通常包含多种误差,如离散误差和数值误差。离散误差是指一个连续的求解域被划分成有限单元时,由单元位移试探函数近似整体域的位移函数所引起的误差。上面所讲的收敛性是指有限元解的离散误差趋于零的情况。数值误差则是包括了计算机的四舍五入和截断误差,是收敛准则无法体现的。

下面以弹性力学平面问题为例,说明收敛准则的物理意义。平面问题总势能泛函中出现的位移 u 和 v 的最高阶导数是一阶,即应变分量 ε_x 、ε_y 和 γ_{xy},因此 $m=1$。根据完备性要求,单元位移应至少是 x 和 y 的完全一次多项式,位移函数显然满足此要求。现考察式(8.2)中六个待定系数的物理意义。首先,由几何方程计算单元应变,有

$$\varepsilon_x = \alpha_2, \quad \varepsilon_y = \alpha_6, \quad \gamma_{xy} = \alpha_3 + \alpha_5 \tag{8.5}$$

因此,系数 α_2 、α_6 和 $\alpha_3+\alpha_5$ 分别代表单元上的 3 个常应变分量。这部分应变与单元位置坐标无关,也与单元大小无关,当单元尺寸无限缩小时仍然保持。当单元应变为零时,有

$$\alpha_2 = \alpha_6 = \alpha_3 + \alpha_5 = 0$$

此时单元只能发生刚体位移,单元位移函数变为

$$\left.\begin{aligned} u(x,y) &= \alpha_1 + \alpha_3 y = \alpha_1 - \frac{\alpha_5 - \alpha_3}{2}y + \frac{\alpha_5 + \alpha_3}{2}y = \alpha_1 - \frac{\alpha_5 - \alpha_3}{2}y \\ v(x,y) &= \alpha_4 + \alpha_5 x = \alpha_4 + \frac{\alpha_5 - \alpha_3}{2}x + \frac{\alpha_5 + \alpha_3}{2}x = \alpha_4 + \frac{\alpha_5 - \alpha_3}{2}x \end{aligned}\right\} \tag{8.6}$$

式(8.6)表明,常数 α_1 和 α_4 分别代表单元在 x 和 y 方向的平动,而 $(\alpha_5-\alpha_3)/2$ 则代表 xOy 面内的转动角度。根据这些系数所代表的物理意义,完备性要求意味着,单元位移函数应能反映单元的任意刚体位移和常应变。协调性要求意味着,单元位移在单元内连续,且在相邻单元之间的位移必须协调。3 结点三角形单元内的连续性要求总是得到满足的,单元交界面上的位移由单元边界上两个结点的位移经线性插值得到,因此是协调的。总结起来,3 结点三角形单元的插值函数既满足完备性要求,也满足协调性要求,因此采用这种单元的有限元解是收敛的。

对于二维、三维弹性力学问题,泛函中出现的导数是一阶的,对位移试探函数的连续性要求仅是 C_0 连续性,即函数自身在单元边界连续,这个要求比较容易满足。但是,当泛函中出现的导数高于一阶(例如后面的梁和板壳问题,泛函中出现的导数是 2 阶的)时,则要求试探函数在单元交界面上具有连续的一阶或高于一阶的导数,即具有 C_1 或更高的连续性,这时构造单元的插值函数就比较困难。好在上述收敛准则只是有限元解收敛的充分条件,而非必要条件。在某些情况下,可以放松对协调性的要求,只要这种单元能通过分片试验,有限元解仍然可以收敛于正确的解答。这种单元称为非协调元,将在第 11 章以及板壳结构的有限元法中加以讨论。

8.3.3 离散误差和收敛率

假设有限元划分中单元尺寸均在 h 附近，比较均匀，则有限元解收敛意味着当单元尺寸 $h \to 0$ 时，有限元解将收敛于问题的精确解。事实上，只要随着单元尺寸的减小，有限元位移试函数能反映弹性体中可能出现的任何位移，那么只要问题的解是唯一的，有限元解就会在 $h \to 0$ 的极限情况下逼近唯一的精确解。特别地，如果精确解为多项式，且有限元位移试函数完全包含这样的多项式情况，那么当单元足够小的时候，有限元解就是精确解了。比如，如果精确解是二次多项式的形式，而位移试函数包含了所有二次函数，此时有限元法可以直接得到精确的解答。

据此，可以估计有限元解的收敛率。设 $\boldsymbol{u}(x,y)$ 为有限元精确解，a 是单元上一点，则 $\boldsymbol{u}(x,y)$ 可以用点 a 上的泰勒展开表示成多项式形式，即

$$\boldsymbol{u} = \boldsymbol{u}_a + \left(\frac{\partial \boldsymbol{u}}{\partial x}\right)_a (x - x_a) + \left(\frac{\partial \boldsymbol{u}}{\partial y}\right)_a (y - y_a) + \cdots \tag{8.7}$$

先考虑一个尺寸为 h 的单元。假设单元位移函数包含最高 p 阶完整多项式，则通过它可以获得精确解的 p 阶多项式逼近，误差为 $O(h^{p+1})$。此时如果应变是位移的 m 阶导数，则应变的收敛率应为 $O(h^{p-m+1})$。以平面问题为例，采用 3 结点三角形单元时，单元位移函数为完全一次多项式，即 $p=1$，因此有限元位移解的收敛率为 $O(h^2)$；同时由于应变是位移的一阶导数，$m=1$，因此应变收敛率为 $O(h)$。这意味中，当单元尺寸减半时，位移误差变为原来的 1/4，而应变误差变为原来的一半。因此，位移有限元法中，位移解的精度比应变和应力高，在实际有限元建模分析中，为了获得较好的应力和应变解，往往要提高单元阶次或细分单元。

当求解区域边界为曲面时，采用多项式逼近曲面边界会引入几何离散误差。使用线性三角形近似圆形边界的误差为 $O(h^2)$。

8.3.4 有限元解的下限性质

以位移为基本未知量，并基于最小势能原理建立的有限元法称为位移有限元法。通过系统总势能的变分过程，可以分析位移有限元法的近似解与精确解偏离的下限性质。

系统总势能的离散形式为

$$\Pi_p = \frac{1}{2}\boldsymbol{q}^{\mathrm{T}}\boldsymbol{K}\boldsymbol{q} - \boldsymbol{q}^{\mathrm{T}}\boldsymbol{P} \tag{8.8}$$

由变法 $\delta\Pi_p = 0$ 得到有限元总体平衡方程 $\boldsymbol{K}\boldsymbol{q} = \boldsymbol{P}$，将平衡方程带回式(8.8)可得

$$\Pi_p = \frac{1}{2}\boldsymbol{q}^{\mathrm{T}}\boldsymbol{K}\boldsymbol{q} - \boldsymbol{q}^{\mathrm{T}}\boldsymbol{K}\boldsymbol{q} = -\frac{1}{2}\boldsymbol{q}^{\mathrm{T}}\boldsymbol{K}\boldsymbol{q} = -U \tag{8.9}$$

式(8.9)表明，在平衡情况下，系统总势能等于负的应变能，因此总势能取最小值时，应变能应为最大值。

在有限元解中，一般来说由于假定的近似位移模式总是与精确解有差别，因此得到的系统总势能总会比真正的总势能要大。现将有限元解的总势能、应变能、刚度矩阵和结点位移分别用 $\widetilde{\Pi}_p$、$\widetilde{U}$、$\widetilde{\boldsymbol{K}}$ 和 $\widetilde{\boldsymbol{q}}$ 表示，而将精确解对应的量用 Π_p、U、$\boldsymbol{K}$ 和 $\boldsymbol{q}$ 表示。由于 $\widetilde{\Pi}_p \geqslant \Pi_p$，因此

$\widetilde{U} \leqslant U$，即

$$\widetilde{\boldsymbol{q}}^{\mathrm{T}} \widetilde{\boldsymbol{K}} \widetilde{\boldsymbol{q}} \leqslant \boldsymbol{q}^{\mathrm{T}} \boldsymbol{K} \boldsymbol{q} \tag{8.10}$$

又由于对精确解和近似解，分别有 $\widetilde{\boldsymbol{K}}\widetilde{\boldsymbol{q}} = \boldsymbol{P}$ 和 $\boldsymbol{K}\boldsymbol{q} = \boldsymbol{P}$，因此

$$\widetilde{\boldsymbol{q}}^{\mathrm{T}} \boldsymbol{P} \leqslant \boldsymbol{q}^{\mathrm{T}} \boldsymbol{P} \tag{8.11}$$

由式(8.11)可知，近似解的应变能小于精确解应变能的原因是近似解的位移 $\widetilde{\boldsymbol{q}}$ 总体上小于精确解的位移 $\boldsymbol{q}$。因此，位移有限元法得到的位移解总体上(而不是每一点)不大于精确解，即解具有下限性质。

位移解的下限性质可以解释为：单元原是连续体的一部分，具有无限多个自由度。在假定了单元的位移函数后，自由度限制为只有以结点位移表示的有限自由度，即位移函数对单元的变形进行了约束和限制，使单元的刚度较实际连续体加强了，因此连续体的整体刚度随之增加，离散体系的刚度总体偏于刚硬。因此求得的位移近似解总体上将小于精确解。

8.4　结点位移表示的单元位移函数

8.3 节介绍了单元位移多项式的选取规律。但是直接采用式(8.2)、式(8.3)或式(8.4)的单项式线性组合形式时，待定系数的物理意义不明确，给实际应用带来不便。为此，有限元法中要将单元位移函数表示成结点位移的形式。这本质上是对单项式基函数进行了等价变换，变换之后的基函数正好是有限元结点插值形函数，待定系数变成了结点位移。一旦求得了结点位移，对单元内部(以及整个求解域上)的位移将可以方便地计算。

8.4.1　一维问题

一维单纯形单元是 2 结点杆单元，如图 8.16 所示。设单元长度为 l，两个结点的编号为 i 和 j，在总体坐标系下的坐标为 x_i 和 x_j。位移函数 $u(x)$ 的结点值分别为 u_i 和 u_j。

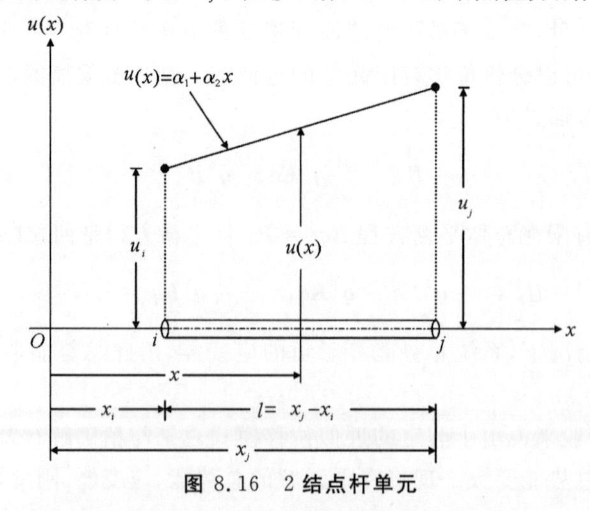

图 8.16　2 结点杆单元

根据单元位移模式的选取原则，2 结点杆单元的位移函数为包含两个待定常数的线性函

数，即

$$u(x) = \alpha_1 + \alpha_2 x \tag{8.12}$$

式中：α_1 和 α_2 是待定系数。由结点上的函数取值条件

$$\left.\begin{aligned} u_i &= \alpha_1 + \alpha_2 x_i \\ u_j &= \alpha_1 + \alpha_2 x_j \end{aligned}\right\} \tag{8.13}$$

可解得

$$\alpha_1 = \frac{u_i x_j - u_j x_i}{l}, \quad \alpha_2 = \frac{u_j - u_i}{l} \tag{8.14}$$

将式(8.14)代入式(8.12)，得到

$$u(x) = \frac{u_i x_j - u_j x_i}{l} + \left(\frac{u_j - u_i}{l}\right)x \tag{8.15}$$

式(8.15)关于 u_i，u_j 合并同类项，可得

$$u(x) = N_i(x)u_i + N_j(x)u_j = \boldsymbol{N}\boldsymbol{q}^e \tag{8.16}$$

式中：$N_i(x)$ 和 $N_j(x)$ 是结点形函数；$\boldsymbol{N}$ 和 $\boldsymbol{q}^e$ 分别为单元形函数矩阵和结点位移向量，表达式为

$$N_i(x) = \frac{x_j - x}{l}, \quad N_j(x) = \frac{x - x_i}{l} \tag{8.17}$$

$$\boldsymbol{N} = [N_i(x) \quad N_j(x)] \tag{8.18}$$

$$\boldsymbol{q}^e = \begin{bmatrix} u_i \\ u_j \end{bmatrix} \tag{8.19}$$

这里是从假设单元位移模式出发，通过用结点位移表示待定系数，获得结点位移形式的单元位移函数。此时，结点位移的系数多项式就是该结点对应的形函数。这样获得的形函数其实是第 7 章介绍的全域形函数在一个单元上的表达式，同样满足插值特性。

【例 8.1】 已知一维单元的结点 i 和 j 的结点位移为 $u_i = 120\ \mu\text{m}$ 和 $u_j = 80\ \mu\text{m}$，坐标为 $x_i = 30$ cm 和 $x_j = 50$ cm。计算以下内容：

(1)结点 i 和 j 的形状函数。

(2)单元内部位移 $u(x)$ 的插值表达式。

(3)单元中在 $x = 45$ cm 处的位移。

解

(1)形状函数 $N_i(x)$ 和 $N_j(x)$ 由式(8.17)给出，即

$$N_i(x) = \frac{x_j - x}{l} = \frac{50 - x}{50 - 30} = 2.5 - 0.05x$$

$$N_j(x) = \frac{x - x_i}{l} = \frac{x - 30}{50 - 30} = 0.05x - 1.5$$

(2)单元内部位移 $u(x)$的插值表达式可以用式(8.16)表示为

$$u(x) = N_i(x)u_i + N_j(x)u_j = (2.5 - 0.05x) \times 120 + (0.05x - 1.5) \times 80\ (\mu\text{m})$$

(3) $x = 45$ cm 处的位移可以根据位移插值表达式确定为

$$u(45) = (2.5 - 0.05 \times 45) \times 120 + (0.05 \times 45 - 1.5) \times 80 = 90(\mu\text{m})$$

【例 8.2】 如图 8.17 所示，一维锥形单元的结点坐标为 $x_i = 20$ mm，$x_j = 60$ mm，横截面积从 x_i 处的 $A_i = 20\ \text{mm}^2$ 到 x_j 处的 $A_j = 10\ \text{mm}^2$ 线性变化。

(1)确定形状函数矩阵；

(2)根据形状函数写出单元横截面积表达式。

解

(1)场变量 $u(x)$ 的线性变化可以用式(8.16)表示为

$$u(x) = \alpha_1 + \alpha_2 x = N_i(x)\boldsymbol{u}_i + N_j(x)u_j = \boldsymbol{N}(x)\boldsymbol{q}^{(e)}$$

形状函数的矩阵 $\boldsymbol{N}(x)$ 由式(8.18)给出，即

$$\boldsymbol{N}(x) = [\boldsymbol{N}_i(x) \quad \boldsymbol{N}_j(x)] \equiv \begin{bmatrix} \dfrac{x_j - x}{x_j - x_i} & \dfrac{x - x_i}{x_j - x_i} \end{bmatrix} =$$

$$\begin{bmatrix} \dfrac{60 - x}{60 - 20} & \dfrac{x - 20}{60 - 20} \end{bmatrix} = \begin{bmatrix} \dfrac{60 - x}{40} & \dfrac{x - 20}{40} \end{bmatrix}$$

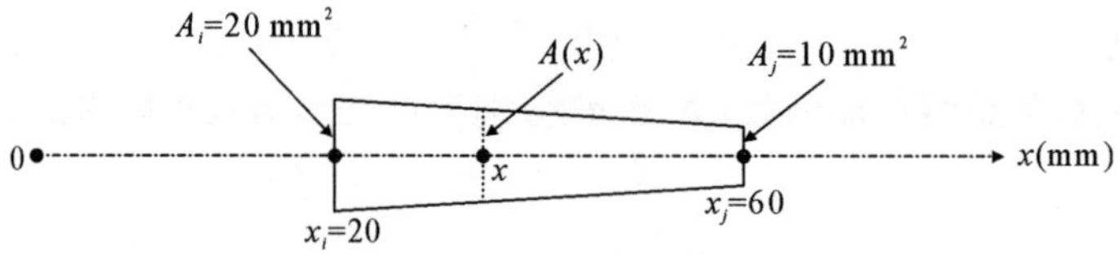

图 8.17 **锥形单元**

(2)由于单元横截面积的线性变化可以用以上的线性形函数表示为

$$A(x) = A_i N_i(x) + A_j N_j(x) \equiv \boldsymbol{N}(x)\boldsymbol{A}^{(e)}$$

式中

$$\boldsymbol{A}^{(e)} = \begin{bmatrix} A_i \\ A_j \end{bmatrix} = \begin{bmatrix} 20 \\ 10 \end{bmatrix} \text{mm}^2$$

8.4.2 二维问题

二维问题中 3 结点三角形单元的单元位移函数写成结点坐标的形式，已经在第 7 章中介绍过了。由于形函数本身是 x 和 y 的线性函数，因此单元位移的导数是恒值，例如：

$$\frac{\partial u(x,y)}{\partial x} = \frac{b_i u_i + b_j u_j + b_k u_k}{2A}$$

由于 u_i，u_j 和 u_k 是 $u(x,y)$ 的结点值(与 x 和 y 无关)，而 b_i，b_j 和 b_k 是常数，一旦指定了结点坐标，它们的值就固定了，因此 $(\partial u/\partial x)$ 将是一个常数。单元内 u 导数的恒定值意味着必须在 u 值会快速变化的位置使用许多小单元。

下面通过例题说明形函数的应用。

【例 8.3】 三角形单元结点的位移由 $u_i = 210\mu\text{m}$，$u_j = 270\mu\text{m}$ 和 $u_k = 250\mu\text{m}$ 给出。如果结点坐标为 $(x_i, y_i) = (50,30)\mu\text{m}$，$(x_j, y_j) = (70,50)\mu\text{m}$，$(x_k, y_k) = (55,60)\mu\text{m}$，试确定：

(1)单元的形状函数；

(2)单元内部点 $(x,y) = (60,40)\ \mu\text{m}$ 的位移。

解

(1)根据已知的结点坐标，可以确定三角形单元的面积以及形状函数中涉及的常数 a_i，b_i，

c_i，…，有

$$A=\frac{1}{2}(x_iy_j+x_jy_k+x_ky_i-x_iy_k-x_jy_i-x_ky_j)$$

$$=\frac{1}{2}(50\times50+70\times60+55\times30-50\times60-70\times30-55\times50)=250\ \mu\text{m}^2$$

$$a_i=x_jy_k-x_ky_j=70\times60-55\times50=1\ 450$$

$$a_j=x_ky_i-x_iy_k=55\times30-50\times60=-1\ 350$$

$$a_k=x_iy_j-x_jy_i=50\times50-70\times30=400$$

$$b_i=y_j-y_k=50-60=-10$$

$$b_j=y_k-y_i=60-30=30$$

$$b_k=y_i-y_j=30-50=-20$$

$$c_i=x_k-x_j=55-70=-15$$

$$c_j=x_i-x_k=50-55=-5$$

$$c_k=x_j-x_i=70-50=20$$

可以确定形状函数表达式为：

$$N_i(x,y)=\frac{1}{2A}(a_i+b_ix+c_iy)=\frac{1}{500}(1\ 450-10x-15y)=2.9-0.02x-0.03y$$

$$N_j(x,y)=\frac{1}{2A}(a_j+b_jx+c_jy)=\frac{1}{500}(-1\ 350+30x-5y)=-2.7+0.06x-0.01y$$

$$N_k(x,y)=\frac{1}{2A}(a_k+b_kx+c_ky)=\frac{1}{500}(400-20x+20y)=0.8-0.04x+0.04y$$

(2)单元中的位移分布可以表示为

$$u(x,y)=N_i(x,y)u_i+N_j(x,y)u_j+N_k(x,y)u_k$$

$$=210(2.9-0.02x-0.03y)+270(-2.7+0.06x-0.01y)+250(0.8-0.04x+0.04y)$$

点 $(x,y)=(60,40)\ \mu\text{m}$ 处的位移可以确定为

$$u(60,40)=210(2.9-1.2-1.2)+270(-2.7+3.6-0.4)+250(0.8-2.4+1.6)=240\mu\text{m}$$

8.4.3　三维问题

三维情况下的单纯形单元是 4 结点四面体单元，结点位于四面体顶点上，如图 8.18 所示。

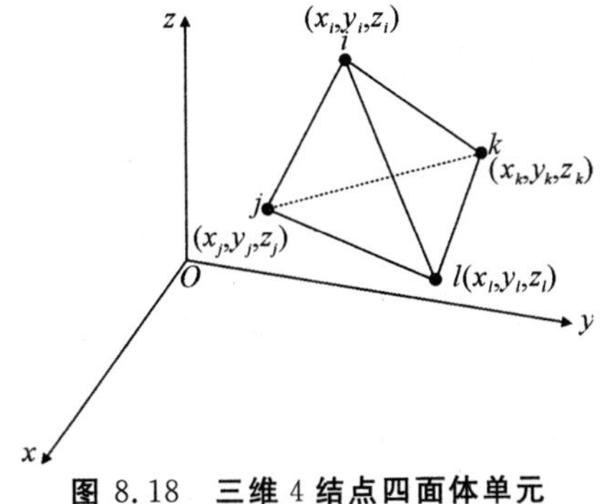

图 8.18　三维 4 结点四面体单元

设结点编号为 i,j,k 和 l,编号顺序为:从 l 结点看去,结点 i,j 和 k 在它们所在的平面上按逆时针顺序编号。设结点坐标为(x_i,y_i,z_i),(x_j,y_j,z_j),(x_k,y_k,z_k) 和(x_l,y_l,z_l),场变量结点值为 u_i,u_j,u_k 和 u_l。假设 $u(x,y,z)$ 的变化是线性的,即

$$u(x,y,z)=\alpha_1+\alpha_2 x+\alpha_3 y+\alpha_4 z \tag{8.20}$$

则由结点取值条件可得

$$\left.\begin{aligned}u_i&=\alpha_1+\alpha_2 x_i+\alpha_3 y_i+\alpha_4 z_i\\u_j&=\alpha_1+\alpha_2 x_j+\alpha_3 y_j+\alpha_4 z_j\\u_k&=\alpha_1+\alpha_2 x_k+\alpha_3 y_k+\alpha_4 z_k\\u_l&=\alpha_1+\alpha_2 x_l+\alpha_3 y_l+\alpha_4 z_l\end{aligned}\right\} \tag{8.21}$$

求解方程式(8.21),可得系数 α_1 、α_2 、α_3 和 α_4 的表示式为

$$\left.\begin{aligned}\alpha_1&=\frac{1}{6V}(a_i u_i+a_j u_j+a_k u_k+a_l u_l)\\\alpha_2&=\frac{1}{6V}(b_i u_i+b_j u_j+b_k u_k+b_l u_l)\\\alpha_3&=\frac{1}{6V}(c_i u_i+c_j u_j+c_k u_k+c_l u_l)\\\alpha_4&=\frac{1}{6V}(d_i u_i+d_j u_j+d_k u_k+d_l u_l)\end{aligned}\right\} \tag{8.22}$$

式中:V 为四面体 $ijkl$ 的体积,有

$$V=\frac{1}{6}\begin{vmatrix}1 & x_i & y_i & z_i\\1 & x_j & y_j & z_j\\1 & x_k & y_k & z_k\\1 & x_l & y_l & z_l\end{vmatrix} \tag{8.23}$$

$$\left.\begin{aligned}a_i&=\begin{vmatrix}x_j & y_j & z_j\\x_k & y_k & z_k\\x_l & y_l & z_l\end{vmatrix},\quad b_i=-\begin{vmatrix}1 & y_j & z_j\\1 & y_k & z_k\\1 & y_l & z_l\end{vmatrix}\\c_i&=-\begin{vmatrix}x_j & 1 & z_j\\x_k & 1 & z_k\\x_l & 1 & z_l\end{vmatrix},\quad d_i=-\begin{vmatrix}x_j & y_j & 1\\x_k & y_k & 1\\x_l & y_l & 1\end{vmatrix}\end{aligned}\right\} \tag{8.24}$$

其他常数通过下标 l , i , j 和 k 的循环置换得到。生成 a_j , b_j , c_j , d_j 和 a_l , b_l , c_l , d_l 时,需将式(8.24)中行列式前面的符号颠倒。

将式(8.22)代入式(8.20),即可得到结点位移表示的单元位移函数为

$$\begin{aligned}u(x,y,z)=&N_i(x,y,z)u_i+N_j(x,y,z)u_j+\\&N_k(x,y,z)u_k+N_l(x,y,z)u_l=\boldsymbol{N}\boldsymbol{q}^e\end{aligned} \tag{8.25}$$

式中

$$\boldsymbol{q}^e=[u_i\quad u_j\quad u_k\quad u_l]^{\mathrm{T}} \tag{8.26}$$

$$\boldsymbol{N}=[N_i(x,y,z)\quad N_j(x,y,z)\quad N_k(x,y,z)\quad N_l(x,y,z)] \tag{8.27}$$

$$\left.\begin{aligned}N_i(x,y,z) &= \frac{1}{6V}(a_i + b_i x + c_i y + d_i z)\\N_j(x,y,z) &= \frac{1}{6V}(a_j + b_j x + c_j y + d_j z)\\N_k(x,y,z) &= \frac{1}{6V}(a_k + b_k x + c_k y + d_k z)\\N_l(x,y,z) &= \frac{1}{6V}(a_l + b_l x + c_l y + d_l z)\end{aligned}\right\}\tag{8.28}$$

【例 8.4】 图 8.19 所示为具有全局结点号 7、8、12 和 17 的四面体单元。确定以下(局部)编号序列中的哪些满足结点编号规律：

8,12,7,17;17,7,8,12;12,7,8,17

解 编号方案 8、12、7、17(还有方案 12、7、8、17)不满足结点编号规律,因为从结点 8(12)方向来看,结点 12、7 和 17(7、8 和 17)对应于顺时针顺序。仅编号方案 17、7、8、12 满足结点编号规律,因为从结点 17 来看,结点 7、8 和 12 对应于逆时针顺序。

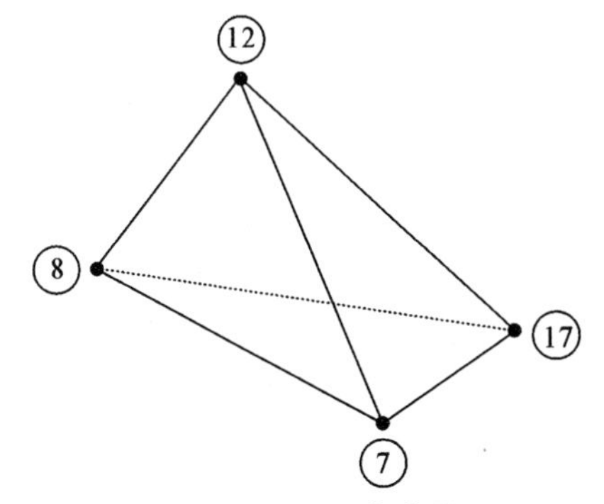

图 8.19　四面体单元

【例 8.5】 四面体单纯形单元的结点坐标和结点位移如下：

结点 i：$(x_i, y_i, z_i) = (0,0,0)$ mm，$u_i = 100\ \mu$m。

结点 j：$(x_j, y_j, z_j) = (20,0,0)$ mm，$u_j = 80\ \mu$m。

结点 k：$(x_k, y_k, z_k) = (0,30,0)$ mm，$u_k = 120\ \mu$m。

结点 l：$(x_l, y_l, z_l) = (0,0,40)$ mm，$u_l = 50\ \mu$m。

使用式(8.20)表达单元中位移的线性变化。

解 四面体单元的体积由式(8.23)给出,即

$$V = \frac{1}{6}\begin{vmatrix}1 & x_i & y_i & z_i\\1 & x_j & y_j & z_j\\1 & x_k & y_k & z_k\\1 & x_l & y_l & z_l\end{vmatrix} = \frac{1}{6}\begin{vmatrix}1 & 0 & 0 & 0\\1 & 20 & 0 & 0\\1 & 0 & 30 & 0\\1 & 0 & 0 & 40\end{vmatrix} = \frac{1}{6}\begin{vmatrix}20 & 0 & 0\\0 & 30 & 0\\0 & 0 & 40\end{vmatrix} = 4\ 000\ \text{mm}^3$$

由式(8.24)定义的常数为

$$a_i = \begin{vmatrix}x_j & y_j & z_j\\x_k & y_k & z_k\\x_l & y_l & z_l\end{vmatrix} = \begin{vmatrix}20 & 0 & 0\\0 & 30 & 0\\0 & 0 & 40\end{vmatrix} = 24\ 000$$

$$a_j = -\begin{vmatrix} x_k & y_k & z_k \\ x_l & y_l & z_l \\ x_i & y_i & z_i \end{vmatrix} = -\begin{vmatrix} 0 & 30 & 0 \\ 0 & 0 & 40 \\ 0 & 0 & 0 \end{vmatrix} = 0$$

$$a_k = \begin{vmatrix} x_l & y_l & z_l \\ x_i & y_i & z_i \\ x_j & y_j & z_j \end{vmatrix} = \begin{vmatrix} 0 & 0 & 40 \\ 0 & 0 & 0 \\ 20 & 0 & 0 \end{vmatrix} = 0$$

$$a_l = -\begin{vmatrix} x_i & y_i & z_i \\ x_j & y_j & z_j \\ x_k & y_k & z_k \end{vmatrix} = -\begin{vmatrix} 0 & 0 & 0 \\ 20 & 0 & 0 \\ 0 & 30 & 0 \end{vmatrix} = 0$$

$$b_i = -\begin{vmatrix} 1 & y_j & z_j \\ 1 & y_k & z_k \\ 1 & y_l & z_l \end{vmatrix} = -\begin{vmatrix} 1 & 0 & 0 \\ 1 & 30 & 0 \\ 1 & 0 & 40 \end{vmatrix} = -1 \times 1\,200 = -1\,200$$

$$b_j = \begin{vmatrix} 1 & y_k & z_k \\ 1 & y_l & z_l \\ 1 & y_i & z_i \end{vmatrix} = \begin{vmatrix} 1 & 30 & 0 \\ 1 & 0 & 40 \\ 1 & 0 & 0 \end{vmatrix} = 1\,200$$

$$b_k = -\begin{vmatrix} 1 & y_l & z_l \\ 1 & y_i & z_i \\ 1 & y_j & z_j \end{vmatrix} = -\begin{vmatrix} 1 & 0 & 40 \\ 1 & 0 & 0 \\ 1 & 0 & 0 \end{vmatrix} = 0$$

$$b_l = \begin{vmatrix} 1 & y_i & z_i \\ 1 & y_j & z_j \\ 1 & y_k & z_k \end{vmatrix} = \begin{vmatrix} 1 & 0 & 0 \\ 1 & 0 & 0 \\ 1 & 30 & 0 \end{vmatrix} = 0$$

$$c_i = -\begin{vmatrix} x_j & 1 & z_j \\ x_k & 1 & z_k \\ x_l & 1 & z_l \end{vmatrix} = -\begin{vmatrix} 20 & 1 & 0 \\ 0 & 1 & 0 \\ 0 & 1 & 40 \end{vmatrix} = -20 \times 40 = -800$$

$$c_j = \begin{vmatrix} x_k & 1 & z_k \\ x_l & 1 & z_l \\ x_i & 1 & z_i \end{vmatrix} = \begin{vmatrix} 0 & 1 & 0 \\ 0 & 1 & 40 \\ 0 & 1 & 0 \end{vmatrix} = 0$$

$$c_k = -\begin{vmatrix} x_l & 1 & z_l \\ x_i & 1 & z_i \\ x_j & 1 & z_j \end{vmatrix} = -\begin{vmatrix} 0 & 1 & 40 \\ 0 & 1 & 0 \\ 20 & 1 & 0 \end{vmatrix} = -40 \times (-20) = 800$$

$$c_l = \begin{vmatrix} x_i & 1 & z_i \\ x_j & 1 & z_j \\ x_k & 1 & z_k \end{vmatrix} = -\begin{vmatrix} 0 & 1 & 0 \\ 20 & 1 & 0 \\ 0 & 1 & 0 \end{vmatrix} = 0$$

$$d_i = -\begin{vmatrix} x_j & y_j & 1 \\ x_k & y_k & 1 \\ x_l & y_l & 1 \end{vmatrix} = -\begin{vmatrix} 20 & 0 & 1 \\ 0 & 30 & 1 \\ 0 & 0 & 1 \end{vmatrix} = -20 \times 30 = -600$$

$$d_j = \begin{vmatrix} x_k & y_k & 1 \\ x_l & y_l & 1 \\ x_i & y_i & 1 \end{vmatrix} = \begin{vmatrix} 0 & 20 & 1 \\ 0 & 0 & 1 \\ 0 & 0 & 1 \end{vmatrix} = 0$$

$$d_k = -\begin{vmatrix} x_l & y_l & 1 \\ x_i & y_i & 1 \\ x_j & y_j & 1 \end{vmatrix} = -\begin{vmatrix} 0 & 0 & 1 \\ 0 & 0 & 1 \\ 20 & 0 & 1 \end{vmatrix} = 0$$

$$d_l = \begin{vmatrix} x_i & y_i & 1 \\ x_j & y_j & 1 \\ x_k & y_k & 1 \end{vmatrix} = \begin{vmatrix} 0 & 0 & 1 \\ 20 & 0 & 1 \\ 0 & 30 & 1 \end{vmatrix} = 600$$

因此，可以用式(8.28)表示单元的形状函数为

$$\boldsymbol{N}(x,y,z) = [N_i(x,y,z) \quad N_j(x,y,z) \quad N_k(x,y,z) \quad N_l(x,y,z)]$$

其中

$$\begin{aligned} N_i(x,y,z) &= \frac{1}{6V}(a_i + b_i x + c_i y + d_i z) \\ &= \frac{1}{6(4\ 000)}(24\ 000 - 1\ 200x - 800y - 600z) \\ &= 1 - 0.05x - 0.033\ 3y - 0.025z \end{aligned}$$

$$N_j(x,y,z) = \frac{1}{6V}(a_j + b_j x + c_j y + d_j z) = \frac{1}{6 \times 4\ 000} \times 1\ 200x = 0.05x$$

$$N_k(x,y,z) = \frac{1}{6V}(a_k + b_k x + c_k y + d_k z) = \frac{1}{6 \times 4\ 000} \times 800y = 0.033\ 3y$$

$$N_l(x,y,z) = \frac{1}{6V}(a_l + b_l x + c_l y + d_l z) = \frac{1}{6 \times 4\ 000} \times 600z = 0.025z$$

因此，单元内部的位移分布的表达式为

$$\begin{aligned} u(x,y,z) &= N_i u_i + N_j u_j + N_k u_k + N_l u_l \\ &= (1 - 0.05x - 0.033\ 3y - 0.025z)100 + (0.05x)80 + \\ &\quad (0.033\ 3y)120 + (0.025z)50 \\ &= 100 - x + 0.666\ 7y - 1.25z\ \mu\text{m} \end{aligned}$$

8.5　单元局部坐标系

在计算单元刚度矩阵和等效结点载荷时，要计算形函数或其导数或两者乘积在单元上的积分。一般情况下，单元在结构总体坐标系中的位置具有任意性，形状也不规则。因此直接在总体坐标系下计算积分的过程麻烦且不利于程式化实现。高等数学知识告诉我们，可以采用坐标变换的思想，选择合适的坐标系，将不规则单元上对总体坐标的积分，变换到另一个规则区域上，以便计算。单元局部坐标系在有限元法中很常用，它是为每个单元单独定义的。如果将形函数写成局部坐标形式，那么单元积分可以很容易地计算出来。

本节介绍一种特殊的局部坐标系，即自然坐标系，并推导几种单纯形单元的插值函数。自

然坐标系允许通过一组大小介于 0 和 1 之间的无量纲数字来表示单元内的任何点。

8.5.1 一维 2 结点杆单元

1. 自然坐标的定义

2 结点杆单元的自然坐标如图 8.20 所示。单元中的任何点 P 都由两个自然坐标 L_1 和 L_2 表示，这两个自然坐标定义为

$$L_1 = \frac{l_1}{l} = \frac{x_2 - x}{x_2 - x_1}, \quad L_2 = \frac{l_2}{l} = \frac{x - x_1}{x_2 - x_1} \tag{8.29}$$

式中：l_1 和 l_2 是图 8.20 所示的位移，l 是杆单元的长度。因为它是一个一维单元，所以 P 点的位置只需要一个独立的坐标来定义。因此两个自然坐标 L_1 和 L_2 不是独立的，它们满足以下等式关系：

$$L_1 + L_2 = \frac{l_1}{l} + \frac{l_2}{l} = 1 \tag{8.30}$$

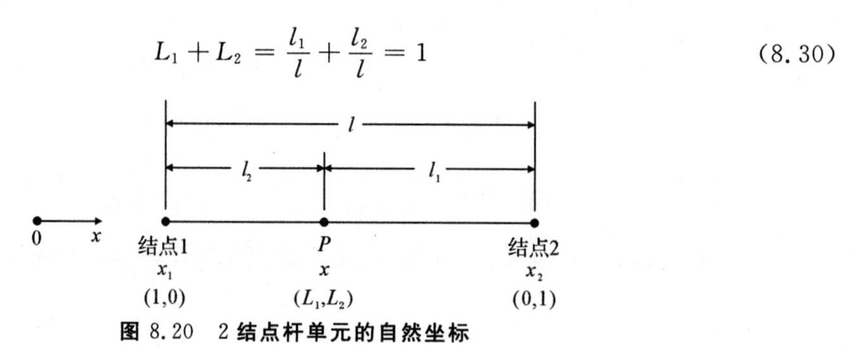

图 8.20　2 结点杆单元的自然坐标

2. 自然坐标和直角坐标的变换

事实上，自然坐标 L_1 和 L_2 也是一维杆单元的形函数，即

$$N_1 = L_1, N_2 = L_2 \tag{8.31}$$

此关系通过比较式(8.29)和式(8.17)就可以看出。同时，由式(8.29)可知，单元内的任意点 x 都可以表示为结点 1 和结点 2 的结点坐标的线性组合，即

$$x = x_1 L_1 + x_2 L_2 \tag{8.32}$$

联立式(8.30)和式(8.32)可以得到任意点 P 的自然坐标和直角坐标之间的关系为

$$\begin{bmatrix} 1 \\ x \end{bmatrix} = \begin{bmatrix} 1 & 1 \\ x_1 & x_2 \end{bmatrix} \begin{bmatrix} L_1 \\ L_2 \end{bmatrix} \tag{8.33}$$

或反过来，有

$$\begin{bmatrix} L_1 \\ L_2 \end{bmatrix} = \frac{1}{(x_2 - x_1)} \begin{bmatrix} x_2 & -1 \\ -x_1 & 1 \end{bmatrix} \begin{bmatrix} 1 \\ x \end{bmatrix} = \frac{1}{l} \begin{bmatrix} x_2 & -1 \\ -x_1 & 1 \end{bmatrix} \begin{bmatrix} 1 \\ x \end{bmatrix} \tag{8.34}$$

3. 自然坐标的微分和积分

计算单元积分过程中，要用到导数的变换。如果 f 是 L_1 和 L_2 的函数，则可以使用链式法

求 f 对 x 微分，即

$$\frac{\mathrm{d}f}{\mathrm{d}x}=\frac{\partial f}{\partial L_1}\frac{\partial L_1}{\partial x}+\frac{\partial f}{\partial L_2}\frac{\partial L_2}{\partial x} \tag{8.35}$$

而由式(8.34)可得：

$$\frac{\partial L_1}{\partial x}=-\frac{1}{x_2-x_1},\quad \frac{\partial L_2}{\partial x}=\frac{1}{x_2-x_1} \tag{8.36}$$

自然坐标多项式的积分可以利用下式解析计算：

$$\int_{x_1}^{x_2}L_1^{\alpha}L_2^{\beta}\mathrm{d}x=\frac{\alpha!\beta!}{(\alpha+\beta+1)!}l \tag{8.37}$$

式中：$\alpha!$ 是 α 的阶乘，$\alpha!=\alpha(\alpha-1)(\alpha-2)\cdots(1)$。

8.5.2　二维 3 结点三角形单元

1. 面积坐标的定义

三角形单元的自然坐标系称为三角形面积坐标系，如图 8.21(a)所示。三角形中任一点 P 与其 3 个角点相连形成 3 个子三角形。设 A_1 是由点 P、2 和 3 形成的三角形的面积，A_2 是由点 P、1 和 3 形成的三角形的面积，A_3 是由点 P、1 和 2 形成的三角形的面积，A 是三角形 123 的面积，则 P 点的位置可以用三个面积坐标 L_1 、L_2 和 L_3 来表示。

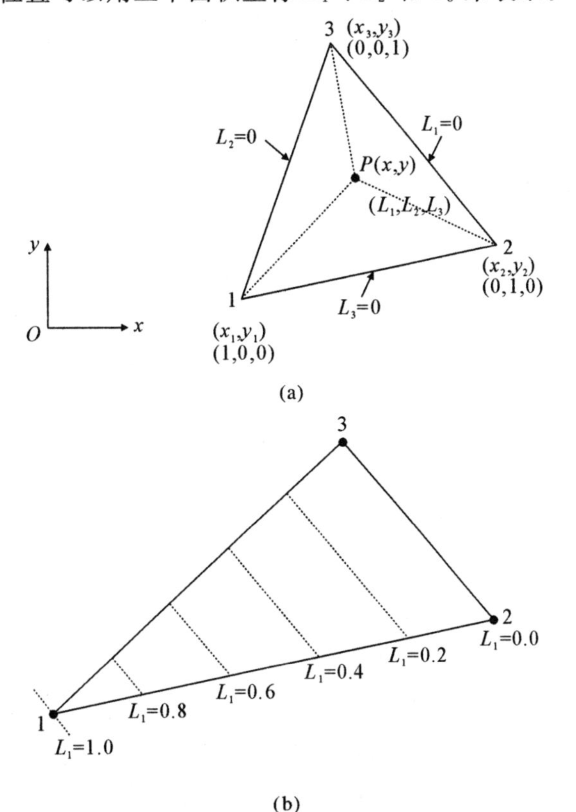

图 8.21　三角形单元的面积坐标

面积坐标定义为

$$L_1 = \frac{A_1}{A}, \quad L_2 = \frac{A_2}{A}, \quad L_3 = \frac{A_3}{A} \tag{8.38}$$

确定平面上的点仅需要两个独立坐标,因此这三个面积坐标中只有两个是独立的。其实,由于

$$A_1 + A_2 + A_3 = A \tag{8.39}$$

故有:

$$L_1 + L_2 + L_3 = \frac{A_1}{A} + \frac{A_2}{A} + \frac{A_3}{A} = 1 \tag{8.40}$$

根据面积坐标的定义式(8.38),三角形内与结点 1 的对边 2-3 平行的直线上诸点的 L_1 坐标是相同的,如图 8.21(b)所示。在结点 1 处,$L_1 = 1$ 、$L_2 = L_3 = 0$,对边 2-3 上诸点 $L_1 = 0$ 。同理可知其余两个角点和边的坐标。由于三角形的面积坐标与该三角形的具体形状及其在总体坐标中的位置无关,因此它是三角形的一种自然坐标。

2. 面积坐标和直角坐标的转换关系

P 点的自然坐标 (L_1, L_2, L_3) 和直角坐标 (x, y) 一一对应。面积坐标和 3 个子三角形的面积有关,即

$$A_1 = \frac{1}{2}\begin{vmatrix} 1 & x & y \\ 1 & x_2 & y_2 \\ 1 & x_3 & y_3 \end{vmatrix} = \frac{1}{2}[(x_2 y_3 - y_2 x_3) + (y_2 - y_3)x + (x_3 - x_2)y]$$

$$A_2 = \frac{1}{2}\begin{vmatrix} 1 & x & y \\ 1 & x_3 & y_3 \\ 1 & x_1 & y_1 \end{vmatrix} = \frac{1}{2}[(x_3 y_1 - y_3 x_1) + (y_3 - y_1)x + (x_1 - x_3)y]$$

$$A_3 = \frac{1}{2}\begin{vmatrix} 1 & x & y \\ 1 & x_1 & y_1 \\ 1 & x_2 & y_2 \end{vmatrix} = \frac{1}{2}[(x_1 y_2 - y_1 x_2) + (y_1 - y_2)x + (x_2 - x_1)y]$$

因此面积坐标用直角坐标表示为

$$\begin{bmatrix} L_1 \\ L_2 \\ L_3 \end{bmatrix} = \frac{1}{2A}\begin{bmatrix} (x_2 y_3 - x_3 y_2) & (y_2 - y_3) & (x_3 - x_2) \\ (x_3 y_1 - x_1 y_3) & (y_3 - y_1) & (x_1 - x_3) \\ (x_1 y_2 - x_2 y_1) & (y_1 - y_2) & (x_2 - x_1) \end{bmatrix}\begin{bmatrix} 1 \\ x \\ y \end{bmatrix} \tag{8.41}$$

对比式(8.41)与式(7.17)可看出,3 结点三角形单元的面积坐标 L_1 、L_2 、L_3 与形函数完全相同,即

$$N_1 = L_1, \quad N_2 = L_2, \quad N_3 = L_3 \tag{8.42}$$

通过式(8.41)可以将直角坐标表示为

$$\left.\begin{aligned} x &= x_1 L_1 + x_2 L_2 + x_3 L_3 \\ y &= y_1 L_1 + y_2 L_2 + y_3 L_3 \end{aligned}\right\} \tag{8.43}$$

由式(8.43)可见,由面积坐标转换成直角坐标的表达式,实际上是由结点坐标插值得到域

内坐标的表达式，其中面积坐标 L_1，L_2 和 L_3 扮演了插值函数的角色。此表达式和由结点位移插值得到域内位移的表达式[式(7.16)]相同。也就是说，单元上的坐标和位移均可以通过相同的插值函数分别由结点坐标和结点位移得到。这正是第 9 章讨论的等参变换的概念，同时也说明 3 结点三角形单元在采用面积坐标以后，也可以归入等参单元类型。

3. 面积坐标的微分和积分

如果 f 是 L_1、L_2 和 L_3 的函数，则 f 关于 x 和 y 的微分可以表示为

$$\left.\begin{aligned}\frac{\partial f}{\partial x}&=\sum_{i=1}^{3}\frac{\partial f}{\partial L_i}\frac{\partial L_i}{\partial x}\\ \frac{\partial f}{\partial y}&=\sum_{i=1}^{3}\frac{\partial f}{\partial L_i}\frac{\partial L_i}{\partial y}\end{aligned}\right\}\tag{8.44}$$

式中

$$\left.\begin{aligned}\frac{\partial L_1}{\partial x}&=\frac{y_2-y_3}{2A}, & \frac{\partial L_1}{\partial y}&=\frac{x_3-x_2}{2A}\\ \frac{\partial L_2}{\partial x}&=\frac{y_3-y_1}{2A}, & \frac{\partial L_2}{\partial y}&=\frac{x_1-x_3}{2A}\\ \frac{\partial L_3}{\partial x}&=\frac{y_1-y_2}{2A}, & \frac{\partial L_3}{\partial y}&=\frac{x_2-x_1}{2A}\end{aligned}\right\}\tag{8.45}$$

一些自然坐标系中多项式的积分可以解析计算，如

$$\int_L L_1^{\alpha}L_2^{\beta}\mathrm{d}L=\frac{\alpha!\beta!}{(\alpha+\beta+1)!}L\tag{8.46}$$

和

$$\iint_A L_1^{\alpha}L_2^{\beta}L_3^{\gamma}\mathrm{d}A=\frac{\alpha!\beta!\gamma!}{(\alpha+\beta+\gamma+2)!}2A\tag{8.47}$$

式(8.46)是沿单元一个边线积分，其中 L 表示该边界的长度。式(8.47)是在单元上的面积积分。

8.5.3　三维 4 结点四面体单元

1. 体积坐标的定义

四面体单元的自然坐标可以类似于三角形单元的自然坐标来定义，如图 8.22 所示。定义一个点 P，需要四个体积坐标 L_1、L_2、L_3 和 L_4。这些自然坐标定义为：

$$L_1=\frac{V_1}{V},\quad L_2=\frac{V_2}{V},\quad L_3=\frac{V_3}{V}\quad L_4=\frac{V_4}{V}\tag{8.48}$$

式中：V_i 是由点 P 和顶点 i 以外的顶点形成的四面体的体积（$i=1,2,3,4$）；V 是四面体单元 1234 的体积。

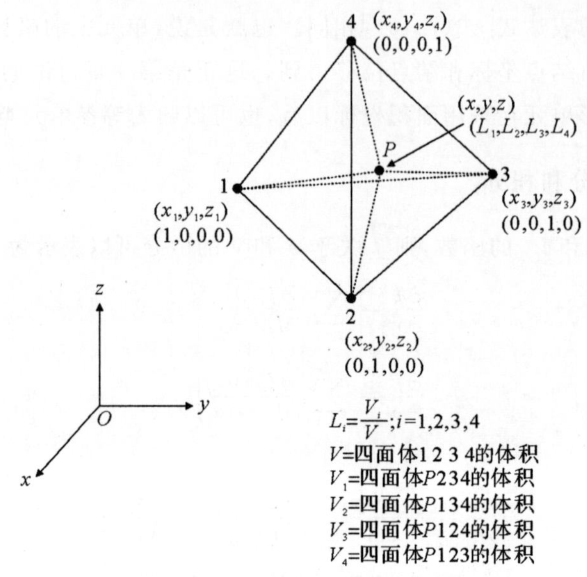

图 8.22 四面体单元的体积坐标

2. 坐标变换

因为这个自然坐标是根据体积定义的,所以也称为体积坐标或四面体坐标。由体积关系

$$V_1 + V_2 + V_3 + V_4 = V \tag{8.49}$$

可知

$$\frac{V_1}{V} + \frac{V_2}{V} + \frac{V_3}{V} + \frac{V_4}{V} = L_1 + L_2 + L_3 + L_4 = 1 \tag{8.50}$$

式(8.50)说明,四个体积坐标并不独立。事实上,确定一个空间点只需要三个独立坐标,因此其中只有三个是独立的。

与二维情况类似,体积坐标 L_1 、L_2 、L_3 和 L_4 也是 4 结点四面体单元的形函数,即

$$N_1 = L_1, \quad N_2 = L_2, \quad N_3 = L_3, \quad N_4 = L_4 \tag{8.51}$$

可以用自然坐标表示直角坐标,即

$$\left.\begin{aligned} x &= L_1 x_1 + L_2 x_2 + L_3 x_3 + L_4 x_4 \\ y &= L_1 y_1 + L_2 y_2 + L_3 y_3 + L_4 y_4 \\ z &= L_1 z_1 + L_2 z_2 + L_3 z_3 + L_4 z_4 \end{aligned}\right\} \tag{8.52}$$

方程式(8.50)和式(8.52)可以表示为矩阵形式,即

$$\begin{bmatrix} 1 \\ x \\ y \\ z \end{bmatrix} = \begin{bmatrix} 1 & 1 & 1 & 1 \\ x_1 & x_2 & x_3 & x_4 \\ y_1 & y_2 & y_3 & y_4 \\ z_1 & z_2 & z_3 & z_4 \end{bmatrix} \begin{bmatrix} L_1 \\ L_2 \\ L_3 \\ L_4 \end{bmatrix} \tag{8.53}$$

式(8.53)的逆向关系可以表示为

$$\begin{bmatrix} L_1 \\ L_2 \\ L_3 \\ L_4 \end{bmatrix} = \frac{1}{6V} \begin{bmatrix} a_1 & b_1 & c_1 & d_1 \\ a_2 & b_2 & c_2 & d_2 \\ a_3 & b_3 & c_3 & d_3 \\ a_4 & b_4 & c_4 & d_4 \end{bmatrix} \begin{bmatrix} 1 \\ x \\ y \\ z \end{bmatrix} \tag{8.54}$$

式中，各参数的表达式为

$$V = \frac{1}{6} \begin{vmatrix} 1 & x_1 & y_1 & z_1 \\ 1 & x_2 & y_2 & z_2 \\ 1 & x_3 & y_3 & z_3 \\ 1 & x_4 & y_4 & z_4 \end{vmatrix} \tag{8.55}$$

$$a_1 = \begin{vmatrix} x_2 & y_2 & z_2 \\ x_3 & y_3 & z_3 \\ x_4 & y_4 & z_4 \end{vmatrix}, b_1 = -\begin{vmatrix} 1 & y_2 & z_2 \\ 1 & y_3 & z_3 \\ 1 & y_4 & z_4 \end{vmatrix}, c_1 = -\begin{vmatrix} x_2 & 1 & z_2 \\ x_3 & 1 & z_3 \\ x_4 & 1 & z_4 \end{vmatrix}, d_1 = -\begin{vmatrix} x_2 & y_2 & 1 \\ x_3 & y_3 & 1 \\ x_4 & y_4 & 1 \end{vmatrix} \tag{8.56}$$

其他常数通过下标 1,2,3 和 4 的循环置换得到。这些常数是行列式(8.55)的代数余子式，因此有必要给它们适当的符号。如果四面体单元是在直角坐标系中定义的，如图 8.22 所示，那么上面常数的表达式(8.56)当且仅当从结点 4 看时，结点 1,2 和 3 按逆时针方向编号时才有效。

【例 8.6】 证明：自然坐标 L_i 与式(8.28)给出的形函数 N_i 相同。

解　利用式(8.47)中给出的 L_i 的定义，有

$$L_i = \frac{V_i}{V} \tag{E.1}$$

式中体积 V_i 可以表示为(见图 8.23)

$$V_i = \frac{1}{6} \begin{vmatrix} 1 & x & y & z \\ 1 & x_j & y_j & z_j \\ 1 & x_k & y_k & z_k \\ 1 & x_l & y_l & z_l \end{vmatrix}$$

$$= \frac{1}{6}\left\{ 1\begin{vmatrix} x_j & y_j & z_j \\ x_k & y_k & z_k \\ x_l & y_l & z_l \end{vmatrix} - x\begin{vmatrix} 1 & y_j & z_j \\ 1 & y_k & z_k \\ 1 & y_l & z_l \end{vmatrix} + y\begin{vmatrix} 1 & x_j & z_j \\ 1 & x_k & z_k \\ 1 & x_l & z_l \end{vmatrix} - z\begin{vmatrix} 1 & x_j & y_j \\ 1 & x_k & y_k \\ 1 & x_l & y_l \end{vmatrix} \right\} \tag{E.2}$$

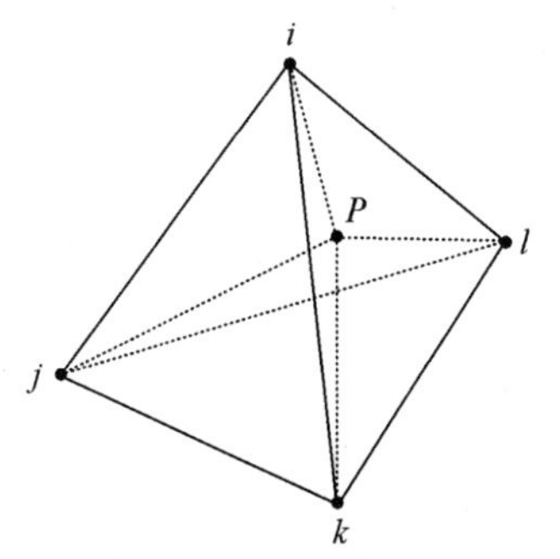

图 8.23　四面体单元

利用式(8.23)和式(8.24),式(E.2)可以写为

$$V_i = \frac{1}{6}(a_i + b_i x + c_i y + d_i z) \tag{E.3}$$

因此,L_i 可由式(E.1)定义为

$$L_i = \frac{1}{6V}(a_i + b_i x + c_i y + d_i z) \tag{E.4}$$

可以看到,这与式(8.28) 中 N_i 的表达式相同。

3. 体积坐标的微分和积分

如果 f 是自然坐标的函数,则它关于直角坐标的导数为

$$\left.\begin{aligned} \frac{\partial f}{\partial x} &= \sum_{i=1}^{4} \frac{\partial f}{\partial L_i}\frac{\partial L_i}{\partial x} \\ \frac{\partial f}{\partial y} &= \sum_{i=1}^{4} \frac{\partial f}{\partial L_i}\frac{\partial L_i}{\partial y} \\ \frac{\partial f}{\partial z} &= \sum_{i=1}^{4} \frac{\partial f}{\partial L_i}\frac{\partial L_i}{\partial z} \end{aligned}\right\} \tag{8.57}$$

式中,

$$\frac{\partial L_i}{\partial x} = \frac{b_i}{6V},\quad \frac{\partial L_i}{\partial y} = \frac{c_i}{6V},\quad \frac{\partial L_i}{\partial z} = \frac{d_i}{6V} \tag{8.58}$$

自然坐标多项式项的积分可以解析计算,即

$$\iiint_V L_1^\alpha L_2^\beta L_3^\gamma L_4^\delta \mathrm{d}V = \frac{\alpha!\beta!\gamma!\delta!}{(\alpha+\beta+\gamma+\delta+3)!}6V \tag{8.59}$$

8.6 高次一维单元

如前所述,如果插值多项式为二阶或二阶以上,则该单元称为高阶单元。在高阶单元中,除主要(角)结点外,还引入了一些次要(中间和/或内部)结点,以使结点自由度的数量与广义坐标的数量相匹配。

8.6.1 二次单元

一维单元的二次位移模式为

$$u(x) = \alpha_1 + \alpha_2 x + \alpha_3 x^2 \tag{8.60}$$

式(8.60)中存在三个常数 α_1、α_2 和 α_3。假设该单元具有 3 个自由度,单元末端各一个、中点一个,如图 8.24(b)所示。根据结点位移条件

$$\left.\begin{aligned} u(x) &= u_i,\quad x = 0 \\ u(x) &= u_j,\quad x = \frac{l}{2} \\ u(x) &= u_k,\quad x = l \end{aligned}\right\} \tag{8.61}$$

可以将常数 α_1、α_2 和 α_3 用结点位移表示为

$$\left.\begin{aligned}\alpha_1 &= u_i \\ \alpha_2 &= (4u_j - 3u_i - u_k)/l \\ \alpha_3 &= 2(u_i - 2u_j + u_k)/l^2\end{aligned}\right\} \tag{8.62}$$

将式(8.62)代入式(8.60)可得

$$u(x) = \boldsymbol{N}(x)\boldsymbol{q}^e \tag{8.63}$$

式中

$$\left.\begin{aligned}\boldsymbol{N}(x) &= [N_i(x) \quad N_j(x) \quad N_k(x)] \\ N_i(x) &= \left(1 - 2\frac{x}{l}\right)\left(1 - \frac{x}{l}\right) \\ N_j(x) &= 4\frac{x}{l}\left(1 - \frac{x}{l}\right) \\ N_k(x) &= -\frac{x}{l}\left(1 - 2\frac{x}{l}\right)\end{aligned}\right\} \tag{8.64}$$

$$\boldsymbol{q}^e = \begin{bmatrix}\boldsymbol{u}_i \\ \boldsymbol{u}_j \\ \boldsymbol{u}_k\end{bmatrix} \tag{8.65}$$

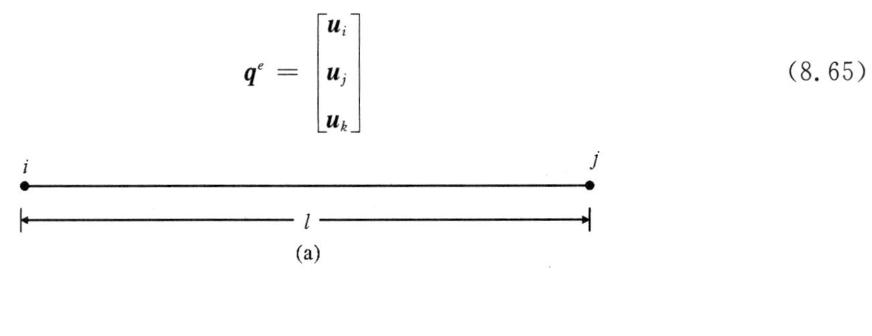

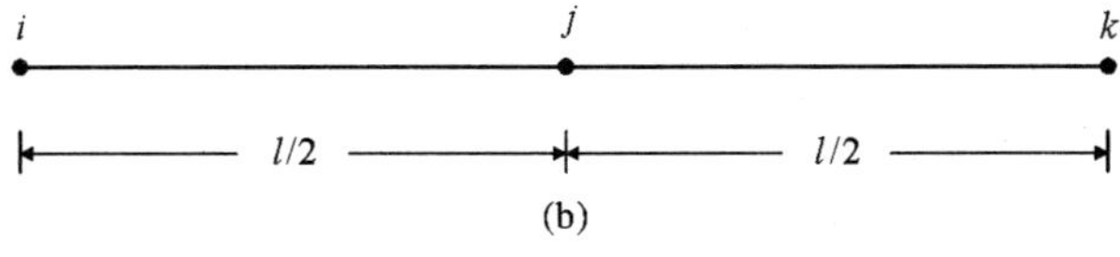

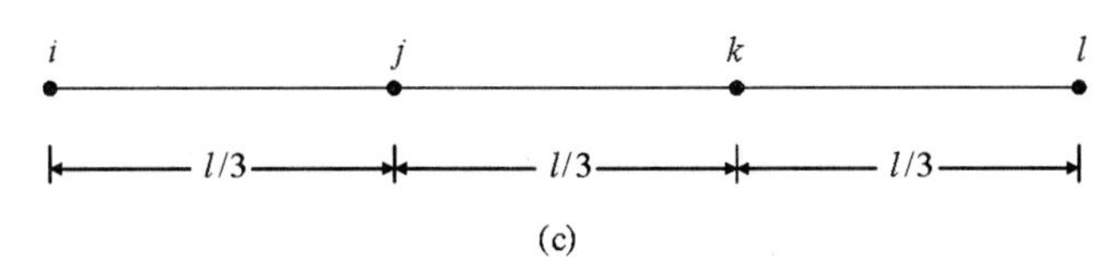

图 8.24　一维单元的结点

(a)线性单元;(b)二次单元;(c)三次单元

8.6.2　三次单元

三次单元的位移模式为

$$u(x) = \alpha_1 + \alpha_2 x + \alpha_3 x^2 + \alpha_4 x^3 \tag{8.66}$$

由于存在四个未知系数 α_1、α_2、α_3 和 α_4，该单元应具有四个自由度，图 8.24(c)所示的四个结点中的每个结点都有一个。

单元位移关系为

$$\left.\begin{aligned} u(x) &= u_i, \quad x = 0 \\ u(x) &= u_j, \quad x = \frac{l}{3} \\ u(x) &= u_k, \quad x = \frac{2l}{3} \\ u(x) &= u_l, \quad x = l \end{aligned}\right\} \tag{8.67}$$

由式(8.67)可将系数 α_1、α_2、α_3 和 α_4 用结点位移表示，再将其代入式(8.66)中，可以得到

$$u(x) = \boldsymbol{N}(x)\boldsymbol{q}^e \tag{8.68}$$

式中，

$$\left.\begin{aligned} \boldsymbol{N}(x) &= [N_i(x) \quad N_j(x) \quad N_k(x) \quad N_l(x)] \\ N_i(x) &= \left(1-\frac{3x}{l}\right)\left(1-\frac{3x}{2l}\right)\left(1-\frac{x}{l}\right) \\ N_j(x) &= 9\,\frac{x}{l}\left(1-\frac{3x}{2l}\right)\left(1-\frac{x}{l}\right) \\ N_k(x) &= -\frac{9}{2}\,\frac{x}{l}\left(1-\frac{3x}{l}\right)\left(1-\frac{x}{l}\right) \\ N_l(x) &= \frac{x}{l}\left(1-\frac{3x}{l}\right)\left(1-\frac{3x}{2l}\right) \end{aligned}\right\} \tag{8.69}$$

$$\boldsymbol{q}^e = \begin{bmatrix} u_i \\ u_j \\ u_k \\ u_l \end{bmatrix} \tag{8.70}$$

可以观察到，随着单元差值多项式阶数的增加，确定系数 α_i 和差值函数 $N_i(x)$ 的过程变得越来越烦琐。8.7 节将可以看到，采用自然坐标或经典插值多项式，可以更加方便地构造结点插值函数 $N_i(x)$。

8.7 自然坐标系中的高次单元

8.7.1 一维单元

1. 二次单元

一维单元的自然坐标 L_1 和 L_2 如图 8.25 所示。如果将三个结点 x_1、$(x_1+x_2)/2$ 和 x_2 处的 u 值视为结点未知量，则 $u(x)$ 的二次模型可以表示为

$$u(x) = \boldsymbol{N}\boldsymbol{q}^e = [N_1 \quad N_2 \quad N_3]\boldsymbol{q}^e \tag{8.71}$$

$$\boldsymbol{q}^e = \begin{bmatrix} u_1 \\ u_2 \\ u_3 \end{bmatrix} = \begin{bmatrix} u(x_1) \\ u(x_2) \\ u(x_3) \end{bmatrix} = \begin{bmatrix} u(L_1 = 1, L_2 = 0) \\ u\left(L_1 = \dfrac{1}{2}, L_2 = \dfrac{1}{2}\right) \\ u(L_1 = 0, L_2 = 1) \end{bmatrix} \tag{8.72}$$

二次结点插值函数 N_i 可以表示为

$$N_i = \alpha_1^{(i)} L_1 + \alpha_2^{(i)} L_2 + \alpha_3^{(i)} L_1 L_2, \quad i = 1,2,3 \tag{8.73}$$

式中：$\alpha_1^{(i)}$，$\alpha_2^{(i)}$ 和 $\alpha_3^{(i)}$ 是待定常数，其中的上标 (i) 表示第 i 插值函数 N_i。N_1 满足以下三个条件，即

$$N_1 = \begin{cases} 1 & \text{节点 1 处}(L_1 = 1, L_2 = 0) \\ 0 & \text{节点 2 处}\left(L_1 = \dfrac{1}{2}, L_2 = \dfrac{1}{2}\right) \\ 0 & \text{节点 3 处}(L_1 = 0, L_2 = 1) \end{cases}$$

由此得到常数 $\alpha_1^{(1)}$，$\alpha_2^{(1)}$ 和 $\alpha_3^{(1)}$ 的值为

$$\alpha_1^{(1)} = 1, \alpha_2^{(1)} = 0, \alpha_3^{(1)} = -2$$

方程式(8.73)变为

$$N_1 = L_1 - 2L_1 L_2$$

代入条件 $L_1 + L_2 = 1$，得到

$$N_1 = L_1(2L_1 - 1) \tag{8.74}$$

同理，其他两个结点的形函数可以写为

$$N_2 = 4L_1 L_2 \tag{8.75}$$

$$N_3 = L_2(2L_2 - 1) \tag{8.76}$$

式(8.74)～式(8.76)中的三个结点插值函数 N_i 如图 8.25 所示。

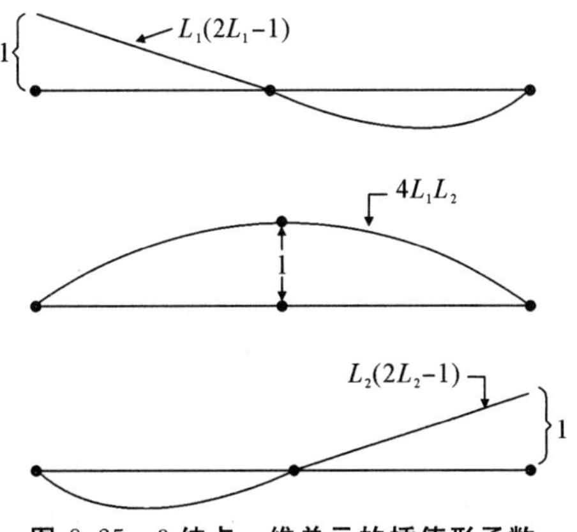

图 8.25　3 结点一维单元的插值形函数

2. 三次单元

三次单元有四个结点自由度，在图 8.24(c)所示的每个结点处一个。三次插值模式为

$$u(x) = \boldsymbol{N}\boldsymbol{q}^e = [N_1 \quad N_2 \quad N_3 \quad N_4]\boldsymbol{q}^e \tag{8.77}$$

其中

$$\boldsymbol{q}^e = \begin{bmatrix} u_1 \\ u_2 \\ u_3 \\ u_4 \end{bmatrix} = \begin{bmatrix} u(x_1) \\ u(x_2) \\ u(x_3) \\ u(x_4) \end{bmatrix} = \begin{bmatrix} u(L_1 = 1, L_2 = 0) \\ u\left(L_1 = \dfrac{2}{3}, L_2 = \dfrac{1}{3}\right) \\ u\left(L_1 = \dfrac{1}{3}, L_2 = \dfrac{2}{3}\right) \\ u(L_1 = 0, L_2 = 1) \end{bmatrix}$$

式(8.77)中的结点插值形函数 N_i 可以写为以下形式

$$N_i = \alpha_1^{(i)} L_1 + \alpha_2^{(i)} L_2 + \alpha_3^{(i)} L_1 L_2 + \alpha_4^{(i)} L_1^2 L_2 \tag{8.78}$$

通过要求 N_i 在结点 i 处等于1,在其他每个结点处等于0,可得

$$\left.\begin{aligned} N_1 &= L_1\left(1 - \frac{9}{2}L_1 L_2\right) \\ N_2 &= -\frac{9}{2}L_1 L_2(1 - 3L_1) \\ N_3 &= 9L_1 L_2\left(1 - \frac{3}{2}L_1\right) \\ N_4 &= L_2 - \frac{9}{2}L_1 L_2(1 - L_1) \end{aligned}\right\} \tag{8.79}$$

【例 8.7】 承受轴向力的钢筋分为多个二次元,其中一个单元的结点 i,j 和 k 分别位于距原点 15 mm、18 mm 和 21 mm 的位置。如果这三个结点的轴向位移分别为 $u_i = 0.001\,5$ mm 、$u_j = 0.002\,4$mm 和 $u_k = 0.003\,3$mm，试计算：

(1)单元形函数；

(2)单元位移 $u(x)$ 的表达式；

(3)单元的轴向应变 ε_x。

解 单元长度 $l = x_k - x_i = 21 - 15 = 6$ mm。设单元坐标系的原点位于结点 i,则单元坐标 ξ 的取值范围为 $0 \leqslant \xi \leqslant 6$ mm。

(1)单元形函数由式(8.64)可得,即

$$N_i(\xi) = \left(1 - \frac{2\xi}{6}\right)\left(1 - \frac{\xi}{6}\right) = \frac{1}{18}(3 - \xi)(6 - \xi) \tag{E.1}$$

$$N_j(\xi) = \frac{4\xi}{6}\left(1 - \frac{\xi}{6}\right) = \frac{1}{9}\xi(6 - \xi) \tag{E.2}$$

$$N_k(\xi) = -\frac{\xi}{6}\left(1 - \frac{2\xi}{6}\right) = -\frac{\xi}{18}(3 - \xi) \tag{E.3}$$

(2)轴向位移可以根据式(8.63)写出,即

$$\begin{aligned} u(\xi) &= N_i(\xi)u_i + N_j(\xi)u_j + N_k(\xi)u_k \\ &= \frac{1}{18}(3 - \xi)(6 - \xi) \times 0.001\,5 + \frac{1}{9}\xi(6 - \xi) \times 0.002\,4 - \frac{\xi}{18}(3 - \xi) \times 0.003\,3 \\ &= (18 - 9\xi + \xi^2) \times 0.000\,083\,33 + (6\xi - \xi^2) \times 0.000\,266\,67 + (\xi^2 - 3\xi) \times 0.000\,183\,33 \end{aligned}$$

(3)单元轴向应变为

$$\begin{aligned} \varepsilon_x = \frac{\mathrm{d}u}{\mathrm{d}x} &= (-9 + 2x) \times 0.000\,083\,33 + \\ &\quad (6 - 2x) \times 0.000\,266\,67 + (2x - 3) \times 0.000\,183\,33 \end{aligned}$$

以上各式是关于单元局部坐标 ξ 的。局部坐标 ξ 和总体坐标 x 的关系为 $\xi = x-15$，代入以上各式即可得到关于全局坐标的表达式。

【例 8.8】 一维热传导问题的基本未知量是温度 T，若分析中使用一维三次单元的长度为6 cm，四个结点的温度分别为 $T_i=80$、$T_j=90$、$T_k=110$ 和 $T_l=140$℃，确定：

(1)单元温度表达式；

(2)沿单元轴向的温度变化率。

解

(1)此单元长度为 6 cm，因此各结点的形状函数表达式为

$$N_i(x) = \left(1-\frac{3x}{6}\right)\left(1-\frac{3x}{12}\right)\left(1-\frac{x}{6}\right)=\frac{1}{48}(2-x)(4-x)(6-x)$$

$$N_j(x) = 9\,\frac{x}{6}\left(1-\frac{3x}{12}\right)\left(1-\frac{x}{6}\right)=\frac{1}{16}(4-x)(6-x)$$

$$N_k(x) = -\frac{9}{2}\,\frac{x}{6}\left(1-\frac{3x}{6}\right)\left(1-\frac{x}{6}\right)=-\frac{3x}{48}(2-x)(6-x)$$

$$N_l(x) = \frac{x}{6}\left(1-\frac{3x}{6}\right)\left(1-\frac{3x}{12}\right)\left(1-\frac{x}{6}\right)=\frac{1}{48}(2-x)(4-x)$$

单元温度表达式为

$$\begin{aligned}T(x) &= N_i(x)T_i + N_j(x)T_j + N_k(x)T_k + N_l(x)T_l \\ &= \frac{1}{48}(2-x)(4-x)(6-x)\times 80 + \frac{1}{16}(4-x)(6-x)\times 90 - \\ &\quad \frac{3x}{48}(2-x)(6-x)\times 110 + \frac{1}{48}(2-x)(4-x)\times 140 \\ &= \frac{5}{3}(48-44x+12x^2-x^3)+\frac{45}{8}(24x-10x^2+x^3)- \\ &\quad \frac{55}{8}(12x-8x^2+x^3)+\frac{35}{12}(8x-6x^2+x^3)(℃)\end{aligned}$$

(2)单元的温度变化率为

$$\begin{aligned}\frac{\mathrm{d}T}{\mathrm{d}x} &= \frac{5}{3}(-44+24x-3x^2)+\frac{45}{8}(24-20x+3x^2)- \\ &\quad \frac{55}{8}(12-16x+3x^2)+\frac{35}{12}(8-12x+3x^2)(℃/\mathrm{cm})\end{aligned}$$

8.7.2　二维三角形单元

1. 二次元

三角形单元的自然坐标 L_1、L_2 和 L_3 如图 8.21 所示。对于二次插值模型，将三个角结点和三条边中结点[见(图 8.26(a)]的场变量值作为结点未知量，则单元位移 $u(x,y)$ 可表示为

$$u(x,y) = \boldsymbol{N}\boldsymbol{q}^e = [N_1 \quad N_2 \quad N_3 \quad N_4 \quad N_5 \quad N_6]\boldsymbol{q}^e \tag{8.80}$$

式中：N_i 可从一般二次关系得出，即

$$N_i = \alpha_1^{(i)}L_1 + \alpha_2^{(i)}L_2 + \alpha_3^{(i)}L_3 + \alpha_4^{(i)}L_1L_2 + \alpha_5^{(i)}L_2L_3 + \alpha_6^{(i)}L_1L_3 \tag{8.81}$$

$$\left.\begin{aligned} N_i &= L_i(2L_i - 1), \quad i = 1,2,3 \\ N_4 &= 4L_1L_2 \\ N_5 &= 4L_2L_3 \\ N_6 &= 4L_1L_3 \end{aligned}\right\} \tag{8.82}$$

$$\boldsymbol{q}^e = \begin{bmatrix} u_1 \\ u_2 \\ \\ \vdots \\ \\ u_6 \end{bmatrix}^e = \begin{bmatrix} u(x_1, y_1) \\ u(x_2, y_2) \\ \\ \vdots \\ \\ u(x_6, y_6) \end{bmatrix}^e = \begin{bmatrix} u(L_1 = 1, L_2 = L_3 = 0) \\ u(L_2 = 1, L_1 = L_3 = 0) \\ \\ \vdots \\ \\ u\left(L_1 = L_3 = \dfrac{1}{2}, L_2 = 0\right) \end{bmatrix}^e \tag{8.83}$$

方程式(8.82)的结点插值或形状函数如图 8.26(b)所示。

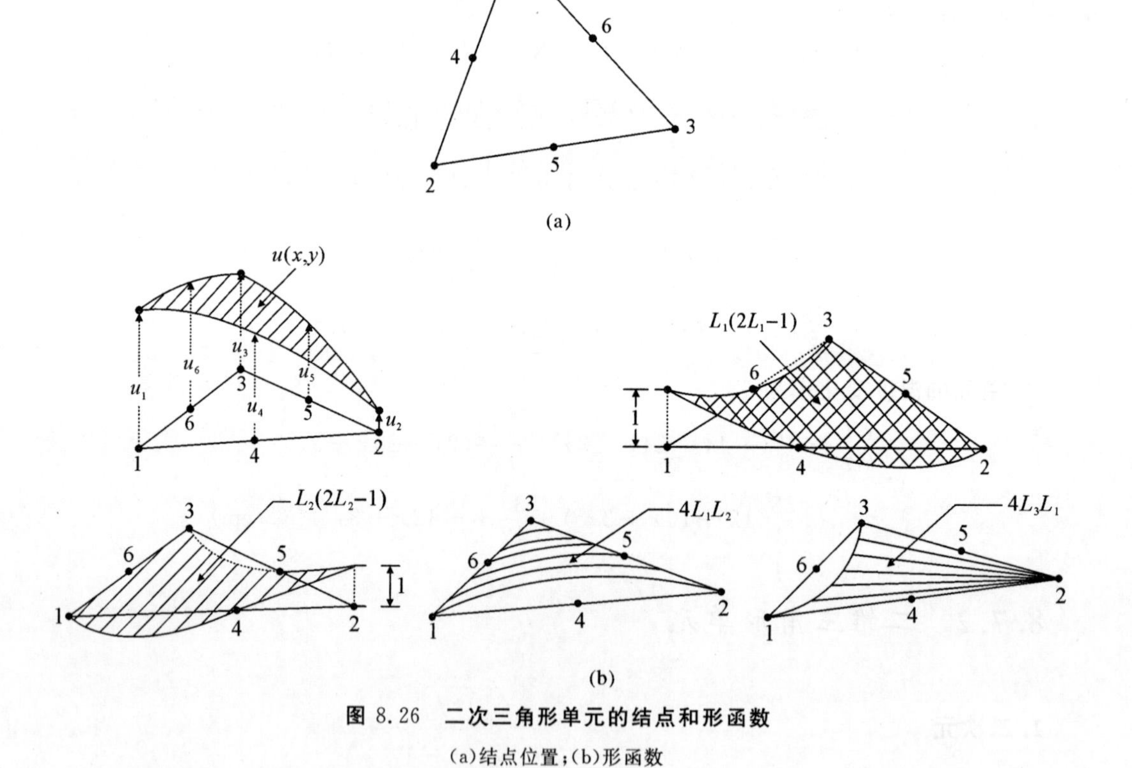

图 8.26　二次三角形单元的结点和形函数

(a)结点位置;(b)形函数

2. 三次单元

如果使用三次插值模型,则需要 10 个结点未知量。结点的位置如图 8.27 所示,其中结点 4 和 5 位于边 1-2 的三分点处;结点 6 和 7、结点 8 和 9 分别位于边 2-3 和 3-1 的三分点位置;结点 10 位于△123 的质心处。单元位移插值表达式为

$$u(x,y) = \boldsymbol{N}\boldsymbol{q}^e = [N_1 \quad N_2 \quad \cdots \quad N_{10}]\boldsymbol{q}^e \tag{8.84}$$

结点插值函数的一般形式为

$$\begin{aligned} N_i = &\alpha_1^{(i)} L_1 + \alpha_2^{(i)} L_2 + \alpha_3^{(i)} L_3 + \alpha_4^{(i)} L_1 L_2 + \alpha_5^{(i)} L_2 L_3 + \alpha_6^{(i)} L_1 L_3 + \\ &\alpha_7^{(i)} L_1^2 L_2 + \alpha_8^{(i)} L_2^2 L_3 + \alpha_9^{(i)} L_3^2 L_1 + \alpha_{10}^{(i)} L_1 L_2 L_3 \end{aligned} \tag{8.85}$$

根据形函数 N_i 在结点 i 上等于 1、在其余 9 个结点上都等于 0 的条件，可得

$$\left.\begin{aligned} N_{\mathrm{i}} &= \frac{1}{2} L_i (3L_i - 1)(3L_i - 2), \quad i = 1,2,3 \\ N_4 &= \frac{9}{2} L_1 L_2 (3L_1 - 1) \\ N_5 &= \frac{9}{2} L_1 L_2 (3L_2 - 1) \\ N_6 &= \frac{9}{2} L_2 L_3 (3L_2 - 1) 4L_1 L_3 \\ N_7 &= \frac{9}{2} L_2 L_3 (3L_3 - 1) \\ N_8 &= \frac{9}{2} L_1 L_3 (3L_3 - 1) \\ N_9 &= \frac{9}{2} L_1 L_3 (3L_1 - 1) \\ N_{10} &= 27 L_1 L_2 L_3 \end{aligned}\right\} \tag{8.86}$$

$$\boldsymbol{q}^e = \begin{bmatrix} u_1 \\ u_2 \\ \\ \vdots \\ \\ u_{10} \end{bmatrix}^e = \begin{bmatrix} u(x_1, y_1) \\ u(x_2, y_2) \\ \\ \vdots \\ \\ u(x_{10}, y_{10}) \end{bmatrix}^e = \begin{bmatrix} u(L_1 = 1, L_2 = L_3 = 0) \\ u(L_2 = 1, L_1 = L_3 = 0) \\ \\ \vdots \\ \\ u\left(L_1 = L_2 = L_3 = \dfrac{1}{3}\right) \end{bmatrix}^e \tag{8.87}$$

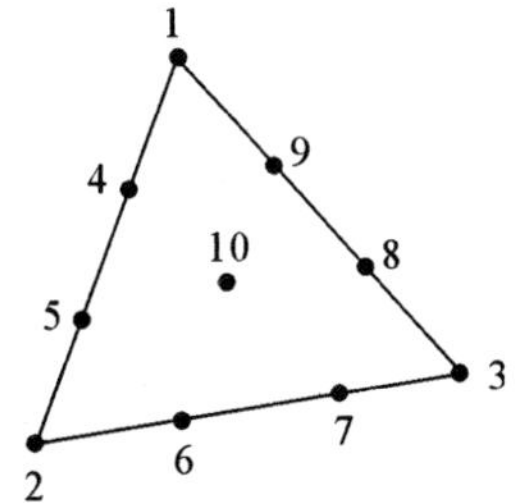

图 8.27　三次三角形单元的结点位置

8.7.3　二维四边形单元

1. 自然坐标系

二维问题四边形单元通常采用图 8.28 所示的自然坐标系。自然坐标轴 r 和 s 分别为四

边形两对边中点的连线，两条对边的自然坐标分别为 $r = \pm 1$ 和 $s = \pm 1$。

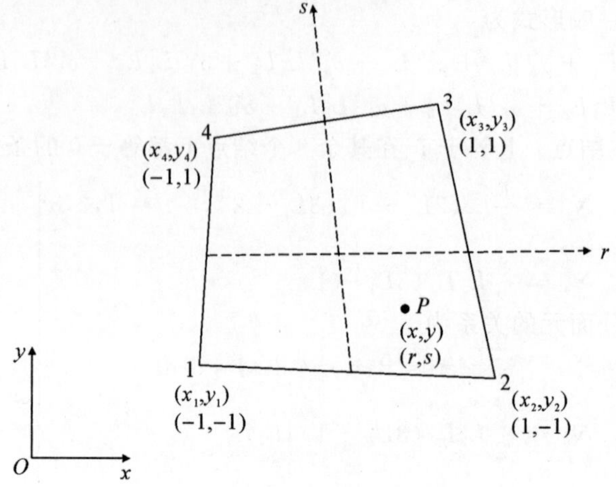

图 8.28　四边形单元的自然坐标系

自然坐标和笛卡儿坐标通过以下方程式关联：

$$\begin{bmatrix} x \\ y \end{bmatrix} = \begin{bmatrix} N_1 & 0 & N_2 & 0 & N_3 & 0 & N_4 & 0 \\ 0 & N_1 & 0 & N_2 & 0 & N_3 & 0 & N_4 \end{bmatrix} \begin{bmatrix} x_1 \\ y_1 \\ x_2 \\ y_2 \\ x_3 \\ y_3 \\ x_4 \\ y_4 \end{bmatrix} \tag{8.88}$$

式中：(x_i, y_i)是结点 $i(i = 1,2,3,4)$的(x, y)坐标，有

$$N_i = \frac{1}{4}(1 + rr_i)(1 + ss_i), \quad i = 1,2,3,4 \tag{8.89}$$

四边形的四个结点的自然坐标为

$$\left.\begin{array}{ll} (r_1, s_1) = (-1, -1), & (r_2, s_2) = (1, -1) \\ (r_3, s_3) = (1,1), & (r_4, s_4) = (-1,1) \end{array}\right\} \tag{8.90}$$

在有限元刚度矩阵和等效结点力计算中，通常会用到雅可比矩阵 $\boldsymbol{J}$，其中包含全局坐标相对于自然坐标的导数。该单元的雅可比矩阵为

$$\boldsymbol{J} = \begin{bmatrix} \dfrac{\partial x}{\partial r} & \dfrac{\partial y}{\partial r} \\ \dfrac{\partial x}{\partial s} & \dfrac{\partial y}{\partial s} \end{bmatrix} = \begin{bmatrix} -(1-s) & (1-s) & (1+s) & -(1+s) \\ -(1-r) & (1-r) & (1+r) & -(1+r) \end{bmatrix} \begin{bmatrix} x_1 & y_1 \\ x_2 & y_2 \\ x_3 & y_3 \\ x_4 & y_4 \end{bmatrix} \tag{8.91}$$

如果 u 是自然坐标 r 和 s 的函数，则它对 x 和 y 的导数可表示为

$$\frac{\partial u}{\partial r} = \frac{\partial u}{\partial x}\frac{\partial x}{\partial r} + \frac{\partial u}{\partial y}\frac{\partial y}{\partial r}, \quad \frac{\partial u}{\partial s} = \frac{\partial u}{\partial x}\frac{\partial x}{\partial s} + \frac{\partial u}{\partial y}\frac{\partial y}{\partial s}$$

$$\begin{bmatrix}\dfrac{\partial u}{\partial r}\\ \dfrac{\partial u}{\partial s}\end{bmatrix}=\begin{bmatrix}\dfrac{\partial x}{\partial r} & \dfrac{\partial y}{\partial r}\\ \dfrac{\partial x}{\partial s} & \dfrac{\partial y}{\partial s}\end{bmatrix}\begin{bmatrix}\dfrac{\partial u}{\partial x}\\ \dfrac{\partial u}{\partial y}\end{bmatrix}=\boldsymbol{J}\begin{bmatrix}\dfrac{\partial u}{\partial x}\\ \dfrac{\partial u}{\partial y}\end{bmatrix}$$

反求等式可得到

$$\begin{bmatrix}\dfrac{\partial u}{\partial x}\\ \dfrac{\partial u}{\partial y}\end{bmatrix}=\boldsymbol{J}^{-1}\begin{bmatrix}\dfrac{\partial u}{\partial r}\\ \dfrac{\partial u}{\partial s}\end{bmatrix} \tag{8.92}$$

两个坐标系中积分面元的关系为

$$\mathrm{d}A=\mathrm{d}x\mathrm{d}y=\det\boldsymbol{J}\cdot\mathrm{d}r\mathrm{d}s \tag{8.93}$$

其中，r 和 s 的极限均为 -1 和 1。

2. 线性单元

如果在四边形单元的四个角结点处各选择 1 个自由度，则单元未知量的插值模型为

$$u(x,y)=\boldsymbol{N}\boldsymbol{q}^e=[N_1\quad N_2\quad N_3\quad N_4]\boldsymbol{q}^e \tag{8.94}$$

式中

$$N_i=\frac{1}{4}(1+rr_i)(1+ss_i),\quad i=1,2,3,4 \tag{8.95}$$

$$\boldsymbol{q}^e=\begin{bmatrix}u_1\\u_2\\u_3\\u_4\end{bmatrix}^e=\begin{bmatrix}u(x_1,y_1)\\u(x_2,y_2)\\u(x_3,y_3)\\u(x_4,y_4)\end{bmatrix}^e=\begin{bmatrix}u(r=-1,s=-1)\\u(r=1,s=-1)\\u(r=1,s=1)\\u(r=-1,s=1)\end{bmatrix}^e \tag{8.96}$$

式(8.95)中的结点形状函数如图 8.29(a)所示。可以看出，场变量沿四边形的边缘呈线性变化。因此，该单元通常称为双线性单元。

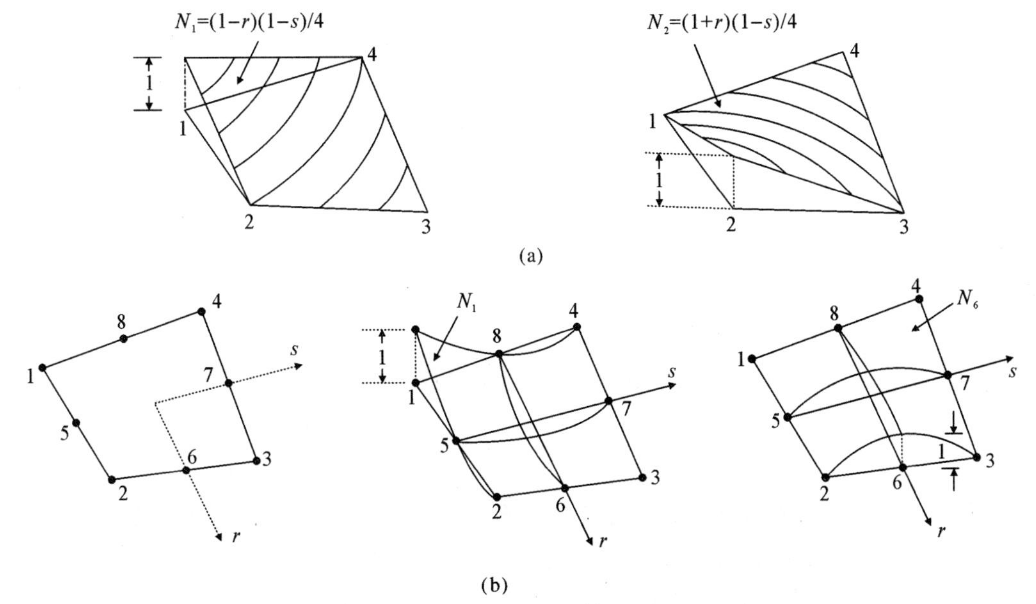

图 8.29　二次单元的插值函数

(a)4 结点线性插值函数；(b)8 结点二次插值函数

【例 8.9】 平面四边形单元四个角点的全局坐标为

$$\begin{aligned}(x_1,y_1)&=(6,9)\ \text{cm},\quad (x_2,y_2)=(2,7)\ \text{cm}\\(x_3,y_3)&=(3,10)\ \text{cm},\quad (x_4,y_4)=(10,6)\ \text{cm}\end{aligned}\tag{E.1}$$

写出与自然坐标 $r=-0.75$、$s=0.5$ 对应的全局坐标。

解 由坐标变换关系式(8.88)可知

$$\left.\begin{aligned}x&=\sum_{i=1}^{4}N_ix_i\\y&=\sum_{i=1}^{4}N_iy_i\end{aligned}\right\}\tag{E.2}$$

式中：N_i 可以用方程式(8.89)和方程式(8.90)写为

$$\left.\begin{aligned}N_1&=\frac{1}{4}(1+rr_1)(1+ss_1)=\frac{1}{4}(1-r)(1-s)\\N_2&=\frac{1}{4}(1+rr_2)(1+ss_2)=\frac{1}{4}(1+r)(1-s)\\N_3&=\frac{1}{4}(1+rr_3)(1+ss_3)=\frac{1}{4}(1+r)(1+s)\\N_4&=\frac{1}{4}(1+rr_4)(1+ss_4)=\frac{1}{4}(1-r)(1+s)\end{aligned}\right\}\tag{E.3}$$

把式(E.3)和式(E.1)的值代入式(E.2)中得

$$\left.\begin{aligned}x=&\frac{1}{4}[(1-r)(1-s)6+(1+r)(1-s)2+\\&(1+r)(1+s)3+(1-r)(1+s)10]\\y=&\frac{1}{4}[(1-r)(1-s)9+(1+r)(1-s)7+\\&(1+r)(1+s)10+(1-r)(1+s)6]\end{aligned}\right\}\tag{E.4}$$

将已知自然坐标 $r=-0.75$ 和 $s=0.5$ 代入式(E.4)中得

$$\begin{aligned}x=&\frac{1}{4}[(1-r)(1-s)6+(1+r)(1-s)2+(1+r)(1+s)3+\\&(1-r)(1+s)10]=8.218\ 75(\text{cm})\\y=&\frac{1}{4}[(1-r)(1-s)9+(1+r)(1-s)7+(1+r)(1+s)10+\\&(1-r)(1+s)6]=7.062\ 5(\text{cm})\end{aligned}$$

3. 二次单元

如果将四个角结点和四条边的中结点上的场函数值作为结点未知量，就可以得到一个“二次”单元，其场函数的变化沿四条边呈二次变化。插值模型为

$$u(x,y)=\boldsymbol{N}\boldsymbol{q}^e=[N_1\quad N_2\quad N_3\quad N_4\quad N_5\quad N_6\quad N_7\quad N_8]\boldsymbol{q}^e\tag{8.97}$$

式中

$$\left.\begin{aligned}
N_i &= \frac{1}{4}(1+rr_i)(1+ss_i)(rr_i+ss_i-1), \quad i=1,2,3,4 \\
N_5 &= \frac{1}{2}(1-r^2)(1+ss_5) \\
N_6 &= \frac{1}{2}(1+rr_6)(1-s^2) \\
N_7 &= \frac{1}{2}(1-r^2)(1+ss_7) \\
N_8 &= \frac{1}{2}(1+rr_8)(1-s^2)
\end{aligned}\right\} \tag{8.98}$$

(r_i, s_i) 是结点 $i(i=1,2,\cdots,8)$ 处的自然坐标,并且

$$\boldsymbol{q}^e = \begin{bmatrix} u_1 \\ u_2 \\ \vdots \\ u_8 \end{bmatrix}^e = \begin{bmatrix} u(x_1, y_1) \\ u(x_2, y_2) \\ \vdots \\ u(x_8, y_8) \end{bmatrix}^e = \begin{bmatrix} u(r=-1, s=-1) \\ u(r=1, s=-1) \\ \vdots \\ u(r=-1, s=0) \end{bmatrix}^e \tag{8.99}$$

式(8.97)中的插值结点和形函数如图 8.29(b)所示。

8.7.4 三维四面体单元

1. 二次单元

四面体单元的自然(或四面体)坐标 L_1, L_2, L_3, L_4 如图 8.22 所示。二次单元有 10 个插值结点。如图 8.30(a)所示,结点 1~4 在四面体的四个顶点上,结点 5~10 在四面体每边的中点上。位移函数插值表达式为

$$u(x,y,z) = \boldsymbol{N}\boldsymbol{q}^e = [N_1 \quad N_2 \quad \cdots \quad N_{10}]\boldsymbol{q}^e \tag{8.100}$$

式中

$$\left.\begin{aligned}
N_i &= L_i(2L_i-1), \ i=1,2,3,4 \\
N_5 &= 4L_1L_2 \\
N_6 &= 4L_2L_3 \\
N_7 &= 4L_1L_3 \\
N_8 &= 4L_1L_4 \\
N_9 &= 4L_2L_4 \\
N_{10} &= 4L_3L_4
\end{aligned}\right\} \tag{8.101}$$

$$\boldsymbol{q}^e = \begin{bmatrix} q_1 \\ q_2 \\ \vdots \\ q_{10} \end{bmatrix}^e = \begin{bmatrix} u(x_1, y_1, z_1) \\ u(x_2, y_2, z_2) \\ \vdots \\ u(x_{10}, y_{10}, z_{10}) \end{bmatrix}^e \tag{8.102}$$

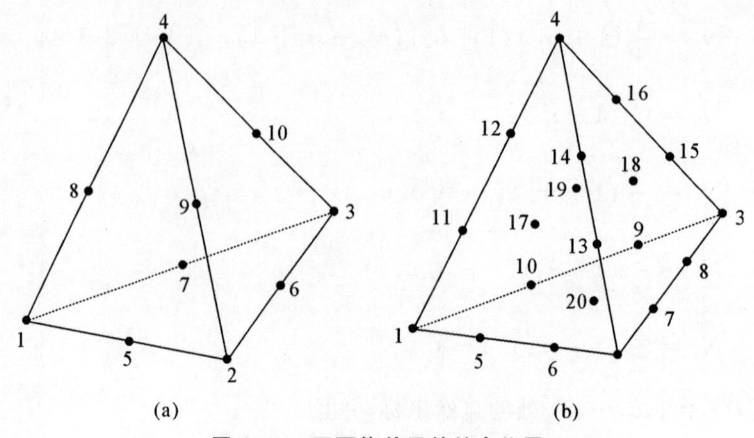

图 8.30　四面体单元的结点位置

(a)二次单元；(b)三次单元

2. 三次单元

三次单元有 20 个插值结点，如图 8.30(b)所示，其位移函数表达式为

$$u(x,y,z)=\boldsymbol{N}\boldsymbol{q}^e=[N_1 \quad N_2 \quad \cdots \quad N_{20}]\boldsymbol{q}^e \tag{8.103}$$

式中：四个角结点的形函数表达式为

$$N_i=\frac{1}{2}L_i(3L_i-1)(3L_i-2),\ i=1,2,3,4 \tag{8.104}$$

各边三分点对应的形函数为

$$\left.\begin{aligned} N_5&=\frac{9}{2}L_1L_2(3L_1-1)\\ N_6&=\frac{9}{2}L_1L_2(3L_2-1)\\ N_7&=\frac{9}{2}L_2L_3(3L_2-1)\\ N_8&=\frac{9}{2}L_2L_3(3L_3-1) \end{aligned}\right\} \tag{8.105}$$

其余三分点形函数的同理可得。四个面中点的形函数为

$$\left.\begin{aligned} N_{17}&=27L_1L_2L_4\\ N_{18}&=27L_2L_3L_4\\ N_{19}&=27L_1L_3L_4\\ N_{20}&=27L_1L_2L_3 \end{aligned}\right\} \tag{8.106}$$

结点位移向量为

$$\boldsymbol{q}^e=\begin{bmatrix} q_1\\ q_2\\ \vdots\\ q_{20} \end{bmatrix}^e=\begin{bmatrix} u(x_1,y_1,z_1)\\ u(x_2,y_2,z_2)\\ \vdots\\ u(x_{20},y_{20},z_{20}) \end{bmatrix}^e=\begin{bmatrix} u(L_1=1,L_2=0,L_3=0,L_4=0)\\ u(L_1=0,L_2=1,L_3=0,L_4=0)\\ \vdots\\ u\left(L_1=L_2=L_3=L_4=\frac{1}{3}\right) \end{bmatrix}^e \tag{8.107}$$

习　　题

1. 如图 8.31 所示，一平面板结构划分为 11 个三角形和 2 个四边形单元。试对其进行结点编号，使总体刚度矩阵的带宽最小；假设每个结点有 1 个自由度，试计算最小带宽。

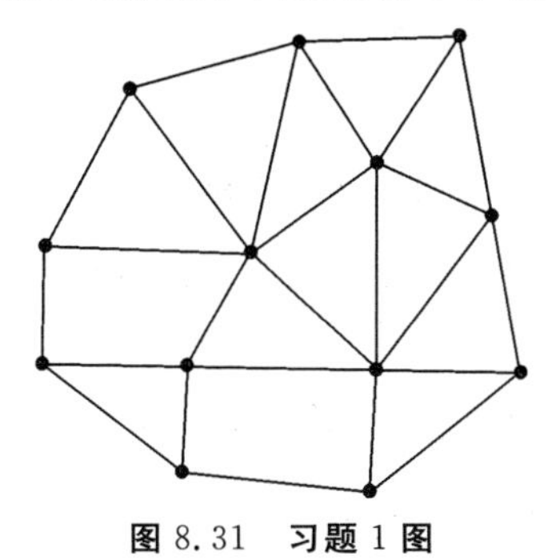

图 8.31　习题 1 图

2. 对图 8.32 所示的平面桁架结构进行单元结点编号，使总体刚度矩阵的带宽最小，并计算最小带宽。

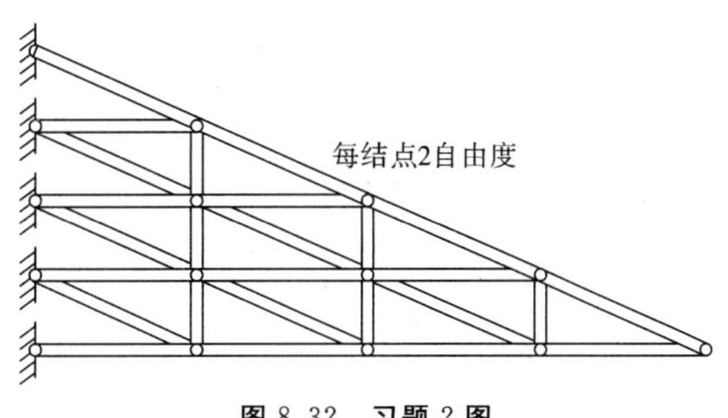

图 8.32　习题 2 图

3. 飞行器结构中有许多曲板，在板面内和面外，都承受复杂的载荷，如面内拉力、剪力，垂直于板面的气动力、惯性力等。请说明，对此类曲板结构的分析，可以采用哪些类型的单元。

4. 采用 2 结点杆单元计算一根直梁上的温度场分布。假设杆单元结点 i 和 j 上的温度分别为 140℃和 100℃，结点 i 和 j 的坐标分别为 2 cm 和 8 cm，求 5 cm 处的温度，以及直梁上的温度梯度。

5. 采用平面 3 结点三角形单元计算平板的传热问题。已知单元 i-j-k 的结点坐标分别为 $i(5, 4)$ cm、$j(8, 6)$ cm 和 $k(4, 8)$ cm，结点温度为 $T_i = 100$℃，$T_j = 80$℃，$T_k = 110$℃。求单元内点 $P(6, 5)$ cm 上的温度，以及整个单元上的温度梯度。

6. 空间 4 结点四面体单元的结点坐标分别为 $i\,(2, 4, 2)$ cm、$j(0, 0, 0)$ cm、$k(4, 0, 0)$ cm 和 $l(2, 0, 6)$ cm，写出结点形函数 N_i、N_j、N_k 和 N_l 的表达式。

7. 图 8.33 是从某平面结构应力分析问题中取出的一个 3 结点三角形单元。结点 1、2 和 3 上的位移分别为$(-0.001, 0.01)$ cm、$(-0.002, 0.01)$ cm 和 $(-0.002, 0.02)$ cm。写出单元位移表达式，并计算点$(30, 25)$ cm 处的位移。

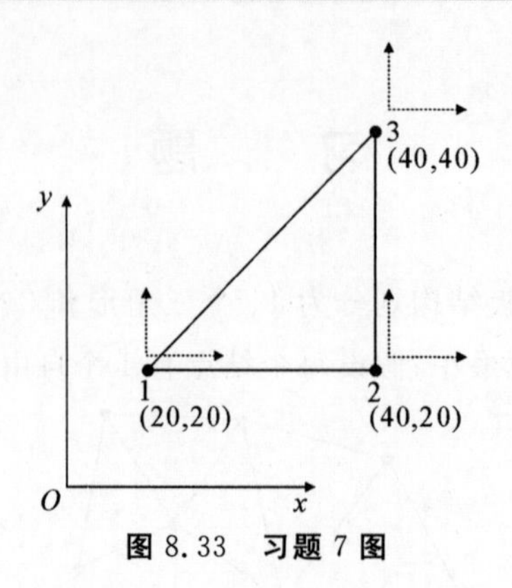

图 8.33　习题 7 图

8. 一维二次杆单元 3 个结点的坐标分别为 1 cm、3 cm 和 5 cm，写出单元位移和单元刚度矩阵表达式。

9. 试证明如图 8.34 所示的 3 结点三角形单元 i-j-k 的面积坐标可以写成

$$L_1=1-\frac{s}{l_{ij}},\ L_2=\frac{s}{l_{ij}},\ L_3=0$$

式中：l_{ij} 为边 i-j 的长度。

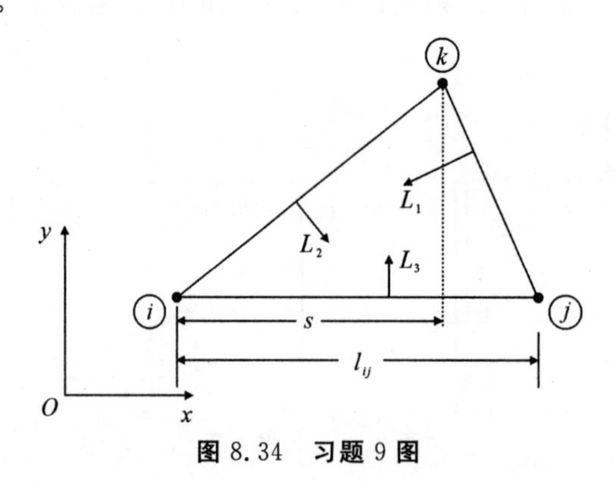

图 8.34　习题 9 图

第9章　等参数单元和数值积分

9.1 引　　言

在工程实际中，许多问题的求解区域都具有弯曲的边界，为了将有限元法用于这些问题的分析，需要寻找适当的途径，将前面章节讨论的规则形状的单元转化为边界为曲线或曲面的单元。在有限元法中最普遍采用的是等参变换方法，即对单元的几何形状和场函数采用相同数目的结点参数及相同的插值函数进行变换。采用等参变换的单元称为等参数单元，简称“等参元”。借助于等参元可以方便地对任意几何形状的工程问题和物理问题进行有限元离散，从而使有限元法成为现代工程实际中一种十分有效的数值分析方法。

为了使实际问题物理坐标系内的单元刚度矩阵、结点载荷向量的计算也能在规则域内进行计算，还需要研究这些矩阵积分式内被积函数中所涉及的导数、体积微元、面积微元、线段微元的变换以及积分限的置换。实现了这些变换和置换，则不管积分式中的被积函数多么复杂，都可以方便地采用标准化的数值积分方法进行计算，从而把各类不同工程实际问题的有限元分析纳入统一的通用化的程序。

有限元矩阵的计算一般采用数值积分方法，包括牛顿-科特斯、高斯积分方法等。实际使用中，不仅要对这些常用的数值积分方法及其特点有比较充分的了解，还需要对实际计算中如何选择它的阶次有比较深刻的认识。这是因为它不仅涉及计算工作量的大小，而且对整个分析结果的精度和可靠性有重要的影响。

下面首先以平面3结点三角形单元为例，介绍等参元的基本思想和推导过程，然后介绍几类常用的平面和空间等参元，最后简要介绍有限元法中常见的几类数值积分计算方法。

9.2 平面三角形等参元

本节首先以平面3结点三角形单元为例，介绍等参数单元的基本概念及计算公式。当然，平面问题的分析还有大量其他单元可以选用，如6结点曲边三角形单元、4结点四边形单元、8结点曲边四边形单元等。这些单元平衡方程的建立过程与本节所介绍的基本相同，只是参考单元上的形函数有所不同。后面再简要介绍这几种平面等参元以及空间等参元。

9.2.1 参考单元和位移插值

将一个平面结构划分单元，对其中任意一个单元进行分析。图 9.1 中左边的单元 e 就是这样一个单元，由于它是从实际物理结构中取出的，称为物理单元，图中还给出了相应的物理坐标系 Oxy，或称总体坐标系。为方便讨论，假设物理单元的 3 个结点编号为 1、2、3。通过前面章节的方法，可以直接计算出每个结点所对应的形函数，从而构造单元近似位移。但是对复杂的单元，这种方法比较麻烦。下面将介绍通过坐标变换计算结点形函数，进而构造单元位移的方法。

图 9.1 中右图为参考坐标系 $O\xi\eta$ 和参考单元，三角形单元的参考单元通常选为图中所示的直角边长为 1 的标准三角形，三个结点 1、2、3 也按图中顺序编号。

关于物理单元和参考单元，应注意两点。首先，结构中的物理单元有若干个，但参考单元只有一个，也就是说，所有物理单元都通过某种映射关系而投影到参考单元上。将这个映射关系记为

$$\left.\begin{aligned} x &= x(\xi,\eta) \\ y &= y(\xi,\eta) \end{aligned}\right\} \tag{9.1}$$

其次，物理单元的结点和参考单元的结点必须一一对应。这里之所以将物理单元的结点也编号为 1、2、3，就是为了强调，两个单元上序号相同的结点是一一对应的。当然，实际物理单元的结点编号可以是任意的 i,j,k，这就需要用户自己规定一个对应关系，比如，i-1，j-2，k-3，这种对应关系可以是任意的，但是一旦确定，则在整个有限元分析中要保持不变。

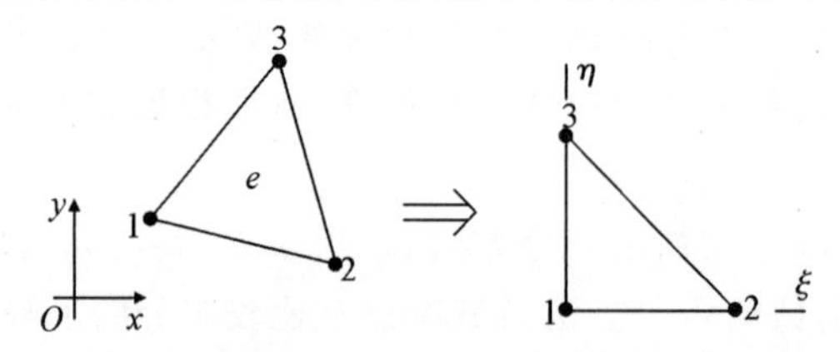

图 9.1　平面 3 结点三角形等参元的物理单元和参考单元

通过参考单元上的插值，可以方便地构造单元位移。为此，需要首先计算参考单元上的形函数。对图 9.1 中右图所示的参考单元，不难求得其三个结点所对应的线性插值的形函数：

$$\left.\begin{aligned} N_1 &= 1-\xi-\eta \\ N_2 &= \xi \\ N_3 &= \eta \end{aligned}\right\} \tag{9.2}$$

在等参元中形函数式(9.2)有两个作用，第一个作用是构造式(9.1)所表示的坐标变换关系，即

$$\left.\begin{aligned} x &= \sum_{i=1}^{3} x_i N_i(\xi,\eta) \\ y &= \sum_{i=1}^{3} y_i N_i(\xi,\eta) \end{aligned}\right\} \tag{9.3}$$

式中：(x_i,y_i) 为物理单元的结点坐标。要注意，式(9.3)用到了物理单元和参考单元结点的对应关系。该式建立了从物理单元到参考单元的一个线性一一映射，已知物理单元上一点的

坐标 (x,y)，可以通过式(9.3)找到它在参考单元上的投影点 (ξ,η)，反之亦然。事实上，将式(9.2)代入式(9.3)即可得到

$$\begin{bmatrix} x \\ y \end{bmatrix} - \begin{bmatrix} x_1 \\ y_1 \end{bmatrix} = \begin{bmatrix} x_2 - x_1 & x_3 - x_1 \\ y_2 - y_1 & y_3 - y_1 \end{bmatrix} \begin{bmatrix} \xi \\ \eta \end{bmatrix} \tag{9.4}$$

可见，只要物理单元的三个结点不重合，式(9.4)中的系数矩阵就可逆，坐标 (x,y) 和 (ξ,η) 就可以相互转换。

等参元形函数的第二个作用是构造单元位移。尽管引入了参考坐标系 $O\xi\eta$，位移函数 $u(x,y)$ 和 $v(x,y)$ 仍是总体坐标系下的位移，只不过通过参数方程式(9.3)可以将它们写成 ξ 和 η 的(复合)函数，即

$$\left.\begin{aligned} u(x,y) &= u[x(\xi,\eta),y(\xi,\eta)] \equiv u(\xi,\eta) \\ v(x,y) &= v[x(\xi,\eta),y(\xi,\eta)] \equiv v(\xi,\eta) \end{aligned}\right\} \tag{9.5}$$

现在，$u(\xi,\eta)$ 和 $v(\xi,\eta)$ 成了定义在参考单元上的函数，因此可以用参考单元上的形函数来插值近似，即

$$\left.\begin{aligned} u(\xi,\eta) &= \sum_{i=1}^{3} u_i N_i(\xi,\eta) \\ v(\xi,\eta) &= \sum_{i=1}^{3} v_i N_i(\xi,\eta) \end{aligned}\right\} \tag{9.6}$$

由关系式(9.5)不难看出，$u_i = u(\xi_i,\eta_i)$，$v_i = v(\xi_i,\eta_i)$ 仍为物理单元上第 i 个结点的位移。式(9.6)是将位移表示为参考坐标的形式，因此在后面推导单元刚度矩阵时，要考虑坐标变换，这是因为应力、应变等参数都是在物理坐标系下定义的。

单元结点位移和结点载荷向量为

$$\begin{cases} \boldsymbol{q}^e = [u_1 \quad v_1 \quad u_2 \quad v_2 \quad u_3 \quad v_3]^{\mathrm{T}} \\ \boldsymbol{P}^e = [U_1 \quad V_1 \quad U_2 \quad V_2 \quad U_3 \quad V_3]^{\mathrm{T}} \end{cases}$$

按位移插值式(9.6)，单元位移函数可写成

$$\boldsymbol{u} = \begin{bmatrix} u \\ v \end{bmatrix} = \underbrace{\begin{bmatrix} N_1(\xi,\eta) & 0 & N_2(\xi,\eta) & 0 & N_3(\xi,\eta) & 0 \\ 0 & N_1(\xi,\eta) & 0 & N_2(\xi,\eta) & 0 & N_3(\xi,\eta) \end{bmatrix}}_{\boldsymbol{N}(\xi,\eta)} \boldsymbol{q}^e \tag{9.7}$$

式中：$\boldsymbol{u}$ 物理单元内任一点的位移。经过参数化之后，它变成了参考坐标 (ξ,η) 的函数，但结点位移 $\boldsymbol{q}^e$ 仍是物理坐标系中的位移。

这里要附带说明，在等参元中坐标变换和单元位移的构造采用了同一组形函数，即式(9.2)，这也正是“等参数单元”得名的缘由。既然有等参数单元，也就有“不等”参数的单元，在这些单元的推导中，坐标变换和单元位移的构造采用不同的形函数；根据坐标变换和单元位移中形函数的不同阶次，还有超参元和次参元之分，前者是指坐标变换的阶数高于函数逼近阶数，而后者正好相反。有兴趣的读者可自行查阅相关文献。

9.2.2　单元平衡方程和单元刚度矩阵

依据最小势能原理建立单元平衡方程的过程，等参元和常规单元是相同的，这里不赘述。只是需要指出，采用参数变换之后，涉及对物理坐标求导和求积的地方，需要用到两套坐标系

之间的变换关系。例如，在计算单元应变时，由几何方程和式(9.7)可得

$$\boldsymbol{\varepsilon}=\begin{bmatrix}\varepsilon_x\\ \varepsilon_y\\ \gamma_{xy}\end{bmatrix}=\begin{bmatrix}\dfrac{\partial}{\partial x} & 0\\ 0 & \dfrac{\partial}{\partial y}\\ \dfrac{\partial}{\partial y} & \dfrac{\partial}{\partial x}\end{bmatrix}\begin{bmatrix}u\\ v\end{bmatrix}=\boldsymbol{Lu}=\boldsymbol{LNq}^e=\boldsymbol{Bq}^e \tag{9.8}$$

式中：几何矩阵 $\boldsymbol{B}$ 可写成 $\boldsymbol{B}=[\boldsymbol{B}_1\quad \boldsymbol{B}_2\quad \boldsymbol{B}_3]$

$$\boldsymbol{B}_i=\begin{bmatrix}\dfrac{\partial N_i}{\partial x} & 0\\ 0 & \dfrac{\partial N_i}{\partial y}\\ \dfrac{\partial N_i}{\partial y} & \dfrac{\partial N_i}{\partial x}\end{bmatrix}\quad (i=1,2,3)$$

在等参元中形函数是参考坐标 $O\xi\eta$ 的函数，可以看成是总体坐标 Oxy 的复合函数，因此有

$$\left.\begin{aligned}\frac{\partial N_i}{\partial \xi}&=\frac{\partial N_i}{\partial x}\frac{\partial x}{\partial \xi}+\frac{\partial N_i}{\partial y}\frac{\partial y}{\partial \xi}\\ \frac{\partial N_i}{\partial \eta}&=\frac{\partial N_i}{\partial x}\frac{\partial x}{\partial \eta}+\frac{\partial N_i}{\partial y}\frac{\partial y}{\partial \eta}\end{aligned}\right\} \tag{9.9}$$

式(9.9)写成矩阵形式为

$$\begin{bmatrix}\dfrac{\partial N_i}{\partial \xi}\\ \dfrac{\partial N_i}{\partial \eta}\end{bmatrix}=\begin{bmatrix}\dfrac{\partial x}{\partial \xi} & \dfrac{\partial y}{\partial \xi}\\ \dfrac{\partial x}{\partial \eta} & \dfrac{\partial y}{\partial \eta}\end{bmatrix}\begin{bmatrix}\dfrac{\partial N_i}{\partial x}\\ \dfrac{\partial N_i}{\partial y}\end{bmatrix}=\boldsymbol{J}\begin{bmatrix}\dfrac{\partial N_i}{\partial x}\\ \dfrac{\partial N_i}{\partial y}\end{bmatrix} \tag{9.10}$$

式中：$\boldsymbol{J}$ 为坐标变换式(9.3)的 Jacobi 矩阵。对于本节讨论的 3 结点三角形单元，有

$$\boldsymbol{J}=\begin{bmatrix}\dfrac{\partial x}{\partial \xi} & \dfrac{\partial y}{\partial \xi}\\ \dfrac{\partial x}{\partial \eta} & \dfrac{\partial y}{\partial \eta}\end{bmatrix}=\begin{bmatrix}\sum\limits_{i=1}^{3}x_i\dfrac{\partial N_i}{\partial \xi} & \sum\limits_{i=1}^{3}y_i\dfrac{\partial N_i}{\partial \xi}\\ \sum\limits_{i=1}^{3}x_i\dfrac{\partial N_i}{\partial \eta} & \sum\limits_{i=1}^{3}y_i\dfrac{\partial N_i}{\partial \eta}\end{bmatrix} \tag{9.11}$$

$$=\begin{bmatrix}-1 & 1 & 0\\ -1 & 0 & 1\end{bmatrix}\begin{bmatrix}x_1 & y_1\\ x_2 & y_2\\ x_3 & y_3\end{bmatrix}=\begin{bmatrix}x_{21} & y_{21}\\ x_{31} & y_{31}\end{bmatrix}$$

式中：$x_{ij}=x_i-x_j$。于是，由式(9.10)得

$$\begin{bmatrix}\dfrac{\partial N_i}{\partial x}\\ \dfrac{\partial N_i}{\partial y}\end{bmatrix}=\boldsymbol{J}^{-1}\begin{bmatrix}\dfrac{\partial N_i}{\partial \xi}\\ \dfrac{\partial N_i}{\partial \eta}\end{bmatrix}=\frac{1}{|\boldsymbol{J}|}\begin{bmatrix}y_{31} & -y_{21}\\ -x_{31} & x_{21}\end{bmatrix}\begin{bmatrix}\dfrac{\partial N_i}{\partial \xi}\\ \dfrac{\partial N_i}{\partial \eta}\end{bmatrix}$$

其中，

$$|\boldsymbol{J}|=x_{21}y_{31}-y_{21}x_{31}=2\Delta$$

$$\boldsymbol{J}^{-1}=\frac{1}{|\boldsymbol{J}|}\begin{bmatrix}y_{31} & -y_{21}\\ -x_{31} & x_{21}\end{bmatrix}$$

所以

$$\begin{bmatrix} \dfrac{\partial N_1}{\partial x} \\ \dfrac{\partial N_1}{\partial y} \end{bmatrix} = \frac{1}{2\Delta}\begin{bmatrix} y_{23} \\ x_{32} \end{bmatrix} \quad \begin{bmatrix} \dfrac{\partial N_2}{\partial x} \\ \dfrac{\partial N_2}{\partial y} \end{bmatrix} = \frac{1}{2\Delta}\begin{bmatrix} y_{31} \\ x_{13} \end{bmatrix} \quad \begin{bmatrix} \dfrac{\partial N_3}{\partial x} \\ \dfrac{\partial N_3}{\partial y} \end{bmatrix} = \frac{1}{2\Delta}\begin{bmatrix} y_{12} \\ x_{21} \end{bmatrix}$$

从而可得几何矩阵表达式为

$$\boldsymbol{B} = \frac{1}{2\Delta}\begin{bmatrix} y_{23} & 0 & y_{31} & 0 & y_{12} & 0 \\ 0 & x_{32} & 0 & x_{13} & 0 & x_{21} \\ x_{32} & y_{23} & x_{13} & y_{31} & x_{21} & y_{12} \end{bmatrix}$$

这个表达式与前面章节的结果是相同的。

根据几何矩阵计算单元刚度矩阵的表达式为

$$\boldsymbol{K}^e = \int_{\Omega} \boldsymbol{B}^{\mathrm{T}}\boldsymbol{DB}\,\mathrm{d}\Omega = t\int_A \boldsymbol{B}^{\mathrm{T}}\boldsymbol{DB}\,\mathrm{d}x\mathrm{d}y = \int_0^1\int_0^{1-\xi} \boldsymbol{B}^{\mathrm{T}}\boldsymbol{DB}t\mid \boldsymbol{J}\mid \mathrm{d}\xi\mathrm{d}\eta = t\Delta\boldsymbol{B}^{\mathrm{T}}\boldsymbol{DB} \tag{9.12}$$

式(9.12)中，采用参数变换将物理单元上的积分投影到规则的参考单元上，积分面元也进行了相应变换，即

$$\mathrm{d}x\mathrm{d}y = \mid \boldsymbol{J}\mid \mathrm{d}\xi\mathrm{d}\eta \tag{9.13}$$

9.2.3　等效结点载荷

这里介绍等参元的等效结点载荷计算方法。

1. 集中力

如图 9.2 所示，设单元内 $C(x_C, y_C)$ 点作用集中力：

$$\boldsymbol{F}_C = [U \quad V]^{\mathrm{T}}$$

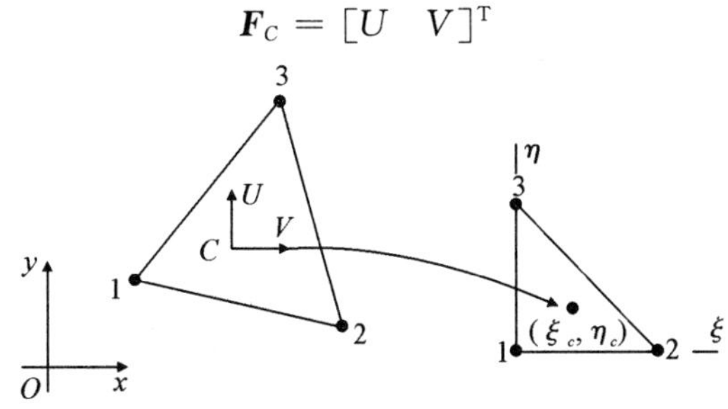

图 9.2　单元上集中力向结点载荷的转化

要计算 $\boldsymbol{F}_C$ 所做的功，需要知道 C 点的位移。式(9.7)是单元内任意点位移的表达式，但其中的形函数是局部坐标 (ξ,η) 的函数。所以在使用之前，首先需要由式(9.4)计算出物理单元中 $C(x_C, y_C)$ 点在参考单元中的坐标 $C(\xi_C, \eta_C)$，之后即可由式(9.7)得到

$$\boldsymbol{f}_C = \begin{bmatrix} u_C \\ v_C \end{bmatrix} = \boldsymbol{N}(\xi_C, \eta_C)\boldsymbol{q}^e$$

标准结点载荷向量为

$$\boldsymbol{P}^e = [U_1 \quad V_1 \quad U_2 \quad V_2 \quad U_3 \quad V_3]^{\mathrm{T}}$$

由两组力 $\boldsymbol{P}^e$ 和 $\boldsymbol{F}_C$ 在虚位移 $\delta\boldsymbol{q}^e$ 上所做的功相等，可得

$$\delta(\boldsymbol{q}^e)^{\mathrm{T}}\boldsymbol{P}^e = \delta(\boldsymbol{q}^e)^{\mathrm{T}}[\boldsymbol{N}(\xi_C,\eta_C)]^{\mathrm{T}}\boldsymbol{F}_C$$

所以,集中力的等效结点载荷计算式为

$$\boldsymbol{P}^e = [\boldsymbol{N}(\xi_C,\eta_C)]^{\mathrm{T}}\boldsymbol{F}_C \tag{9.14}$$

2. 单元体力

如图 9.3 所示,单元上作用分布力 $\boldsymbol{Q} = [q_x \quad q_y]^{\mathrm{T}}$。它所做的功为

$$\int_{\Omega}(u \quad v)\begin{bmatrix} q_x \\ q_y \end{bmatrix}\mathrm{d}\Omega = \delta(\boldsymbol{q}^e)^{\mathrm{T}} t\int_0^1\int_0^{1-\xi}[\boldsymbol{N}(\xi,\eta)]^{\mathrm{T}}\begin{bmatrix} q_x \\ q_y \end{bmatrix}|\ \boldsymbol{J}\ |\ \mathrm{d}\xi\mathrm{d}\eta$$

显然,等效结点载荷计算式为

$$\boldsymbol{P}^e = t\int_0^1\int_0^{1-\xi}[\boldsymbol{N}(\xi,\eta)]^{\mathrm{T}}\begin{bmatrix} q_x \\ q_y \end{bmatrix}|\ \boldsymbol{J}\ |\ \mathrm{d}\xi\mathrm{d}\eta \tag{9.15}$$

一般地,单元上的分布载荷 q_x 和 q_y 都是物理坐标 x,y 的函数,因此在应用式(9.15)时应先依据单元参数方程式(9.3)将其转变成参考坐标的函数。

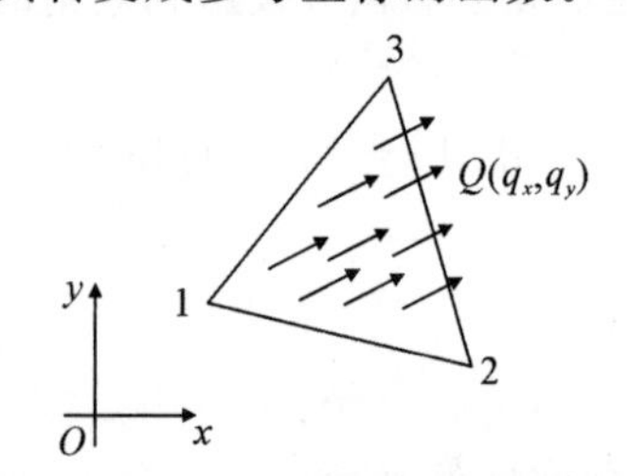

图 9.3　单元体力向结点载荷的转化

3. 单元边界面力

如图 9.4 所示,单元边界 1 - 3 上作用分布力 $\boldsymbol{Q} = [q_x \quad q_y]^{\mathrm{T}}$。很显然,$\boldsymbol{Q}$ 只对结点 i 和 j 上的结点载荷有贡献。由于单元边界 i - j 为两个单元 e 和 f 所共用,在计算结点载荷时既可以选取单元 e,又可以选取单元 f,两者的结果相同。这里选取单元 e。

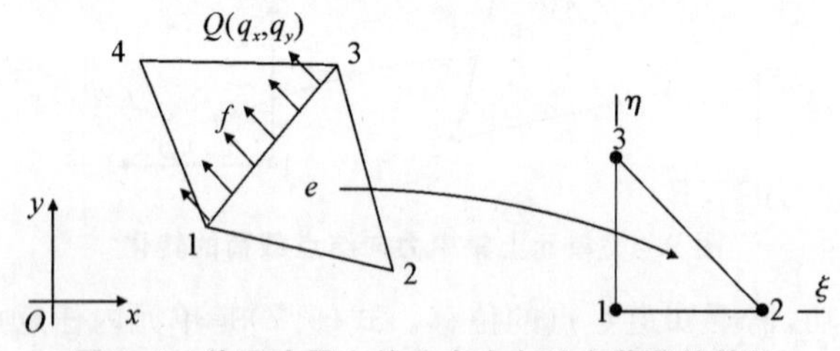

图 9.4　单元边界上的分布力向结点载荷的转化

$\boldsymbol{Q}$ 所做的功可表示为

$$\int_{1-3}[u \quad v]\begin{bmatrix} q_x \\ q_y \end{bmatrix}\mathrm{d}s = \delta(\boldsymbol{q}^e)^{\mathrm{T}}\int_{1-3}[\boldsymbol{N}(\xi,\eta)]^{\mathrm{T}}\begin{bmatrix} q_x \\ q_y \end{bmatrix}\mathrm{d}s$$

因此,边界 l 上的分布力 $\boldsymbol{Q} = [q_x \quad q_y]^{\mathrm{T}}$ 的等效结点载荷的一般表达式为

$$\boldsymbol{P}^e = \int_l[\boldsymbol{N}(\xi,\eta)]^{\mathrm{T}}\begin{bmatrix} q_x \\ q_y \end{bmatrix}\mathrm{d}s \tag{9.16}$$

式中：l 表示物理单元的边界；$[\boldsymbol{N}(\xi,\eta)]$ 为 l 所在单元的形函数矩阵；$\mathrm{d}s$ 为物理单元中的线元。

对于图 9.4 的情况，物理单元 e 中的边界 1－3 在参考坐标系中的方程为 $\xi=0,\eta\in[0,1]$。下面把式(9.16)中的积分转化到参考坐标系中。首先，转化积分线元 $\mathrm{d}s$ 要用到边界 1－3 的方程。分两种情况。

(1) 当边 1－3 不平行于 y 轴时，其斜率为 $k=\dfrac{y_3-y_1}{x_3-x_1}$，此时

$$\mathrm{d}s=\sqrt{1+k^2}\,\mathrm{d}x=\sqrt{1+k^2}\,\frac{\mathrm{d}x}{\mathrm{d}\eta}\mathrm{d}\eta=J_{21}\sqrt{1+k^2}\,\mathrm{d}\eta$$

所以

$$\boldsymbol{P}^e=\int_0^1[\boldsymbol{N}(0,\eta)]^{\mathrm{T}}\begin{bmatrix}q_x\\q_y\end{bmatrix}J_{21}\sqrt{1+k^2}\,\mathrm{d}\eta$$

(2) 当边 1－3 平行于 y 轴时，$\mathrm{d}s=\mathrm{d}y=\dfrac{\mathrm{d}y}{\mathrm{d}\eta}\mathrm{d}\eta=J_{22}\mathrm{d}\eta$，所以

$$\boldsymbol{P}^e=\int_0^1[\boldsymbol{N}(0,\eta)]^{\mathrm{T}}\begin{bmatrix}q_x\\q_y\end{bmatrix}J_{22}\,\mathrm{d}\eta$$

同样，单元边界上的载荷 q_x 和 q_y 分别都是物理坐标 x，y 的函数，因此在应用上式时应先依据单元参数方程式(9.3)将其转变成参考坐标的函数。

9.3　平面四边形等参元

本节简要介绍两种常见的平面四边形等参元，它们是 4 节点四边形等参元和 8 结点四边形等参元。

9.3.1　4 结点四边形等参元

在平面问题的有限元法中，由于矩形单元采用的是双线性位移函数，它在描述单元内部位移和应力的变化方面比线性位移函数的三角形单元要逼真，但它不能适应曲线边界，也不能适应任意网格划分的要求。如果改用图 9.5 (a)所示的任意四边形单元，而仍采用矩形单元的位移函数，则可以克服矩形单元的上述缺点而保持它的高精度优点。可是这样却破坏了相邻单元之间在公共边界上的位移连续性，因为在直角坐标系 Oxy 中，矩形单元的位移函数沿任何倾斜于 x、y 轴直线的变化是非线性的。这个问题可以通过坐标变换的方法来解决。

先选择一个参考坐标系 $O\xi\eta$，经坐标系的变换使得在直角坐标系 Oxy 中的任意四边形单元，在 $O\xi\eta$ 中变成矩形单元，那么上述问题便得到解决。如图 9.5 所示，通过从变量 (x,y) 到 (ξ,η) 的坐标变换，将 xOy 平面上的任意四边形单元转化为 $\xi O\eta$ 平面上以原点为中心、边长为 2 的正方形，并使得 xOy 平面上的结点 1、2、3、4 分别对应于 $\xi O\eta$ 平面上相应编号的结点。

这个坐标变换不是对整个结构进行的，而是对每个单元分别进行的，所以 $O\xi\eta$ 为局部坐标

系，而 Oxy 为整体坐标系。为了实现上述坐标变换，可以在图 9.5 (a)所示的任意四边形单元上，用等分四边形的两族直线分割该四边形，以两族直线的中心为原点 ($\xi=0,\eta=0$)，沿 1-2 及 1-3 方向作为 ξ 轴及 η 轴，如图 9.5 (b)所示，这样，图 9.5 (a)中的任意四边形与图 9.5(b)中的正方形之间的所有各点都存在一一对应关系。因而坐标系 $O\xi\eta$ 就是所要选择的坐标系。

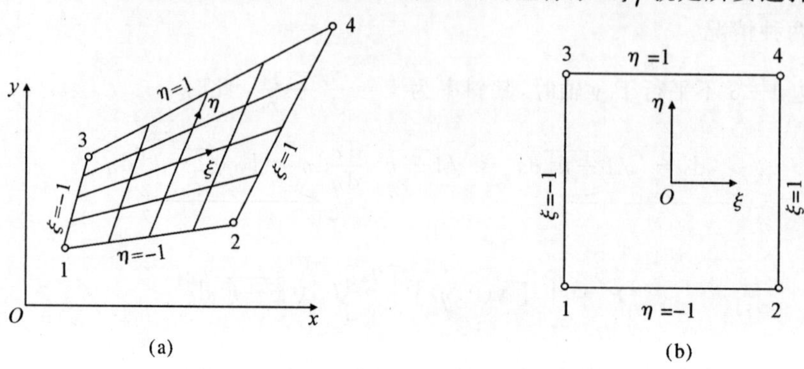

图 9.5　平面 4 结点等参数单元

(a)任意四边形单元；(b)正方形参考单元

1. 位移函数

由于在局部坐标系 $O\xi\eta$ 下的四边形为正方形，因而它的位移函数完全可以仿照矩形单元的位移函数，取为

$$\left.\begin{aligned} u(\xi,\eta) &= \sum_{i=1}^{4} N_i u_i \\ v(\xi,\eta) &= \sum_{i=1}^{4} N_i v_i \end{aligned}\right\} \tag{9.17}$$

式中的形状函数为(见图 9.6)

$$\left.\begin{aligned} N_1(\xi,\eta) &= \frac{1}{4}(1-\xi)(1-\eta) \\ N_2(\xi,\eta) &= \frac{1}{4}(1+\xi)(1-\eta) \\ N_3(\xi,\eta) &= \frac{1}{4}(1+\xi)(1+\eta) \\ N_4(\xi,\eta) &= \frac{1}{4}(1-\xi)(1+\eta) \end{aligned}\right\} \tag{9.18}$$

可将以上 4 个式子统一写成

$$N_i(\xi,\eta) = \frac{1}{4}(1+\xi_0)(1+\eta_0) \tag{9.19}$$

式中：$\xi_0=\xi_i\xi$，$\eta_0=\eta_i\eta$，ξ_i，η_i 为结点 i 的局部坐标。其取值为

$$(\xi_1,\eta_1)=(-1,-1),(\xi_2,\eta_2)=(1,-1)$$

$$(\xi_3,\eta_3)=(1,1),(\xi_4,\eta_4)=(-1,1)$$

从式(9.17)及式(9.18)可以看出，位移函数在四边形单元上的每一边是 ξ 或 η 的线性函数，其值完全可以由该边上两个结点的位移值所决定。因此，在局部坐标系下，式(9.17)所表示的位移函数保证了位移在相邻单元的公共边界上的连续性。

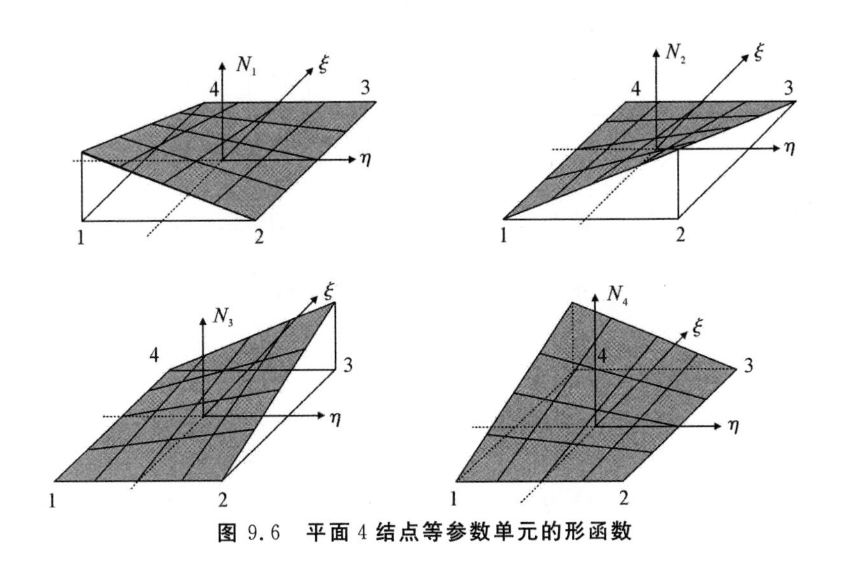

图 9.6　平面 4 结点等参数单元的形函数

2. 坐标变换

怎样才能把整体坐标系 Oxy 中的任意四边形变换到局部坐标系 $O\xi\eta$ 中的正方形呢？或者反过来如何由局部坐标系 $O\xi\eta$ 中的正方形变换到整体坐标系 Oxy 中的任意四边形呢？这就要给出能满足上述要求的坐标变换式。另外，式(9.17)所表示的位移函数是局部坐标系下的表达式，但在实际计算中，如计算应变与应力分量时，需要的是位移函数在整体坐标系下的表达式。因此，也要求建立两个坐标系的转换关系。

由图 9.5 (a)可见，沿任何一条 ξ 等于常数的直线上，x，y 都随 η 呈线性变化，同样，沿任何一条 η 等于常数的直线上，x，y 也随 ξ 呈线性变化。因而，可以采用与位移函数式(9.17)相似的形式来描述两种坐标系之间的关系，即将坐标变换式也取为

$$\left.\begin{aligned} x &= \sum_{i=1}^{4} N_i x_i \\ y &= \sum_{i=1}^{4} N_i y_i \end{aligned}\right\} \tag{9.20}$$

式中：形函数 N_i 与式(9.19)相同，x_i，y_i 为整体坐标系下的结点坐标值。式(9.20)就是用 (ξ,η) 表示 xOy 平面上任意点的公式，通过此式就可以将局部平面上的正方形单元转换成整体坐标系平面上的任意四边形单元。比较式(9.17)与式(9.20)可知，位移函数与坐标变换式具有相同的构造，它们用同样数目的结点位移作为参数，并有完全相同的形状函数 $N_i(\xi,\eta)$。因此，就把这种 4 结点任意四边形单元称为 4 结点等参数单元。

【例 9.1】 如图 9.7 所示，平面 4 节点四边形单元沿边 2-3 受均匀表面拉力，设单元的厚度为 $h=0.1$ cm，求等效结点力。

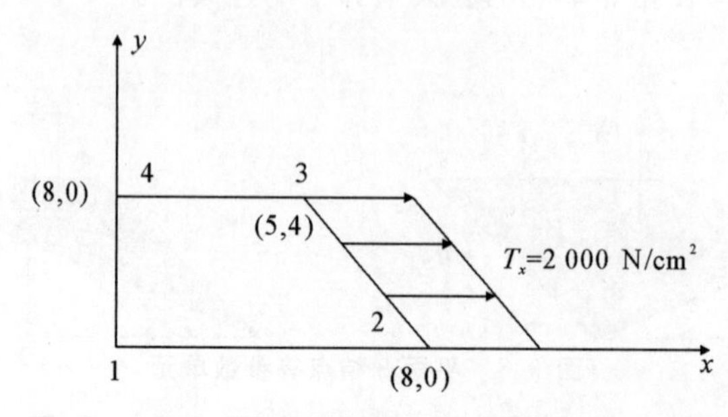

图 9.7 平面 4 结点单元的一条边界受均布力作用

解 边 2-3 的长度为

$$L=\sqrt{(5-8)^2+(4-0)^2}=5$$

由单元边界分布力的转化公式(9.16)可知，等效节点载荷表达式为

$$\boldsymbol{P}^e=\frac{hL}{2}\int_{-1}^{1}[\boldsymbol{N}(\xi,\eta)]^{\mathrm{T}}\begin{bmatrix}T_x\\T_y\end{bmatrix}\mathrm{d}t=\frac{hL}{2}\int_{-1}^{1}\begin{bmatrix}N_2&0&N_3&0\\0&N_2&0&N_3\end{bmatrix}_{s=1}^{\mathrm{T}}\begin{bmatrix}T_x\\T_y\end{bmatrix}\mathrm{d}t$$

将 $L=5$，$h=0.1$ 代入上式，得到

$$\boldsymbol{P}^e=0.25\ \mathrm{cm}^2\int_{-1}^{1}\begin{bmatrix}N_2&0&N_3&0\\0&N_2&0&N_3\end{bmatrix}_{s=1}^{\mathrm{T}}\begin{bmatrix}2\,000\\0\end{bmatrix}\mathrm{d}t$$

简化为

$$\boldsymbol{P}^e=0.25\ \mathrm{cm}^2\int_{-1}^{1}\begin{bmatrix}2\,000N_2\\0\\2\,000N_3\\0\end{bmatrix}\mathrm{d}t=500\mathrm{N}\int_{-1}^{1}\begin{bmatrix}N_2\\0\\N_3\\0\end{bmatrix}\mathrm{d}t$$

代入形状函数得到

$$\boldsymbol{P}^e=500\mathrm{N}\int_{-1}^{1}\begin{bmatrix}\dfrac{s-t-st+1}{4}\\0\\\dfrac{s+t+st+1}{4}\\0\end{bmatrix}\mathrm{d}t=250\mathrm{N}\int_{-1}^{1}\begin{bmatrix}1-t\\0\\t+1\\0\end{bmatrix}\mathrm{d}t=\begin{bmatrix}500\\0\\500\\0\end{bmatrix}\mathrm{N}$$

9.3.2 8 结点四边形等参元

上面构造平面 4 结点等参数单元的思路，可以类似地推广到平面 8 结点等参数单元。图 9.8(a)表示在 xOy 平面上的 8 结点曲边四边形单元(子单元)，图 9.8(b)则为 $\xi O\eta$ 平面上的 8 结点正方形单元(母单元)。

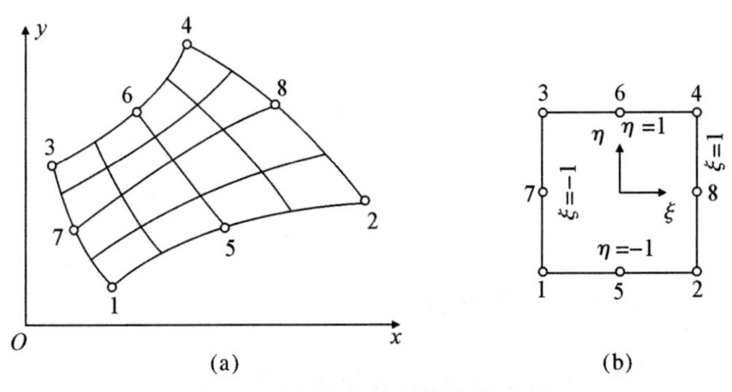

图 9.8　平面 8 结点等参数单元

(a)子单元;(b)母单元

1. 位移函数及坐标变换式

位移函数取为

$$\left.\begin{aligned} u(\xi,\eta) &= \sum_{i=1}^{8} N_i u_i \\ v(\xi,\eta) &= \sum_{i=1}^{8} N_i v_i \end{aligned}\right\} \tag{9.21}$$

式中的形函数分别为

$$\left.\begin{aligned} N_1 &= \frac{1}{4}(1-\xi)(1-\eta)(-\xi-\eta-1) \\ N_3 &= \frac{1}{4}(1+\xi)(1-\eta)(\xi-\eta-1) \\ N_5 &= \frac{1}{4}(1+\xi)(1+\eta)(\xi+\eta-1) \\ N_7 &= \frac{1}{4}(1-\xi)(1+\eta)(-\xi+\eta-1) \\ N_2 &= \frac{1}{2}(1-\xi^2)(1-\eta) \\ N_4 &= \frac{1}{2}(1-\eta^2)(1+\xi) \\ N_6 &= \frac{1}{2}(1-\xi^2)(1+\eta) \\ N_8 &= \frac{1}{2}(1-\eta^2)(1-\xi) \end{aligned}\right\} \tag{9.22}$$

把式(9.22)写成统一形式,即

$$\begin{aligned} N_i = {} & (1+\xi_0)(1+\eta_0)(\xi_0+\eta_0-1)\xi_i^2\eta_i^2/4 + \\ & (1-\xi^2)(1+\eta_0)(1-\xi_i^2)\eta_i^2/2 + \\ & (1-\eta^2)(1+\xi_0)(1-\eta_i^2)\xi_i^2/2 \quad (i=1,2,\cdots,8) \end{aligned} \tag{9.23}$$

式中：$\xi_0 = \xi_i\xi$；$\eta_0 = \eta_i\eta$；(ξ_i, η_i) 为结点的局部坐标。坐标变换的形式与位移表达式(9.21)相同，即

$$\left.\begin{aligned} x &= \sum_{i=1}^{8} N_i x_i \\ y &= \sum_{i=1}^{8} N_i y_i \end{aligned}\right\} \tag{9.24}$$

2. 变换矩阵、几何矩阵及单元刚度矩阵

由式(9.11)可得出 8 结点等参数单元的变换矩阵为

$$\boldsymbol{J} = \begin{bmatrix} \dfrac{\partial x}{\partial \xi} & \dfrac{\partial y}{\partial \xi} \\ \dfrac{\partial x}{\partial \eta} & \dfrac{\partial y}{\partial \eta} \end{bmatrix} = \begin{bmatrix} \sum\limits_{i=1}^{8} \dfrac{\partial N_i}{\partial \xi} x_i & \sum\limits_{i=1}^{8} \dfrac{\partial N_i}{\partial \xi} y_i \\ \sum\limits_{i=1}^{8} \dfrac{\partial N_i}{\partial \eta} x_i & \sum\limits_{i=1}^{8} \dfrac{\partial N_i}{\partial \eta} y_i \end{bmatrix} \tag{9.25}$$

而

$$\left.\begin{aligned} \frac{\partial N_i}{\partial \xi} &= (1+\eta_0)(2\xi+\xi_i\eta_0)\xi_i^2\eta_i^2/4 - \xi(1+\eta_0)(1-\xi_i^2)\eta_i^2 + \\ &\quad \xi_i(1-\eta^2)(1-\eta_i^2)\xi_i^2/2 \\ \frac{\partial N_i}{\partial \eta} &= (1+\xi_0)(2\eta+\eta_i\xi_0)\xi_i^2\eta_i^2/4 - \eta(1+\xi_0)(1-\eta_i^2)\xi_i^2 + \\ &\quad \eta_i(1-\xi^2)(1-\xi_i^2)\eta_i^2/2 \quad (i = 1,2,\cdots,8) \end{aligned}\right\} \tag{9.26}$$

于是，形函数导数的变换关系为

$$\begin{bmatrix} \dfrac{\partial N_i}{\partial x} \\ \dfrac{\partial N_i}{\partial y} \end{bmatrix} = \boldsymbol{J}^{-1} \begin{bmatrix} \dfrac{\partial N_i}{\partial \xi} \\ \dfrac{\partial N_i}{\partial \eta} \end{bmatrix} \tag{9.27}$$

9.4 空间等参元

很多实际问题都是空间问题，而等参数单元的方法对于处理空间问题更有显著的优点。本节将按照平面问题中所叙述的方法，建立空间 8 结点等参数单元和 20 结点等参数单元。

9.4.1 空间 8 结点等参数单元

图 9.9(a)为 $Oxyz$ 坐标系下的任意六面体，图 9.9(b)为通过坐标变换投影到 $O\xi\eta\zeta$ 局部坐标系下的边长为 2 的立方体单元，称为母单元。

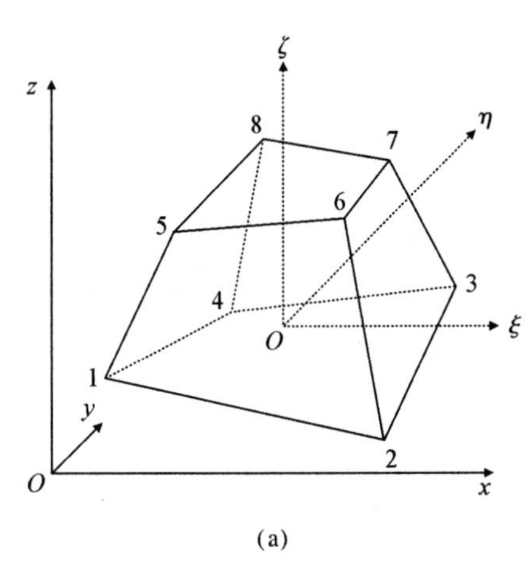

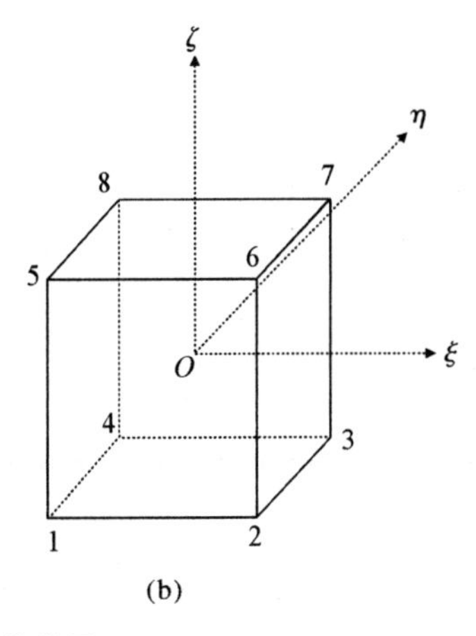

图 9.9　空间 8 结点等参数单元

(a)子单元；(b)母单元

1. 位移函数与坐标变换式

单元位移函数为

$$\left.\begin{aligned} u(\xi,\eta,\zeta) &= \sum_{i=1}^{8} N_i u_i \\ v(\xi,\eta,\zeta) &= \sum_{i=1}^{8} N_i v_i \\ w(\xi,\eta,\zeta) &= \sum_{i=1}^{8} N_i w_i \end{aligned}\right\} \tag{9.28}$$

坐标变换式为

$$\left.\begin{aligned} x &= \sum_{i=1}^{8} N_i x_i \\ y &= \sum_{i=1}^{8} N_i y_i \\ z &= \sum_{i=1}^{8} N_i z_i \end{aligned}\right\} \tag{9.29}$$

上面两式中的形状函数可统一写为

$$N_i = \frac{1}{8}(1+\xi_i\xi)(1+\eta_i\eta)(1+\zeta_i\zeta) \quad (i=1,2,\cdots,8) \tag{9.30}$$

2. 变换矩阵、几何矩阵及单元刚度矩阵

根据三维问题几何方程，写出应变表达式为

$$\boldsymbol{\varepsilon}=\begin{bmatrix}\dfrac{\partial u}{\partial x}\\ \dfrac{\partial v}{\partial y}\\ \dfrac{\partial w}{\partial z}\\ \dfrac{\partial u}{\partial y}+\dfrac{\partial v}{\partial x}\\ \dfrac{\partial v}{\partial z}+\dfrac{\partial w}{\partial y}\\ \dfrac{\partial w}{\partial x}+\dfrac{\partial u}{\partial z}\end{bmatrix}=\boldsymbol{B}\boldsymbol{q} \tag{9.31}$$

式中:几何矩阵可写成分块形式为

$$\boldsymbol{B}=[\boldsymbol{B}_1\quad \boldsymbol{B}_2\quad \cdots\quad \boldsymbol{B}_8] \tag{9.32}$$

而

$$\boldsymbol{B}_i=\begin{bmatrix}\dfrac{\partial N_i}{\partial x} & 0 & 0\\ 0 & \dfrac{\partial N_i}{\partial y} & 0\\ 0 & 0 & \dfrac{\partial N_i}{\partial z}\\ \dfrac{\partial N_i}{\partial y} & \dfrac{\partial N_i}{\partial x} & 0\\ 0 & \dfrac{\partial N_i}{\partial z} & \dfrac{\partial N_i}{\partial y}\\ \dfrac{\partial N_i}{\partial z} & 0 & \dfrac{\partial N_i}{\partial x}\end{bmatrix}\quad (i=1,2,\cdots,8) \tag{9.33}$$

把式(9.27)推广到三维问题,有

$$\begin{bmatrix}\dfrac{\partial N_i}{\partial x}\\ \dfrac{\partial N_i}{\partial y}\\ \dfrac{\partial N_i}{\partial z}\end{bmatrix}=\boldsymbol{J}^{-1}\begin{bmatrix}\dfrac{\partial N_i}{\partial \xi}\\ \dfrac{\partial N_i}{\partial \eta}\\ \dfrac{\partial N_i}{\partial \zeta}\end{bmatrix}\quad (i=1,2,\cdots,8) \tag{9.34}$$

其中:变换矩阵 $\boldsymbol{J}$ 为

$$\boldsymbol{J}=\begin{bmatrix}\dfrac{\partial x}{\partial \xi} & \dfrac{\partial y}{\partial \xi} & \dfrac{\partial z}{\partial \xi}\\ \dfrac{\partial x}{\partial \eta} & \dfrac{\partial y}{\partial \eta} & \dfrac{\partial z}{\partial \eta}\\ \dfrac{\partial x}{\partial \zeta} & \dfrac{\partial y}{\partial \zeta} & \dfrac{\partial z}{\partial \zeta}\end{bmatrix}=\begin{bmatrix}\sum\limits_{i=1}^{8}\dfrac{\partial N_i}{\partial \xi}x_i & \sum\limits_{i=1}^{8}\dfrac{\partial N_i}{\partial \xi}y_i & \sum\limits_{i=1}^{8}\dfrac{\partial N_i}{\partial \xi}z_i\\ \sum\limits_{i=1}^{8}\dfrac{\partial N_i}{\partial \eta}x_i & \sum\limits_{i=1}^{8}\dfrac{\partial N_i}{\partial \eta}y_i & \sum\limits_{i=1}^{8}\dfrac{\partial N_i}{\partial \eta}z_i\\ \sum\limits_{i=1}^{8}\dfrac{\partial N_i}{\partial \zeta}x_i & \sum\limits_{i=1}^{8}\dfrac{\partial N_i}{\partial \zeta}y_i & \sum\limits_{i=1}^{8}\dfrac{\partial N_i}{\partial \zeta}z_i\end{bmatrix} \tag{9.35}$$

形状函数 N_i 对局部坐标的偏导数为

$$\left.\begin{aligned}\frac{\partial N_i}{\partial \xi} &= \frac{1}{8}\xi_i(1+\eta_i\eta)(1+\zeta_i\zeta) \quad (i=1,2,\cdots,8)\\ \frac{\partial N_i}{\partial \eta} &= \frac{1}{8}\eta_i(1+\xi_i\xi)(1+\zeta_i\zeta) \quad (i=1,2,\cdots,8)\\ \frac{\partial N_i}{\partial \zeta} &= \frac{1}{8}\zeta_i(1+\xi_i\xi)(1+\eta_i\eta) \quad (i=1,2,\cdots,8)\end{aligned}\right\} \tag{9.36}$$

把式(9.35)代入式(9.34)中，就可求出 8 结点空间等参数单元的几何矩阵 $\boldsymbol{B}$，从而可得出它的单元刚度矩阵，即

$$\boldsymbol{K}^e = \int_{-1}^{1}\int_{-1}^{1}\int_{-1}^{1}\boldsymbol{B}^{\mathrm{T}}\boldsymbol{D}\boldsymbol{B}\,|\boldsymbol{J}|\,\mathrm{d}\xi\mathrm{d}\eta\mathrm{d}\zeta$$

式中：$\boldsymbol{D}$ 为三维问题的弹性矩阵，表达式为

$$\boldsymbol{D} = \begin{bmatrix} 1 & & & & & \\ \frac{\mu}{1-\mu} & 1 & & & & \\ \frac{-\mu}{1-\mu} & \frac{\mu}{1-\mu} & 1 & & & \\ 0 & 0 & 0 & \frac{1-2\mu}{2(1-\mu)} & & \\ 0 & 0 & 0 & 0 & \frac{1-2\mu}{2(1-\mu)} & \\ 0 & 0 & 0 & 0 & 0 & \frac{1-2\mu}{2(1-\mu)} \end{bmatrix} \tag{9.37}$$

【例 9.2】　如图 9.10 所示，矩形截面悬臂梁左端固支，右端分别受轴向拉伸和弯曲两种载荷作用，弹性模量 $E=7.2\times10^2$ MPa，$\mu=0.25$。现计算两种工况下的矩形截面梁右端面形心 C 点的轴向位移 u_C 、挠度 v_C 以及左端面形心 D 点处的轴向应力。

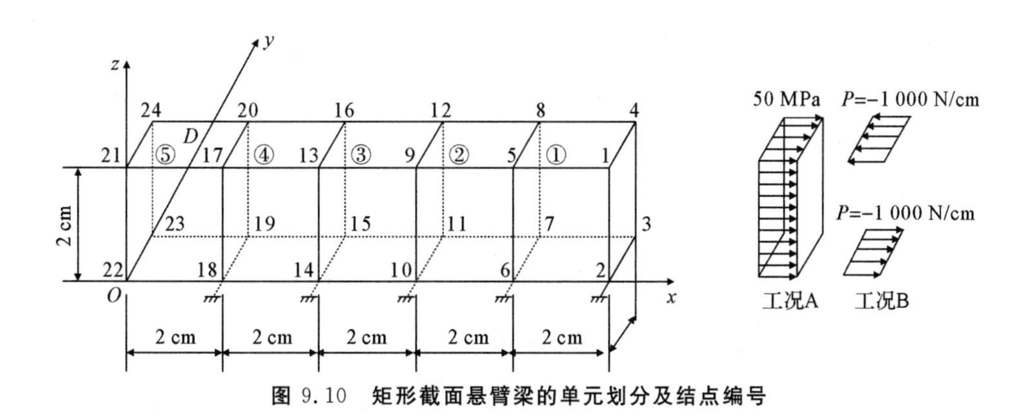

图 9.10　矩形截面悬臂梁的单元划分及结点编号

解　按 8 结点等参数单元进行计算。梁的几何尺寸、载荷数值、单元编号及结点编号如图 9.10 所示。计算结果见表 9.1。

表 9.1　C 点的位移及 D 点的应力

	工况 A		工况 B	
	u_C/cm	σ_{xD}/MPa	v_C/cm	σ_{xD}/MPa
理论解	0.694 4	50.0	2.083 3	30.0
空间 8 结点等参数单元的解	0.686 5	48.95	1.402 1	22.25

从表 9.1 可以看出，承受弯曲的三维弹性体，应用空间 8 结点等参数单元，在弯曲载荷作用下，计算精度不是很高。

9.4.2　空间 20 结点等参数单元

前面讨论的空间 8 结点等参数单元，在计算空间结构问题时经常采用，但其计算精度有时还不够高，而且不能很好地适应物体的曲线边界，因而在应用上还常采用空间 20 结点等参数单元，如图 9.11 所示。

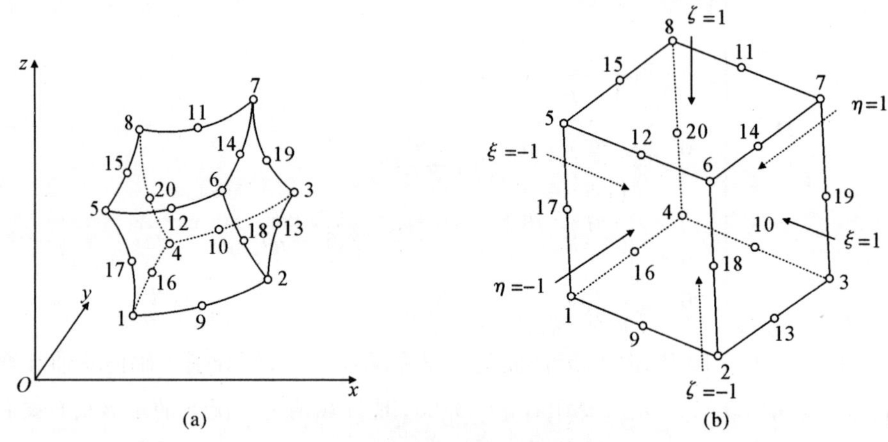

图 9.11　空间 20 结点等参数单元

(a)子单元；(b)母单元

该单元的位移函数及坐标变换式分别为

$$
\left.
\begin{aligned}
u(\xi,\eta,\zeta) &= \sum_{i=1}^{20} N_i u_i \\
v(\xi,\eta,\zeta) &= \sum_{i=1}^{20} N_i v_i \\
w(\xi,\eta,\zeta) &= \sum_{i=1}^{20} N_i w_i
\end{aligned}
\right\} \tag{9.38}
$$

$$
\left.
\begin{aligned}
x &= \sum_{i=1}^{20} N_i x_i \\
y &= \sum_{i=1}^{20} N_i y_i \\
z &= \sum_{i=1}^{20} N_i z_i
\end{aligned}
\right\} \tag{9.39}
$$

式中的形状函数 N_i 写成统一的表达式如下：

$$\begin{aligned} N_i = & (1+\xi_0)(1+\eta_0)(1+\zeta_0)(\xi_0+\eta_0+\zeta_0-2)\xi_i^2\eta_i^2\zeta_i^2/8+ \\ & (1-\xi^2)(1+\eta_0)(1+\zeta_0)(1-\xi_i^2)\eta_i^2\zeta_i^2/4+ \\ & (1-\eta^2)(1+\zeta_0)(1+\xi_0)(1-\eta_i^2)\xi_i^2\zeta_i^2/4+ \\ & (1-\zeta^2)(1+\xi_0)(1+\eta_0)(1-\zeta_i^2)\xi_i^2\eta_i^2/4, \quad i=(1,2,3,\cdots,20) \end{aligned} \tag{9.40}$$

其中：$\xi_0 = \xi_i\xi$；$\eta_0 = \eta_i\eta$；$\zeta_0 = \zeta_i\zeta$。(ξ_i, η_i, ζ_i) 为结点的局部坐标值。

至于空间 20 结点等参数单元的变换矩阵、几何矩阵及单元刚度矩阵，它们都与空间 8 结点等参数单元具有相同的形式，只不过是将 8 结点改为 20 结点。下面给出形状函数对局部坐标的偏导数，

$$\left.\begin{aligned} \frac{\partial N_i}{\partial \xi} = & \xi_i(1+\eta_0)(1+\zeta_0)(2\xi_0+\eta_0+\zeta_0-1)\xi_i^2\eta_i^2\zeta_i^2/8- \\ & \xi(1+\eta_0)(1+\zeta_0)(1+\xi_i^2)\eta_i^2\zeta_i^2/2+ \\ & \xi_i(1+\eta^2)(1+\zeta_0)(1-\eta_i^2)\xi_i^2\zeta_i^2/4+ \\ & \xi_i(1-\zeta^2)(1+\eta_0)(1-\zeta_i^2)\xi_i^2\eta_i^2/4, \quad i=(1,2,3,\cdots,20) \\ \frac{\partial N_i}{\partial \eta} = & \eta(1+\zeta_0)(1+\xi_0)(\xi_0+2\eta_0+\zeta_0-1)\xi_i^2\eta_i^2\zeta_i^2/8- \\ & \eta_i(1+\zeta_0)(1+\xi_0)(1-\eta_i^2)\zeta_i^2\xi_i^2/2+ \\ & \eta_i(1-\xi^2)(1+\zeta_0)(1+\xi_i^2)\eta_i^2\zeta_i^2/4+ \\ & \eta_i(1-\zeta^2)(1+\xi_0)(1-\zeta_i^2)\xi_i^2\eta_i^2/4, \quad i=(1,2,3,\cdots,20) \\ \frac{\partial N_i}{\partial \zeta} = & \zeta_i(1+\xi_0)(1+\eta_0)(\xi_0+\eta_0+2\zeta_0-1)\xi_i^2\eta_i^2\zeta_1^2/8- \\ & \zeta(1+\xi_0)(1+\eta_0)(1-\zeta_i^2)\xi_i^2\eta_i^2/2+ \\ & \eta_i(1-\xi^2)(1+\eta_0)(1-\zeta_i^2)\eta_i^2\zeta_i^2/4+ \\ & \zeta_1(1-\eta^2)(1+\xi_0)(1-\eta_i^2)\zeta_i^2\xi_i^2/4, \quad i=(1,2,3,\cdots,20) \end{aligned}\right\} \tag{9.41}$$

应用空间 20 结点等参数单元解决例 9.2 中承受弯曲载荷的三维弹性体，可以得到较高的计算精度，读者可以自行验证。

9.5　数 值 积 分

在计算有限元刚度矩阵和等效结点载荷时会遇到各种线、面和体积分。对于简单的情况，可以采用解析计算，但是当被积函数比较复杂时，解析积分通常难以获得，必须采用数值积分方法。曲面(边)等参元一般都属于这种情况。另外，有些类型的单元，因为要使用减缩积分，也有必要采用数值积分进行计算。为此，本节针对有限元法中常见的几类积分，介绍相应的数值积分方法。这方面知识可详细参考计算方法和数值分析类文献。

9.5.1　一维数值积分

定积分的计算有许多数值积分方法，高斯求积法是有限元法中最常用的一种。因此本节

将重点考虑这种方法。

设待求值的一维积分为

$$I=\int_{-1}^{1}f(r)\mathrm{d}r \tag{9.42}$$

式中：f 为被积函数。计算 I 的最简单、最粗略的方法是在中间点对 f 进行采样，然后乘以区间长度，如图 9.12 所示。此时

$$I=2f_1 \tag{9.43}$$

只有当曲线恰好是一条直线时，这个结果才是准确的。这一关系可以推广到更一般的情况，即

$$I=\int_{-1}^{1}f(r)\mathrm{d}r\simeq\sum_{i=1}^{n}w_i f_i=\sum_{i=1}^{n}w_i f(r_i) \tag{9.44}$$

式中：w_i 称为与第 i 点相关联的权系数，而 n 是积分(采样)点的数量。式(9.44)意味着，为了计算积分，只需要计算被积函数在几个采样点处的数值，然后将每个值 f_i 乘以适当的权系数 w_i，最后相加。

在高斯方法中，积分点围绕区间中心对称分布。两个对称位置上点的权重是相同的。图 9.12 展示了 1 点、2 点和 3 点高斯积分的采样点分布情况，表 9.2 给出了几种常用高斯积分公式中积分点的坐标和对应的权系数。以三点高斯公式为例，它可以写成

$$I\simeq 0.555\ 556f_1+0.888\ 889f_2+0.555\ 556f_3$$

当 $f(r)$ 是小于或等于 5 阶的多项式时，上式可以得到精确的积分结果。事实上，如果被积函数是 $2n-1$ 阶或更低阶的多项式，则使用 n 点高斯公式的求积是精确的。

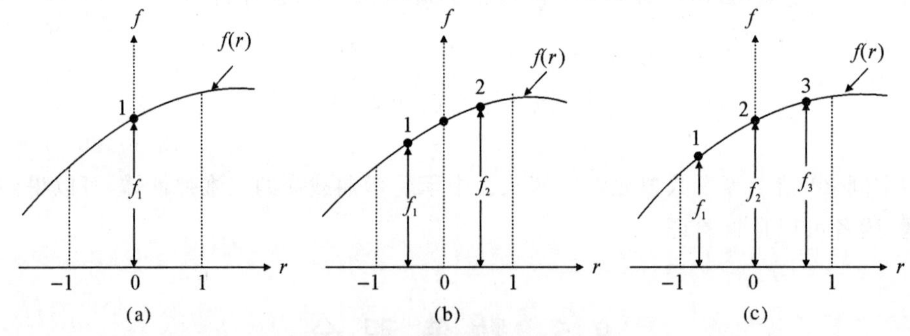

图 9.12　高斯积分点的分布

(a)一个积分点；(b)两个积分点；(c)三个积分点

表 9.2　高斯积分[式 (9.44)]中的位置 r_i 和权重 w_i

n	r_i	w_i
1	$r_1=0.000\ 000\ 000\ 000\ 000$	2.000 000 000 000 000
2	$r_1, r_2=\pm 0.577\ 350\ 269\ 189\ 629$	1.000 000 000 000 000
3	$r_1, r_3=\pm 0.77459\ 66692\ 41483$	0.555 555 555 555 555
	$r_2=0.000\ 000\ 000\ 000\ 000$	0.888 888 888 888 888
4	$r_1, r_4=\pm 0.861\ 136\ 311\ 594\ 053$	0.347 854 845 147 454
	$r_2, r_3=\pm 0.339\ 981\ 043\ 584\ 856$	0.652 145 154 862 546

续表

n	r_i	w_i
5	$r_1, r_5 = \pm 0.906\ 179\ 845\ 938\ 664$ $r_3, r_4 = \pm 0.538\ 469\ 310\ 110\ 568\ 3$ $r_3 = 0.000\ 000\ 000\ 000\ 000$	0.236 926 885 056 189 0.478 628 670 499 366 0.568 888 888 888 888 9
6	$r_1, r_6 = \pm 0.932\ 469\ 514\ 203\ 152$ $r_2, r_5 = \pm 0.661\ 209\ 386\ 466\ 265$ $r_3, r_4 = \pm 0.238\ 619\ 186\ 083\ 197$	0.171 324 492 379 170 0.360 761 573 048 139 0.467 913 934 572 691

下面以一个简单函数的积分为例来介绍高斯求积公式的构造方法。有函数

$$f(r) = a_1 + a_2 r + a_3 r^2 + a_4 r^3$$

此函数在 -1 和 1 之间的积分为

$$I = \int_{-1}^{1} f(r)\mathrm{d}r = 2a_1 + \frac{2}{3}a_3$$

假设使用两点积分公式，两个积分点的位置对称分布，即为 $r = \pm r_i$，此时数值积分表达式为

$$\tilde{I} = wf(-r_i) + wf(r_i) = 2w(a_1 + a_3 r_i^2)$$

积分误差为

$$e = I - \tilde{I} = 2a_1 + \frac{2}{3}a_3 - 2w(a_1 + a_3 r_i^2) = 2a_1(1 - w) + 2a_3\left(\frac{1}{3} - wr_i^2\right)$$

它是系数 a_1 和 a_3 的函数。要使误差最小，则必须有

$$\frac{\partial e}{\partial a_1} = \frac{\partial e}{\partial a_3} = 0$$

由此可解得

$$w = 1, \qquad r_i = \frac{1}{\sqrt{3}} = 0.577\ 350 \cdots$$

9.5.2　二维数值积分

有限元法中通常是将一般的二维区域离散成一系列四边形和三角形单元。如果存在曲边单元，还可以采用等参元的思想，将其转化到标准正方形或三角形区域上。因此，有限元中的二维数值积分，主要考虑矩形和三角形区域上的积分。

1. 矩形域上的积分

解决矩形区域上的二维数值积分，只需要分别在两个坐标上使用前面介绍的一维数值积分公式。其高斯求积公式可写成

$$\begin{aligned} I &= \int_{-1}^{1}\int_{-1}^{1} f(r,s)\mathrm{d}r\mathrm{d}s = \int_{-1}^{1}\left[\sum_{i=1}^{n} w_i f(r_i, s)\right]\mathrm{d}s \\ &= \sum_{j=1}^{m} w_j\left[\sum_{i=1}^{n} w_i f(r_i, s_j)\right] = \sum_{i=1}^{n}\sum_{j=1}^{m} w_i w_j f(r_i, s_j) \end{aligned} \tag{9.45}$$

式中：m 和 n 代表积分点数。一般情况下，两个坐标上的积分点数不同，可根据形函数的阶数

和计算精度要求确定。当积分区域为正方形时，通常将两者取为相同的。例如，图 9.13 所示的四点高斯积分公式为

$$I \approx \sum_{i=1}^{2}\sum_{j=1}^{2} w_i w_j f(r_i, s_j)$$
$$= w_1 w_1 f(s_1, t_1) + w_1 w_2 f(s_1, t_2) + w_2 w_1 f(s_2, t_1) + w_2 w_2 f(s_2, t_2)$$

其中，四个积分点位于 $s_i, t_i = \pm 1/\sqrt{3}$，其在一个坐标上的位置与一维情况相同。同理两个权系数也是相同的，$w_1 = w_2 = 1$。

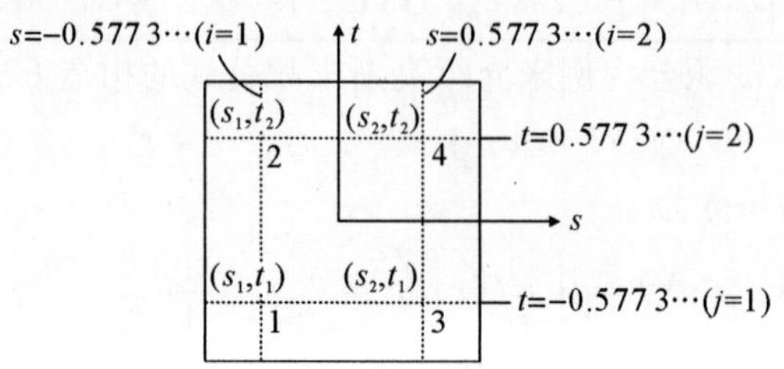

图 9.13 四点高斯积分公式中的积分点分布

【例 9.3】 采用 2×2 点高斯求积公式计算积分：

$$\int_{-1}^{1}\int_{-1}^{1}(\xi^2\eta + 3)\mathrm{d}\xi\mathrm{d}\eta$$

解：表 9.2 中给出了每个积分点的坐标和权重系数，各积分点处的函数值为

$$f(\xi_1, \eta_1) = (\xi_1^2\eta_1 + 3)\big|_{\left(\xi_1 = -\frac{1}{\sqrt{3}}, \eta_1 = -\frac{1}{\sqrt{3}}\right)} = -\frac{1}{3\sqrt{3}} + 3, \quad w_1 = 1$$

$$f(\xi_2, \eta_2) = (\xi_2^2\eta_2 + 3)\big|_{\left(\xi_2 = \frac{1}{\sqrt{3}}, \eta_2 = -\frac{1}{\sqrt{3}}\right)} = -\frac{1}{3\sqrt{3}} + 3, \quad w_2 = 1$$

$$f(\xi_3, \eta_3) = (\xi_3^2\eta_3 + 3)\big|_{\left(\xi_3 = \frac{1}{\sqrt{3}}, \eta_3 = \frac{1}{\sqrt{3}}\right)} = \frac{1}{3\sqrt{3}} + 3, \quad w_3 = 1$$

$$f(\xi_4, \eta_4) = (\xi_4^2\eta_4 + 3)\big|_{\left(\xi_4 = -\frac{1}{\sqrt{3}}, \eta_4 = \frac{1}{\sqrt{3}}\right)} = \frac{1}{3\sqrt{3}} + 3, \quad w_4 = 1$$

于是

$$\int_{-1}^{1}\int_{-1}^{1}(\xi^2\eta + 3)\mathrm{d}\xi\mathrm{d}\eta = f(\xi_1, \eta_1)w_1 + f(\xi_2, \eta_2)w_2 + f(\xi_3, \eta_3)w_3 + f(\xi_4, \eta_4)w_4$$
$$= \left(-\frac{1}{3\sqrt{3}} + 3\right)\times 1 + \left(-\frac{1}{3\sqrt{3}} + 3\right)\times 1 + \left(\frac{1}{3\sqrt{3}} + 3\right)\times$$
$$1 + \left(\frac{1}{3\sqrt{3}} + 3\right)\times 1 = 12$$

由于这个积分比较简单，可以解析计算，即

$$\int_{-1}^{1}\int_{-1}^{1}(\xi^2\eta + 3)\mathrm{d}\xi\mathrm{d}\eta = \int_{-1}^{1}\left[\int_{-1}^{1}(\xi^2\eta + 3)\mathrm{d}\xi\right]\mathrm{d}\eta = \int_{-1}^{1}\left(\frac{\xi^3\eta}{3} + 3\xi\right)_{\zeta=-1}^{\zeta=1}\mathrm{d}\eta$$
$$= \int_{-1}^{1}\left(\frac{2\eta}{3} + 6\right)\mathrm{d}\eta = \left[\frac{\eta^2}{3} + 6\eta\right]_{\eta=-1}^{\eta=1} = 12$$

可见，采用 2×2 高斯求积公式得到了积分的精确值。

2. 三角形域上的积分

有限元法中，三角形域上的高斯求积公式通常用面积坐标表示，具有如下形式：

$$I = \iint_A f(L_1, L_2, L_3)\mathrm{d}A \approx \sum_{i=1}^{n} w_i f(L_1^{(i)}, L_2^{(i)}, L_3^{(i)}) \tag{9.46}$$

其中，当被积函数为线性函数时，取 $n=1$ 即可得到精确结果。此时

$$w_1 = 1;\quad L_1^{(1)} = L_2^{(1)} = L_3^{(1)} = \frac{1}{3}$$

当被积函数为二次函数时，取 $n=3$，对应的积分点和权系数为

$$w_1 = \frac{1}{3};\quad L_1^{(1)} = L_2^{(1)} = \frac{1}{2},\quad L_3^{(1)} = 0$$

$$w_2 = \frac{1}{3};\quad L_1^{(2)} = 0,\quad L_2^{(2)} = L_3^{(3)} = \frac{1}{2}$$

$$w_3 = \frac{1}{3};\quad L_1^{(3)} = L_3^{(3)} = \frac{1}{2},\quad L_2^{(3)} = 0$$

当被积函数为三次函数时，取 $n=7$，对应的积分点和权系数为

$$w_1 = \frac{27}{60};\quad L_1^{(1)} = L_2^{(1)} = L_3^{(1)} = \frac{1}{3}$$

$$w_2 = \frac{8}{60};\quad L_1^{(2)} = L_2^{(2)} = \frac{1}{2},\quad L_3^{(2)} = 0$$

$$w_3 = \frac{8}{60};\quad L_1^{(3)} = 0,\quad L_2^{(3)} = L_3^{(3)} = \frac{1}{2}$$

$$w_4 = \frac{8}{60};\quad L_1^{(4)} = L_3^{(4)} = \frac{1}{2},\quad L_2^{(4)} = 0$$

$$w_5 = \frac{3}{60};\quad L_1^{(5)} = 1,\quad L_2^{(5)} = L_3^{(5)} = 0$$

$$w_6 = \frac{3}{60};\quad L_1^{(6)} = L_3^{(6)} = 0,\quad L_2^{(6)} = 1$$

$$w_7 = \frac{3}{60};\quad L_1^{(7)} = L_2^{(7)} = 0,\quad L_3^{(7)} = 1$$

上述三种常见情况下的积分点位置如图 9.14 所示。

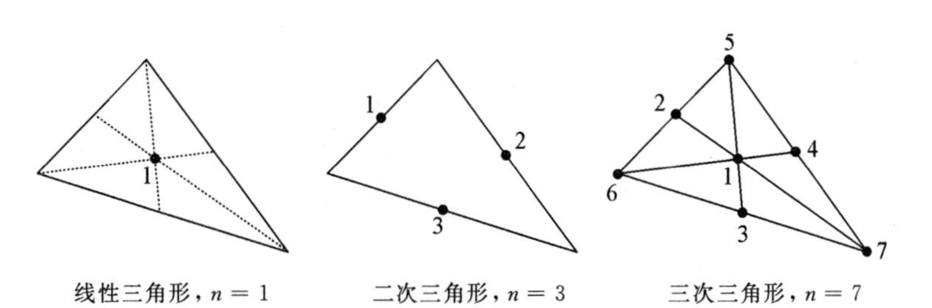

图 9.14　三角形区域内的高斯积分点

9.5.3 三维数值积分

与二维的情况类似，有限元法中通常将三维区域离散成四面体和六面体单元。如存在曲边单元，则可采用等参元将单元积分转化到标准立方体或四面体区域。因此，有限元中的三维数值积分，主要考虑立方体和四面体区域上的积分。

1. 立方体上的积分

可以采用类似于式(9.45)的积分公式：

$$I=\int_{-1}^{1}\int_{-1}^{1}\int_{-1}^{1}f(r,s,t)\,\mathrm{d}r\mathrm{d}s\mathrm{d}t=\sum_{i=1}^{n}\sum_{j=1}^{n}\sum_{k=1}^{n}w_i w_j w_k f(r_i,s_j,t_k) \tag{9.47}$$

式(9.47)中在每个方向上采用相同数量的积分点 n，只是为了方便。

2. 四面体上的积分

四面体上的高斯积分通常在体积坐标系下进行。积分公式为

$$I\simeq\sum_{i=1}^{n}w_i f(L_1{}^{(i)},L_2{}^{(i)},L_3{}^{(i)},L_4{}^{(i)}) \tag{9.48}$$

对于线性单元，取 $n=1$，有

$$w_1=1;\quad L_1{}^{(1)}=L_2{}^{(1)}=L_3{}^{(1)}=L_4{}^{(1)}=\frac{1}{4}$$

对于二次单元，取 $n=4$，有

$$w_1=\frac{1}{4};\quad L_1{}^{(1)}=a,\quad L_2{}^{(1)}=L_3{}^{(1)}=L_4{}^{(1)}=b$$

$$w_2=\frac{1}{4};\quad L_2{}^{(2)}=a,\quad L_1{}^{(2)}=L_3{}^{(2)}=L_4{}^{(2)}=b$$

$$w_3=\frac{1}{4};\quad L_3{}^{(3)}=a,\quad L_1{}^{(3)}=L_2{}^{(3)}=L_4{}^{(3)}=b$$

$$w_4=\frac{1}{4};\quad L_4{}^{(4)}=a,\quad L_1{}^{(4)}=L_2{}^{(4)}=L_3{}^{(4)}=b$$

其中：$a=0.585\ 410\ 20$；$b=0.138\ 196\ 60$。

对于三次单元，取 $n=4$，有

$$w_1=-\frac{4}{5};\quad L_1{}^{(1)}=a,\quad L_2{}^{(1)}=L_3{}^{(1)}=L_4{}^{(1)}=\frac{1}{4}$$

$$w_2=\frac{9}{20};\quad L_1{}^{(2)}=\frac{1}{3},\quad L_2{}^{(2)}=L_3{}^{(2)}=L_4{}^{(2)}=\frac{1}{6}$$

$$w_3=\frac{9}{20};\quad L_2{}^{(3)}=\frac{1}{3},\quad L_1{}^{(3)}=L_3{}^{(3)}=L_4{}^{(3)}=\frac{1}{6}$$

$$w_4=\frac{9}{20};\quad L_3{}^{(4)}=\frac{1}{3},\quad L_1{}^{(4)}=L_2{}^{(4)}=L_4{}^{(4)}=\frac{1}{6}$$

$$w_5=\frac{9}{20};\quad L_4{}^{(5)}=\frac{1}{3},\quad L_1{}^{(5)}=L_2{}^{(5)}=L_3{}^{(5)}=\frac{1}{6}$$

以上三种情况的积分点位置分布如图 9.15 所示。

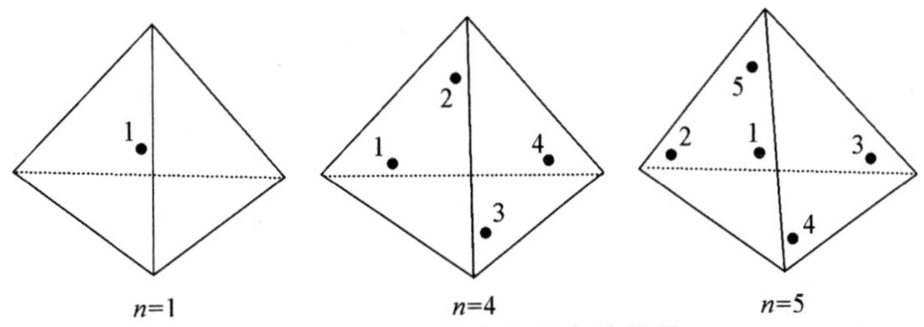

图 9.15　四面体内积分点的位置

【例 9.4】　采用 4 点高斯积分公式计算图 9.16 所示四边形单元的刚度矩阵。设板厚为 $h=1\ \text{cm}$，材料弹性模量 $E=210\ \text{GPa}$，泊松比 $\mu=0.25$，总体坐标单位为 cm。

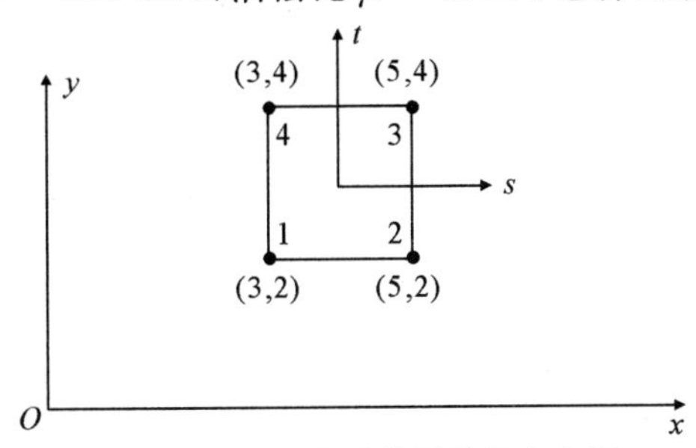

图 9.16　一四边形单元的节点坐标

解　二维 4 点高斯积分点为

$$(s_1,t_1)=(-0.577\,3,\ -0.577\,3)$$

$$(s_2,t_2)=(-0.577\,3,\ 0.577\,3)$$

$$(s_3,t_3)=(0.577\,3,\ -0.577\,3)$$

$$(s_4,t_4)=(0.577\,3,\ 0.577\,3)$$

对应的权系数均为 1.0。用高斯积分计算单元刚度矩阵的积分，得到

$$\begin{aligned}\boldsymbol{K}=&\boldsymbol{B}(s_1,t_1)^{\mathrm{T}}\boldsymbol{DB}(s_1,t_1)\,|\boldsymbol{J}(s_1,t_1)|+\boldsymbol{B}(s_2,t_2)^{\mathrm{T}}\boldsymbol{DB}(s_2,t_2)\,|\boldsymbol{J}(s_2,t_2)|+\\&\boldsymbol{B}(s_3,t_3)^{\mathrm{T}}\boldsymbol{DB}(s_3,t_3)\,|\boldsymbol{J}(s_3,t_3)|+\boldsymbol{B}(s_4,t_4)^{\mathrm{T}}\boldsymbol{DB}(s_4,t_4)\,|\boldsymbol{J}(s_4,t_4)|\end{aligned}$$

现在计算高斯点上雅克比行列式的值：

$$|\boldsymbol{J}|=\frac{1}{8}\boldsymbol{x}_C^{\mathrm{T}}\begin{bmatrix}0 & 1-t & t-s & s-1\\ t-1 & 0 & s+1 & -s-t\\ s-t & -s-1 & 0 & t+1\\ 1-s & s+t & -t-1 & 0\end{bmatrix}\boldsymbol{y}_C$$

$$\boldsymbol{x}_C^{\mathrm{T}}=[x_1\quad x_2\quad x_3\quad x_4],\quad \boldsymbol{y}_C^{\mathrm{T}}=[y_1\quad y_2\quad y_3\quad y_4]$$

式中：(x_i,y_i)，$i=1,2,3,4$ 为四个结点的坐标。以第一点为例，有

$$\boldsymbol{x}_C^{\mathrm{T}}=[3\quad 5\quad 5\quad 3]\quad \boldsymbol{y}_C^{\mathrm{T}}=[2\quad 2\quad 4\quad 4]$$

故有

$$|\boldsymbol{J}(-0.577\,3,-0.577\,3)|=$$

$$\frac{1}{8}[3\quad 5\quad 5\quad 3]\begin{bmatrix}0 & 1.577\,3 & 0 & -1.577\,3\\ -1.577\,3 & 0 & 0.422\,7 & -1.154\,6\\ 0 & -0.422\,7 & 0 & 0.422\,7\\ 1.577\,3 & -1.154\,6 & -0.422\,7 & 0\end{bmatrix}\begin{bmatrix}2\\2\\4\\4\end{bmatrix}=1.000$$

采用相同的计算过程，可以发现其余三个点上雅克比行列式的值也都是1。

根据几何矩阵的表达式，第一点上几何矩阵计算式为

$$\boldsymbol{B}(-0.577\,3,-0.577\,3)=\frac{1}{|\boldsymbol{J}(-0.577\,3,-0.577\,3)|}[\boldsymbol{B}_1\quad \boldsymbol{B}_2\quad \boldsymbol{B}_3\quad \boldsymbol{B}_4]$$

其中

$$\boldsymbol{B}_i=\begin{bmatrix} a(N_{i,s})-b(N_{i,t}) & 0 \\ 0 & c(N_{i,t})-d(N_{i,s}) \\ c(N_{i,t})-d(N_{i,s}) & a(N_{i,s})-b(N_{i,t}) \end{bmatrix}$$

参数 a 的计算过程为

$$\begin{aligned} a&=\frac{1}{4}[y_1(s-1)+y_2(-s-1)+y_3(1+s)+y_4(1-s)] \\ &=\frac{1}{4}[2(-1.577\,3)+2(-0.422\,7)+4(0.422\,7)+4(1.577\,3)]=1.000 \end{aligned}$$

其余三个参数 b,c 和 d 也可类似地计算。得到形函数值为

$$N_{1,s}=\frac{1}{4}(t-1)=\frac{1}{4}[(-0.577\,3)-1]=-0.394\,3$$

$$N_{1,t}=\frac{1}{4}(s-1)=\frac{1}{4}[(-0.577\,3)-1]=-0.394\,3$$

按照以上思路，可得第一点上几何矩阵的数值为

$$\boldsymbol{B}(-0.577\,3,-0.577\,3)=$$

$$\begin{bmatrix} -0.105\,7 & 0 & 0.105\,7 & 0 & 0 & -0.105\,7 & 0 & -0.394\,3 \\ -0.105\,7 & -0.105\,7 & -0.394\,3 & 0.105\,7 & 0.394\,3 & 0 & -0.394\,3 & 0 \\ 0 & 0.394\,3 & 0 & 0.105\,7 & 0.394\,3 & 0.394\,3 & -0.105\,7 & -0.394\,3 \end{bmatrix}$$

其余三个点上的计算方法相同，这里略去。

弹性矩阵为

$$\boldsymbol{D}=\frac{E}{1-\mu^2}\begin{bmatrix} 1 & \mu & 0 \\ \mu & 1 & 0 \\ 0 & 0 & 0.5(1-\mu) \end{bmatrix}=7\times\begin{bmatrix} 32 & 8 & 0 \\ 8 & 32 & 0 \\ 0 & 0 & 12 \end{bmatrix}\times 10^9\ (\mathrm{GPa})$$

最终，可得单元刚度矩阵为

$$\boldsymbol{K}=7\times 10^7\begin{bmatrix} 1\,466 & 500 & -866 & -99 & -733 & -500 & 133 & 99 \\ 500 & 1\,466 & 99 & 133 & -500 & -733 & -99 & -866 \\ -866 & 99 & 1\,466 & -500 & 133 & -99 & -733 & 500 \\ -99 & 133 & -500 & 1\,466 & 99 & -866 & 500 & -733 \\ -733 & -500 & 133 & 99 & 1\,466 & 500 & -866 & -99 \\ -500 & -733 & -99 & -866 & 500 & 1\,466 & 99 & 133 \\ 133 & -99 & -733 & 500 & -866 & 99 & 1\,466 & -500 \\ 99 & -866 & 500 & -733 & -99 & 133 & -500 & 1\,466 \end{bmatrix}$$

习　题

1. 写出图 9.17 所示 6 结点三角形等参元的雅克比矩阵。

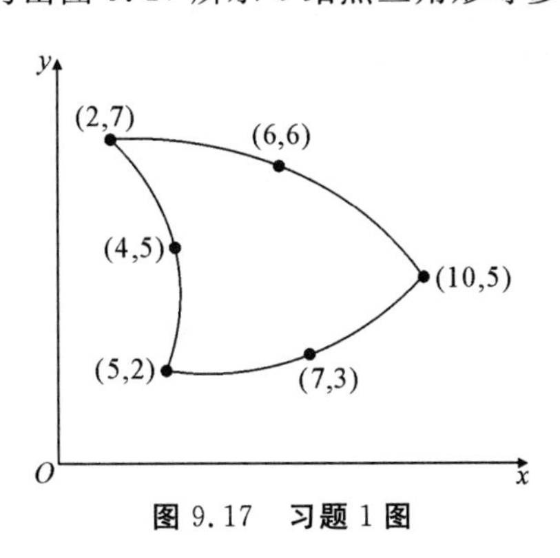

图 9.17　习题 1 图

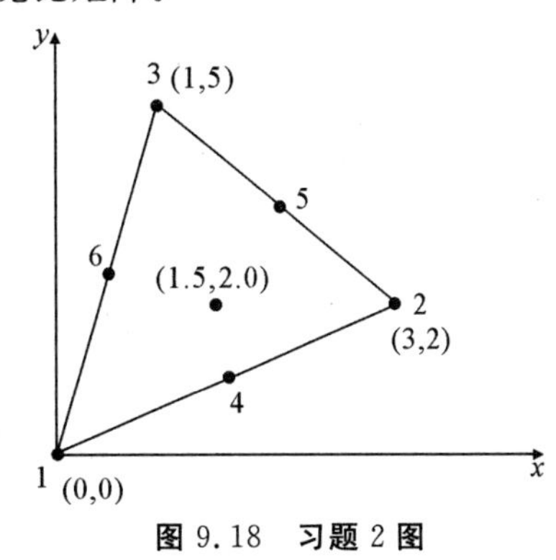

图 9.18　习题 2 图

2. 图 9.18 为一平面直边二次三角形单元。利用参数坐标系下形函数的表达式计算 $\partial N_4/\partial x$ 和 $\partial N_4/\partial y$。

3. 图 9.19 为一平面直边 8 结点四边形单元。利用参数坐标系下形函数的表达式计算 $\partial N_1/\partial x$ 和 $\partial N_1/\partial y$ 在点 $(\xi,\eta)=(1/2,1/2)$ 上的值。

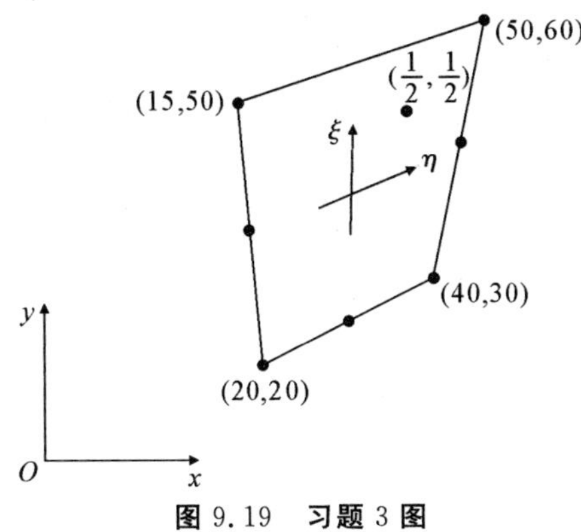

图 9.19　习题 3 图

4. 分别用 2 点高斯积分和解析法计算下面一维积分，并对比结果：

$$I=\int_{-1}^{1}(a_0+a_1x+a_2x^2+a_3x^3+a_4x^4)\,\mathrm{d}x$$

5. 分别用 3 点高斯积分和解析法计算下面一维积分，并对比结果：

$$I=\int_{-1}^{1}(a_0+a_1x+a_2x^2+a_3x^3)\,\mathrm{d}x$$

6. 分别用 2 点高斯积分和解析法计算下面二维积分，并对比结果：

$$I=\int_{-1}^{1}\int_{-1}^{1}(r^2s^3+rs^4)\,\mathrm{d}r\mathrm{d}s$$

第 10 章　杆梁结构有限元法

10.1　引　　言

与前面介绍的弹性力学一维、二维和三维问题不同，杆、梁结构以及后面将要介绍的板壳结构，属于结构力学研究的范畴。本章讨论杆、梁单元以及由它们组成的平面和空间杆、梁结构的有限元解法。杆件是长度远大于其截面尺寸的一维构件。在结构力学中常常将承受轴力或扭矩的杆件称为杆，而将承受横向力和弯矩的杆件称为梁。在有限元法中将这两种情况的单元分别称为杆单元和梁单元。

在结构力学中，通常将由二力杆构成的结构称为桁架，如平面桁架、空间桁架。桁架结构中杆件之间是由铰结点相连的，故每根杆件仅受轴力。将杆件通过刚结点相连接而形成的结构称为刚架，包括平面刚架和空间刚架。刚架中每根杆件的内力有轴力、剪力和弯矩三种。杆单元可用于桁架的分析，它是一根只能承受轴向力(压缩或拉伸)且只存在轴向变形的杆件，不能承受横向载荷或弯矩。在平面桁架分析中，每个结点都有平行于坐标轴的两个位移分量；在三维桁架分析中，每个结点都有平行于坐标轴的三个位移分量。梁单元用于分析刚架，因此，梁单元是一种不仅能抵抗轴向载荷还能抵抗横向载荷和弯矩的杆。在平面刚架分析中，单元的每个结点都有两个平移位移分量和一个旋转位移分量；在空间刚架分析中，单元的每个结点则有三个平移位移分量和三个旋转位移分量。

杆单元和梁单元在单元构造上也有重要差别，即它们分属 C_0 型单元和 C_1 型单元。杆单元可以看成第 7 章一维拉格朗日单元的一种应用，本章只作简单的讨论。梁单元在采用经典梁弯曲理论的情况下，要求位移函数具有 C_1 连续性，本章将重点讨论这种单元的构造方法。但在考虑横向剪切变形影响的情况下，也能够构造出一种 C_0 型单元，并由此引入一些新的概念和方法，对于以后板壳的讨论也很有用，因此本章也会作较详细的讨论。

10.2　杆　单　元

前面介绍的弹性力学平面问题的单元，都是直接在总体坐标系内构造的。本节将介绍在单元局部坐标系中构造单元的方法。在桁架结构中，各个杆件几何尺寸、弹性参数和方位是不同的，有限元分析中通常是将每个杆件作为一个单元，先对每个杆单元建立一个局部坐标系，获得局部坐标系下的单元刚度矩阵、结点位移和载荷向量之后，再通过坐标变换，得到整个桁架结构的平衡方程。桁架结构所在的坐标系称为总体坐标系,用 $O\overline{xy}$ 表示。因此,本节还将引入单元坐标变换的概念,这是桁架结构分析中一个重要的概念,代表了结构力学单元和弹性力学一维、二维和三维单元的一个区别。后面还会看到,典型的梁板壳单元通常也是在局部坐标系内构造,然后再经坐标变换转化到总体坐标系。

10.2.1　局部坐标系下的杆单元

局部坐标系下的杆单元是一维单元的一个特例。一维问题的基本理论已经在前面弹性力学部分介绍过了,下面直接构造用于求解一维问题的有限元法。

图 10.1 为一维 2 结点杆单元的模型。设单元长度为 L,截面积为 A,材料弹性模量为 E。杆的两个端点(铰链)为结点,编号为 i 和 j,局部坐标系 Ox 由 i 指向 j。杆单元承受轴向力 U,发生轴向位移 u,因此每个结点有一个轴向自由度。单元内部仅有一个轴向应变 ε_x 和一个轴向应力 σ_x。力和位移均以沿局部坐标 x 正向为正。2 结点杆单元的单元位移是线性函数,用结点位移表示为

$$u(x) = N_i(x)u_i + N_j(x)u_j = \boldsymbol{N}\boldsymbol{q}^e \tag{10.1}$$

式中:形函数矩阵和结点位移向量分别为

$$\boldsymbol{N} = [N_i(x) \quad N_j(x)], \quad \boldsymbol{q}^e = [u_i \quad u_j]^{\mathrm{T}}$$

$$N_i(x) = \frac{x_j - x}{L}, \quad N_j(x) = \frac{x - x_i}{L}$$

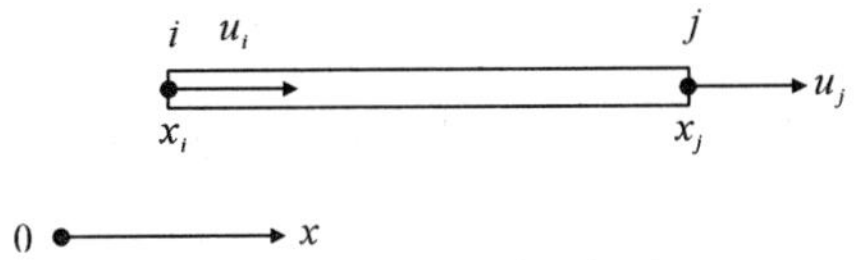

图 10.1　一维 2 结点杆单元

根据几何方程,单元轴向应变可以表示为

$$\varepsilon_x = \frac{\mathrm{d}u(x)}{\mathrm{d}x} = \frac{\mathrm{d}N(x)}{\mathrm{d}x}\boldsymbol{q}^e = \boldsymbol{B}\boldsymbol{q}^e \tag{10.2}$$

式中:几何矩阵

$$\boldsymbol{B} = \frac{\mathrm{d}N(x)}{\mathrm{d}x} = \left[-\frac{1}{L} \quad \frac{1}{L}\right] \tag{10.3}$$

假设初始应变为零,单元轴向应力为 $\sigma_x = E\varepsilon_x$,此时单元的弹性矩阵 $\boldsymbol{D} = E$。因此,单元刚度矩阵为

$$\boldsymbol{K}^e = \int_{x_i}^{x_j} \boldsymbol{B}^{\mathrm{T}}\boldsymbol{D}\boldsymbol{B}\,\mathrm{d}x = L\boldsymbol{B}^{\mathrm{T}}\boldsymbol{D}\boldsymbol{B} = \frac{AE}{L}\begin{bmatrix} 1 & -1 \\ -1 & 1 \end{bmatrix} \tag{10.4}$$

于是可写出单元平衡方程,即

$$\boldsymbol{K}^e\boldsymbol{q}^e = \boldsymbol{P}^e \tag{10.5}$$

设单元上有轴向分布载荷 $f(x)$,则单元等效结点载荷表达式为

$$\boldsymbol{P}^e = \int_{x_i}^{x_j} \boldsymbol{N}^{\mathrm{T}} f(x)\,\mathrm{d}x \tag{10.6}$$

10.2.2 平面杆单元的坐标变换

杆单元平衡方程式(10.5)是在单元局部坐标系 Ox 中建立的。而桁架结构是在总体坐标系 $O\overline{xy}$ 下定义的,因此需要通过坐标变换将建立于局部坐标系下的单元平衡方程转换到总体坐标系中。本节讨论平面桁架结构的坐标变换问题。所谓平面桁架,是指组成桁架结构的杆件本身,以及所承受的载荷和所产生的变形都处于同一平面内。反之,如不限于一个平面,则称之为空间桁架结构,它的坐标变换将在后面介绍。

图 10.2 为总体坐标系中一个杆单元,它的局部坐标轴 Ox 与总体系 $O\overline{x}$ 的夹角为 θ(后面将用字母上面带横杠表示总体系中的量)。总体系中每个结点有两个位移分量,分别沿总体系的两个坐标轴方向,用 $\overline{u}$ 和 $\overline{v}$ 表示;相应地,也有两个结点力 $\overline{U}$ 和 $\overline{V}$。结点 i 的结点位移记为 $\overline{\boldsymbol{q}}_i=[\overline{u}_i \quad \overline{v}_i]^{\mathrm{T}}$,结点力记为 $\overline{\boldsymbol{P}}_i=[\overline{U}_i \quad \overline{V}_i]^{\mathrm{T}}$。总体坐标系中单元 e 的结点位移和结点力向量分别为

$$\overline{\boldsymbol{q}}^e=[\overline{u}_i \quad \overline{v}_i \quad \overline{u}_j \quad \overline{v}_j]^{\mathrm{T}}$$

$$\overline{\boldsymbol{P}}^e=[\overline{U}_i \quad \overline{V}_i \quad \overline{U}_j \quad \overline{V}_j]^{\mathrm{T}}$$

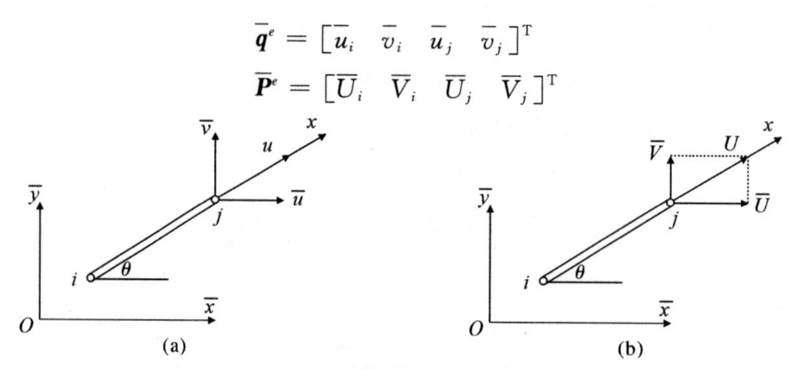

图 10.2 平面总体坐标系内的杆单元

(a)单元结点位移;(b)单元结点力

1. 结点位移变换

结点 i 在单元坐标系下的位移为 u_i,在总体坐标系下的位移为 $\overline{\boldsymbol{q}}_i$。这里应特别注意,总体位移 $\overline{\boldsymbol{q}}_i$ 与轴向位移 u_i 并不等效。总体位移反映了结点的真实位移,还可能存在垂直于单元轴向的分量。只是这部分位移对杆单元来讲属于刚体位移,与单元平衡方程无关,在单元分析中没有考虑。因此,单元轴向位移 u_i 只是总体位移 $\overline{\boldsymbol{q}}_i$ 在单元轴向的分量,即

$$u_i=\overline{u}_i\cos\theta+\overline{v}_i\sin\theta=[\cos\theta \quad \sin\theta]\begin{bmatrix}\overline{u}_i\\ \overline{v}_i\end{bmatrix} \tag{10.7}$$

于是,单元坐标系下的结点位移可写成

$$\boldsymbol{q}^e=\begin{bmatrix}u_i\\ u_j\end{bmatrix}=\begin{bmatrix}\cos\theta & \sin\theta & 0 & 0\\ 0 & 0 & \cos\theta & \sin\theta\end{bmatrix}\begin{bmatrix}\overline{u}_i\\ \overline{v}_i\\ \overline{u}_j\\ \overline{v}_j\end{bmatrix} \tag{10.8}$$

若令

$$\boldsymbol{T}=\begin{bmatrix}\cos\theta & \sin\theta & 0 & 0\\ 0 & 0 & \cos\theta & \sin\theta\end{bmatrix} \tag{10.9}$$

则有

$$\boldsymbol{q}^e=\boldsymbol{T}\overline{\boldsymbol{q}}^e \tag{10.10}$$

矩阵 $\boldsymbol{T}$ 即为总体坐标系到单元局部坐标系的变换矩阵，它由单元在总体系中的方位角 θ 确定。

2. 结点力变换

单元结点力的坐标变换方法与结点位移的变换方法类似，所不同的是，杆的轴向力 U 和总体系下的力 $[\overline{U}\quad \overline{V}]^{\mathrm{T}}$ 是等价的，如图 10.2(b)所示。如不等价就会产生垂直于单元方向的力，使单元无法平衡。因此有

$$\begin{bmatrix}\overline{U}_i\\ \overline{V}_i\end{bmatrix}=\begin{bmatrix}\cos\theta\\ \sin\theta\end{bmatrix}U_i,\quad \begin{bmatrix}\overline{U}_j\\ \overline{V}_j\end{bmatrix}=\begin{bmatrix}\cos\theta\\ \sin\theta\end{bmatrix}U_j \tag{10.11}$$

即

$$\overline{\boldsymbol{P}}^e=\begin{bmatrix}\overline{U}_i\\ \overline{V}_i\\ \overline{U}_j\\ \overline{V}_j\end{bmatrix}=\begin{bmatrix}\cos\theta & 0\\ \sin\theta & 0\\ 0 & \cos\theta\\ 0 & \sin\theta\end{bmatrix}\begin{bmatrix}U_i\\ U_j\end{bmatrix}=\boldsymbol{T}^{\mathrm{T}}\boldsymbol{P}^e \tag{10.12}$$

3. 总体坐标系下的单元平衡方程

将式(10.10)代入单元平衡方程式(10.5)，可得

$$\boldsymbol{K}^e\boldsymbol{T}\overline{\boldsymbol{q}}^e=\boldsymbol{P}^e$$

上式两端同时乘以 $\boldsymbol{T}^{\mathrm{T}}$，并结合式(10.12)，可得总体坐标系中的单元平衡方程为

$$\overline{\boldsymbol{K}}^e\overline{\boldsymbol{q}}^e=\overline{\boldsymbol{P}}^e \tag{10.13}$$

式中：$\overline{\boldsymbol{K}}^e$ 为总体坐标系下的单元刚度矩阵，有

$$\overline{\boldsymbol{K}}^e=\boldsymbol{T}^{\mathrm{T}}\boldsymbol{K}^e\boldsymbol{T}=\frac{EA}{L}\begin{bmatrix}cc & cs & -cc & -cs\\ & ss & -cs & -ss\\ \text{对} & & cc & cs\\ & \text{称} & & ss\end{bmatrix} \tag{10.14}$$

式中：记 $c\equiv\cos\theta$；$s\equiv\sin\theta$。

10.2.3　空间杆单元的坐标变换

为分析空间桁架结构，需要将单元局部坐标系内的结点位移、结点力和刚度矩阵转换到空间总体坐标系中，转换的原理和方法和平面单元的坐标转换相同。图 10.3 为空间总体坐标系中的杆单元。总体坐标系中的结点位移和结点力分别为

$$\overline{\boldsymbol{q}}^e=[\overline{u}_i\quad \overline{v}_i\quad \overline{w}_i\quad \overline{u}_j\quad \overline{v}_j\quad \overline{w}_j]^{\mathrm{T}}$$

$$\overline{\boldsymbol{P}}^e=[\overline{U}_i\quad \overline{V}_i\quad \overline{W}_i\quad \overline{U}_j\quad \overline{V}_j\quad \overline{W}_j]^{\mathrm{T}}$$

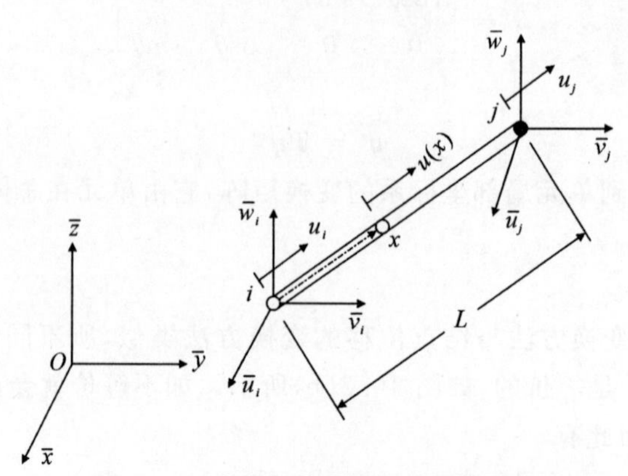

图 10.3　空间总体坐标系中的杆单元

以结点 i 为例,局部位移 u_i 是总体坐标系中位移分量 $\overline{u}_i$ 、$\overline{v}_i$ 和 $\overline{w}_i$ 在单元轴向的分量,即

$$u_i = \overline{u}_i l_{ij} + \overline{v}_i m_{ij} + \overline{w}_i n_{ij} = \begin{bmatrix} l_{ij} & m_{ij} & n_{ij} \end{bmatrix} \begin{bmatrix} \overline{u}_i \\ \overline{v}_i \\ \overline{w}_i \end{bmatrix} \tag{10.15}$$

式中:l_{ij} 、m_{ij} 和 n_{ij} 分别表示单元 x 轴与总体坐标轴 $\overline{x}$ 、$\overline{y}$ 和 $\overline{z}$ 夹角的方向余弦。它们可以用结点 i 和 j 的全局坐标来计算,有

$$l_{ij} = \frac{\overline{x}_j - \overline{x}_i}{L}, \quad m_{ij} = \frac{\overline{y}_j - \overline{y}_i}{L}, \quad n_{ij} = \frac{\overline{z}_j - \overline{z}_i}{L} \tag{10.16}$$

其中:L 是单元 i-j 的长度,有

$$L = \sqrt{(\overline{x}_j - \overline{x}_i)^2 + (\overline{y}_j - \overline{y}_i)^2 + (\overline{z}_j - \overline{z}_i)^2}$$

由式(10.15)可知,单元坐标系下的结点位移可写成

$$\begin{bmatrix} u_i \\ u_j \end{bmatrix} = \begin{bmatrix} l_{ij} & m_{ij} & n_{ij} & 0 & 0 & 0 \\ 0 & 0 & 0 & l_{ij} & m_{ij} & n_{ij} \end{bmatrix} \begin{bmatrix} \overline{u}_i \\ \overline{v}_i \\ \overline{w}_i \\ \overline{u}_j \\ \overline{v}_j \\ \overline{w}_j \end{bmatrix} \tag{10.17}$$

令

$$\boldsymbol{T} = \begin{bmatrix} l_{ij} & m_{ij} & n_{ij} & 0 & 0 & 0 \\ 0 & 0 & 0 & l_{ij} & m_{ij} & n_{ij} \end{bmatrix} \tag{10.18}$$

则有

$$\boldsymbol{q}^e = \boldsymbol{T} \overline{\boldsymbol{q}}^e \tag{10.19}$$

式中:$\boldsymbol{T}$ 即为总体坐标系到单元坐标系的变换矩阵,它由单元在总体坐标系中的三个方位角确定。

总体坐标系中的结点力,是单元局部坐标系中结点力在三个总体坐标轴方向的分量。以 i 结点为例,有

$$\begin{bmatrix}\overline{U}_i\\\overline{V}_i\\\overline{W}_i\end{bmatrix}=\begin{bmatrix}l_{ij}\\m_{ij}\\n_{ij}\end{bmatrix}U_i \tag{10.20}$$

于是，总体坐标系下的结点力可以表示为

$$\overline{\boldsymbol{P}}^e=\begin{bmatrix}\overline{U}_i\\\overline{V}_i\\\overline{W}_i\\\overline{U}_j\\\overline{V}_j\\\overline{W}_j\end{bmatrix}=\begin{bmatrix}l_{ij}&0\\m_{ij}&0\\n_{ij}&0\\0&l_{ij}\\0&m_{ij}\\0&n_{ij}\end{bmatrix}\begin{bmatrix}U_i\\U_j\end{bmatrix}=\boldsymbol{T}^{\mathrm{T}}\boldsymbol{P}^e \tag{10.21}$$

由式(10.14)可得单元在全局坐标系下的刚度矩阵为

$$\overline{\boldsymbol{K}}^e=\boldsymbol{T}^{\mathrm{T}}\boldsymbol{K}^e\boldsymbol{T}=\frac{AE}{L}\begin{bmatrix}l_{ij}^2&l_{ij}m_{ij}&l_{ij}n_{ij}&-l_{ij}^2&-l_{ij}m_{ij}&-l_{ij}n_{ij}\\l_{ij}m_{ij}&m_{ij}^2&m_{ij}n_{ij}&-l_{ij}m_{ij}&-m_{ij}^2&-m_{ij}n_{ij}\\l_{ij}n_{ij}&m_{ij}n_{ij}&n_{ij}^2&-l_{ij}n_{ij}&-m_{ij}n_{ij}&-n_{ij}^2\\-l_{ij}^2&-l_{ij}m_{ij}&-l_{ij}n_{ij}&l_{ij}^2&l_{ij}m_{ij}&l_{ij}n_{ij}\\-l_{ij}m_{ij}&-m_{ij}^2&-m_{ij}n_{ij}&l_{ij}m_{ij}&m_{ij}^2&m_{ij}n_{ij}\\-l_{ij}n_{ij}&-m_{ij}n_{ij}&-n_{ij}^2&l_{ij}n_{ij}&m_{ij}n_{ij}&n_{ij}^2\end{bmatrix} \tag{10.22}$$

【例 10.1】　空间杆单元两个结点的坐标分别为 $i(10,-5,20)$ 和 $j(30,25,-15)$，横截面积为 $2\mathrm{cm}^2$，杨氏模量为 210 GPa。求：

(1)局部坐标系(x,y,z)中杆的刚度矩阵；

(2)单元的坐标变换矩阵；

(3)单元的全局刚度矩阵。

解　首先计算杆单元的长度。有

$$L=\{(30-10)^2+[25-(-5)]^2+(-15-20)^2\}^{1/2}=50.249\ 4(\mathrm{cm})$$

关于三个坐标轴的方向余弦为

$$l_{ij}=\frac{\overline{x}_j-\overline{x}_i}{L}=\frac{30-10}{50.249\ 4}=0.398\ 0$$

$$m_{ij}=\frac{\overline{y}_j-\overline{y}_i}{L}=\frac{25-(-5)}{50.249\ 4}=0.597\ 0$$

$$n_{ij}=\frac{\overline{z}_j-\overline{z}_i}{L}=\frac{-15-20}{50.249\ 4}=-0.696\ 5$$

单元局部刚度矩阵通过式(10.4)来计算，有

$$\boldsymbol{K}^e=\frac{AE}{L}\begin{bmatrix}1&-1\\-1&1\end{bmatrix}=\frac{2\times210\times10^5}{50.249\ 4}\begin{bmatrix}1&-1\\-1&1\end{bmatrix}$$

$$=8.358\ 3\times10^5\begin{bmatrix}1&-1\\-1&1\end{bmatrix}(\mathrm{N/cm})$$

单元坐标变换矩阵通过式(10.18)来计算，有

$$T=\begin{bmatrix} l_{ij} & m_{ij} & n_{ij} & 0 & 0 & 0 \\ 0 & 0 & 0 & l_{ij} & m_{ij} & n_{ij} \end{bmatrix}$$

$$=\begin{bmatrix} 0.398\,0 & 0.597\,0 & -0.696\,5 & 0 & 0 & 0 \\ 0 & 0 & 0 & 0.398\,0 & 0.597\,0 & -0.696\,5 \end{bmatrix}$$

同时，

$$\begin{bmatrix} l_{ij}^2 & l_{ij}m_{ij} & l_{ij}n_{ij} \\ l_{ij}m_{ij} & m_{ij}^2 & m_{ij}n_{ij} \\ l_{ij}n_{ij} & m_{ij}n_{ij} & n_{ij}^2 \end{bmatrix}$$

$$=\begin{bmatrix} (0.398\,0)^2 & 0.398\,0\times 0.597\,0 & 0.398\,0\times(-0.696\,5) \\ 0.597\,0\times 0.398\,0 & (0.597\,0)^2 & 0.597\,0\times(-0.696\,5) \\ -0.696\,5\times 0.398\,0 & -0.696\,5\times 0.597\,0 & (-0.696\,5)^2 \end{bmatrix}$$

$$=\begin{bmatrix} 0.158\,4 & 0.237\,6 & -0.277\,2 \\ 0.237\,6 & 0.356\,4 & -0.415\,8 \\ -0.277\,2 & -0.415\,8 & 0.485\,1 \end{bmatrix}$$

于是，可由式(10.22)计算单元全局刚度矩阵为

$$\overline{K}^e = 8.358\,3\times 10^5\times$$

$$\begin{bmatrix} 0.158\,4 & 0.237\,6 & -0.277\,2 & -0.158\,4 & -0.237\,6 & 0.277\,2 \\ 0.237\,6 & 0.356\,4 & -0.415\,8 & -0.237\,6 & -0.356\,4 & 0.415\,8 \\ -0.277\,2 & -0.415\,8 & 0.485\,1 & 0.277\,2 & 0.415\,8 & -0.485\,1 \\ -0.158\,4 & -0.237\,6 & 0.277\,2 & 0.158\,4 & 0.237\,6 & -0.277\,2 \\ -0.237\,6 & -0.356\,4 & 0.415\,8 & 0.237\,6 & 0.356\,4 & -0.415\,8 \\ 0.277\,2 & 0.415\,8 & -0.485\,1 & -0.277\,2 & -0.415\,8 & 0.485\,1 \end{bmatrix}(\text{N/cm})$$

【例 10.2】 如图 10.4 所示，将两根不同材质的杆连接在一起，两个杆单元的性质如下：

$$A^{(1)} = 500\ \text{mm}^2,\quad E^{(1)} = 75\ \text{GPa},\quad \alpha^{(1)} = 20\times 10^{-6}\ ℃^{-1}$$

$$A^{(2)} = 1\,000\ \text{mm}^2,\quad E^{(2)} = 200\ \text{GPa},\quad \alpha^{(2)} = 15\times 10^{-6}\ ℃^{-1}$$

如果将这个双杆系统的温度提高 50℃，计算中间结点的位移和两杆中产生的应力。

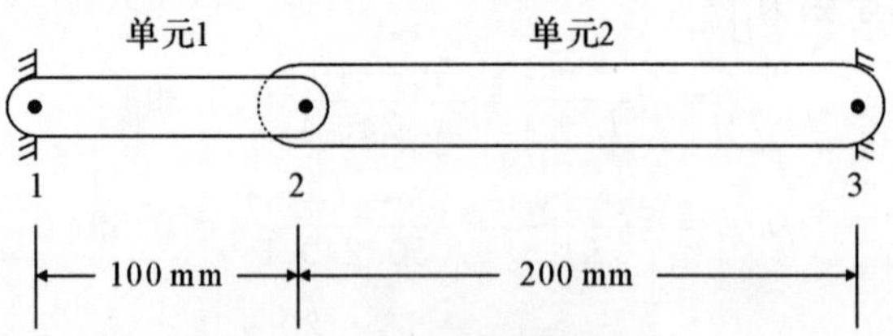

图 10.4 不同材料的两杆

解 由于两个杆件位于同一轴线上，因此无需修改局部单元刚度矩阵和载荷向量。计算各单元的刚度矩阵为

$$K^{(1)} = \frac{A^{(1)}E^{(1)}}{L^{(1)}}\begin{bmatrix} 1 & -1 \\ -1 & 1 \end{bmatrix} = \frac{500\times 75\times 10^3}{100}\begin{bmatrix} 1 & -1 \\ -1 & 1 \end{bmatrix}$$

$$= 375\times 10^3\begin{bmatrix} 1 & -1 \\ -1 & 1 \end{bmatrix}(\text{N/mm})$$

$$K^{(2)}=\frac{A^{(2)}E^{(2)}}{L^{(2)}}\begin{bmatrix}1 & -1\\ -1 & 1\end{bmatrix}=\frac{1\ 000\times 200\times 10^{3}}{200}\begin{bmatrix}1 & -1\\ -1 & 1\end{bmatrix}$$

$$=1\ 000\times 10^{3}\begin{bmatrix}1 & -1\\ -1 & 1\end{bmatrix}\text{N/mm}$$

组装后的刚度矩阵为

$$\boldsymbol{K}=10^{3}\begin{bmatrix}375 & -375 & 0\\ -375 & 1\ 375 & -1\ 000\\ 0 & -1\ 000 & 1\ 000\end{bmatrix}(\text{N/mm})$$

单元载荷向量为

$$\boldsymbol{P}^{(1)}=A^{(1)}E^{(1)}\alpha^{(1)}T\begin{bmatrix}-1\\ 1\end{bmatrix}=(500)(75\times 10^{3})(20\times 10^{-6})(50)\begin{bmatrix}-1\\ 1\end{bmatrix}$$

$$=37\ 500\begin{bmatrix}-1\\ 1\end{bmatrix}(\text{N})$$

$$\boldsymbol{P}^{(2)}=A^{(2)}E^{(2)}\alpha^{(2)}T\begin{bmatrix}-1\\ 1\end{bmatrix}=(1\ 000)(200\times 10^{3})(15\times 10^{-6})(50)\begin{bmatrix}-1\\ 1\end{bmatrix}$$

$$=150\ 000\begin{bmatrix}-1\\ 1\end{bmatrix}(\text{N})$$

组装后的载荷向量为

$$\boldsymbol{P}=\begin{bmatrix}-37\ 500\\ 37\ 500-150\ 000\\ 150\ 000\end{bmatrix}(\text{N})$$

系统平衡方程 $\boldsymbol{Kq}=\boldsymbol{P}$ 为

$$10^{3}\begin{bmatrix}375 & -375 & 0\\ -375 & 1\ 375 & -1\ 000\\ 0 & -1\ 000 & 1\ 000\end{bmatrix}\begin{bmatrix}u_1\\ u_2\\ u_3\end{bmatrix}=\begin{bmatrix}-37\ 500\\ -112\ 500\\ 150\ 000\end{bmatrix}\tag{E.1}$$

因为两端结点 1 和 3 是固定的，所以 $u_1=u_3=0$，因此在方程式(E.1)中删除 u_1 和 u_3 自由度对应的行和列，得到如下方程：

$$10^{3}(1\ 375)u_2=-112\ 500\quad 或\ u_2=-0.081\ 818\ 1\text{mm}$$

单元 1 中的应变为

$$\varepsilon^{(1)}=\frac{u_2-u_1}{L^{(1)}}=\frac{-0.081\ 818\ 1-0}{100}=-81.818\ 1\times 10^{-5}$$

于是可得单元 1 中的应力为

$$\sigma^{(1)}=E^{(1)}(\varepsilon^{(1)}-\varepsilon_0^{(1)})=E^{(1)}(\varepsilon^{(1)}-\alpha^{(1)}T)$$

$$=75\times 10^{3}(-81.818\ 1\times 10^{-5}-20\times 10^{-6}\times 50)$$

$$=-136.363\ 6(\text{N/mm}^2)=-136.363\ 6(\text{MPa})$$

单元 2 中的应变为

$$\varepsilon^{(2)}=\frac{u_3-u_2}{L^{(2)}}=\frac{0-(-0.081\ 818\ 1)}{200}=40.909\ 0\times 10^{-5}$$

于是可得单元 2 中的应力为

$$\sigma^{(2)} = E^{(2)}(\varepsilon^{(2)} - \varepsilon_0^{(2)}) = E^{(2)}(\varepsilon^{(2)} - \alpha^{(2)}T)$$
$$= 200 \times 10^3 (40.9090 \times 10^{-5} - 15 \times 10^{-6} \times 50)$$
$$= 70.0(\mathrm{N/mm^2}) = 70.0(\mathrm{MPa})$$

【例 10.3】 求出图 10.5 所示的平面桁架在结点 4 处施加 1 000N 垂直向下荷载时的结点位移，相关参数见表 10.1。

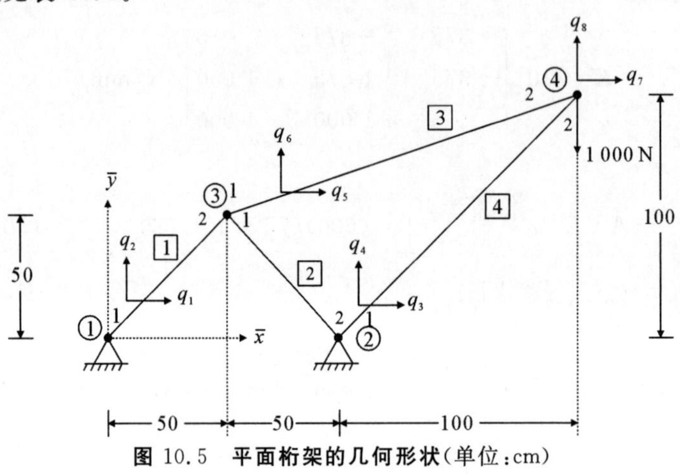

图 10.5　平面桁架的几何形状(单位:cm)

表 10.1　桁架单元参数

单元编号 e	横截面积 A^e/cm^2	长度 l^e/cm	杨氏模量 $E^e/(\mathrm{N \cdot cm^{-2}})$
1	2.0	$50\sqrt{2}$	2×10^6
2	2.0	$50\sqrt{2}$	2×10^6
3	1.0	$100\sqrt{2.5}$	2×10^6
4	1.0	$100\sqrt{2}$	2×10^6

解　结点、单元和全局位移的编号如图 10.5 所示。图 10.6 显示了每个单元在自身局部坐标系中的结点 1 和结点 2，以及局部 x 方向。为了方便起见，表 10.2 给出了每个单元的局部结点 1 和 2 对应的全局结点编号 i 和 j，以及 i-j (x 轴)相对于全局 $\bar{x}$ 轴和 $\bar{y}$ 轴的方向余弦。

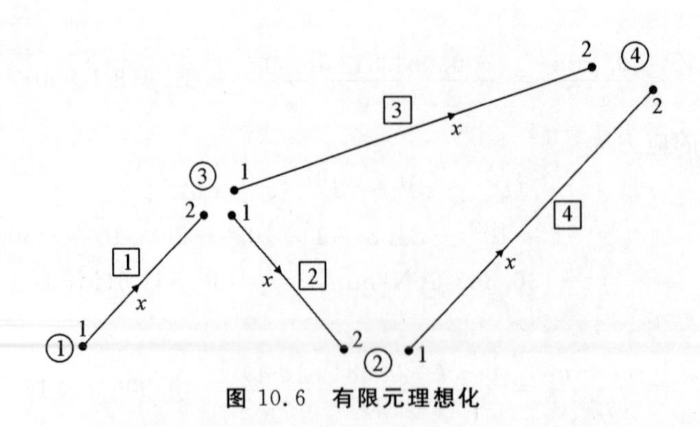

图 10.6　有限元理想化

表 10.2　单元的方向余弦

单元 e	局部结点 1(i)	局部结点 2(j)	局部结点 1(i)和 2(j)在全局坐标系中的坐标				i-j 线的方向余弦	
			$\bar{x}_i$	$\bar{y}_i$	$\bar{x}_j$	$\bar{y}_j$	l_{ij}	m_{ij}
1	1	3	0.0	0.0	50.0	50.0	$1/\sqrt{2}$	$1/\sqrt{2}$
2	3	2	50.0	50.0	100.0	0.0	$1/\sqrt{2}$	$-1/\sqrt{2}$
3	3	4	50.0	50.0	200.0	100.0	$1.5/\sqrt{2.5}$	$0.5/\sqrt{2.5}$
4	2	4	100.0	0.0	200.0	100.0	$1/\sqrt{2}$	$1/\sqrt{2}$

由式(10.14)计算每个单元在全局坐标系中的刚度矩阵如下：

$$\boldsymbol{K}^{(1)}=\frac{2.0\times 2\times 10^{6}}{50\sqrt{2}}\times\begin{array}{c}\begin{matrix} q_1 & \quad q_2 & \quad q_5 & \quad q_6 \end{matrix}\\ \begin{bmatrix} 1/2 & 1/2 & -1/2 & -1/2 \\ 1/2 & 1/2 & -1/2 & -1/2 \\ -1/2 & -1/2 & 1/2 & 1/2 \\ -1/2 & -1/2 & 1/2 & 1/2 \end{bmatrix}\begin{matrix} q_1 \\ q_2 \\ q_5 \\ q_6 \end{matrix}\end{array}$$

$$=\begin{bmatrix} 1 & 1 & -1 & -1 \\ 1 & 1 & -1 & -1 \\ -1 & -1 & 1 & 1 \\ -1 & -1 & 1 & 1 \end{bmatrix}\times 2\sqrt{2}\times 10^{4}\,(\mathrm{N/cm})$$

$$\boldsymbol{K}^{(2)}=\frac{(2.0)(2\times 10^{6})}{50\sqrt{2}}\times\begin{array}{c}\begin{matrix} q_5 & \quad q_6 & \quad q_3 & \quad q_4 \end{matrix}\\ \begin{bmatrix} 1/2 & -1/2 & -1/2 & 1/2 \\ -1/2 & 1/2 & 1/2 & -1/2 \\ -1/2 & 1/2 & 1/2 & -1/2 \\ 1/2 & -1/2 & -1/2 & 1/2 \end{bmatrix}\begin{matrix} q_5 \\ q_6 \\ q_3 \\ q_4 \end{matrix}\end{array}$$

$$=\begin{bmatrix} 1 & -1 & -1 & 1 \\ -1 & 1 & 1 & -1 \\ -1 & 1 & 1 & -1 \\ 1 & -1 & -1 & 1 \end{bmatrix}\times 2\sqrt{2}\times 10^{4}\,(\mathrm{N/cm})$$

$$\boldsymbol{K}^{(3)}=\frac{(1.0)(2\times 10^{6})}{100\sqrt{2.5}}\times\begin{array}{c}\begin{matrix} q_5 & \quad q_6 & \quad q_7 & \quad q_8 \end{matrix}\\ \begin{bmatrix} \frac{2.25}{2.50} & \frac{0.75}{2.50} & -\frac{2.25}{2.50} & -\frac{0.75}{2.50} \\ \frac{0.75}{2.50} & \frac{0.25}{2.50} & -\frac{0.75}{2.50} & -\frac{0.25}{2.50} \\ -\frac{2.25}{2.50} & -\frac{0.75}{2.50} & \frac{2.25}{2.50} & \frac{0.75}{2.50} \\ -\frac{0.75}{2.50} & -\frac{0.25}{2.50} & \frac{0.75}{2.50} & \frac{0.25}{2.50} \end{bmatrix}\begin{matrix} q_5 \\ q_6 \\ q_7 \\ q_8 \end{matrix}\end{array}$$

$$=\begin{bmatrix} 9 & 3 & -9 & -3 \\ 3 & 1 & -3 & -1 \\ -9 & -3 & 9 & 3 \\ -3 & -1 & 3 & 1 \end{bmatrix}\times 8\sqrt{2.5}\times 10^{2}\,(\mathrm{N/cm})$$

$$
\boldsymbol{K}^{(4)}=\frac{1.0\times 2\times 10^{6}}{100\sqrt{2}}\times
\begin{array}{c}
\begin{array}{cccc} q_3 & q_4 & q_7 & q_8 \end{array}\\
\begin{bmatrix}
1/2 & 1/2 & -1/2 & -1/2\\
1/2 & 1/2 & -1/2 & -1/2\\
-1/2 & -1/2 & 1/2 & 1/2\\
-1/2 & -1/2 & 1/2 & 1/2
\end{bmatrix}
\end{array}
\begin{array}{c} q_3\\ q_4\\ q_7\\ q_8 \end{array}
$$

$$
=\begin{bmatrix}
1 & 1 & -1 & -1\\
1 & 1 & -1 & -1\\
-1 & -1 & 1 & 1\\
-1 & -1 & 1 & 1
\end{bmatrix}\times 5\sqrt{2}\times 10^{3}\,(\mathrm{N/cm})
$$

这些单元矩阵可以组装成总体刚度矩阵，即

$$
\boldsymbol{K}=10^{3}\begin{bmatrix}
20\sqrt{2} & 20\sqrt{2} & 0 & 0 & -20\sqrt{2} & -20\sqrt{2} & 0 & 0\\
20\sqrt{2} & 20\sqrt{2} & 0 & 0 & -20\sqrt{2} & -20\sqrt{2} & 0 & 0\\
0 & 0 & 20\sqrt{2}+5\sqrt{2} & -20\sqrt{2}+5\sqrt{2} & -20\sqrt{2} & 20\sqrt{2} & -5\sqrt{2} & -5\sqrt{2}\\
0 & 0 & -20\sqrt{2}+5\sqrt{2} & 20\sqrt{2}+5\sqrt{2} & 20\sqrt{2} & -20\sqrt{2} & -5\sqrt{2} & -5\sqrt{2}\\
-20\sqrt{2} & -20\sqrt{2} & -20\sqrt{2} & 20\sqrt{2} & 20\sqrt{2}+20\sqrt{2}+7.2\sqrt{2.5} & 20\sqrt{2}-20\sqrt{2}+2.4\sqrt{2.5} & -7.2\sqrt{2.5} & -2.4\sqrt{2.5}\\
-20\sqrt{2} & -20\sqrt{2} & 20\sqrt{2} & -20\sqrt{2} & 20\sqrt{2}-20\sqrt{2}+2.4\sqrt{2.5} & 20\sqrt{2}+20\sqrt{2}+0.8\sqrt{2.5} & -2.4\sqrt{2.5} & -0.8\sqrt{2.5}\\
0 & 0 & -5\sqrt{2} & -5\sqrt{2} & -7.2\sqrt{2.5} & -2.4\sqrt{2.5} & 7.2\sqrt{2.5}+5\sqrt{2} & 2.4\sqrt{2.5}+5\sqrt{2}\\
0 & 0 & -5\sqrt{2} & -5\sqrt{2} & -2.4\sqrt{2.5} & -0.8\sqrt{2.5} & 2.4\sqrt{2.5}+5\sqrt{2} & 0.8\sqrt{2.5}+5\sqrt{2}
\end{bmatrix}(\mathrm{N/cm})
$$

因此，总体平衡方程可以表示为

$$
\boldsymbol{Kq}=\boldsymbol{P} \tag{E.1}
$$

其中

$$
\boldsymbol{q}=\begin{bmatrix} q_1\\ q_2\\ \vdots\\ q_8 \end{bmatrix},\quad \boldsymbol{P}=\begin{bmatrix} P_1\\ P_2\\ \vdots\\ P_8 \end{bmatrix}
$$

删除约束自由度对应的行和列（$q_1=q_2=q_3=q_4=0$），则方程式(E.1)可表示为

$$
10^{3}\begin{bmatrix}
4\sqrt{2}+7.2\sqrt{2.5} & 2.4\sqrt{2.5} & -7.2\sqrt{2.5} & -2.4\sqrt{2.5}\\
2.4\sqrt{2.5} & 40\sqrt{2}+0.8\sqrt{2.5} & -2.4\sqrt{2.5} & -0.8\sqrt{2.5}\\
-7.2\sqrt{2.5} & 2.5 & 5\sqrt{2}+7.2\sqrt{2.5} & 5\sqrt{2}+2.4\sqrt{2.5}\\
2.5 & -0.8\sqrt{2.5} & 5\sqrt{2}+2.4\sqrt{2.5} & 5\sqrt{2}+0.8\sqrt{2.5}
\end{bmatrix}
\begin{bmatrix} Q_5\\ Q_6\\ Q_7\\ Q_8 \end{bmatrix}=
\begin{bmatrix} 0\\ 0\\ 0\\ -1\,000 \end{bmatrix} \tag{E.2}
$$

解之可得位移为

$$q_5 = 0.026\ 517\ \text{cm}$$

$$q_6 = 0.008\ 839\ \text{cm}$$

$$q_7 = 0.347\ 903\ \text{cm}$$

$$q_8 = -0.560\ 035\ \text{cm}$$

【例 10.4】 求解例 10.3 中桁架各单元的应力。

解 桁架在全局坐标系下的结点位移(包括固定自由度)为

$$\boldsymbol{q} = \begin{bmatrix} q_1 \\ q_2 \\ q_3 \\ q_4 \\ q_5 \\ q_6 \\ q_7 \\ q_8 \end{bmatrix} = \begin{bmatrix} 0 \\ 0 \\ 0 \\ 0 \\ 0.026\ 517 \\ 0.008\ 839 \\ 0.347\ 903 \\ -0.560\ 035 \end{bmatrix} \text{cm} \tag{E.1}$$

根据图 10.5 和式(E.1),在全局坐标系中,各单元的节点自由度为

$$\boldsymbol{q}^{(1)} = \begin{bmatrix} q_1^{(1)} \\ q_2^{(1)} \\ q_3^{(1)} \\ q_4^{(1)} \end{bmatrix} \equiv \begin{bmatrix} q_1 \\ q_2 \\ q_5 \\ q_6 \end{bmatrix} = \begin{bmatrix} 0 \\ 0 \\ 0.026\ 517 \\ 0.008\ 839 \end{bmatrix} \text{cm} \tag{E.2}$$

$$\boldsymbol{q}^{(2)} = \begin{bmatrix} q_1^{(2)} \\ q_2^{(2)} \\ q_3^{(2)} \\ q_4^{(2)} \end{bmatrix} \equiv \begin{bmatrix} q_5 \\ q_6 \\ q_3 \\ q_4 \end{bmatrix} = \begin{bmatrix} 0.026\ 517 \\ 0.008\ 839 \\ 0 \\ 0 \end{bmatrix} \text{cm} \tag{E.3}$$

$$\boldsymbol{q}^{(3)} = \begin{bmatrix} q_1^{(3)} \\ q_2^{(3)} \\ q_3^{(3)} \\ q_4^{(3)} \end{bmatrix} \equiv \begin{bmatrix} q_5 \\ q_6 \\ q_7 \\ q_8 \end{bmatrix} = \begin{bmatrix} 0.026\ 517 \\ 0.008\ 839 \\ 0.347\ 903 \\ -0.560\ 035 \end{bmatrix} \text{cm} \tag{E.4}$$

$$\boldsymbol{q}^{(4)} = \begin{bmatrix} q_1^{(4)} \\ q_2^{(4)} \\ q_3^{(4)} \\ q_4^{(4)} \end{bmatrix} \equiv \begin{bmatrix} q_3 \\ q_4 \\ q_7 \\ q_8 \end{bmatrix} = \begin{bmatrix} 0 \\ 0 \\ 0.347\ 903 \\ -0.560\ 035 \end{bmatrix} \text{cm} \tag{E.5}$$

单元 e 轴向应力的计算式为

$$\sigma^{(e)} = E^{(e)}\varepsilon^{(e)} = E^{(e)}\boldsymbol{B}^{(e)}\boldsymbol{q}^{e} = E^{(e)}\boldsymbol{B}^{(e)}\boldsymbol{T}^{(e)}\boldsymbol{q}^{e}$$

$$= E^{(e)}\begin{bmatrix}-\dfrac{1}{L^{(e)}} & \dfrac{1}{L^{(e)}}\end{bmatrix}\begin{bmatrix}l_{ij}^{(e)} & m_{ij}^{(e)} & 0 & 0\\ 0 & 0 & l_{ij}^{(e)} & m_{ij}^{(e)}\end{bmatrix}\begin{bmatrix}q_1^{(e)}\\ q_2^{(e)}\\ q_3^{(e)}\\ q_4^{(e)}\end{bmatrix}$$

$$= E^{(e)}\left[-\frac{1}{L^{(e)}}(l_{ij}^{(e)}q_1^{(e)} + m_{ij}^{(e)}q_2^{(e)}) + \frac{1}{L^{(e)}}(l_{ij}^{(e)}q_3^{(e)} + m_{ij}^{(e)}q_4^{(e)})\right] \tag{E. 6}$$

根据式(E. 6),可以计算每个单元的轴向应力如下:

单元 1:$E^{(1)} = 2\times10^6\ \text{N/cm}^2$,$l^{(1)} = 70.710\ 7\ \text{cm}$,$l_{ij}^{(1)} = m_{ij}^{(1)} = 0.707\ 107$,$q_i^{(1)}$ 由方程式(E. 2)得出,故 $\sigma^{(1)} = 707.120\ 0\ \text{N/cm}^2$ 。

单元 2:$E^{(2)} = 2\times10^6\ \text{N/cm}^2$,$l^{(2)} = 70.710\ 7\ \text{cm}$,$l_{ij}^{(2)} = 0.707\ 107$,$m_{ij}^{(2)} = -0.707\ 107$,$q_i^{(2)}$ 由方程式(E. 3)得出,故 $\sigma^{(2)} = -353.560\ \text{N/cm}^2$ 。

单元 3:$E^{(3)} = 2\times10^6\ \text{N/cm}^2$,$l^{(3)} = 158.114\ \text{cm}$,$l_{ij}^{(3)} = 0.948\ 683$,$m_{ij}^{(3)} = -0.316\ 228$,$q_i^{(3)}$ 由方程式(E. 4)得出,故 $\sigma^{(3)} = 1\ 581.132\ \text{N/cm}^2$ 。

单元 4:$E^{(4)} = 2\times10^6\ \text{N/cm}^2$,$l^{(4)} = 141.421\ \text{cm}$,$l_{ij}^{(4)} = m_{ij}^{(4)} = 0.707\ 107$,$q_i^{(4)}$ 由方程式(E. 5)得出,故 $\sigma^{(4)} = -2\ 121.326\ \text{N/cm}^2$。

10.3 平面梁单元和平面刚架结构分析

杆单元只能用来模拟轴向受力、变形的杆件,如铰接桁架。但是,在图 10.7(a)所示的平面刚架结构中,杆件之间固连在一起,每根杆件中不仅有轴力,还有横向载荷和弯矩,用杆单元无法模拟。同理,图 10.7(b)所示的飞机机翼受向上的气动力作用,会在机翼内部产生横向剪力和弯矩,此时机翼的传力规律与图 10.7(a)所示的刚架中的杆件是相同的。对这类结构的分析采用梁单元更为有效。有限元法中所说的梁单元,是指能同时传递横向力和弯曲的杆件。杆件单元在这些载荷作用下产生弯曲变形,因此也将此类杆件单元称为弯曲梁单元。如果梁的受力和变形只发生在一个平面内,则称为平面梁单元,否则,将是空间梁单元。

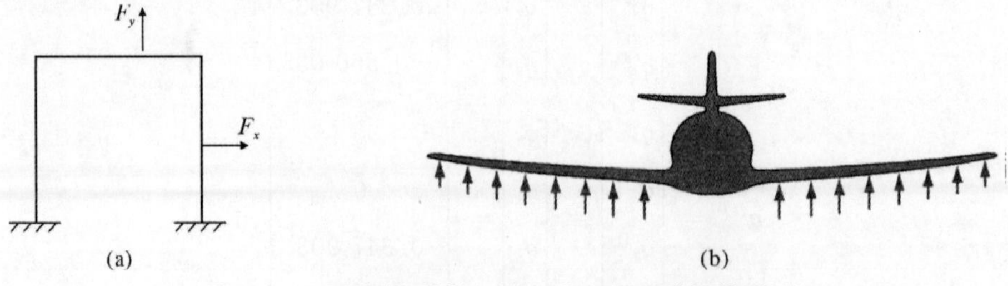

图 10.7 平面刚架结构(a)和飞机机翼悬臂梁模型(b)

10.3.1　平面梁单元

本节考虑基于经典 Euler 梁理论的梁单元，它不考虑横向剪切变形，满足平截面假设。长梁能很好地满足这个假设。对于长度较短的梁，不考虑横向剪切变形就会引起较大的误差，此时需要基于更高阶的梁理论（如 Timoshenko 梁理论）来构造梁单元，这将在后面讨论。

图 10.8 为 xOy 平面内的梁单元模型，截面积为 A 、长度为 L 、弹性模量为 E 、截面绕 z 轴的惯性矩为 I_z。该梁单元有以下特点：

（1）轴线沿 x 轴；

（2）有两个结点；

（3）每个结点有 3 个自由度，即轴向位移 u 、横向位移 v 和绕 z 轴的转角 θ_z，这里假设 θ_z 沿 z 轴正向为正；

（4）每个结点有一个轴向力 U 、一个横向剪力 V 和一个绕 z 轴的力矩 M_z。

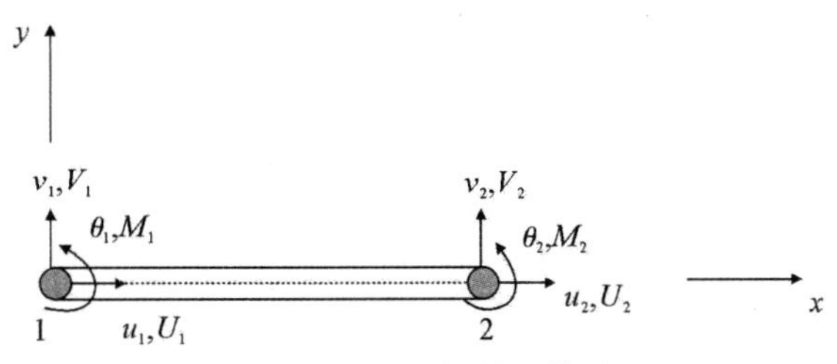

图 10.8　平面梁单元模型

在小挠度情况下，梁的弯曲变形和轴向拉压变形是相互独立的，因此上面的梁单元在 U 、V 和 M_z 共同作用下的变形，可以看成是由轴向力 U 作用下的拉压变形与剪力 V 和弯矩 M_z 共同作用下的弯曲变形叠加而来的。梁在 U 作用下将产生轴向位移 u，可以由杆单元的平衡关系给出。梁在横向力 V 和弯矩 M_z 作用下产生 xOy 面内的弯曲变形。根据 Euler 梁理论的平截面假设，假设变形前垂直于梁中心线的截面，变形后仍保持为平面且仍垂直于中心线，因此，平面梁的弯曲变形可以用中性轴的挠度函数 $v(x)$ 来表征。

1. 单元位移函数和形函数

考虑图 10.9(a)所示的平面 2 结点弯曲梁单元模型。单元局部坐标系 Oxy 中，x 轴沿梁的中性轴方向。梁单元的结点位移和结点力分别为

$$\left.\begin{aligned} \boldsymbol{q}^e &= [v_1 \quad \theta_1 \quad v_2 \quad \theta_2]^{\mathrm{T}} \\ \boldsymbol{P}^e &= [V_1 \quad M_1 \quad V_2 \quad M_2]^{\mathrm{T}} \end{aligned}\right\} \tag{10.23}$$

该单元有四个结点自由度，可以确定四个未知量，因此位移函数可选为三次多项式，即

$$v(x) = a + bx + cx^2 + dx^3 \tag{10.24}$$

式中：a,b,c,d 为待定系数。

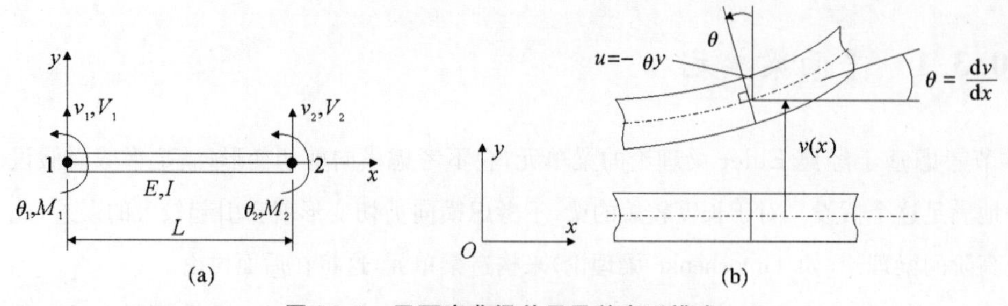

图 10.9　平面弯曲梁单元及其变形模式

(a)单元模型;(b)变形模式

为了将挠度函数用结点位移表示,需要利用图 10.9(b)所示的平截面假设,建立挠度和转角的关系,即

$$\theta_z = \frac{\mathrm{d}v}{\mathrm{d}x} = b + 2cx + 3dx^2 \tag{10.25}$$

将结点位移关系代入式(10.24)和式(10.25),可得

$$\left.\begin{aligned} v_1 &= a \\ v_2 &= a + bL + cL^2 + dL^3 \\ \theta_1 &= b \\ \theta_2 &= b + 2cL + 3dL^2 \end{aligned}\right\} \tag{10.26}$$

求解可得

$$\left.\begin{aligned} a &= v_1 \\ b &= \theta_1 \\ c &= \frac{1}{L^2}(3v_2 - 2v_1 - 2\theta_1 L - \theta_2 L) \\ d &= \frac{1}{L^3}(2v_1 - 2v_2 + \theta_1 L + \theta_2 L) \end{aligned}\right\} \tag{10.27}$$

将系数 $a,\cdots,d$ 的表达式代入单元位移式(10.24),整理可得单元节点位移表示的挠度函数为

$$\begin{aligned} v &= v_1 N_1 + \theta_1 N_2 + v_2 N_3 + \theta_2 N_4 \\ &= [N_1 \quad N_2 \quad N_3 \quad N_4]\boldsymbol{q}^e \\ &= \boldsymbol{N}\boldsymbol{q}^e \end{aligned} \tag{10.28}$$

式中,N_i 为平面 2 结点弯曲梁单元的形函数,表达式如下:

$$\left.\begin{aligned} N_1 &= \frac{1}{L^3}(2x^3 - 3Lx^2 + L^3), \quad & N_2 &= \frac{1}{L^2}(x^3 - 2Lx^2 + L^2 x) \\ N_3 &= \frac{1}{L^3}(-2x^3 + 3Lx^2), \quad & N_4 &= \frac{1}{L^2}(x^3 - Lx^2) \end{aligned}\right\} \tag{10.29}$$

可以验证,形函数 N_1 在结点 1 上值为 1,而在结点 2 处值为 0,似乎满足熟知的拉格朗日插值特性;但是,形函数 N_2 在两个结点上的值却都为 0,违背了拉格朗日插值特性。不过,细心的读者会发现 $\mathrm{d}N_2/\mathrm{d}x$ 在结点 1 上值为 1,在结点 2 处值为 0,满足拉格朗日差值特性。形函数 N_3 和 N_4 也有类似的规律。出现这种现象的原因是,梁单元的结点位移中出现了挠度函

数的导数，即式(10.25)中的转角 θ_z，这是前面所学的拉格朗日单元中没有涉及的。在有限元法中，把这种包含位移函数导数的单元称为 Hermite 单元。下面介绍一些相关的基本概念。

2. Hermite 单元的概念

当相邻单元在公共结点上需要满足场函数导数的连续性时，可以采用 Hermite 多项式作为插值函数构造 Hermite 单元，此时结点参数中还应包含场函数导数的结点值。

以上面考虑的一维 2 节点梁单元为例，需要场函数 $v(x)$ 的一阶导数在结点上连续，则采用 Hermite 多项式的插值表达式可写成

$$v(x) = \sum_{i=1}^{2} H_i^{(0)}(x) v_i + \sum_{i=1}^{2} H_i^{(1)}(x) \left(\frac{\mathrm{d}v}{\mathrm{d}x}\right)_i \tag{10.30}$$

或

$$v(x) = \sum_{i=1}^{4} N_i(x) q_i \tag{10.31}$$

其中的 Hermite 多项式具有以下性质：

$$\left.\begin{aligned} H_i^{(0)}(x_j) &= \delta_{ij}, \quad \frac{\mathrm{d}H_i^{(0)}(x)}{\mathrm{d}x}\bigg|_{x_j} = 0, \quad (i,j=1,2) \\ H_i^{(1)}(x_j) &= 0, \quad \frac{\mathrm{d}H_i^{(1)}(x)}{\mathrm{d}x}\bigg|_{x_j} = \delta_{ij}, \quad (i,j=1,2) \end{aligned}\right\} \tag{10.32}$$

采用 $0 \leqslant \xi \leqslant 1$ 的局部无量纲坐标时，$\xi_1 = 0, \xi_2 = 1$。这时 $H_i^{(0)}(\xi)$ 和 $H_i^{(1)}(\xi)$ 是以下形式的三次多项式：

$$\left.\begin{aligned} N_1 &= H_1^{(0)}(\xi) = 1 - 3\xi^2 + 2\xi^3 \\ N_2 &= H_2^{(0)}(\xi) = 3\xi^2 - 2\xi^3 \\ N_3 &= H_1^{(1)}(\xi) = \xi - 2\xi^2 + \xi^3 \\ N_4 &= H_2^{(1)}(\xi) = \xi^3 - \xi^2 \end{aligned}\right\} \tag{10.33}$$

并且

$$q_1 = v_1, \quad q_2 = v_2, \quad q_3 = \left(\frac{\mathrm{d}v}{\mathrm{d}\xi}\right)_1, \quad q_4 = \left(\frac{\mathrm{d}v}{\mathrm{d}\xi}\right)_2 \tag{10.34}$$

式(10.33)中 4 个 Hermite 形函数如图 10.10 所示。在端部结点最高保持场函数的一阶导数连续性的 Hermite 多项式称为一阶 Hermite 多项式。在两个结点的情况下，它是自变量 ξ 的三次多项式。零阶 Hermite 多项式即为拉格朗日多项式。推而广之，在结点上保持至函数的 n 阶导数连续性的 Hermite 多项式称为 n 阶 Hermite 多项式。在两个结点的情况下，它是 ξ 的 $2n+1$ 次多项式。可见，前面介绍的 2 结点梁单元的形函数就是两结点情况下的一阶 Hermite多项式，它能够保证梁的转角在两个单元的相邻结点上连续。

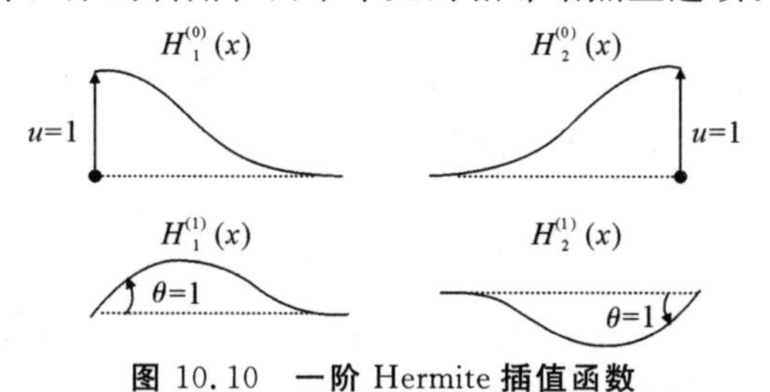

图 10.10　一阶 Hermite 插值函数

3. 单元刚度矩阵

下面由最小势能原理建立梁单元的平衡方程。由图 10.9(b)可知梁的轴向位移为

$$u(x,z) = -y\frac{\mathrm{d}v}{\mathrm{d}x} \tag{10.35}$$

轴向应变为

$$\varepsilon_x = \frac{\partial u}{\partial x} = -y\frac{\partial^2 v}{\partial x^2} \tag{10.36}$$

将单元位移式(10.28)代入式(10.36)，可得

$$\varepsilon_x = -y\frac{\partial^2 \boldsymbol{N}(x)}{\partial x^2}\boldsymbol{q}^e = y\boldsymbol{B}\boldsymbol{q}^e \tag{10.37}$$

式中：几何矩阵

$$\begin{aligned}\boldsymbol{B} &= -\frac{\partial^2}{\partial x^2}\boldsymbol{N}(x) \\ &= \frac{1}{L^3}[(6L-12x) \quad L(4L-6x) \quad (12x-6L) \quad L(2L-6x)]\end{aligned} \tag{10.38}$$

梁的应力为

$$\sigma_x = E\varepsilon_x = yE\boldsymbol{B}\boldsymbol{q}^e \tag{10.39}$$

因此，梁单元的总应变能为

$$U = \frac{1}{2}\int_0^l\int_A \boldsymbol{\sigma}_x{}^{\mathrm{T}}\boldsymbol{\varepsilon}_x \mathrm{d}A\mathrm{d}x = \frac{1}{2}(\boldsymbol{q}^e)^{\mathrm{T}}\left(\int_0^l\int_A Ez^2\boldsymbol{B}^{\mathrm{T}}\boldsymbol{B}\mathrm{d}A\mathrm{d}x\right)\boldsymbol{q}^e = \frac{1}{2}(\boldsymbol{q}^e)^{\mathrm{T}}\boldsymbol{K}^e\boldsymbol{q}^e \tag{10.40}$$

外力的功为

$$W = (\boldsymbol{P}^e)^{\mathrm{T}}\boldsymbol{q}^e \tag{10.41}$$

由最小势能原理 $\delta(U-W)=0$，可得梁的平衡方程 $\boldsymbol{K}^e\boldsymbol{q}^e = \boldsymbol{P}^e$，其中，单元刚度矩阵为

$$\boldsymbol{K}^e = EI_z\int_0^l \boldsymbol{B}^{\mathrm{T}}\boldsymbol{B}\mathrm{d}x \tag{10.42}$$

式中：I_z 为截面惯性矩。将 $\boldsymbol{B}$ 的表达式代入并计算积分，可得

$$\boldsymbol{K}^e = \frac{12EI_z}{L^3}\begin{bmatrix} 12 & 6L & -12 & 6L \\ & 4L^2 & -6L & 2L^2 \\ \text{对} & & 12 & -6L \\ & \text{称} & & 4L^2 \end{bmatrix} \tag{10.43}$$

弯曲梁单元的等效结点载荷计算，将在下一小节介绍。

10.3.2 平面刚架结构分析

在平面刚架结构中，每个杆件可能承受轴力、横向力和弯矩的共同作用。因此，离散后单元的刚度矩阵应该是轴力杆单元和弯曲梁单元的组合。

1. 单元位移

一般情况下，平面梁单元的结点位移应包含轴向位移 u、横向问题 v 和绕 z 轴的转角 θ。对图 10.8 所示的平面梁单元，结点位移和结点力为

$$\begin{aligned} \boldsymbol{q}^e &= [u_1 \quad v_1 \quad \theta_1 \quad u_2 \quad v_2 \quad \theta_2]^{\mathrm{T}} \\ \boldsymbol{P}^e &= [U_1 \quad V_1 \quad M_1 \quad U_2 \quad V_2 \quad M_2]^{\mathrm{T}} \end{aligned} \tag{10.44}$$

单元内部任一点有两个位移分量 u 和 v，单元位移表达式为

$$\boldsymbol{u} = \begin{bmatrix} u \\ v \end{bmatrix} = \boldsymbol{N}\boldsymbol{q}^e \tag{10.45}$$

式中，形函数矩阵可根据杆单元和弯曲梁单元的情况写出，即

$$\boldsymbol{N} = \begin{bmatrix} 1-\dfrac{x}{l} & 0 & 0 & \dfrac{x}{l} & 0 & 0 \\ 0 & N_1 & N_2 & 0 & N_3 & N_4 \end{bmatrix} \tag{10.46}$$

2. 单元刚度矩阵

梁在轴向力 U、横向力 V 和弯矩 M_z 共同作用下发生复合变形的情况，可以看成一个轴力杆和一个弯曲梁单元的组合效果，因此平面梁单元的刚度矩阵可以由杆单元的刚度矩阵[（式 10.4）]和弯曲梁单元的刚度矩阵[式(10.43)]叠加得到，即

$$\boldsymbol{K}^e = \begin{bmatrix} \dfrac{EA}{L} & 0 & 0 & -\dfrac{EA}{L} & 0 & 0 \\ & \dfrac{12EI_z}{L^3} & \dfrac{6EI_z}{L^2} & 0 & -\dfrac{12EI_z}{L^3} & \dfrac{6EI_z}{L^2} \\ & & \dfrac{4EI_z}{L} & 0 & -\dfrac{6EI_z}{L^2} & \dfrac{2EI_z}{L} \\ & & & \dfrac{EA}{L} & 0 & 0 \\ \text{对} & & & & \dfrac{12EI_z}{L^3} & -\dfrac{6EI_z}{L^2} \\ & \text{称} & & & & \dfrac{4EI_z}{L} \end{bmatrix} \tag{10.47}$$

3. 等效结点载荷

采用平面梁单元进行结构分析时，通常遇到三种形式的外力，即分布力、集中力和集中力矩。依据静力等效原理可以将它们转化的结点上。下面给出这三种外力向结点载荷转化的公式。

1)分布力。设分布力沿 x 和 y 轴的分量为 $q_x(x)$ 和 $q_y(x)$，则由外力功的计算方法可知，等效结点载荷的表达式为

$$\boldsymbol{P}^e = \int_0^L \boldsymbol{N}^{\mathrm{T}} \begin{bmatrix} q_x \\ q_y \end{bmatrix} \mathrm{d}x \tag{10.48}$$

式中的形函数矩阵 $\boldsymbol{N}$ 由式(10.46)给出。

(2)集中力。设作用于单元坐标 x_C 处的集中力为 $[U_C \quad V_C]^{\mathrm{T}}$，则等效结点载荷为

$$\boldsymbol{P}^e = [\boldsymbol{N}(x_C)]^{\mathrm{T}} \begin{bmatrix} U_C \\ V_C \end{bmatrix} \tag{10.49}$$

(3)集中力矩。当梁上 x_C 点作用集中力矩 M_z 时,这个力矩只对 y 向的结点力有贡献。力矩所做的虚功为

$$W_M = M_z\theta_z = M_z\frac{\mathrm{d}v}{\mathrm{d}x} = M_z\frac{\mathrm{d}}{\mathrm{d}x}\boldsymbol{N}\boldsymbol{q}^e \tag{10.50}$$

所以,集中力矩转化成结点载荷的公式为

$$\begin{aligned}\boldsymbol{P}^e &= M_z\left(\frac{\mathrm{d}}{\mathrm{d}x}\boldsymbol{N}\right)_{x=x_C}\\ &= \begin{bmatrix}0 & -\dfrac{6x_C(L-x_C)}{L^3} & \dfrac{(L-x_C)(L-3x_C)}{L^2} & 0 & \dfrac{6x_C(L-x_C)}{L^3} & -\dfrac{x_C(2L-3x_C)}{L^2}\end{bmatrix}^{\mathrm{T}} M_z\end{aligned} \tag{10.51}$$

4. 平面梁元的坐标转换

前面所述梁单元的刚度矩阵和等效结点载荷都是在单元局部坐标系中建立的,在具体应用时,需要将它们转化到总体坐标系中。下面首先建立结点位移和结点力在两个坐标系中的转化关系。

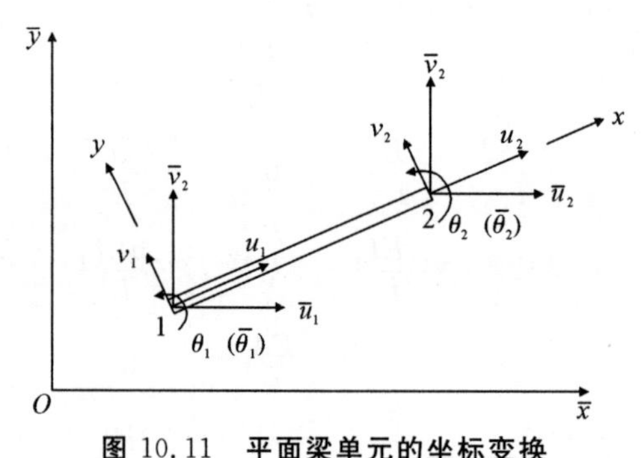

图 10.11　平面梁单元的坐标变换

图 10.11 给出了梁单元的局部坐标系 Oxy 与总体坐标系 $O\overline{xy}$ 的关系。显然,角位移在两个坐标系下是相等的,即有

$$\theta = \bar{\theta} \tag{10.52}$$

线位移有如下关系:

$$\begin{bmatrix}u\\v\end{bmatrix} = \begin{bmatrix}\cos(x,\bar{x}) & \cos(x,\bar{y})\\ \cos(y,\bar{x}) & \cos(y,\bar{y})\end{bmatrix}\begin{bmatrix}\bar{u}\\ \bar{v}\end{bmatrix} \tag{10.53}$$

于是,结点位移的转换关系为

$$\boldsymbol{q}^e = \begin{bmatrix}u_1\\v_1\\\theta_1\\u_2\\v_2\\\theta_2\end{bmatrix} = \begin{bmatrix}\cos(x,\bar{x}) & \cos(x,\bar{y}) & 0 & 0 & 0 & 0\\ \cos(y,\bar{x}) & \cos(y,\bar{y}) & 0 & 0 & 0 & 0\\ 0 & 0 & 1 & 0 & 0 & 0\\ 0 & 0 & 0 & \cos(x,\bar{x}) & \cos(x,\bar{y}) & 0\\ 0 & 0 & 0 & \cos(y,\bar{x}) & \cos(y,\bar{y}) & 0\\ 0 & 0 & 0 & 0 & 0 & 1\end{bmatrix}\begin{bmatrix}\bar{u}_1\\\bar{v}_1\\\bar{\theta}_1\\\bar{u}_2\\\bar{v}_2\\\bar{\theta}_2\end{bmatrix} = \boldsymbol{T}\bar{\boldsymbol{q}}^e \tag{10.54}$$

同理,结点力转换关系为

$$\boldsymbol{P}^{e} = \boldsymbol{T}\overline{\boldsymbol{P}}^{e} \tag{10.55}$$

这里的转换矩阵 $\boldsymbol{T}$ 是正交的，即 $\boldsymbol{T}^{\mathrm{T}} = \boldsymbol{T}^{-1}$。

局部坐标系下的单元平衡方程为

$$\boldsymbol{K}^{e}\boldsymbol{q}^{e} = \boldsymbol{P}^{e} \tag{10.56}$$

将式(10.54)和式(10.55)代入，并利用 $\boldsymbol{T}$ 的正交性可得总体坐标系下的单元平衡方程为

$$\boldsymbol{T}^{\mathrm{T}}\boldsymbol{K}^{e}\boldsymbol{T}\,\overline{\boldsymbol{q}}^{e} = \overline{\boldsymbol{K}}^{e}\,\overline{\boldsymbol{q}}^{e} = \overline{\boldsymbol{P}}^{e} \tag{10.57}$$

其中：总体坐标系下的单元刚度矩阵为

$$\overline{\boldsymbol{K}}^{e} = \boldsymbol{T}^{\mathrm{T}}\boldsymbol{K}^{e}\boldsymbol{T} \tag{10.58}$$

10.3.3　铰结点的处理

在杆件系统中会遇到一些杆件通过铰结点和其他杆件相连接的情况。如图 10.12 中的杆件组成的框架结构，有 4 根杆件汇交于结点 4，其中杆件②与结点 4 铰接，其他杆则为刚接。在这种结点上应该注意到：

(1)结点上各杆具有相同的线位移，但截面转角不相同。刚接于结点上的各杆具有相同的截面转角，而与之铰接的杆件却具有不同的转角。例如在图 10.12 结构的结点 4 上，杆件③、④和⑥将具有相同的转角，而杆件②的转角则与其他杆件不同。

(2)结点上具有铰接的杆端不承受弯矩，因此在结点上只有刚接的各杆杆端弯矩参与结点的力矩平衡。例如在图 10.12 结构中，杆件②在铰接端的杆端弯矩为零，只有杆件③、④和⑥在结点 4 上与外弯矩保持平衡。

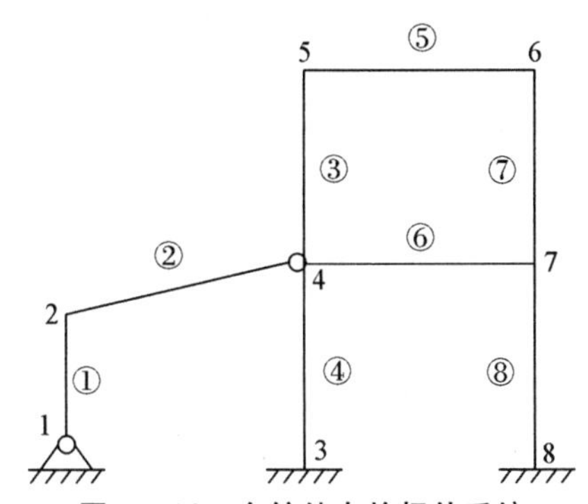

图 10.12　有铰结点的杆件系统

这时单元②的铰接端，只有位移自由度参与总体集成，而转动自由度不参与集成。因此对于单元②来说，此自由度属于内部自由度。为了算法上方便，在总体集成前，应在单元层次上将此自由度凝聚掉(结构力学中称之为自由度释放)。现以 10.3.2 节介绍的 2 结点平面梁单元为例，介绍自由度凝聚的方法。此单元参加系统集成前，在自身局部坐标系内的平衡方程可以表示为

$$\begin{bmatrix} \boldsymbol{K}_{00} & \boldsymbol{K}_{0C} \\ \boldsymbol{K}_{C0} & \boldsymbol{K}_{CC} \end{bmatrix} \begin{Bmatrix} \boldsymbol{a}_{0} \\ \boldsymbol{a}_{C} \end{Bmatrix} = \begin{Bmatrix} \boldsymbol{P}_{0} \\ \boldsymbol{P}_{C} \end{Bmatrix} \tag{10.59}$$

式中：$\boldsymbol{a}_{C}$ 是单元中需要凝聚掉的自由度；$\boldsymbol{a}_{0}$ 是需要保留，也即将参与系统总体集成的自由度。

单元刚度矩阵和结点载荷列阵也表示成为相应的分块形式。

由式(10.59)的第二式可得

$$\boldsymbol{a}_C = \boldsymbol{K}_{CC}^{-1}(\boldsymbol{P}_C - \boldsymbol{K}_{C0}\boldsymbol{a}_0) \tag{10.60}$$

将式(10.60)代回式(10.59)的第一式,就可以得到凝聚后的单元平衡方程为

$$\boldsymbol{K}^* \boldsymbol{a}_0 = \boldsymbol{P}_0^* \tag{10.61}$$

式中

$$\left.\begin{aligned} \boldsymbol{K}^* &= \boldsymbol{K}_0 - \boldsymbol{K}_{0C}\boldsymbol{K}_{CC}^{-1}\boldsymbol{K}_{C0} \\ \boldsymbol{P}_0^* &= \boldsymbol{P}_0 - \boldsymbol{K}_{0C}\boldsymbol{K}_{CC}^{-1}\boldsymbol{P}_C \end{aligned}\right\} \tag{10.62}$$

现回到图 10.12 所示结构的单元②,经凝聚后在单元局部坐标系内的单元刚度矩阵 $\boldsymbol{K}^*$ 变为

$$\boldsymbol{K}^* = \begin{bmatrix} \dfrac{EA}{l} & 0 & 0 & -\dfrac{EA}{l} & 0 \\ 0 & \dfrac{3EI}{l^3} & \dfrac{3EI}{l^2} & 0 & -\dfrac{3EI}{l^3} \\ 0 & \dfrac{3EI}{l^2} & \dfrac{3EI}{l} & 0 & -\dfrac{3EI}{l^2} \\ -\dfrac{EA}{l} & 0 & 0 & \dfrac{EA}{l} & 0 \\ 0 & -\dfrac{3EI}{l^3} & -\dfrac{3EI}{l^2} & 0 & \dfrac{3EI}{l^3} \end{bmatrix} \tag{10.63}$$

凝聚前的单元刚度矩阵是 6×6 矩阵,经凝聚后 $\boldsymbol{K}^*$ 变为 5×5 矩阵。为便于统一程序设计,$\boldsymbol{K}^*$ 可仍保留原来的阶数,在其中增加全部为零元素的第 6 行和第 6 列。凝聚后的结点载荷列阵 $\boldsymbol{P}_0^*$ 也可按式(10.62)算出。为使之仍保留为凝聚前的阶数,在它的第 6 个元素位置增加零元素。

两端都为铰接的单元,也可按上述方法处理。在参与系统集成前,先将单元两端的转动自由度凝聚掉,并在相关的行和列上补充零元素,使单元刚度矩阵仍保留原来的阶数,以利于程序的统一。仍以上述单元为例,经凝聚并保留原来阶数的单元刚度矩阵可以表示为

$$\boldsymbol{K}^* = \begin{bmatrix} \dfrac{EA}{l} & 0 & 0 & -\dfrac{EA}{l} & 0 & 0 \\ 0 & 0 & 0 & 0 & 0 & 0 \\ 0 & 0 & 0 & 0 & 0 & 0 \\ -\dfrac{EA}{l} & 0 & 0 & \dfrac{EA}{l} & 0 & 0 \\ 0 & 0 & 0 & 0 & 0 & 0 \\ 0 & 0 & 0 & 0 & 0 & 0 \end{bmatrix}$$

以上讨论是以经典梁单元为例进行的,实际上对后面将要介绍的 Timoshenko 梁单元,包括对它们的多结点形式,也可以按同样的方法处理,这里不一一列举,读者可以将其作为习题加以练习。

【例 10.5】 梁单元沿其长度承受均匀分布的横向荷载,如图 10.13(a)所示,求等效结点

载荷向量。

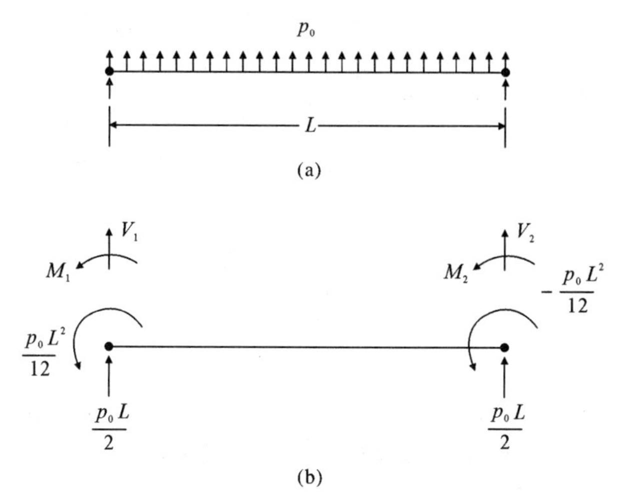

图 10.13　梁单元均布力的载荷向量

解　当均匀梁受到沿其长度 L 方向的强度为 p_0 的均匀分布荷载时，有两个途径可以计算等效结点载荷。

第一个途径是根据梁的受力平衡关系，计算出两个结点上的反力，反力的负值即为等效结点荷载，如图 10.13(b)所示。写成向量形式为

$$\boldsymbol{P}^e = \begin{bmatrix} \dfrac{p_0L}{2} \\ \dfrac{p_0L^2}{12} \\ \dfrac{p_0L}{2} \\ -\dfrac{p_0L^2}{12} \end{bmatrix} \tag{E.1}$$

第二个途径是采用更加通用的转换关系式(10.48)。计算过程如下：

$$\boldsymbol{P}^e = \int_{x=0}^{L} p_0\boldsymbol{N}^{\mathrm{T}}\mathrm{d}x = \int_{x=0}^{L} p_0 \begin{bmatrix} N_1(x) \\ N_2(x) \\ N_3(x) \\ N_4(x) \end{bmatrix} \mathrm{d}x$$

$$= \int_{x=0}^{L} p_0 \begin{bmatrix} (2x^3 - 3Lx^2 + L^3)/L^3 \\ (x^3 - 2Lx^2 + L^2x)/L^2 \\ -(2x^3 - 3Lx^2)/L^3 \\ (x^3 - Lx^2)/L^2 \end{bmatrix} \mathrm{d}x = \begin{bmatrix} \dfrac{p_0L}{2} \\ \dfrac{p_0L^2}{12} \\ \dfrac{p_0L}{2} \\ -\dfrac{p_0L^2}{12} \end{bmatrix} \tag{10.64}$$

【例 10.6】　在长度为 L 的梁单元 $x = a$ 处施加集中横向荷载 p_0，求等效结点荷载向量，并计算当 $a = L/4$ 时的向量值。

解 由式(10.49)可知

$$P^e = p_0 [N(a)]^T = p_0 \begin{bmatrix} N_1(a) \\ N_2(a) \\ N_3(a) \\ N_4(a) \end{bmatrix} = \begin{bmatrix} 2a^3 - 3La^2 + L^3 \\ a^3L - 2L^2a^2 + L^3a \\ -2a^3 + 3La^2 \\ a^3L - L^2a^2 \end{bmatrix} \frac{p_0}{L^3}$$

当 $a = L/4$ 时，

$$P^e = \frac{p_0}{64} \begin{bmatrix} 54 \\ 9L \\ 10 \\ -3L \end{bmatrix}$$

【例 10.7】 如图 10.13(a)所示，长度为 1 m 的铰接-铰接均匀梁沿其长度方向均布荷载 $p_0 = 100$ N/cm。若梁材料为钢，$E = 207$ GPa，且梁截面为矩形，z 方向宽度为 1 cm，y 方向深度为 2 cm，使用一个梁单元确定：

(1)梁的最大挠度；

(2)梁的应力。

解

(1)采用图 10.13(b)所示的梁单元，平衡方程为

$$Kq = P \tag{E.1}$$

式中

$$K = K^e = \frac{EI_z}{L^3}\begin{bmatrix} 12 & 6L & -12 & 6L \\ 6L & 4L^2 & -6L & 2L^2 \\ -12 & -6L & 12 & -6L \\ 6L & 2L^2 & -6L & 4L^2 \end{bmatrix}, \quad P = P^e = \begin{bmatrix} \dfrac{p_0L}{2} \\ \dfrac{p_0L^2}{12} \\ \dfrac{p_0L}{2} \\ -\dfrac{p_0L^2}{12} \end{bmatrix}$$

结合简支梁的边界条件($v_1 = v_2 = 0$)，得到梁的平衡方程为

$$\frac{EI_z}{L}\begin{bmatrix} 4 & 2 \\ 2 & 4 \end{bmatrix}\begin{bmatrix} \theta_1 \\ \theta_2 \end{bmatrix} = \frac{p_0L^2}{12}\begin{bmatrix} 1 \\ -1 \end{bmatrix} \tag{E.2}$$

解之可得

$$\theta_1 = -\theta_2 = \frac{p_0L^3}{24EI_z}$$

由已知 $EI_z = (207 \times 10^9) \times \left(\frac{2}{3} \times 10^{-8}\right) = 1\,380$ N/m，$\frac{p_0L^3}{24} = \frac{(10\,000) \times (1^3)}{24} = 416.666\,6$ N·m，可得，$\theta_1 = 0.301\,9$ rad，$\theta_2 = -0.301\,9$ rad。

梁的挠度表达式为

$$v(x) = v_1N_1 + \theta_1N_2 + v_2N_3 + \theta_2N_4 \tag{E.3}$$

由于 $v_1 = v_2 = 0$，$\theta_1 = 0.301\,9$，$\theta_2 = -0.301\,9$，方程式(E.3)变为

$$v(x) = 0.301\,9\ N_2(x) - 0.301\,9\ N_4(x)\ \text{m} \tag{E.4}$$

其中：$N_2(x)$ 和 $N_4(x)$ 表达式见式(10.29)。梁在中间位置($x=L/2=0.5$ m)处挠度最大，按式(E.4)计算得，$v_{\max}=0.075\ 475$ m $=7.547\ 5$ cm。材料力学简支梁理论给出的值为 9.435 4 cm。

(2)梁内应力 σ_x 表达式为

$$\sigma_x(x)=-yE\frac{\mathrm{d}^2 v}{\mathrm{d}x^2}=-yE\left[\frac{\mathrm{d}^2 N_2(x)}{\mathrm{d}x^2}\theta_1+\frac{\mathrm{d}^2 N_4(x)}{\mathrm{d}x^2}\theta_2\right]$$

$$=-yE(-0.603\ 8)=y(207\times10^9)(0.603\ 8)=124.986\ 6\times10^9 y$$

在上、下表面 $y=\pm1$ cm 处应力最大，值为 $\sigma_x|_{\max}=1.25\times10^9\ \mathrm{N/m^2}=1.25$ GPa。

【例 10.8】 如图 10.14 所示的框架结构，其顶端受均布力作用，用有限元方法分析该结构的位移。结构中各个截面的参数均为

$$E=3.0\times10^{11}\ \mathrm{Pa},\ I_z=6.5\times10^{-7}\ \mathrm{m^4},\ A=6.8\times10^{-4}\ \mathrm{m^2}$$

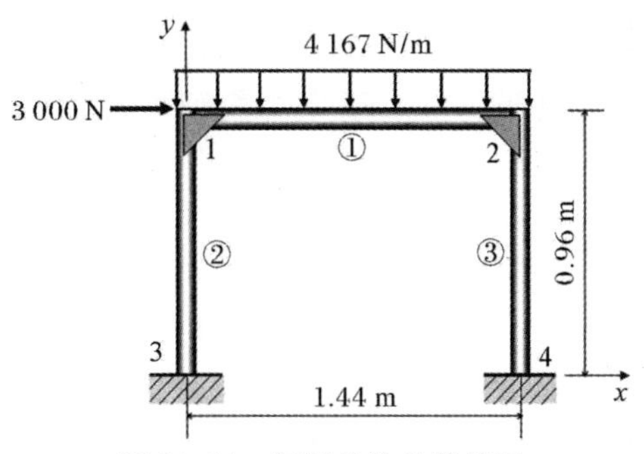

图 10.14　框架结构承载情况

解　对该问题进行有限元分析的过程如下。

(1) 结构离散化。将该结构离散为三个梁单元，结点位移及单元编号如图 10.15 (a)所示，结点和单元信息见表 10.3。

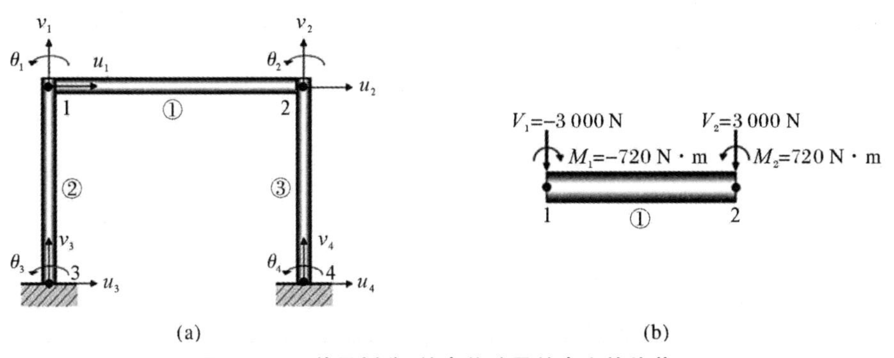

图 10.15　单元划分、结点位移及结点上的外载

(a)结点位移及单元编号；(b)等效在结点上的外力

表 10.3　单元编号与结点编号

单元编号	结点编号	
①	1	2
②	3	1
③	4	2

结点位移向量为

$$\boldsymbol{q}=[u_1\quad v_1\quad \theta_1\quad u_2\quad v_2\quad \theta_2\quad u_3\quad v_3\quad \theta_3\quad u_4\quad v_4\quad \theta_4]^{\mathrm{T}}$$

结点外载向量为

$$\boldsymbol{F}=[u_1\quad v_1\quad M_1\quad 0\quad v_2\quad M_2\quad 0\quad 0\quad 0\quad 0\quad 0\quad 0]^{\mathrm{T}}$$

支反力向量为

$$\boldsymbol{R}=[0\quad 0\quad 0\quad 0\quad 0\quad 0\quad R_{x3}\quad R_{y3}\quad R_{\theta3}\quad R_{x4}\quad R_{y4}\quad R_{\theta4}]^{\mathrm{T}}$$

式中：R_{x3}，R_{y3}，$R_{\theta3}$ 为结点 3 沿 x 方向的支反力、沿 y 方向的支反力和支反力矩；R_{x4}，R_{y4}，$R_{\theta4}$ 同义，它们均为待求值。

总的结点载荷向量为

$$\begin{aligned}\boldsymbol{P}&=\boldsymbol{F}+\boldsymbol{R}\\&=[3\,000\quad -3\,000\quad -720\quad 0\quad -3\,000\quad 720\quad R_{x3}\quad R_{y3}\quad R_{\theta3}\quad R_{x4}\quad R_{y4}\quad R_{\theta4}]^{\mathrm{T}}\end{aligned}$$

(2)单元的刚度矩阵。单元①的局部坐标与总体坐标一致，因此总体刚度矩阵为

$$\overline{\boldsymbol{K}}^{(1)}=10^6\times\begin{bmatrix}141.7 & 0 & 0 & -141.7 & 0 & 0\\ 0 & 0.784 & 0.564 & 0 & -0.784 & 0.564\\ 0 & 0.564 & 0.542 & 0 & -0.564 & 0.271\\ -141.7 & 0 & 0 & 141.7 & 0 & 0\\ 0 & -0.784 & -0.564 & 0 & 0.784 & -0.564\\ 0 & 0.564 & 0.271 & 0 & -0.564 & 0.542\end{bmatrix}$$

单元②和③的情况相同，只是结点编号不同，其局部坐标系下的单元刚度矩阵为

$$\boldsymbol{K}^{(2)}=10^6\times\begin{bmatrix}212.5 & 0 & 0 & -212.5 & 0 & 0\\ 0 & 2.645 & 1.270 & 0 & -2.645 & 1.270\\ 0 & 1.270 & 0.812\,5 & 0 & -1.270 & 0.406\,2\\ -212.5 & 0 & 0 & 212.5 & 0 & 0\\ 0 & -2.645 & -1.270 & 0 & 2.645 & -1.270\\ 0 & 1.270 & 0.406\,2 & 0 & -1.270 & 0.812\,5\end{bmatrix}$$

这两个单元轴线的方向余弦为 $\cos(x,\bar{x})=0$，$\cos(x,\bar{y})=1$，因此坐标转换矩阵为

$$\boldsymbol{T}=\begin{bmatrix}0 & 1 & 0 & 0 & 0 & 0\\ -1 & 0 & 0 & 0 & 0 & 0\\ 0 & 0 & 1 & 0 & 0 & 0\\ 0 & 0 & 0 & 0 & 1 & 0\\ 0 & 0 & 0 & -1 & 0 & 0\\ 0 & 0 & 0 & 0 & 0 & 1\end{bmatrix}$$

于是，可以计算出总体坐标系下的单元刚度矩阵为

$$\overline{\boldsymbol{K}}^{(2)}=\boldsymbol{T}^{\mathrm{T}}\boldsymbol{K}^{(2)}\boldsymbol{T}=10^6\times\begin{bmatrix}2.645 & 0 & -1.27 & -2.645 & 0 & -1.27\\ 0 & 212.5 & 0 & 0 & -212.5 & 0\\ -1.27 & 0 & 0.812\,5 & 1.27 & 0 & 0.406\,2\\ -2.645 & 0 & 1.27 & 2.645 & 0 & 1.27\\ 0 & -212.5 & 0 & 0 & 212.5 & 0\\ -1.27 & 0 & 0.406\,2 & 1.27 & 0 & 0.812\,5\end{bmatrix}$$

注意这两个单元所对应的结点位移向量分别为

$$\text{对于单元②：}[u_3 \quad v_3 \quad \theta_3 \quad u_1 \quad v_1 \quad \theta_1]^{\mathrm{T}}$$

$$\text{对于单元③：}[u_4 \quad v_4 \quad \theta_4 \quad u_2 \quad v_2 \quad \theta_2]^{\mathrm{T}}$$

(3)形成总体平衡方程并求解。组装总体刚度矩阵并形成总体平衡刚度方程：

$$\overline{\boldsymbol{K}}\boldsymbol{q} = \boldsymbol{P}$$

该问题的位移边界条件为

$$u_3 = v_3 = \theta_3 = u_4 = v_4 = \theta_4 = 0$$

施加该边界条件后的平衡方程为

$$10^6 \times \begin{bmatrix} 144.3 & 0 & 1.270 & -141.7 & 0 & 0 \\ 0 & 213.3 & 0.564 & 0 & -0.784 & 0.564 \\ 1.270 & 0.564 & 1.3545 & 0 & -0.564 & 0.271 \\ -141.7 & 0 & 0 & 144.3 & 0 & 1.270 \\ 0 & -0.784 & -0.564 & 0 & 213.3 & -0.564 \\ 0 & 0.564 & 0.271 & 1.270 & -0.564 & 1.3545 \end{bmatrix} \begin{bmatrix} u_1 \\ v_1 \\ \theta_1 \\ u_2 \\ v_2 \\ \theta_2 \end{bmatrix} = \begin{bmatrix} 3000 \\ -3000 \\ -720 \\ 0 \\ -3000 \\ 720 \end{bmatrix}$$

解之可得

$$\begin{cases} u_1 = 0.92 \text{ mm} \\ v_1 = -0.0104 \text{ mm} \\ \theta_1 = -0.00139 \text{ rad} \\ u_2 = 0.901 \text{ mm} \\ v_2 = -0.018 \text{ mm} \\ \theta_2 = 3.88 \times 10^{-5} \text{ rad} \end{cases}$$

10.4　空间梁单元和空间刚架结构分析

10.4.1　空间梁单元的基本属性

空间梁单元除承受轴力和弯矩外，还可能承受扭矩的作用，而且弯矩可能同时在两个坐标面内存在。图 10.16 为局部坐标系中的空间 2 结点梁单元，局部坐标轴 x，y，z 分别与截面主轴重合，其中 x 轴为梁的中线。梁的长度为 L，弹性模量为 E，横截面的惯性矩为 I_z 和 I_y，横截面的扭转惯性矩为 J。

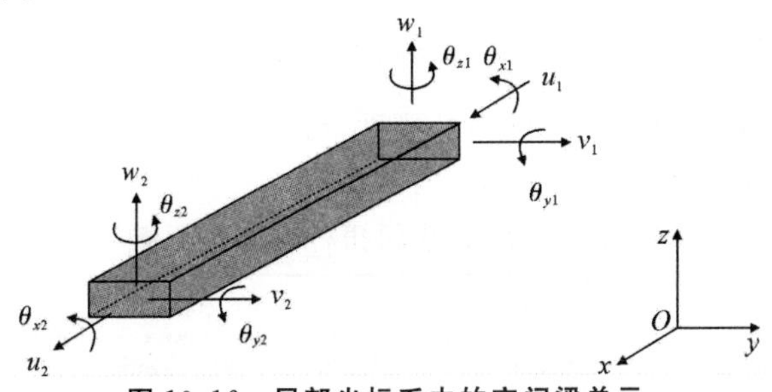

图 10.16　局部坐标系中的空间梁单元

该梁单元的每一个结点有 6 个位移自由度，分别是三个坐标方向的位移和绕三个坐标轴的转角。例如，结点 1 的结点位移和结点力为

$$\left.\begin{aligned}\boldsymbol{q}_1 &= [u_1 \quad v_1 \quad w_1 \quad \theta_{x1} \quad \theta_{y1} \quad \theta_{z1}]^{\mathrm{T}} \\ \boldsymbol{P}_1 &= [U_1 \quad V_1 \quad W_1 \quad M_{x1} \quad M_{y1} \quad M_{z1}]^{\mathrm{T}}\end{aligned}\right\} \tag{10.65}$$

整个单元有 12 个自由度，局部坐标系中的结点位移和结点力向量为

$$\boldsymbol{q}^e = \begin{bmatrix}\boldsymbol{q}_1 \\ \boldsymbol{q}_2\end{bmatrix}, \ \boldsymbol{P}^e = \begin{bmatrix}\boldsymbol{P}_1 \\ \boldsymbol{P}_2\end{bmatrix} \tag{10.66}$$

10.4.2 局部坐标系中的单元刚度矩阵

根据梁的弯扭工程理论，轴向位移 u_1 和 u_2 仅与轴向力有关，扭转位移 θ_{x1} 和 θ_{x2} 仅与扭转力矩有关。然而，xOy 平面上的弯曲位移，即 v_1、θ_{z1}、v_2 和 θ_{z2}，不仅取决于该平面上的弯曲力（y 向剪力 V 和绕 z 轴的弯矩 M_z），还取决于 xOz 平面上的弯曲力；但是，如果 xOy 和 xOz 平面与截面主轴重合，则可以认为这两个平面上的弯曲位移和力是相互独立的。为简化分析，这里选择局部 $Oxyz$ 坐标系与梁横截面的主轴重合，x 轴表示空间梁单元的中性轴。因此，位移可以分成四组，每一组都可以独立考虑。首先考虑不同位移独立集合对应的刚度矩阵，然后通过叠加得到单元的总刚度矩阵。

1. 轴向位移

轴向结点位移分别为 u_1 和 u_2，由轴力杆单元模型得到轴向位移对应的刚度矩阵为

$$\boldsymbol{K}_a = \frac{AE}{L}\begin{bmatrix}1 & -1 \\ -1 & 1\end{bmatrix} \tag{10.67}$$

2. 扭转位移

结点的扭转位移为 θ_{x1} 和 θ_{x2}。梁绕 x 轴的扭转位移 θ_x 和扭矩 M_x 之间的关系，可以用扭转杆单元来模拟，这也是一类典型的一维问题，与轴力杆单元的构造方法相同。

对于 2 结点扭转杆单元，结点位移和结点力分别为

$$\boldsymbol{q}_t = [\theta_{x1} \quad \theta_{x2}]^{\mathrm{T}}, \boldsymbol{P}_t = [M_{x1} \quad M_{x2}]^{\mathrm{T}}$$

单元刚度矩阵形式与式(10.67)相同，为

$$\boldsymbol{K}_t = \frac{GJ}{L}\begin{bmatrix}1 & -1 \\ -1 & 1\end{bmatrix} \tag{10.68}$$

式中：G 是材料的剪切模量，$\iint_A r^2 \mathrm{d}A = J$ 为横截面的扭转惯性矩，不同截面形状的 J 可以在有关手册中查到。系数 GJ/L 称为单元的扭转刚度，对于图 10.17 所示的矩形截面梁，扭转刚度为 $(GJ/l) = cG(ab^3/l)$，其中常数 c 取值见表 10.4。

表 10.4 矩形截面扭杆的刚度系数 c

a/b	1.0	1.5	2.0	3.0	5.0	10.0
c	0.141	0.196	0.229	0.263	0.291	0.312

这里需要指出，以上考虑的扭转杆单元严格地说只适用于自由扭转情况，因为除圆截面杆之外，一般截面的杆件扭转变形后，截面会发生翘曲而不再保持平面。在实际结构中，这种翘曲将受到限制，要精确分析此种情况下的扭转问题，需要应用约束扭转理论，最后得到的解答将和自由扭转的情况有一定差别。因为应用约束扭转理论将使问题复杂化，在通常的有限元分析中仍当成自由扭转来处理。还应指出，只有在截面有两个对称轴（例如圆、椭圆、矩形等）的情况下，截面才是绕形心（即杆的中心线）转动的。

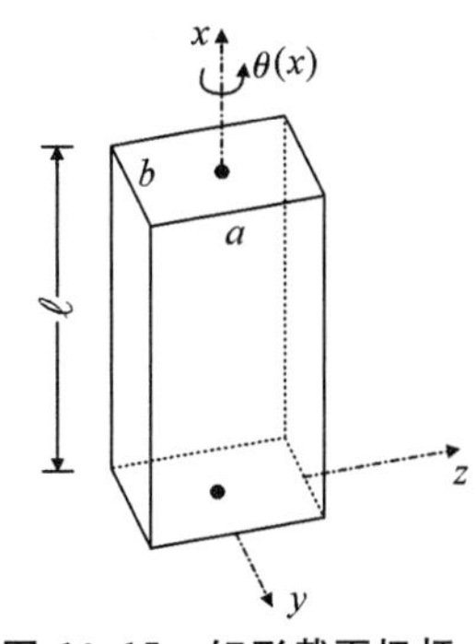

图 10.17　矩形截面扭杆

3. xOy 平面内的弯曲位移

对应的位移自由度分别为 v_1、θ_{z1}、v_2 和 θ_{z2}，其刚度矩阵即为 10.3 节建立的弯曲梁单元的情况：

$$
\boldsymbol{K}_{xy}=\frac{12EI_z}{L^3}\begin{bmatrix} 12 & 6L & -12 & 6L \\ & 4L^2 & -6L & 2L^2 \\ \text{对} & & 12 & -6L \\ & \text{称} & & 4L^2 \end{bmatrix} \tag{10.69}
$$

其中：$I_z=\iint_A r^2\,\mathrm{d}A$ 为截面绕 z 轴的面积惯性矩。

4. xOz 平面内的弯曲位移

对应的位移自由度分别为 w_1、θ_{y1}、w_2 和 θ_{y2}。这里应注意，在 xOz 面内转角 θ_y 的方向与挠度 w 对 x 导数的方向相反，即

$$
\theta_y=-\frac{\mathrm{d}w}{\mathrm{d}x} \tag{10.70}
$$

这是与式(10.25)的 xOy 面内弯曲情况的不同之处。因此，单元刚度矩阵中与转角对应的部分元素要改变符号，表达式为

$$
\boldsymbol{K}_{xz}=\frac{12EI_y}{L^3}\begin{bmatrix} 12 & -6L & -12 & -6L \\ & 4L^2 & 6L & 2L^2 \\ \text{对} & & 12 & 6L \\ & \text{称} & & 4L^2 \end{bmatrix} \tag{10.71}
$$

5. 单元刚度矩阵

根据式(10.66)中的结点位移次序，将上面各个部分的刚度矩阵元素进行组合，可以形成局部坐标系中空间梁单元的完整刚度矩阵，即

$$
\boldsymbol{K}^e_{12\times12}=\begin{bmatrix}
\frac{EA}{L} & & & & & & & & & & & \\
0 & \frac{12EI_z}{L^3} & & & & & & & & & & \\
0 & 0 & \frac{12EI_y}{L^3} & & & & \text{对} & & & & & \\
0 & 0 & 0 & \frac{GJ}{L} & & & & & & & & \\
0 & 0 & -\frac{6EI_y}{L^2} & 0 & \frac{4EI_y}{L} & & & & & \text{称} & & \\
0 & \frac{6EI_z}{L^2} & 0 & 0 & 0 & \frac{4EI_z}{L} & & & & & & \\
-\frac{EA}{L} & 0 & 0 & 0 & 0 & 0 & \frac{EA}{L} & & & & & \\
0 & -\frac{12EI_z}{L^3} & 0 & 0 & 0 & -\frac{6EI_z}{L^2} & 0 & \frac{12EI_z}{L^3} & & & & \\
0 & 0 & -\frac{12EI_y}{L^3} & 0 & \frac{6EI_y}{L^2} & 0 & 0 & 0 & \frac{12EI_y}{L^3} & & & \\
0 & 0 & 0 & -\frac{GJ}{L} & 0 & 0 & 0 & 0 & 0 & \frac{GJ}{L} & & \\
0 & 0 & -\frac{6EI_y}{L^2} & 0 & \frac{2EI_y}{L} & 0 & 0 & 0 & \frac{6EI_y}{L^2} & 0 & \frac{4EI_y}{L} & \\
0 & \frac{6EI_z}{L^2} & 0 & 0 & 0 & \frac{2EI_z}{L} & 0 & -\frac{6EI_z}{L^2} & 0 & 0 & 0 & \frac{4EI_z}{L}
\end{bmatrix}
\tag{10.72}
$$

这里再说明一下，前面构造的平面弯曲梁单元和一般的平面梁单元，都可以看成是空间梁单元的特殊情况。因此，它们的单元刚度矩阵只是上面矩阵的子矩阵。

10.4.3 全局刚度矩阵

以上在局部坐标系中构造的空间梁单元，在进行工程刚架结构分析时，仍需进行从局部坐标系到总体坐标系的变换。空间梁单元坐标变换的原理和方法，与平面梁单元的情况相同，只要分别写出两个坐标系中结点位移向量的转换关系就可以得到坐标变换矩阵。梁单元在局部坐标系中的结点位移向量已由式(10.65)给出，在总体坐标系中各结点位移仍按相同的排列次序，即

$$
\overline{\boldsymbol{q}}^e=\begin{bmatrix}\overline{u}_1 & \overline{v}_1 & \overline{w}_1 & \overline{\theta}_{x1} & \overline{\theta}_{y1} & \overline{\theta}_{z1} & \overline{u}_2 & \overline{v}_2 & \overline{w}_2 & \overline{\theta}_{x2} & \overline{\theta}_{y2} & \overline{\theta}_{z2}\end{bmatrix}^{\mathrm{T}} \tag{10.73}
$$

在符号上面加一个横杠，表示总体坐标系中的量。对上面列式中的各组位移分量，参考图10.18可分别推导相应的转换关系。

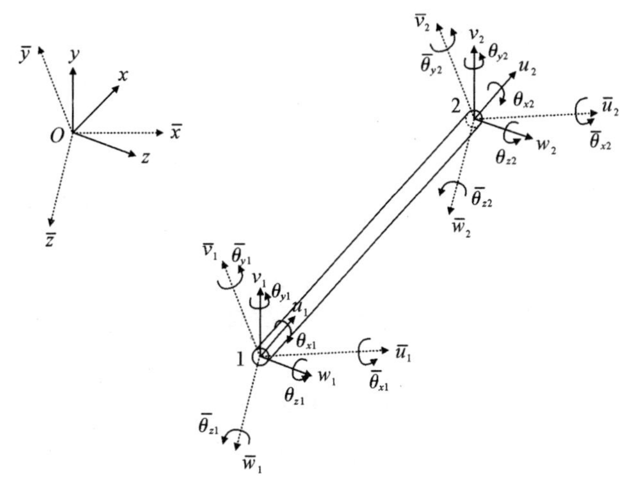

图 10.18　空间梁单元的局部和总体自由度

对结点 1 的线位移分量，变换关系为

$$\left.\begin{aligned} u_1 &= \bar{u}_1\cos(x,\bar{x}) + \bar{v}_1\cos(x,\bar{y}) + \bar{w}_1\cos(x,\bar{z}) \\ v_1 &= \bar{u}_1\cos(y,\bar{x}) + \bar{v}_1\cos(y,\bar{y}) + \bar{w}_1\cos(y,\bar{z}) \\ w_1 &= \bar{u}_1\cos(z,\bar{x}) + \bar{v}_1\cos(z,\bar{y}) + \bar{w}_1\cos(z,\bar{z}) \end{aligned}\right\} \tag{10.74}$$

写成矩阵形式为

$$\begin{bmatrix} u_1 \\ v_1 \\ w_1 \end{bmatrix} = \begin{bmatrix} \cos(x,\bar{x}) & \cos(x,\bar{y}) & \cos(x,\bar{z}) \\ \cos(y,\bar{x}) & \cos(y,\bar{y}) & \cos(y,\bar{z}) \\ \cos(z,\bar{x}) & \cos(z,\bar{y}) & \cos(z,\bar{z}) \end{bmatrix} \begin{bmatrix} \bar{u}_1 \\ \bar{v}_1 \\ \bar{w}_1 \end{bmatrix} = \boldsymbol{\lambda}_{3\times 3} \begin{bmatrix} \bar{u}_1 \\ \bar{v}_1 \\ \bar{w}_1 \end{bmatrix} \tag{10.75}$$

式中：λ 为 3×3 维结点坐标变换矩阵，有

$$\boldsymbol{\lambda} = \begin{bmatrix} \cos(x,\bar{x}) & \cos(x,\bar{y}) & \cos(x,\bar{z}) \\ \cos(y,\bar{x}) & \cos(y,\bar{y}) & \cos(y,\bar{z}) \\ \cos(z,\bar{x}) & \cos(z,\bar{y}) & \cos(z,\bar{z}) \end{bmatrix} \tag{10.76}$$

其中：$\cos(x,\bar{x})$ 表示局部坐标轴 x 和总体坐标轴 $\bar{x}$ 夹角的余弦，余者同义。易知，$\boldsymbol{\lambda}$ 为正交矩阵，所以

$$\boldsymbol{\lambda}^{-1} = \boldsymbol{\lambda}^{\mathrm{T}} \tag{10.77}$$

结点 1 的三个转角也有相同的变换关系，有

$$\begin{bmatrix} \theta_{x1} \\ \theta_{y1} \\ \theta_{z1} \end{bmatrix} = \boldsymbol{\lambda} \begin{bmatrix} \bar{\theta}_{x1} \\ \bar{\theta}_{y1} \\ \bar{\theta}_{z1} \end{bmatrix} \tag{10.78}$$

同理，结点 2 的线位移和转角也有类似的变换关系。将这些变换关系集合在一起，即可得到两套坐标系下的结点位移变换关系：

$$\boldsymbol{q}^e = \boldsymbol{T}\bar{\boldsymbol{q}}^e \tag{10.79}$$

式中：$\boldsymbol{T}$ 为用全局坐标系中结点位移表示局部坐标系中结点位移的变换矩阵，有

$$\boldsymbol{T}=\begin{bmatrix}\boldsymbol{\lambda} & & & \\ & \boldsymbol{\lambda} & & \\ & & \boldsymbol{\lambda} & \\ & & & \boldsymbol{\lambda}\end{bmatrix} \tag{10.80}$$

显然，$\boldsymbol{T}$ 是正交矩阵，$\boldsymbol{T}^{-1}=\boldsymbol{T}^{\mathrm{T}}$。所以用局部坐标系中结点位移表示总体坐标系中结点位移的表达式为

$$\bar{\boldsymbol{q}}^{e}=\boldsymbol{T}^{\mathrm{T}}\boldsymbol{q}^{e} \tag{10.81}$$

将式(10.79)代入单元平衡方程，并用 $\boldsymbol{T}^{\mathrm{T}}$ 左乘等号两端，就可得到总体坐标系内的单元刚度矩阵和结点力向量表达式，即

$$\bar{\boldsymbol{K}}^{e}=\boldsymbol{T}^{\mathrm{T}}\boldsymbol{K}^{e}\boldsymbol{T} \tag{10.82}$$

$$\bar{\boldsymbol{P}}^{e}=\boldsymbol{T}^{\mathrm{T}}\boldsymbol{P}^{e} \tag{10.83}$$

10.5 考虑剪切变形的梁单元

以上讨论的梁单元都是基于经典欧拉梁理论的，即认为变形前垂直于中面的截面变形后仍保持垂直且仍为平面。通常所述的梁单元是基于这一理论构造的，它在实际中得到了广泛应用，一般情况下也能得到满意的结果。但是它是以梁的高度远小于跨度为条件的，即高跨比很小。只有在此条件下，才能忽略横向剪切变形的影响。但是在工程实际中，也有很多梁的高跨比不是十分小，此时就需要考虑横向剪切变形的影响，因为此时梁内的横向剪切力所产生的剪切变形将引起梁的附加挠度，并使原来垂直于中面的截面变形后不再和中面垂直，且发生翘曲。为了解决此类问题，本节首先介绍考虑剪切变形的铁木辛柯(Timoshenko)梁弯曲理论，然后基于该理论构造梁单元。

10.5.1 铁木辛柯梁弯曲理论

铁木辛柯梁是 20 世纪早期由美籍俄裔科学家与工程师斯蒂芬·铁木辛柯提出并发展的工程梁理论。它是对经典梁理论的改进，考虑了剪应力，适于描述短梁(高跨比大于 0.1)。由于考虑了剪切变形而降低了梁的刚度，因此在一定载荷下的挠度比经典梁大。

现考虑 xOy 面内的平面梁结构，x 轴为梁的中性轴。铁木辛柯梁弯曲理论的基本假设如下：

(1)变形前垂直于中面的截面变形后仍保持为平面，但不一定垂直于中面。

(2)梁的纵向无挤压，即梁厚度方向的正应力 $\sigma_y=0$，且 $\varepsilon_y=0$，于是可知 $v(x,y)=v(x)$。

(3)剪应变在任意横截面上是常值，即与 y 和 z 坐标无关。

可以看出，铁木辛柯梁与经典梁的唯一区别是，在假设(1)中引入了剪切变形，从而允许变形后的截面不再垂直于中面。简言之，将横向剪切变形加入经典梁理论中就是铁木辛柯梁理论。

铁木辛柯梁变形的几何描述如图 10.19 所示。截面变形之后不再垂直于中性轴，意味着

变形后中心轴的斜率 $\mathrm{d}v/\mathrm{d}x$ 不再等于截面绕 z 轴的转角 $\theta(x)$，两者的差值就是新引入的剪切变形量，用 γ_{xy} 表示。这里的转角 $\theta(x)$ 是独立于横向挠度 v 的一个新变量，这是与经典欧拉梁的一个重要区别。

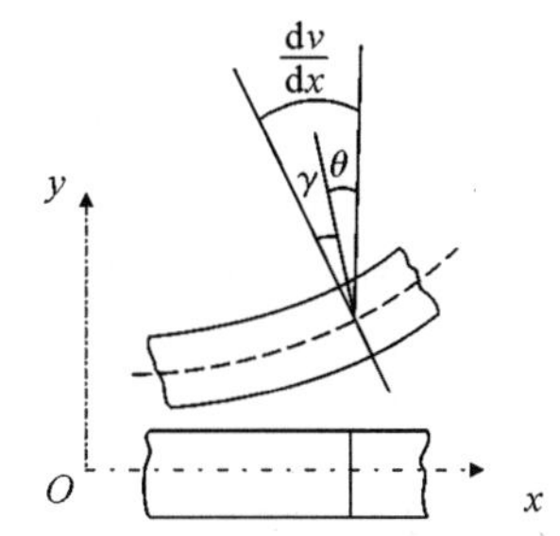

图 10.19　铁木辛柯梁的变形规律

不考虑梁中性轴的轴向位移。对梁上坐标为 (x,y) 的点，变形以后 x 方向的位移表达式为

$$u(x,y)=-y\theta(x) \tag{10.84}$$

于是，轴向应变为

$$\varepsilon_x=\frac{\mathrm{d}}{\mathrm{d}x}u(x,y)=-y\frac{\mathrm{d}\theta(x)}{\mathrm{d}x}=-y\kappa \tag{10.85}$$

式中：仍将 κ 称为梁的曲率，但应注意此时它不等于挠度的二阶导数，而是

$$\kappa=\frac{\mathrm{d}\theta(x)}{\mathrm{d}x} \tag{10.86}$$

根据几何方程，梁的剪切应变为

$$\gamma_{xy}=\frac{\partial u}{\partial y}+\frac{\partial v}{\partial x}=\frac{\partial v}{\partial x}-\theta(x) \tag{10.87}$$

式中各量的关系如图 10.19 所示。

梁的轴向应力 $\sigma_x=E\varepsilon_x$，将式(10.85)代入可得

$$\sigma_x=E\varepsilon_x=-E\kappa y \tag{10.88}$$

式(10.88)与欧拉梁理论中应力的表达式相同，因此铁木辛柯梁中弯矩 M 的表达式也和欧拉梁的情况相同，即

$$M=EI_z\frac{\mathrm{d}\theta(x)}{\mathrm{d}x} \tag{10.89}$$

前面已经假设梁截面上切应力为常值 $\tau_{xy}(x)$，为了计算截面上的剪力，还需引入一个有效剪切面积 A_s。于是，剪力为

$$V=A_s\tau_{xy}(x)=A_sG\gamma_{xy}=kAG\gamma_{xy} \tag{10.90}$$

式中：k 为剪切修正因子，$A_s=kA$。为了简化分析，铁木辛柯梁理论假设剪切应变是常数，而实际并非如此，而是按抛物线分布，在中面达到最大值，在上、下表面零。同时，变形之后截面也不再是平面。这些都会导致实际的剪力与 $AG\gamma_{xy}$ 有差异，修正后截面剪应力和剪切应变能分别为

$$\tau=kG\gamma_{xy},\ U=\frac{1}{2}kGA\gamma_{xy}^2 \tag{10.91}$$

已有研究中针对 k 有不同的取法。例如，一种理论认为 τ 应取截面上实际剪应力的平均值。据此，对于矩形截面，$k=2/3$；对于圆形截面，$k=3/4$。另一种理论认为应使按式

(10.91)计算出的应变能等于按实际剪应力及剪应变分布计算出的应变能，据此，对于矩形截面，$k=5/6$；对于圆形截面 $k=9/10$。当然还有其他校正的方法。在有限元法中，较多的是采用能量等效的修正方法。

考虑剪切变形后，梁纯弯曲问题的势能泛函表达式为

$$\Pi_p=\int_0^L \frac{1}{2}EI_z\kappa^2\,\mathrm{d}x+\int_0^L \frac{1}{2}kGA\gamma_{xy}^2\,\mathrm{d}x-\int_0^L qv\,\mathrm{d}x-\sum_i V_iv_i+\sum_i M_i\theta_i \tag{10.92}$$

式中：L 为梁长；q 为 y 向分布剪力；V_i 和 M_i 分别为集中剪力和弯矩。

10.5.2 铁木辛柯梁单元

考虑剪切影响的梁单元和不考虑剪切影响的梁单元相同，仍以 v 和 θ 为结点参数，但在泛函中引入了剪切应变的影响。铁木辛柯梁单元的基本特点是挠度 v 和截面转角 θ 相互独立，因此 v 不再要求具有一阶连续导数，而只要 v 和 θ 在单元之间保持连续即可，因此是 C_0 型单元。本小节讨论最简单的铁木辛柯梁单元，即 2 结点平面梁单元。单元上的挠度 v 和转角 θ 各自独立采用线性插值表示为

$$\left.\begin{aligned} v&=N_1v_1+N_2v_2\\ \theta&=N_1\theta_1+N_2\theta_2\end{aligned}\right\} \tag{10.93}$$

即

$$\begin{bmatrix} v\\ \theta\end{bmatrix}=\begin{bmatrix} N_1 & 0 & N_2 & 0\\ 0 & N_1 & 0 & N_2\end{bmatrix}\begin{bmatrix} v_1\\ \theta_1\\ v_2\\ \theta_2\end{bmatrix}=\boldsymbol{N}\boldsymbol{q}^e \tag{10.94}$$

式中：N_1 和 N_2 与 2 结点轴力杆单元的形函数相同。

由式(10.85)和式(10.87)可知，梁的应变表达式为

$$\begin{aligned}\varepsilon_x&=-y\frac{\mathrm{d}\theta(x)}{\mathrm{d}x}=-y\left(\frac{\mathrm{d}N_1}{\mathrm{d}x}\theta_1+\frac{\mathrm{d}N_2}{\mathrm{d}x}\theta_2\right)\\ &=-y\begin{bmatrix}0 & \dfrac{\mathrm{d}N_1}{\mathrm{d}x} & 0 & \dfrac{\mathrm{d}N_1}{\mathrm{d}x}\end{bmatrix}\boldsymbol{q}^e=-y\boldsymbol{B}_{\mathrm{b}}\boldsymbol{q}^e\end{aligned} \tag{10.95}$$

$$\begin{aligned}\gamma_{xy}&=\frac{\partial v}{\partial x}-\theta(x)=\frac{\mathrm{d}N_1}{\mathrm{d}x}v_1+\frac{\mathrm{d}N_2}{\mathrm{d}x}v_2-N_1\theta_1-N_2\theta_2\\ &=\begin{bmatrix}\dfrac{\mathrm{d}N_1}{\mathrm{d}x} & -N_1 & \dfrac{\mathrm{d}N_2}{\mathrm{d}x} & -N_2\end{bmatrix}\boldsymbol{q}^e=\boldsymbol{B}_{\mathrm{s}}\boldsymbol{q}^e\end{aligned} \tag{10.96}$$

以上两式中

$$\left.\begin{aligned}\boldsymbol{B}_{\mathrm{b}}&=\begin{bmatrix}0 & \dfrac{\mathrm{d}N_1}{\mathrm{d}x} & 0 & \dfrac{\mathrm{d}N_2}{\mathrm{d}x}\end{bmatrix}\\ \boldsymbol{B}_{\mathrm{s}}&=\begin{bmatrix}\dfrac{\mathrm{d}N_1}{\mathrm{d}x} & -N_1 & \dfrac{\mathrm{d}N_2}{\mathrm{d}x} & -N_2\end{bmatrix}\end{aligned}\right\} \tag{10.97}$$

分别为完全应变和剪切应变对应的几何矩阵。

将式(10.94)代入势能泛函式(10.92)，并由 $\delta\Pi_p=0$ 可得单元平衡方程。其中，单元刚度矩阵和等效结点力向量分别为

$$\left.\begin{aligned}\boldsymbol{K}^e &= \boldsymbol{K}_b^e + \boldsymbol{K}_s^e \\ \boldsymbol{K}_b^e &= EI_z \int_0^L \boldsymbol{B}_b^{\mathrm{T}} \boldsymbol{B}_b \mathrm{d}x \\ \boldsymbol{K}_s^e &= kGA \int_0^L \boldsymbol{B}_s^{\mathrm{T}} \boldsymbol{B}_s \mathrm{d}x\end{aligned}\right\} \tag{10.98}$$

$$P^e = \int_0^L \boldsymbol{N}^{\mathrm{T}} \begin{bmatrix} q \\ 0 \end{bmatrix} \mathrm{d}x + \sum_i \boldsymbol{N}^{\mathrm{T}}(x_i) \begin{bmatrix} V_i \\ 0 \end{bmatrix} - \sum_i \boldsymbol{N}^{\mathrm{T}}(x_i) \begin{bmatrix} 0 \\ M_i \end{bmatrix} \tag{10.99}$$

式(10.98)中，$\boldsymbol{K}_b^e$ 和 $\boldsymbol{K}_s^e$ 分别为挠度和附加剪切应变对刚度矩阵的贡献量。精确计算其中的积分可得

$$\boldsymbol{K}_b^e = \frac{EI_z}{L} \begin{bmatrix} 0 & 0 & 0 & 0 \\ 0 & 1 & 0 & -1 \\ 0 & 0 & 0 & 0 \\ 0 & -1 & 0 & 1 \end{bmatrix} \tag{10.100}$$

$$\boldsymbol{K}_s^e = \frac{kGA}{L} \begin{bmatrix} 1 & \frac{L}{2} & -1 & \frac{L}{2} \\ \frac{L}{2} & \frac{L^2}{3} & -\frac{L}{2} & \frac{L^2}{6} \\ -1 & -\frac{L}{2} & 1 & -\frac{L}{2} \\ \frac{L}{2} & \frac{L^2}{6} & -\frac{L}{2} & \frac{L^2}{3} \end{bmatrix} \tag{10.101}$$

后面将会看到，在实际使用中 $\boldsymbol{K}_s^e$ 很少采用上面的准确形式。

10.5.3　剪切锁死和选择性缩减积分

至此，已分别基于欧拉梁理论和铁木辛柯梁理论构造了两种梁单元。前者适合于细长梁，后者因考虑了剪切应变而适用于高跨比较大的深梁。那么，如果采用铁木辛柯梁分析细长梁，结果将会怎样呢？能够获得准确的结果吗？为研究这个问题，现考虑图 10.20 所示的细长悬臂梁，一端承受向下的集中力。分别采用上述两种梁单元，用一个单元来计算梁的端部位移。

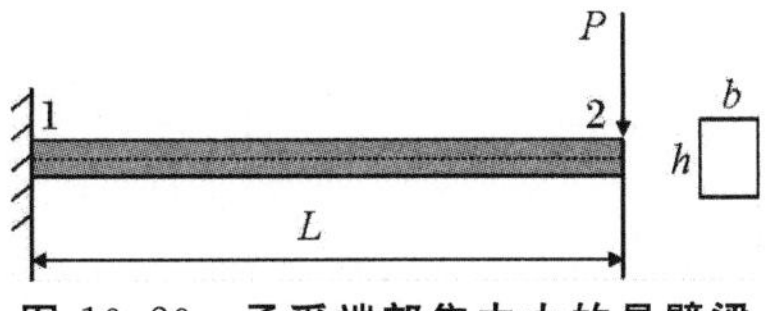

图 10.20　承受端部集中力的悬臂梁

(1)用欧拉梁单元求解。固定端边界条件是 $v_1 = \theta_1 = 0$，求载荷作用端的自由度 w_2 和 θ_2，有限元方程为

$$\frac{EI}{l^3} \begin{bmatrix} 12 & -6l \\ -6l & 4l^2 \end{bmatrix} \begin{bmatrix} v_2 \\ \theta_2 \end{bmatrix} = \begin{bmatrix} P \\ 0 \end{bmatrix}$$

从上式第二式得到

$$\theta_2 = \frac{3}{2} \frac{w_2}{l}$$

代回第一式，得到端部挠度为

$$\delta = w_2 = \frac{Ml^2}{3EI}$$

可见，采用一个欧拉梁单元就可得到和材料力学的理论解完全相同的结果，这是由于欧拉梁单元中挠度是三次函数，已经包含了这种受力状态所需要的位移函数。

(2)用铁木辛柯梁单元求解。采用铁木辛柯梁单元的有限元方程为

$$\begin{bmatrix} \dfrac{GA}{kl} & -\dfrac{GA}{2k} \\ -\dfrac{GA}{2k} & \dfrac{GAl}{3k}+\dfrac{EI}{l} \end{bmatrix} \begin{bmatrix} w_2 \\ \theta_2 \end{bmatrix} = \begin{bmatrix} P \\ 0 \end{bmatrix} \tag{10.102}$$

解之可得

$$\delta = w_2 = \frac{Pl^3}{3EI} \frac{1+\dfrac{3(1+v)}{5}\dfrac{h^2}{l^2}}{1+\dfrac{5}{4(1+v)}\dfrac{l^2}{h^2}} \tag{10.103}$$

为方便后面比较研究，在式(10.103)中已经运用下面的关系式消去了 G、k 和 A：

$$k=\frac{5}{6},\ A=bh,\ I=\frac{bh^3}{12},\ G=\frac{E}{2(1+v)}$$

1. 剪切锁死

将式(10.103)中的 δ 和材料力学解答比较可见，此结果的分子中分别出现了 $\frac{3(1+v)}{5}\frac{h^2}{l^2}$ 的因子，它反映了剪切变形引起的附加挠度。当高跨比 $h/l \to 0$ 时，这个附加挠度也趋于零，这是合理的。不同的是，分母中出现了 $\frac{5}{4(1+v)}\frac{l^2}{h^2}$ 因子。当 $h/l \to 0$ 时，此因子趋向无穷大而导致梁的挠度 $\delta \to 0$，即梁不能发生弯曲变形而只能得到零解，这显然是不合理的。梁的挠度趋于零是梁过于刚硬的表现，这是附加剪切应变影响的结果。虽然对细长梁而言真实应力状态中剪切应变可以忽略，但是由于2结点铁木辛柯梁单元不能描述纯弯状态，产生了一个虚假的附加剪切应变，此应变可表示如下：

$$\gamma = \frac{\mathrm{d}v}{\mathrm{d}x} - \theta = \frac{v_2}{l} - \frac{x}{l}\theta_2 = \left(1-\frac{3x}{2l}\right)\frac{Pl^2}{3EI} \frac{1+\dfrac{3(1+v)}{5}\dfrac{h^2}{l^2}}{1+\dfrac{5}{4(1+v)}\dfrac{l^2}{h^2}}$$

虚假剪切应变对挠度 δ 的影响随着梁变薄而增大。当 $h/l \to 0$ 时，γ 也趋于零，但却产生了错误的结果 $\delta = w_2 \to 0$。这种现象在有限元法中叫做剪切锁死(shear locking)，有些文献上也称之为寄生剪切刚度现象。

为了进一步从理论上分析产生导致梁过于刚硬的原因，考察铁木辛柯梁的刚度矩阵式(10.98)。对矩形截面梁，其中弯曲刚度系数量级为 Ebh^3/L，剪切刚度系数量级为 $kGbhL$，因此弯曲刚度和剪切刚度之比为

$$\frac{Ebh^3/L}{kGbhL} \sim \left(\frac{h}{L}\right)^2$$

这个比值为高跨比的二次方量级。对于高跨比很小的细长梁，弯曲刚度相对于剪切刚度的数值很小。这种不恰当地夸大剪切效果的现象即为剪切锁死，它在梁板壳结构有限元分析中经常遇到。

还可对产生剪切锁死问题的根源作进一步阐述。因为挠度和转角采用同阶插值多项式表示，所以剪切应变 γ 中的 $\frac{\mathrm{d}v}{\mathrm{d}x}$ 和 θ 两项是不同阶的。由式(10.96)可得

$$\gamma_{xy} = \frac{\partial v}{\partial x} - \theta(x) = \frac{1}{L}(v_2 - v_1) - \theta_1 - \frac{1}{L}(\theta_2 - \theta_1)x \tag{10.104}$$

当梁的高跨比很小时，γ 应趋于零，这意味着式(10.104)中的常数项和一次项系数均应为零，即

$$\frac{1}{L}(v_2 - v_1) - \theta_1 = 0, \quad \theta_2 - \theta_1 = 0 \tag{10.105}$$

第一式表示梁的法向位移变化率应等于一端转角，这在计算中是可以实现的。而第二式将导致两端转角相等，这意味着梁不能发生弯曲变形，因此只能有零解。

2. 选择性缩减积分

为了避免剪切锁死，现已提出了多种解决方案，它们的基本点都是在计算切应变时使 $\frac{\mathrm{d}v}{\mathrm{d}x}$ 和 θ 预先保持同阶。下面介绍较为常用的一种，即对剪切刚度矩阵进行减缩积分(reduced integration)。

所谓减缩积分，就是数值积分采用比精确积分要求少的积分点数。以上述 2 结点铁木辛柯梁单元为例，为精确积分剪切刚度矩阵 $\boldsymbol{K}_s^e$，需要采用 2 点 Gauss 积分。减缩积分方案是采用一点积分。这样以来，$\boldsymbol{K}_s^e$ 中的 $N_i N_j\ (i,j=1,2)$ 项就不能被精确积分，实际上是以积分点(一点积分在单元中点)上的 θ 数值代替了在单元内的线性变化，从而使它和 $\frac{\mathrm{d}v}{\mathrm{d}x}$ 保持同阶，而使约束条件 $\frac{\partial v}{\partial x} - \theta(x) = 0$ 有可能到处满足。这样做的结果，表现为 $\boldsymbol{K}_s^e$ 是秩 1 矩阵，而式(10.101)中的精确表达式的秩为 2。减缩积分后 $\boldsymbol{K}_s^e$ 的表达式为

$$\boldsymbol{K}_s^e = \frac{kGA}{L}\begin{bmatrix} 1 & \frac{L}{2} & -1 & \frac{L}{2} \\ \frac{L}{2} & \frac{L^2}{4} & -\frac{L}{2} & \frac{L^2}{4} \\ -1 & -\frac{L}{2} & 1 & -\frac{L}{2} \\ \frac{L}{2} & \frac{L^2}{4} & -\frac{L}{2} & \frac{L^2}{4} \end{bmatrix} \tag{10.106}$$

这里应该注意，对 $\boldsymbol{K}_s^e$ 进行减缩积分降低了它的秩，但还应保证总的有限元系数矩阵不奇异。在这个问题中，条件是满足的。

采用式(10.106)中的减缩积分方案，重新计算上面例题中的端部位移得

$$\delta = w_2 = \frac{Pl^3}{4EI}\left[1 + \frac{4(1+v)}{5}\frac{h^2}{l^2}\right]$$

可见,当 $h/l \to 0$ 时不会产生剪切锁死。但是,计算结果和材料力学比较,仍存在 25%的误差,这是由于 2 结点铁木辛柯单元不像欧拉梁单元在挠度 w 的模式中精确地包含了三次函数。可通过增加单元数或改用高次单元来提高精度。但是这样做,将使自由度成倍地增加,因此对于剪切影响可以忽略的情形,仍应尽量采用经典欧拉梁单元。

习 题

1. 写出图 10.21 所示框架构件的坐标变换矩阵,分别标明每个构件的局部和全局自由度。

2. 求图 10.21 所示框架结点 2 和 3 在以下载荷条件下的挠度:

(1)当 100 N 载荷作用于结点 2 处的 $-y$ 方向。

(2)当 100 N 载荷作用于结点 3 处的 z 方向。

(3)当每单位长度为 1 N 大小的分布载荷作用于构件 2 上时,作用方向为 $-y$。假设材料性质为 $E = 2 \times 10^7\ \mathrm{N/cm^2}$, $G = 0.8 \times 10^7\ \mathrm{N/cm^2}$。

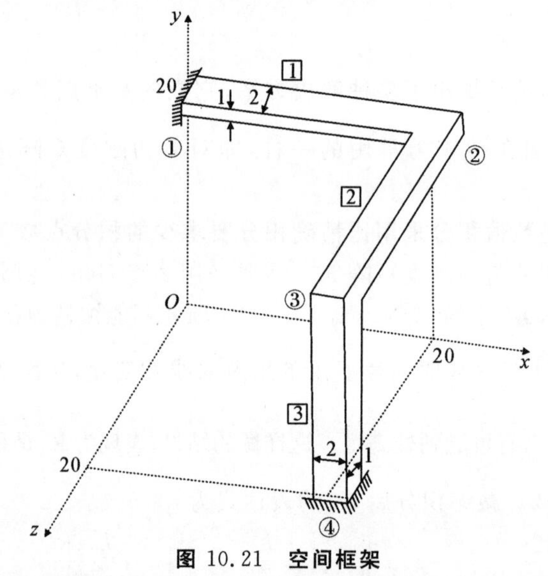

图 10.21 空间框架

3. 推导截面积沿长度线性变化的轴力杆单元的刚度矩阵。

4. 求在 4 000 N 端部载荷作用下,一维锥形构件的结点位移(见图 10.22)。横截面积从左端 10 $\mathrm{cm^2}$ 直线减小到右端 5 $\mathrm{cm^2}$。使用三个 25 cm 长的杆单元进行结构离散化。假设 $E = 2 \times 10^7\ \mathrm{N/cm^2}$, $\mu = 0.3$。

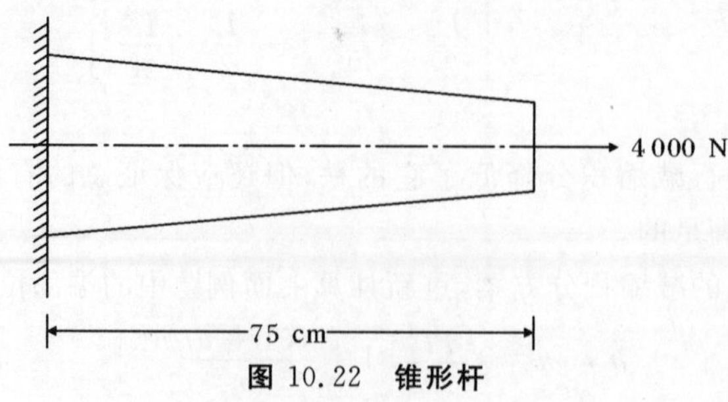

图 10.22 锥形杆

5. 写出图 10.23 所示的平面梁-弹簧组合结构的刚度矩阵，简要说明理由。

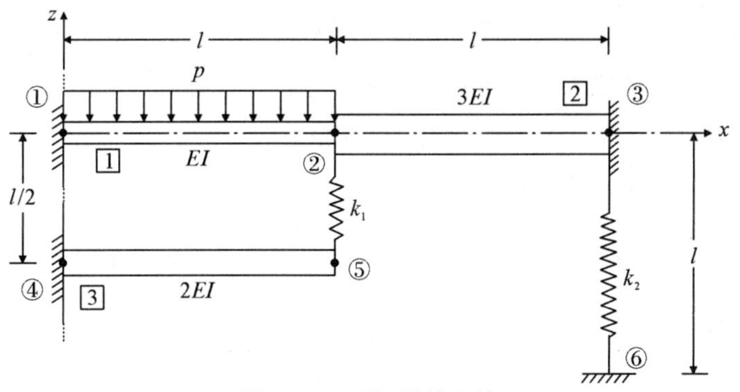

图 10.23　梁-弹簧系统

6. 编写程序进行三维桁架结构的位移和应力分析，并使用该程序计算图 10.24 的桁架构件中的应力。图中尺寸单位为 cm，所有杆件弹性模量 $E = 2\times10^7\ \mathrm{N/cm^2}$，截面积 $A = 2\ \mathrm{cm^2}$。

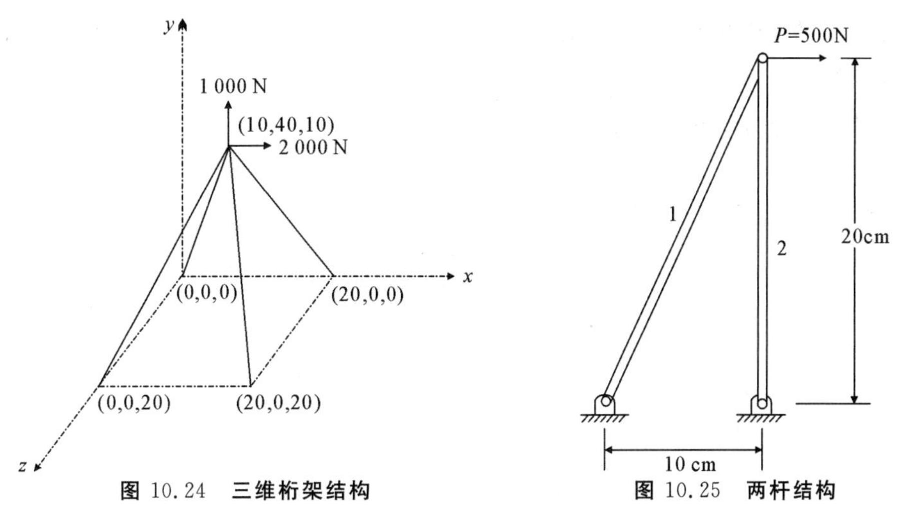

图 10.24　三维桁架结构　　**图 10.25　两杆结构**

7. 图 10.25 中的构件 1 和 2 是直径分别为 1 cm 和 2 cm 的圆截面直杆，弹性模量均为 $E = 210\ \mathrm{GPa}$ 。试求：

(1)假设结点 P 为销钉连接，确定结点 P 的位移。

(2)假设结点 P 为焊接，确定结点 P 的位移。

8. 图 10.26 的阶梯杆在结点 2 处承受 1 000 N 的轴向载荷。单元 1、2、3 的弹性模量分别为 300 GPa 、200 GPa 、100 GPa。如果单元 1、2、3 的截面积分别为 3 cm²、2 cm²、1 cm²。求解：

(1)结点 2 和 3 的位移；

(2)单元 1、2、3 中的应力；

(3)结点 1 和 4 的反作用力。

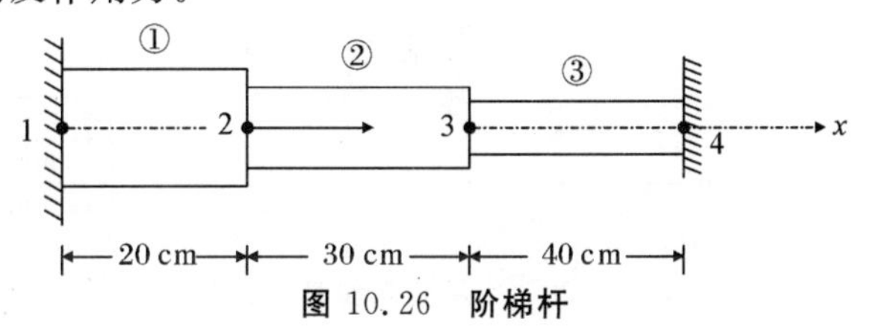

图 10.26　阶梯杆

9. 图 10.27 的阶梯杆加热 100℃，① 单元和 ② 单元的截面积分别为 10 cm^2 和 5 cm^2，杨氏模量分别为 200 GPa 和 100 GPa，热膨胀系数 α 的值分别为 20×10^{-6} ℃$^{-1}$ 和 10×10^{-6} ℃$^{-1}$。

(1)推导这两个单元的刚度矩阵和载荷向量；

(2)推导系统的总体平衡方程，求出结点 C 的位移；

(3)求出单元①和②中的应力。

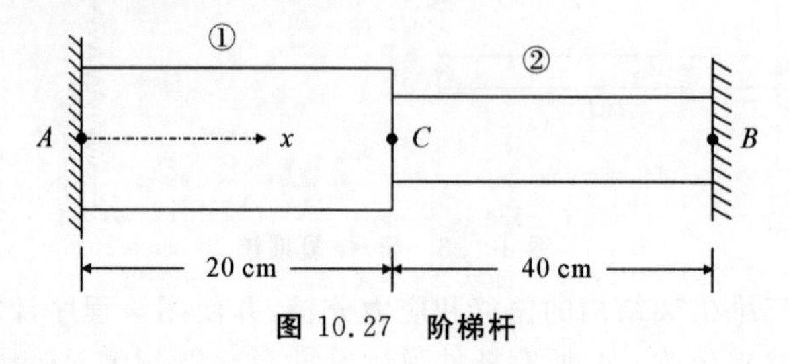

图 10.27 阶梯杆

10. 如图 10.28 所示，悬臂梁一端固定，另一端用缆绳悬吊，受均布载荷作用。

(1)分别将梁和缆绳视为一个有限单元，推导系统有限元平衡方程；

(2)求解结点 2 的位移；

(3)求解梁应力分布和缆绳的应力。

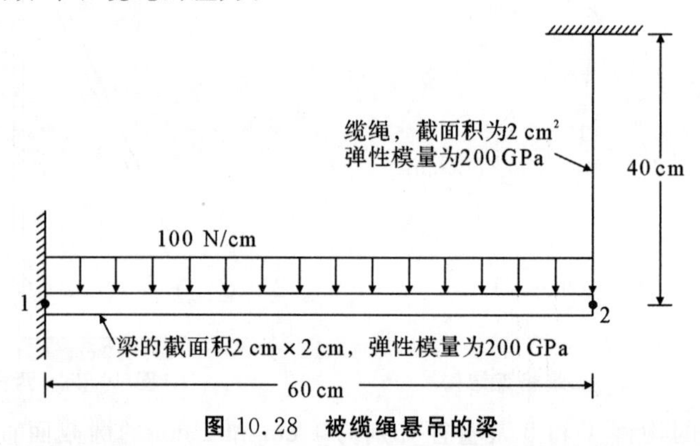

图 10.28 被缆绳悬吊的梁

11. 如图 10.29 所示，悬臂梁一端固定，另一端受三个力和三个力矩（$P_x = 100$ N，$M_x = 20$ N·m，$P_y = 200$ N，$M_y = 30$ N·m，$P_z = 300$ N，$M_z = 40$ N·m，$E = 200$ GPa）。用一个梁单元计算梁内的应力分布。

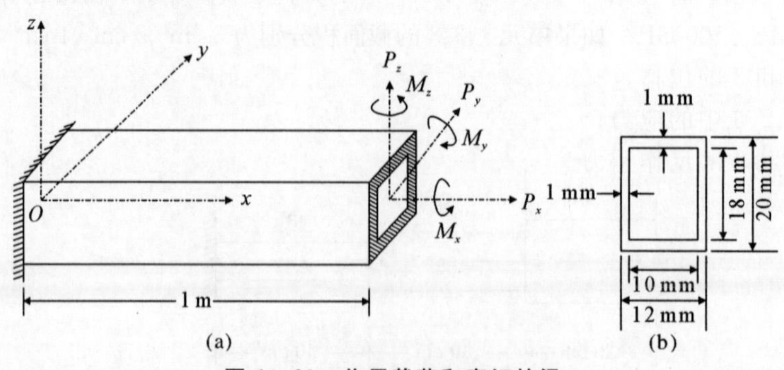

图 10.29 作用载荷和弯矩的梁

12. 确定图 10.30 所示框架的两个杆件的应力分布，对每个杆件使用一个梁单元。

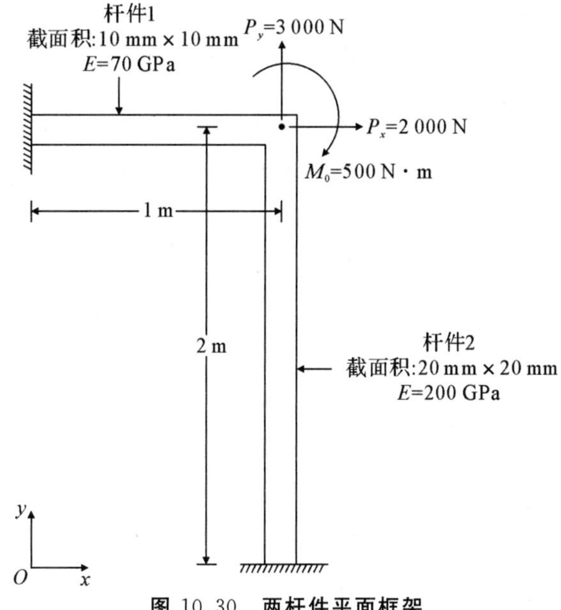

图 10.30 两杆件平面框架

13. 如图 10.31 所示，质量为 W 的水箱由内径为 d 、壁厚为 t 、高度为 h 的空心圆钢柱支撑，作用在该柱上的风压从 0 到 $p_{\max}$ 线性变化。利用以下数据，用单梁单元计算立柱的弯曲应力：

$$W = 7\ 500\ \text{kg},\ h = 10\ \text{m},\ d = 0.6\ \text{m},\ t = 0.05\ \text{m},\ p_{\max} = 1\ \text{MPa}$$

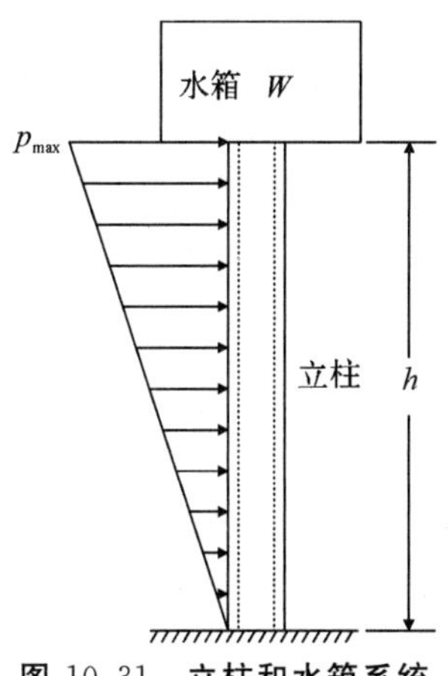

图 10.31 立柱和水箱系统

14. 如图 10.32 所示，长度为 l 、横截面积为 A 的杆单元受到轴向作用的线性变化载荷作用(单位长度载荷从 0 到 p_0 变化)。使用线性插值模型推导单元的结点载荷向量。

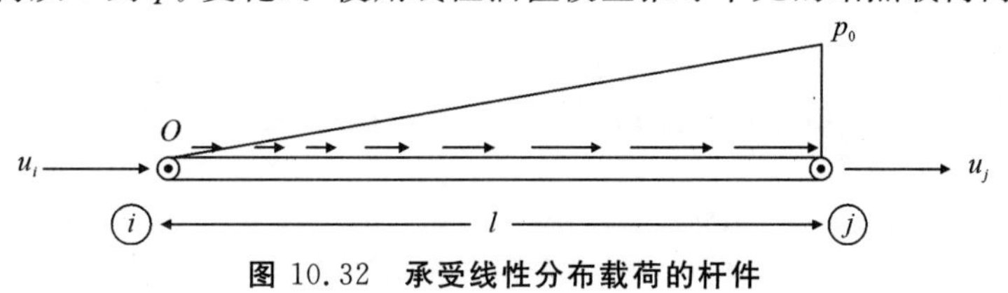

图 10.32 承受线性分布载荷的杆件

15. 如图 10.33 所示，悬臂梁的抗弯刚度为 EI，右端被刚度为 k 的弹簧支撑，其中 q_i（$i=1,2,\cdots,6$）表示整体自由度。

(1)在应用边界条件之前，推导总体刚度矩阵；

(2)写出应用边界条件之后的系统平衡方程；

(3)根据以下数据求出 A 点处梁的位移和转角：$EI=5\times10^8\ \mathrm{N\cdot cm^2}$，$l_1=50\ \mathrm{cm}$，$l_2=250\ \mathrm{cm}$，$k=2\times10^4\ \mathrm{N/cm}$，$A$ 点作用垂直向下的载荷 500 N。

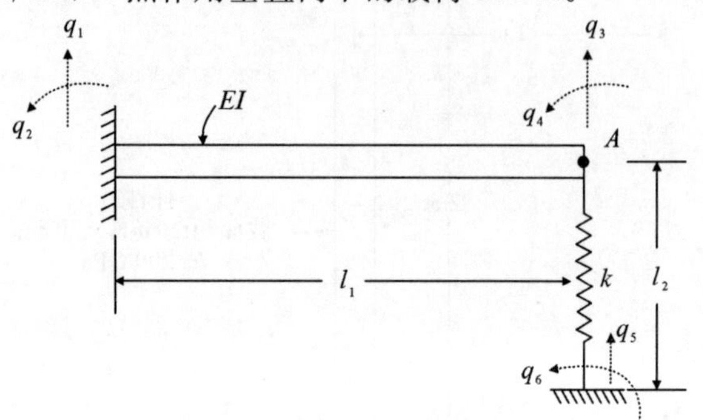

图 10.33　悬臂梁被弹簧支撑

16. 二维框架如图 10.34 所示，每个结点有三个自由度，已知 $E=200\ \mathrm{GPa}$，$I=80\ \mathrm{cm^4}$，$A=5\ \mathrm{cm^2}$，$l=80\ \mathrm{cm}$，$P_1=5\ 000\ \mathrm{N}$，$P_2=2\ 500\ \mathrm{N}$，推导：

(1)在应用边界条件之前，阶数为 9×9 的总体平衡方程；

(2)应用边界条件后，阶数为 3×3 的总体平衡方程；

(3)结点位移矢量。

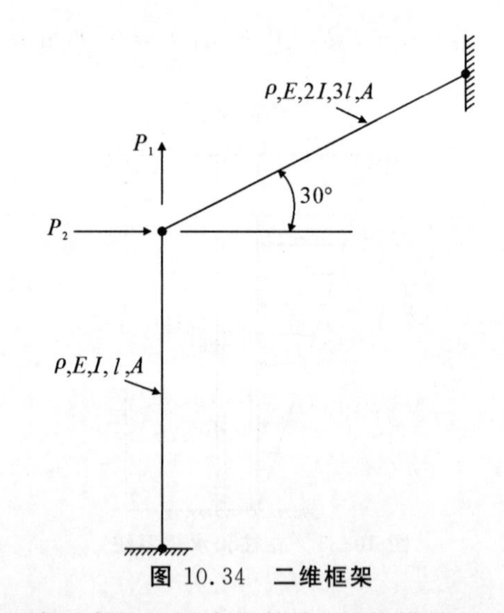

图 10.34　二维框架

17. 如图 10.35 所示，左端固支的长梁中间简支，梁的横截面为矩形，y 方向厚度为 5 cm，z 方向宽度为 2.5 cm，杨氏模量为 $E=200\ \mathrm{GPa}$。用双梁单元模型确定长梁内的应力分布。

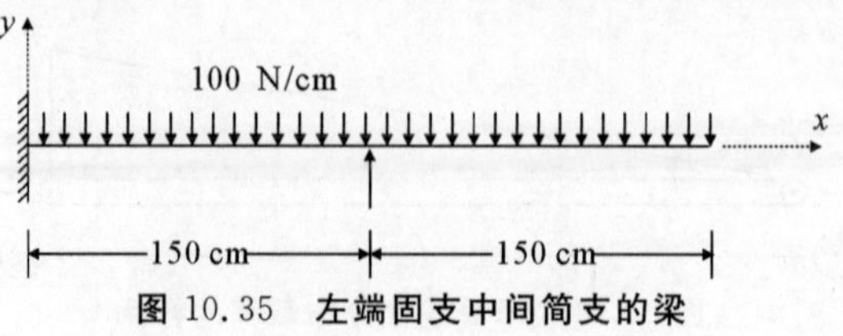

图 10.35　左端固支中间简支的梁

18. 如图 10.36 所示，两端固支的长梁中间简支，梁的横截面为矩形，y 方向厚度为 5 cm，z 方向宽度为 2.5 cm，杨氏模量为 $E = 200$ GPa。用双梁单元模型确定长梁内的应力分布。

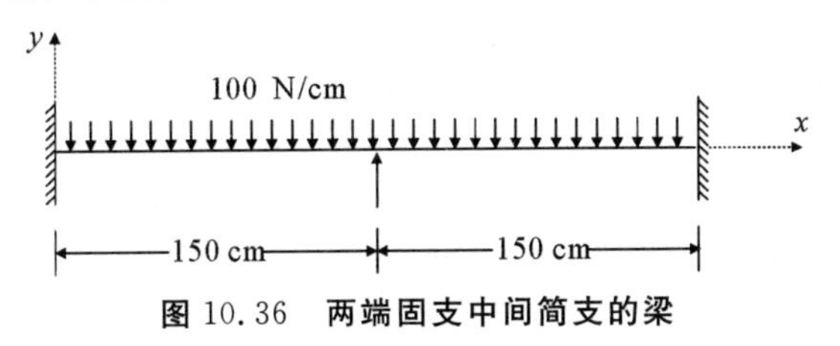

图 10.36　两端固支中间简支的梁

19. 如图 10.37，长度 $L = 3$ m 的阶梯轴，直径 d_1 的圆截面跨度为 $0 \leqslant x \leqslant L/2$，直径 d_2 的圆截面跨度为 $L/2 \leqslant x \leqslant L$，轴的剪切模量为 100 GPa。利用两个杆件单元，确定在自由端施加扭矩 $T = 250$ N · m 时轴的剪切应力分布。

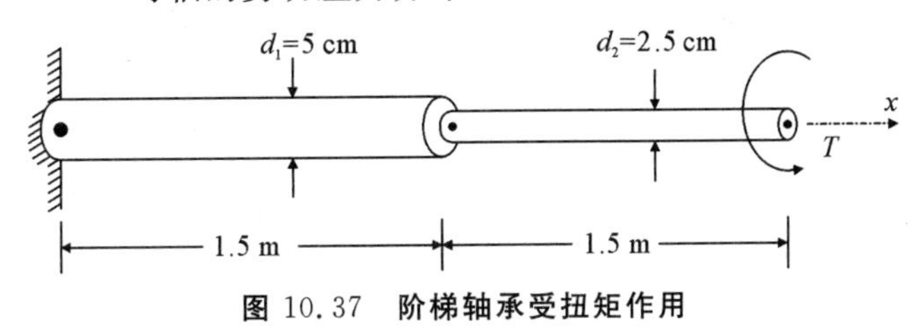

图 10.37　阶梯轴承受扭矩作用

20. 如图 10.38 所示，悬臂梁的自由端受到两个不同方向的集中载荷 $P_1 = 10\ 000$ N 和 $P_2 = 5\ 000$ N，梁的杨氏模量为 200 GPa。求梁的应力分布和自由端挠度。

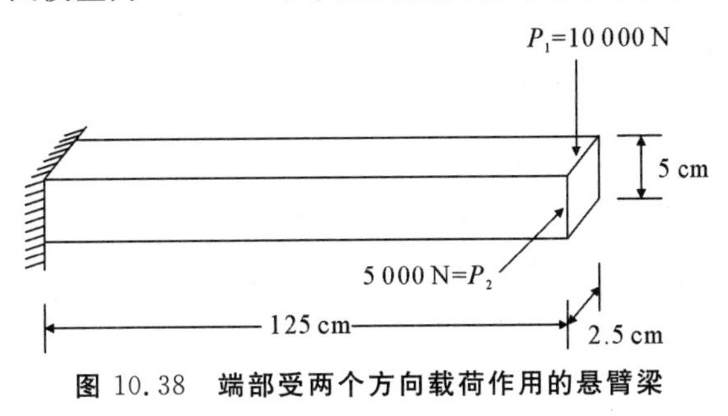

图 10.38　端部受两个方向载荷作用的悬臂梁

21. 三杆平面桁架及其支撑条件和载荷如图 10.39 所示，杆 1、2、3 的横截面积分别为 5 cm^2、10 cm^2 和 15 cm^2，材料的杨氏模量为 200 GPa。求桁架各构件的应力。

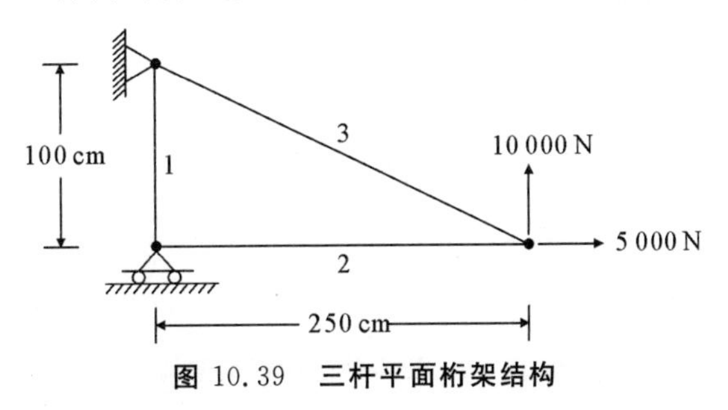

图 10.39　三杆平面桁架结构

22. 四杆平面桁架及其支撑条件和载荷如图 10.40 所示，设每根杆的横截面积为 5 cm^2，材料杨氏模量为 200 GPa。求桁架各杆件的应力。

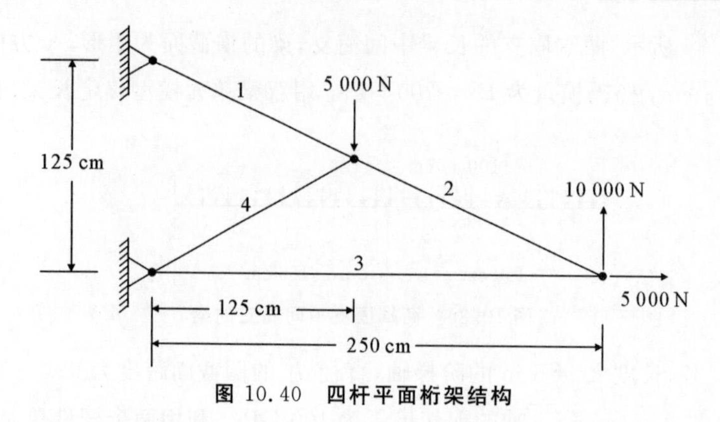

图 10.40　**四杆平面桁架结构**

23. 图 10.41 所示的平面刚架，构件 1、2、3 为矩形截面，截面尺寸分别为 4 cm×2 cm（x×z 方向）、6 cm×4 cm（y×z 方向）、4 cm×2 cm（x×z 方向），材料的杨氏模量为 200 GPa。用三个梁单元确定刚架中三个构件的应力。

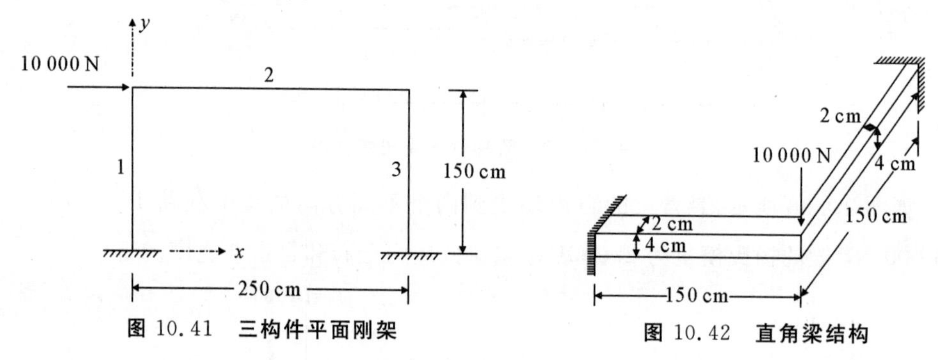

图 10.41　**三构件平面刚架**　　　　图 10.42　**直角梁结构**

24. 如图 10.42 所示，两段垂直的梁承受集中载荷，设材料杨氏模量为 200 GPa。使用两个梁单元，确定梁的两个部分的挠度和应力。

25. 图 10.43 所示的空间框架由三段组成，承受三个载荷。框架的三个部分都是直径为 3 cm 的圆形截面，材料的杨氏模量均为 200 GPa，所有接头都是焊接的。用三个空间梁单元确定框架的挠度和应力。

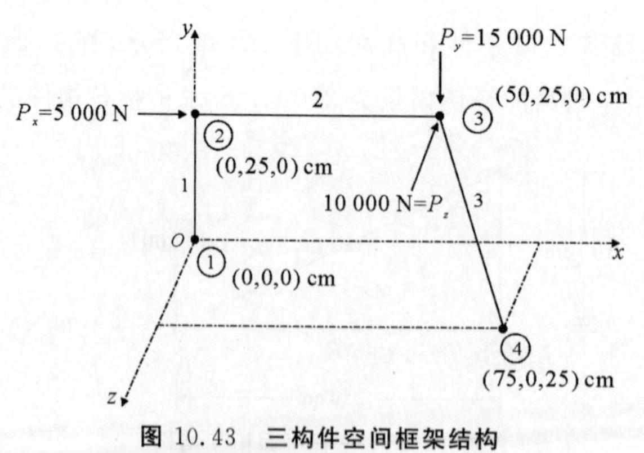

图 10.43　**三构件空间框架结构**

第 11 章　板壳结构有限元法

11.1　引　　言

板壳结构在飞行器结构中大量存在，如图 11.1 所示。从几何上来看，板和壳结构是一个方向上尺度(厚度)比其他两个方向的尺度小得多的结构。这里所讲的板，是一个平面结构。实际工程中的平板结构，往往同时受到面内和横向(法向)载荷作用，如图 11.2 所示。平板内部的任何点都可以具有平行于 x、y 和 z 轴的位移分量 u、v 和 w，可以看成梁结构在中性面内的二维拓展，因此后面将会看到，板结构分析的理论和梁理论有诸多相似之处。

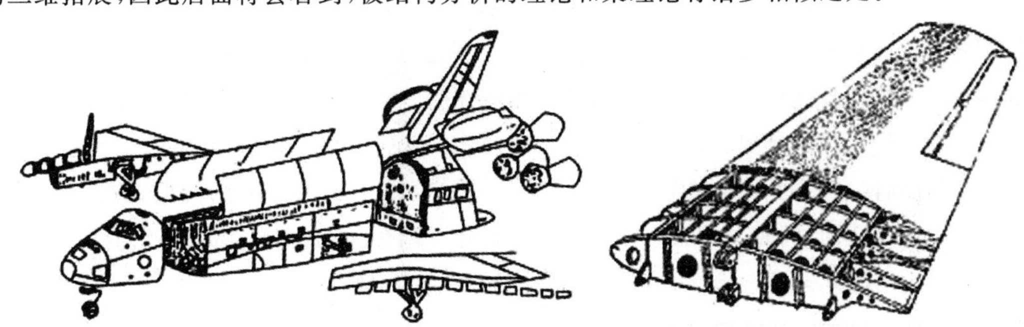

图 11.1　飞行器结构中的薄壁板壳结构

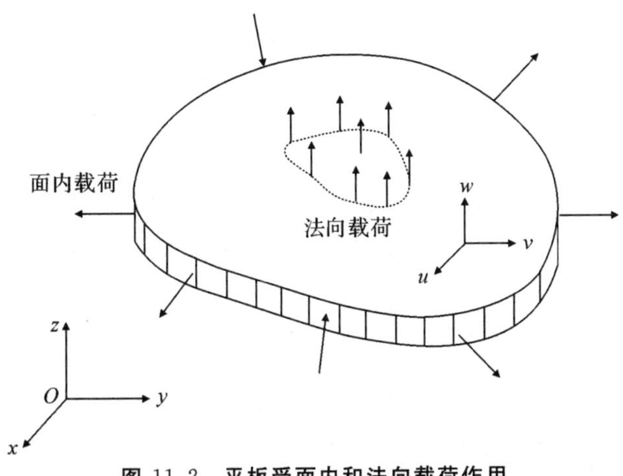

图 11.2　平板受面内和法向载荷作用

平板的中面只有垂直于中面的位移，即挠度 w，而没有面内的位移。这样一来，板只产生弯曲变形，所以通常称之为平板弯曲问题。平板中面的位移的面内位移和变形属于弹性力学平面应力问题研究的范畴。平面应力问题中结构的变形是沿厚度均匀分布的，即结构像薄膜一样工作，因此通常称此变形为薄膜应力(应变)状态。平板中弯曲状态和薄膜状态两者是互相不耦合的，正如直杆(梁)构件中，拉压和弯曲、扭转几种应力(应变)状态是互不耦合的一样。

在薄板的小挠度(或线性)理论中，横向位移(挠度)w 与平面内位移 u 和 v 不相关。因此，平面内和横向位移的刚度矩阵也可以解耦，并且可以独立计算。因此，如果板仅受到面内载荷，它将仅发生面内变形，通常称此变形为薄膜应力(应变)状态。类似地，如果板承受横向载荷(和/或弯曲力矩)，则板内部的任何点基本上都会存在横向位移 w，并且由于板中面法向的旋转，还会存在面内位移 u 和 v，这种情况通常称为平板弯曲问题。本章考虑板的面内和弯曲分析问题。如果将板单元用于三维结构(例如折叠板结构)的分析，则在单元属性变化时必须同时考虑面内和弯曲作用，在本章中还将考虑膜与板的弯曲的耦合作用问题。

壳是中面为曲面的薄壁结构。它的工程应用很广泛，如飞行器结构的蒙皮、压力容器的壳体等，如图 11.3 所示。壳和平板相比较，相同点是它们在厚度方向的尺度比其他两个方向的小得多，因此可以引入一定的假设，减少未知量的数目，从而使三维弹性力学问题的求解得到简化；不同点是，板的中面是平面，而壳的中面是曲面。正是这个不同点，使两者在力学分析上有重要区别。平板中弯曲状态和薄膜状态两者是互相不耦合的，因此可以各自独立来分析。而壳体由于中面是曲面，工作时中面内的位移 u、v 和垂直于中面的位移 w 通常是同时发生的，而且弯曲状态和薄膜状态是相互耦合的。因此在壳体结构分析中，虽然应力和应变沿横向分布的假设与平板相同，但其承载方式与平板弯曲不同。壳体中不仅存在弯曲应力，还存在面内应力，而且面内应力的合力在曲面法线方向的分量平衡了绝大部分的载荷，如图 11.3 所示。由于中面是曲面，同时弯曲状态和薄膜状态是相互耦合的，因此壳体问题的力学分析比平板问题和平面应力问题复杂得多，这也使得壳体问题(特别是壳体非线性问题)的有限元分析方法至今仍然是有限元研究领域的重要课题。

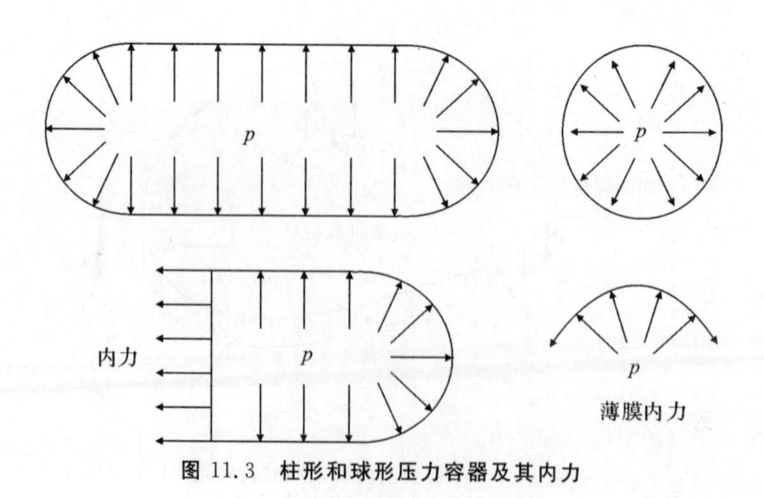

图 11.3　柱形和球形压力容器及其内力

11.2 薄板弯曲的基本理论

本节考虑图 11.4 的弹性薄板受横向载荷作用问题，推导平板发生弯曲变形的控制方程。取板的中面为 xOy 平面，z 轴垂直于中面。设板厚为 t，则板中面为 $z=0$，上、下板面的坐标分别为 $z=\pm t/2$。假设板厚 t 远小于其他两个面内尺寸，按图 11.4 所示的矩形板，应有 $t \ll b,c$。这样假设的目的是忽略横向剪切变形的影响；一般而言，当板厚 t 大于面内尺寸的1/10时，板的剪切变形将不能被忽略。同时，假设板在横向载荷作用下的挠度 w 远小于板厚t（$w \ll t$）。

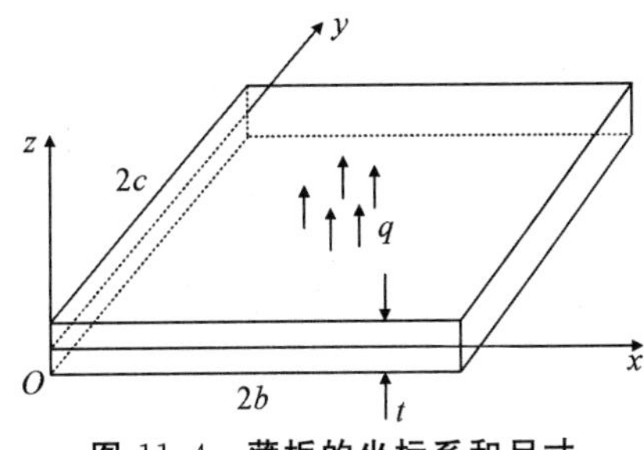

图 11.4　薄板的坐标系和尺寸

克希霍夫针对薄板在横向载荷作用下的位移、应变和应力规律进行了研究，建立了薄板弯曲问题的基本理论，因此，薄板弯曲理论也称为克希霍夫板理论。该理论对板的变形和内力作出如下假设：

(1)直法线假设：薄板中面的法线在变形后仍为法线，且长度不变。这相当于梁的弯曲变形平面假设。根据这一假设，有

$$\varepsilon_z = \gamma_{zx} = \gamma_{zy} = 0 \tag{11.1}$$

(2)平行于板中面的各层互不挤压，即 $\sigma_z = 0$。垂直于中面方向的其他应力分量 τ_{zx}、τ_{zy} 远小于其他应力分量，它们引起的变形可以不计，但是对于维持平衡是必要的。

(3)中面各点只有垂直中面的位移 w，没有平行中面的位移，即

$$u(x,y,0) = v(x,y,0) = 0, \quad w(x,y,z) = w(x,y) \tag{11.2}$$

11.2.1 薄板位移

根据克希霍夫假设，板的中面将不发生面内变形。板中面的 z 向位移函数 $w(x, y)$称为挠度函数，它唯一地确定了板的变形状态。图 11.5(a)为薄板弯曲变形的情况。根据直法线假设，在薄膜弯曲变形过程中，板内任一点 P 将由于所在的中面法线的转动 θ_x 而产生 y 向位移 v[见图 11.5(b)]为

$$v(x,y,z) = -z\theta_x, \quad \theta_x = \frac{\partial w}{\partial y} \tag{11.3}$$

本章中转角仍以与下标指示的坐标轴方向相同为正。因此，式(11.3)中 θ_x 与 w 对 y 的导数同号。同理，由于 xOz 面内的弯曲变形，薄板内的点也会产生 x 向位移[见图 11.5(c)]为

$$u(x,y,z) = z\theta_y, \quad \theta_y = -\frac{\partial w}{\partial x} \tag{11.4}$$

此时,转角 θ_y 与 w 对 x 的导数异号,但正转角产生正的位移。总结式(11.3)和式(11.4),薄板的位移场可以用板中面挠度 w 表示为

$$u(x,y,z) = -z\frac{\partial w}{\partial x}, \quad v(x,y,z) = -z\frac{\partial w}{\partial y} \tag{11.5}$$

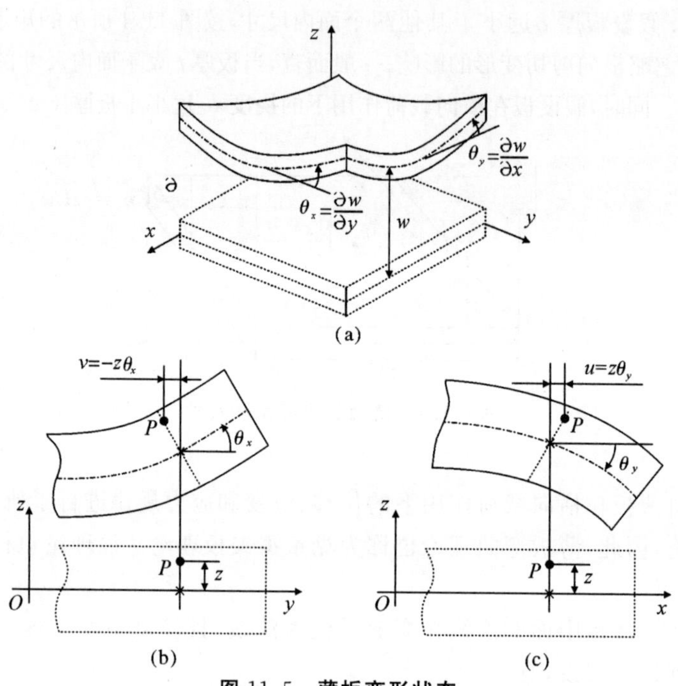

图 11.5 薄板变形状态

11.2.2 应变和广义应变

由几何方程可以写出板内应变表达式为

$$\boldsymbol{\varepsilon} = \begin{bmatrix} \varepsilon_x \\ \varepsilon_y \\ \gamma_{xy} \end{bmatrix} = -z \begin{bmatrix} \dfrac{\partial^2 w}{\partial x^2} \\ \dfrac{\partial^2 w}{\partial y^2} \\ 2\dfrac{\partial^2 w}{\partial x \partial y} \end{bmatrix} \tag{11.6}$$

板的曲率和扭率分别为

$$\kappa_x = -\frac{\partial^2 w}{\partial x^2}, \quad \kappa_y = -\frac{\partial^2 w}{\partial y^2}, \quad \kappa_{xy} = -2\frac{\partial^2 w}{\partial x \partial y} \tag{11.7}$$

在板理论中,曲率 κ_x 、κ_y 和扭率 κ_{xy} 统称为薄板的广义应变。它们和应变的关系为

$$\varepsilon_x = z\kappa_x, \quad \varepsilon_y = z\kappa_y, \quad \gamma_{xy} = z\kappa_{xy} \tag{11.8}$$

定义广义应变向量

$$\boldsymbol{\kappa} = [\kappa_x \ \ \kappa_y \ \ \kappa_{xy}]^{\mathrm{T}} \tag{11.9}$$

它们是与厚度坐标 z 无关的量，则式(11.8)可写成

$$\boldsymbol{\varepsilon} = z\boldsymbol{\kappa} \tag{11.10}$$

式(11.10)说明，在薄板弯曲问题中，面内应变分量在板的厚度方向上线性分布，在中面上值为零。

11.2.3　应力和内力

根据克希霍夫假设，薄板弯曲问题的物理方程和平面应力问题相同，因此薄板的应力分量为

$$\boldsymbol{\sigma} = \begin{bmatrix} \sigma_x \\ \sigma_y \\ \tau_{xy} \end{bmatrix} = \frac{E}{1-\mu}\begin{bmatrix} 1 & \mu & 0 \\ \mu & 1 & 0 \\ 0 & 0 & \dfrac{1-\mu}{2} \end{bmatrix}\begin{bmatrix} \varepsilon_x \\ \varepsilon_y \\ \gamma_{xy} \end{bmatrix} = \boldsymbol{C\varepsilon} = z\boldsymbol{C\kappa} \tag{11.11}$$

式(11.11)说明，面内应力分量在板的厚度方向上呈线性分布，在中面上值为零，在上下板面达到最大值，如图 11.6(a)所示。这一点与欧拉梁的结论是类似的。在图 11.6 中，也标出了横向切应力 τ_{xz} 和 τ_{yz} 的二次分布形式，只是在薄板小变形情况下，它们的数值相对于面内应力分量很小，但是当对板进行平衡时必须考虑它们，才能与横向力 q 相平衡。

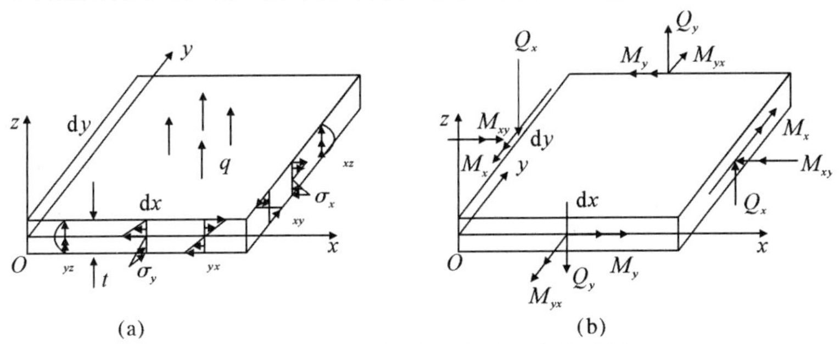

图 11.6　薄板的应力分量和内力分量

(a)应力分量；(b)内力分量

薄板弯曲时，板的内力分量主要有弯矩 M_x、M_y 和扭矩 M_{xy}，其中 M_x 和 M_y 分别为垂直于 x 轴和 y 轴的截面上单位长度的弯矩，M_{xy}（$=M_{yx}$）为垂直于 x（y）轴截面上单位长度的扭矩，如图 11.6(b)所示。据此，内力分量的计算式为

$$\boldsymbol{M} = \begin{bmatrix} M_x \\ M_y \\ M_{xy} \end{bmatrix} = \int_{-t/2}^{t/2} z\boldsymbol{\sigma}\,\mathrm{d}z = \boldsymbol{C\kappa}\int_{-t/2}^{t/2} z^2\,\mathrm{d}z = \frac{t^3}{12}\boldsymbol{C\kappa} = \boldsymbol{D\kappa} \tag{11.12}$$

式中：矩阵 $\boldsymbol{D}$ 为薄板弯曲弹性矩阵，有

$$\boldsymbol{D} = \frac{Et^3}{12(1-\mu^2)}\begin{bmatrix} 1 & \mu & 0 \\ \mu & 1 & 0 \\ 0 & 0 & \dfrac{1-\mu}{2} \end{bmatrix} = D_0\begin{bmatrix} 1 & \mu & 0 \\ \mu & 1 & 0 \\ 0 & 0 & \dfrac{1-\mu}{2} \end{bmatrix} \tag{11.13}$$

式中：$D_0 = \dfrac{Et^3}{12(1-\mu^2)}$ 为板的弯曲刚度。

另外,板截面上的剪应力分量 τ_{xz} 和 τ_{yz} 还构成了两个剪力分量 Q_x 和 Q_y：

$$Q_x = \int_{-t/2}^{t/2} \tau_{xz} \mathrm{d}z, \quad Q_y = \int_{-t/2}^{t/2} \tau_{yz} \mathrm{d}z \tag{11.14}$$

它们都是作用在单位长度板截面上的剪力。所有内力的正方向和对应的应力分量的正方向相同。

由式(11.12)和式(11.11)可以得到薄板应力分量和内力分量的关系式,

$$\boldsymbol{\sigma} = \frac{12z}{t^3}\boldsymbol{M} \tag{11.15}$$

式(11.15)表明,板内应力分量在板面上达到最大。比如,当 $z = t/2$ 时,有

$$\sigma_x = \frac{6}{t^3}M_x \tag{11.16}$$

式(11.15)与欧拉梁中弯曲应力的表达式是相同的。

11.2.4 薄板平衡微分方程

根据图 11.7 的薄板微元在 z 方向的受力平衡以及绕 x 和 y 轴的力矩平衡,可得如下微分方程：

$$\left.\begin{aligned} \sum F_z = 0: &\quad \frac{\partial Q_x}{\partial x} + \frac{\partial Q_y}{\partial y} + q(x,y) = 0 \\ \sum (M)_x = 0: &\quad \frac{\partial M_{xy}}{\partial x} + \frac{\partial M_y}{\partial y} - Q_y = 0 \\ \sum (M)_y = 0: &\quad \frac{\partial M_x}{\partial x} + \frac{\partial M_{yx}}{\partial y} - Q_x = 0 \end{aligned}\right\} \tag{11.17}$$

由式(11.17)可得出薄板弯曲平衡方程

$$\frac{\partial^2 M_x}{\partial x^2} + 2\frac{\partial^2 M_{xy}}{\partial x \partial y} + \frac{\partial^2 M_y}{\partial y^2} + q(x,y) = 0 \tag{11.18}$$

式中：$q(x,y)$ 是作用于板表面的 z 向分布载荷。将式(11.12)代入式(11.18),可得挠度 w 所满足的微分方程为

$$\frac{\partial^4 w}{\partial x^4} + 2\frac{\partial^4 w}{\partial x^2 \partial y^2} + \frac{\partial^4 w}{\partial y^4} = \frac{1}{D_0}q(x,y) \tag{11.19}$$

亦即

$$\nabla^2 \nabla^2 w = \frac{1}{D_0}q(x,y) \tag{11.20}$$

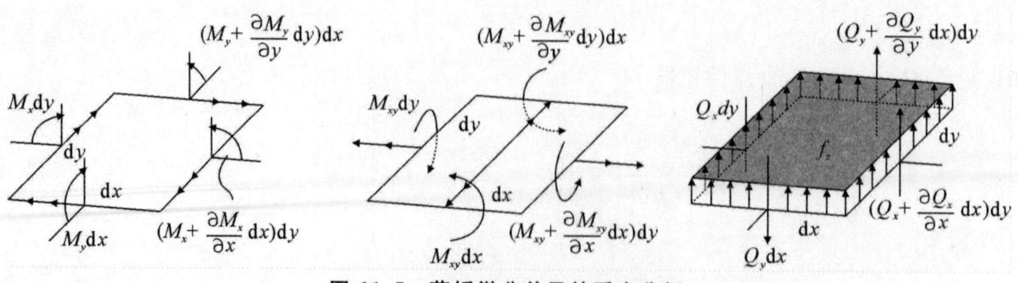

图 11.7　薄板微分单元的受力分析

11.2.5　剪力和横向应力分量

将式(11.12)代入式(11.17)中后两式,可得到挠度表示的剪力为

$$Q_x = D_0 \frac{\partial}{\partial x}(\nabla^2 w), \quad Q_y = D_0 \frac{\partial}{\partial y}(\nabla^2 w) \tag{11.21}$$

板内 z 向应力分量可由三维弹性力学平衡方程及式(11.15)求得。比如,由 x 方向上的平衡方程可得

$$\frac{\partial \tau_{xz}}{\partial z} = -\frac{\partial \sigma_x}{\partial x} - \frac{\partial \tau_{xy}}{\partial y} \tag{11.22}$$

再由式(11.15)和式(11.17)可知

$$\frac{\partial \tau_{xz}}{\partial z} = -\frac{12}{t^3} z \left(\frac{\partial M_x}{\partial x} + \frac{\partial M_{xy}}{\partial y} \right) = -\frac{12}{t^3} z Q_x \tag{11.23}$$

对式(11.23)积分,并根据板表面无剪切力作用的条件,可得

$$\tau_{xz} = \frac{3Q_x}{2t}\left(1 - \frac{4z^2}{t^2}\right) \tag{11.24}$$

同理,可得

$$\tau_{yz} = \frac{3Q_y}{2t}\left(1 - \frac{4z^2}{t^2}\right) \tag{11.25}$$

由以上两式不难看出,τ_{xz} 和 τ_{yz} 沿 z 向呈抛物线分布,中面上值最大,为

$$\tau_{xz}\mid_{z=0} = \frac{3Q_x}{2t}, \quad \tau_{yz}\mid_{z=0} = \frac{3Q_y}{2t} \tag{11.26}$$

求 σ_z 需要考虑 z 方向上的平衡方程

$$\frac{\partial \sigma_z}{\partial z} = -\frac{\partial \tau_{zx}}{\partial x} - \frac{\partial \tau_{zx}}{\partial y} \tag{11.27}$$

将式(11.24)和式(11.25)代入式(11.27),并由式(11.17)中第一式可得

$$\frac{\partial \sigma_z}{\partial z} = -\frac{3}{2}\frac{1}{t}\left(1 - \frac{4z^2}{t^2}\right)\left(\frac{\partial Q_x}{\partial x} + \frac{\partial Q_y}{\partial y}\right) = \frac{3}{2}\frac{1}{t}\left(1 - \frac{4z^2}{t^2}\right) q(x,y) \tag{11.28}$$

对式(11.28)进行积分,并假设外力 $q(x,y)$ 作用于上表面,下表面自由,于是有

$$\sigma_z = \left[\frac{1}{2} + \frac{3}{4}\left(\frac{2z}{t}\right) - \frac{1}{4}\left(\frac{2z}{t}\right)^3\right] q(x,y) \tag{11.29}$$

在上表面 $z = t/2$ 处,σ_z 取最大值 $q(x,y)$。

11.2.6　边界条件

薄板弯曲问题的平衡方程式(11.19)是四阶双调和方程,为使其有唯一确定的解,在每个边界上应该提供两个边界条件。这些边界条件又可分为以下 3 类:

(1)给定广义位移。在边界 S_1 上,给定位移 $\overline{w}$ 和截面转角 $\overline{\theta}$,即

$$w\mid_{S_1} = \overline{w}, \quad \left.\frac{\partial w}{\partial n}\right|_{S_1} = \overline{\theta} \tag{11.30}$$

这里用 n 和 s 分别表示边界的法线和切线方向。

作为特例，S_1 为固支边，则 $w|_{S_1}=0$，$\left.\dfrac{\partial w}{\partial n}\right|_{S_1}=0$。

(2) 给定广义力。在边界 S_2 上，给定力矩 $\overline{M}_n$ 和横向载荷(等效剪力) $\overline{W}_n$，即

$$M_n|_{S_2}=\overline{M}_n,\quad W_n|_{S_2}=\overline{W}_n \tag{11.31}$$

式中

$$\left.\begin{aligned}M_n&=-D_0\left(\frac{\partial^2 w}{\partial n^2}+\mu\frac{\partial^2 w}{\partial S^2}\right)\\W_n&=Q_n+\frac{\partial M_{ns}}{\partial S}=-D_0\frac{\partial}{\partial n}\left[\frac{\partial^2 w}{\partial n^2}+(2-\mu)\frac{\partial^2 w}{\partial S^2}\right]\end{aligned}\right\} \tag{11.32}$$

事实上，在薄板理论中广义位移——挠度和转角所对应的广义力分别为弯矩和等效剪力。一个特例是自由边，此时 $M_n|_{S_2}=0$，$W_n|_{S_2}=0$。

(3) 混合边界条件。在边界 S_3 上，给定位移 $\overline{w}$ 和力矩 $\overline{M}_n$，即

$$w|_{S_3}=\overline{w},\quad M_n|_{S_3}=\overline{M}_n \tag{11.33}$$

作为特例，S_3 为简支边，则 $w|_{S_3}=0$，$M_n|_{S_3}=0$。

11.2.7 薄板势能泛函

以上建立了薄板弯曲问题的平衡微分方程和边界条件。通过能量原理，可以将这些平衡微分方程和边界条件转化为等价的最小势能原理，其中总势能泛函的表达式为

$$\Pi_p=\iint_\Omega\left(\frac{1}{2}\boldsymbol{\kappa}^{\mathrm T}D\boldsymbol{\kappa}-qw\right)\mathrm{d}x\mathrm{d}y-\int_{S_2}\overline{W}_n w\,\mathrm{d}S+\int_{S_2+S_3}\overline{M}_n\frac{\partial w}{\partial n}\mathrm{d}S \tag{11.34}$$

基于以上泛函，可以建立求解薄板弯曲问题的有限元法。

总势能泛函 Π_p 中出现了广义应变 $\boldsymbol{\kappa}$，其中的曲率和扭率都是挠度 w 的二阶导数，见式(11.7)。因此，泛函 Π_p 中包含 w 的导数最高阶次是 2。根据收敛准则，在单元交界面上必须保持 w 及其一阶导数的连续性，即要求插值函数具有 C_1 连续性。由于在连续边界上 w 的连续性能保证 $\partial w/\partial s$ 连续，因此 C_1 连续性的具体要求是在单元交界面上 w 和 $\partial w/\partial n$ 均连续。

关于具有 C_1 连续性的插值函数的构造，除在一维问题(如梁弯曲问题)中比较简单外，在二维问题中，要比构造具有 C_0 连续性的插值函数复杂得多。基于平板弯曲问题的这种固有特性，从有限元法的最早发展开始，已有大量的工作投入了构造板单元的研究。根据所要分析的结构特点和分析的要求，发展了基于不同方法或不同变分原理的各式各样的板单元。Hrabok M. M. 和 Hrudey T. M. 的文献“A review and catalogue of plate bending finite elements”[Computers & Structures，1984，19(3)：479-495]中总结了 1984 年之前已经提出的 88 中不同的板单元。尽管目前板单元的研究仍在吸引着很多有限元工作者的注意，但是从迄今为止的发展情况来看，平板单元大体上可以分为以下 3 类：

(1)基于经典薄板理论的板单元，即基于式(11.34)所表述的势能泛函，并以 w 为场函数的板单元。

(2)基于保持克希霍夫直法线假设的其他薄板变分原理的板单元，以及在单元内或单元边界上的若干点，而不是到处保持克希霍夫直法线假设的离散克希霍夫单元。

(3)基于高阶板理论的板单元。这些高阶板理论本身考虑了横向剪切变形，如将在 11.5 节中介绍的 Mindlin 板理论。区别于经典薄板理论的是，此理论假设原来垂直于板中面的直线在变形后虽仍保持为直线，但由于横向剪切变形的影响，其不一定再垂直于变形后的中面。基于此理论的板单元中，挠度和法线转动为各自独立的场函数，具体做法和考虑剪切的基于铁木辛柯梁理论的梁单元相同。

上述第二、三类板单元的共同特点是将构造 C_1 连续性的插值函数转化为构造 C_0 连续性的插值函数，使问题得到简化。特别是第三类板单元，表达格式比较简单，和实体单元的表达格式基本类同，易于组织在统一的计算程序中，因此近年来受到人们更多的注意。

11.3 矩形板单元

矩形板单元是一种比较简单的板单元，它可以用来解决矩形板结构的静力分析问题。后面将在此基础上介绍更加通用的板单元的构造方法。

11.3.1 结点位移和结点力

在局部坐标系 $Oxyz$ 下，矩形板弯元模型如图 11.8 所示。单元边长分别为 $2a$ 和 $2b$，每个结点有 3 个自由度，分别是 z 向位移 w 以及绕 x 和 y 向转角 θ_x，θ_y。结点 i 的位移为

$$\boldsymbol{q}_i = \begin{bmatrix} w_i \\ \theta_{xi} \\ \theta_{yi} \end{bmatrix} = \begin{bmatrix} w_i \\ (w_{,y})_i \\ -(w_{,x})_i \end{bmatrix}, \quad i = 1,2,3,4 \tag{11.35}$$

相应地，结点 i 的结点力为

$$\boldsymbol{P}_i = [W_i \quad M_{xi} \quad M_{yi}]^{\mathrm{T}} \tag{11.36}$$

单元结点位移和结点力向量为

$$\boldsymbol{q}^e = \begin{bmatrix} q_1 \\ q_2 \\ q_3 \\ q_4 \end{bmatrix}, \quad \boldsymbol{P}^e = \begin{bmatrix} P_1 \\ P_2 \\ P_3 \\ P_4 \end{bmatrix} \tag{11.37}$$

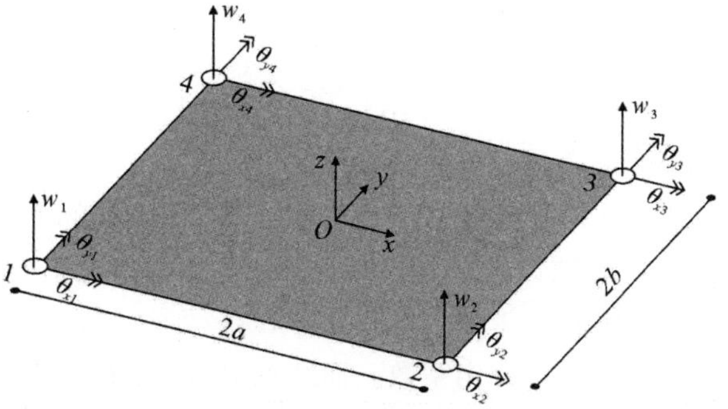

图 11.8　矩形板单元

11.3.2 位移模式

矩形板单元总共有12个结点广义位移,因此可以选取含有12个待定系数的多项式作为单元位移场的近似式,即

$$
\begin{aligned}
w = & \underbrace{\alpha_1 + \alpha_2 x + \alpha_3 y}_{\text{刚体位移}} + \underbrace{\alpha_4 x^2 + \alpha_5 xy + \alpha_6 y^2}_{\text{常应变}} + \\
& \underbrace{\alpha_7 x^3 + \alpha_8 x^2 y + \alpha_9 xy^2 + \alpha_{10} y^3}_{\text{三次项}} + \\
& \alpha_{11} x^3 y + \alpha_{12} xy^3
\end{aligned}
\tag{11.38}
$$

为确定式(11.38)中的系数,还需两个转角和挠度的关系式(11.3)和式(11.4),即

$$
\begin{bmatrix} w(x_i, y_i) \\ \dfrac{\partial w}{\partial y}(x_i, y_i) \\ -\dfrac{\partial w}{\partial x}(x_i, y_i) \end{bmatrix} = \begin{bmatrix} w_i \\ \theta_{xi} \\ \theta_{yi} \end{bmatrix}, \quad i = 1,2,3,4
$$

由上式可得到关于系数 $\alpha_1, \cdots, \alpha_{12}$ 的线性方程组,通过求解这个线性方程组,可以将系数 $\alpha_1, \cdots, \alpha_{12}$ 表示成结点位移的形式,然后再代入式(11.38)即可得到结点位移表示的单元位移场为

$$
w(x, y) = \boldsymbol{N}(x, y)\boldsymbol{q}^e \tag{11.39}
$$

式中:形函数矩阵 $\boldsymbol{N} = [\boldsymbol{N}_1' \quad \boldsymbol{N}_2' \quad \boldsymbol{N}_3' \quad \boldsymbol{N}_4']$,而

$$
\begin{aligned}
\boldsymbol{N}_i' &= [N_i \quad N_{xi} \quad N_{yi}] \\
&= \frac{(\xi_0 + 1)(\eta_0 + 1)}{8} [(2 + \xi_0 + \eta_0 - \xi^2 - \eta^2) \quad b\eta_i(\eta_0^2 - 1) \quad -a\xi_i(\xi_0^2 - 1)]
\end{aligned}
$$

$$
\xi = \frac{x - x_c}{a}, \quad \eta = \frac{y - y_c}{b}
$$

$$
\xi_0 = \xi\xi_i, \qquad \eta_0 = \eta\eta_i
$$

其中:x_c 和 y_c 是单元中心的坐标。

现在考察上面位移函数的收敛性。

首先考察完备性。位移表达式(11.38)前三项 $\alpha_1 + \alpha_2 x + \alpha_3 y$ 表示刚体位移,其中 α_1 表示 z 向位移,α_2 和 α_3 分别表示绕 y 轴和 x 轴的刚体转动。二次项 $\alpha_4 x^2 + \alpha_5 xy + \alpha_6 y^2$ 代表常应变(常曲率和常扭率),这是因为它所对应的广义应变为常数,即

$$
\kappa_x = -\frac{\partial^2 w}{\partial x^2} = -2\alpha_4, \quad \kappa_y = -\frac{\partial^2 w}{\partial y^2} = -2\alpha_6, \quad \kappa_{xy} = -\frac{\partial^2 w}{\partial x \partial y} = -2\alpha_5
$$

可见,式(11.38)所给出的位移 w 满足完备性要求。

再来考察协调性。由于总势能泛函中出现位移 w 的2阶导数,根据协调性要求,在单元边界上必须保证 w 及其1阶导数的连续性。现以图11.8的单元上结点1和2所在的边上($y = -b$)为例来说明,结论如下:

(1) w 为 x 的3次式,包含4个待定系数。而结点1和2上恰好有关于 w 和 $w_{,x}$ 的4个关系式,可以唯一确定这些系数;

(2) $w_{,y}$ 也是 x 的3次式,包含4个待定系数。但结点1和2上仅有2个关于 $w_{,y}$ 的关系

式，无法确定 4 个系数，因此无法保证相邻两个单元的转角 $\theta_x = w_{,y}$ 在边界 $y = -b$ 上的连续性。

可见，位移函数式(11.38)不能满足协调性条件，因此本节构造的矩形板单元称为非协调单元。非协调单元降低了对位移函数选取的要求，但是实际计算表明，许多非协调单元在逐步细分时，计算结构还是能收敛于精确解答。

11.3.3 单元刚度矩阵

获得 w 的插值表达式之后，建立单元平衡方程的过程都是标准化的。将单元位移式(11.39)代入广义应变表达式(11.9)，可得到单元位移

$$\boldsymbol{\kappa} = -\begin{bmatrix} \dfrac{\partial^2}{\partial x^2} \\ \dfrac{\partial^2}{\partial y^2} \\ 2\dfrac{\partial^2}{\partial x \partial y} \end{bmatrix} w = \begin{bmatrix} -\dfrac{\partial^2}{\partial x^2} \\ -\dfrac{\partial^2}{\partial y^2} \\ -2\dfrac{\partial^2}{\partial x \partial y} \end{bmatrix} \boldsymbol{N}\boldsymbol{q}^e = \boldsymbol{B}\boldsymbol{q}^e \tag{11.40}$$

式中：几何矩阵 $\boldsymbol{B}$ 的表达式为

$$\boldsymbol{B} = -\begin{bmatrix} \dfrac{\partial^2 N_1}{\partial x^2} & \dfrac{\partial^2 N_{x1}}{\partial x^2} & \dfrac{\partial^2 N_{y1}}{\partial x^2} & \dfrac{\partial^2 N_2}{\partial x^2} & \cdots & \dfrac{\partial^2 N_{y4}}{\partial x^2} \\ \dfrac{\partial^2 N_1}{\partial y^2} & \dfrac{\partial^2 N_{x1}}{\partial y^2} & \dfrac{\partial^2 N_{y1}}{\partial y^2} & \dfrac{\partial^2 N_2}{\partial y^2} & \cdots & \dfrac{\partial^2 N_{y4}}{\partial y^2} \\ 2\dfrac{\partial^2 N_1}{\partial x \partial y} & 2\dfrac{\partial^2 N_{x1}}{\partial x \partial y} & 2\dfrac{\partial^2 N_{y1}}{\partial x \partial y} & 2\dfrac{\partial^2 N_2}{\partial x \partial y} & \cdots & 2\dfrac{\partial^2 N_{y4}}{\partial x \partial y} \end{bmatrix} \tag{11.41}$$

结合式(11.12)和式(11.40)，可将薄板单元的内力表示成结点位移的形式，即

$$\boldsymbol{M} = \boldsymbol{D}\boldsymbol{\kappa} = \boldsymbol{D}\boldsymbol{B}\boldsymbol{q}^e \tag{11.42}$$

利用以上两式即可形成单元刚度矩阵，即

$$\boldsymbol{K}^e = \iint_\Omega \boldsymbol{B}^{\mathrm{T}} \boldsymbol{D} \boldsymbol{B} \,\mathrm{d}x\mathrm{d}y \tag{11.43}$$

由于单元长 $2a$，宽 $2b$，单元坐标系原点位于单元中心，式(11.43)即为

$$\boldsymbol{K}^e = \int_{-a}^{a}\int_{-b}^{b} \boldsymbol{B}^{\mathrm{T}} \boldsymbol{D} \boldsymbol{B} \,\mathrm{d}x\mathrm{d}y = \frac{D_0}{30ab} \begin{bmatrix} \boldsymbol{K}_{11} & & \text{对} & \\ \boldsymbol{K}_{21} & \boldsymbol{K}_{22} & & \text{称} \\ \boldsymbol{K}_{31} & \boldsymbol{K}_{32} & \boldsymbol{K}_{33} & \\ \boldsymbol{K}_{41} & \boldsymbol{K}_{42} & \boldsymbol{K}_{43} & \boldsymbol{K}_{44} \end{bmatrix} \tag{11.44}$$

式中

$$\boldsymbol{K}_{11} = \begin{bmatrix} 21 - 6\mu + 30\dfrac{b^2}{a^2} + 30\dfrac{a^2}{b^2} & \text{对} & \\ 3b + 12\mu b + 30\dfrac{a^2}{b} & 8b^2 - 8\mu b^2 + 40a^2 & \text{称} \\ -3a - 12\mu a - 30\dfrac{b^2}{a} & -30\mu ab & 8a^2 - 8\mu a^2 + 40b^2 \end{bmatrix}$$

$$\boldsymbol{K}_{21}=\begin{bmatrix}-21+6\mu-30\dfrac{b^2}{a^2}+15\dfrac{a^2}{b^2} & -3b-12\mu b+15\dfrac{a^2}{b} & 3a-3\mu a+30\dfrac{b^2}{a}\\ -3b-12\mu b+15\dfrac{a^2}{b} & -8b^2+8\mu b^2+20a^2 & 0\\ -3a+3\mu a-30\dfrac{b^2}{a} & 0 & -2a^2+2\mu a^2+20b^2\end{bmatrix}$$

$$\boldsymbol{K}_{31}=\begin{bmatrix}21-6\mu-15\dfrac{b^2}{a^2}-15\dfrac{a^2}{b^2} & 3b-3\mu b-15\dfrac{a^2}{b} & -3a+3\mu a+15\dfrac{b^2}{a}\\ -3b+3\mu b+15\dfrac{a^2}{b} & 2b^2-2\mu b^2+10a^2 & 0\\ 3a-3\mu a-15\dfrac{b^2}{a} & 0 & 2a^2-2\mu a^2+10b^2\end{bmatrix}$$

$$\boldsymbol{K}_{41}=\begin{bmatrix}-21+6\mu+15\dfrac{b^2}{a^2}-30\dfrac{a^2}{b^2} & -3b+3\mu b-30\dfrac{a^2}{b} & 3a+12\mu a-15\dfrac{b^2}{a}\\ 3b-3\mu b+30\dfrac{a^2}{b} & -2b^2+2\mu b^2+20a^2 & 0\\ 3a-12\mu a-15\dfrac{b^2}{a} & 0 & -8a^2+8\mu a^2+20b^2\end{bmatrix}$$

$$\boldsymbol{K}_{22}=\begin{bmatrix}21-6\mu+30\dfrac{b^2}{a^2}+30\dfrac{a^2}{b^2} & \text{对} & \\ 3b+12\mu b+30\dfrac{a^2}{b} & 8b^2-8\mu b^2+40a^2 & \text{称}\\ 3a+12\mu a+30\dfrac{b^2}{a} & 30\mu ab & 8a^2-8\mu a^2+40b^2\end{bmatrix}$$

$$\boldsymbol{K}_{32}=\begin{bmatrix}-21+6\mu+15\dfrac{b^2}{a^2}-30\dfrac{a^2}{b^2} & -3b+3\mu b-30\dfrac{a^2}{b} & -3a-12\mu a+15\dfrac{b^2}{a}\\ 3b-3\mu b+30\dfrac{a^2}{b} & -2b^2+2\mu b^2+20a^2 & 0\\ -3a-12\mu a+15\dfrac{b^2}{a} & 0 & -8a^2+8\mu a^2+20b^2\end{bmatrix}$$

$$\boldsymbol{K}_{42}=\begin{bmatrix}21-6\mu-15\dfrac{b^2}{a^2}+15\dfrac{a^2}{b^2} & 3b-3\mu b-15\dfrac{a^2}{b} & 3a-3\mu a-15\dfrac{b^2}{a}\\ -3b+3\mu b+15\dfrac{b}{a^2} & 2b^2-2\mu b^2+10a^2 & 0\\ -3a+3\mu a+15\dfrac{b^2}{a} & 0 & 2a^2-2\mu a^2+10b^2\end{bmatrix}$$

$$\boldsymbol{K}_{33}=\begin{bmatrix}21-6\mu+30\dfrac{b^2}{a^2}+30\dfrac{a^2}{b^2} & \text{对} & \\ -3b-12\mu b-30\dfrac{a^2}{b^2} & 8b^2-8\mu b^2+40a^2 & \text{称}\\ 3a+12\mu a+30\dfrac{b^2}{a} & -30\mu ab & 8a^2-8\mu a^2+40b^2\end{bmatrix}$$

$$\boldsymbol{K}_{43}=\begin{bmatrix} -21+6\mu-30\dfrac{b^2}{a^2}+15\dfrac{a^2}{b^2} & 3b+12\mu b-15\dfrac{a^2}{b} & -3a+3\mu a-30\dfrac{b^2}{a} \\ 3b+12\mu b-15\dfrac{a^2}{b} & -8b^2+8\mu b^2+20a^2 & 0 \\ 3a-3\mu a+30\dfrac{b^2}{a} & 0 & -2a^2+2\mu a^2+20b^2 \end{bmatrix}$$

$$\boldsymbol{K}_{44}=\begin{bmatrix} 21-6\mu+30\dfrac{b^2}{a^2}+30\dfrac{a^2}{b^2} & \text{对} & \\ -3b-12\mu b-30\dfrac{a^2}{b^2} & 8b^2-8\mu b^2+40a^2 & \text{称} \\ -3a-12\mu a-30\dfrac{b^2}{a} & 30\mu ab & 8a^2-8\mu a^2+40b^2 \end{bmatrix}$$

当单元上作用 z 向分布载荷 q 时，等效结点载荷可按下式计算：

$$\boldsymbol{P}^e=\iint_{\Omega}\boldsymbol{N}^{\mathrm{T}}q(x,y)\mathrm{d}x\mathrm{d}y \tag{11.45}$$

特别地，当 q 为均布法向载荷 q_0 时，等效结点载荷为

$$\begin{aligned}\boldsymbol{P}^e&=\int_{-a}^{a}\int_{-b}^{b}q(x,y)\mathrm{d}x\mathrm{d}y\\&=4q_0ab\begin{bmatrix}\dfrac{1}{4} & \dfrac{b}{12} & -\dfrac{a}{12} & \dfrac{1}{4} & \dfrac{b}{12} & \dfrac{a}{12} & \dfrac{1}{4} & -\dfrac{b}{12} & \dfrac{a}{12} & \dfrac{1}{4} & -\dfrac{b}{12} & -\dfrac{a}{12}\end{bmatrix}^{\mathrm{T}}\end{aligned} \tag{11.46}$$

当单元上 $C(x,y)$ 点受法向集中载荷 F 时，等效结点力为

$$\boldsymbol{P}^e=\boldsymbol{N}(x_C,y_C)^{\mathrm{T}}F \tag{11.47}$$

当 F 作用于单元形心时，即 $x=0,y=0$，则

$$\boldsymbol{P}^e=P\begin{bmatrix}\dfrac{1}{4} & \dfrac{b}{8} & -\dfrac{a}{8} & \dfrac{1}{4} & \dfrac{b}{8} & \dfrac{a}{8} & \dfrac{1}{4} & -\dfrac{b}{8} & \dfrac{a}{8} & \dfrac{1}{4} & -\dfrac{b}{8} & -\dfrac{a}{8}\end{bmatrix}^{\mathrm{T}} \tag{11.48}$$

【例 11.1】 如图 11.9 所示正方形薄板，边长为 L，平板弯曲刚度为 D，$\mu=0.3$。分别针对四边简支及四边固支，受均布载荷 Q 及作用在板心的集中载荷 P 的情况，采用不同的网格划分，用矩形单元进行有限元计算板中心点的挠度。考虑到对称性，计算中只考虑四分之一板。现将用有限元法求得的中心点挠度和铁木辛柯理论解析解的比较列于表 11.1 中，表中假定 $w_{\max}$ 为板中心挠度值，有

$$\alpha=w_{\max}/\left(\frac{QL^4}{D}\right),\quad \beta=w_{\max}/\left(\frac{PL^2}{D}\right)$$

可以看出，收敛结果是比较满意的。

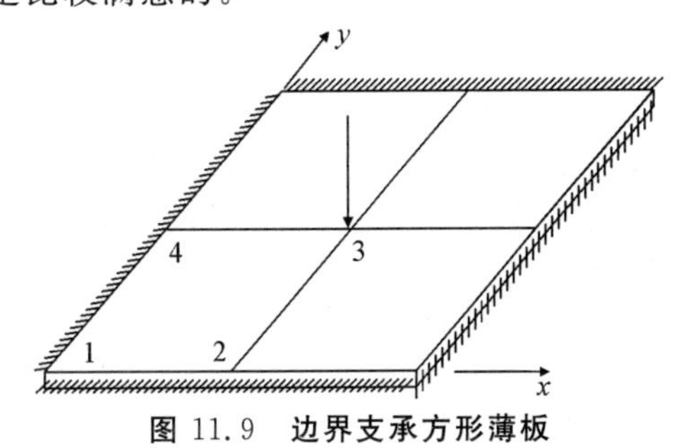

图 11.9　边界支承方形薄板

下面针对四边固支、受均布力 Q 的情况，将薄板分为 $2\times2=4$ 个相同矩形单元(见图11.9)，给出有限元求解过程。此问题可以利用结构和载荷对称性，仅分析1个单元，从而降低求解工作量。这里考虑图中结点编号为1、2、3、4的矩形单元。

利用对称性之后，单元四个结点的边界条件分别为：

结点1、2和4为位移条件：$w=0$，$\theta_x=\theta_y=0$，即

$$\boldsymbol{q}_1=\boldsymbol{q}_2=\boldsymbol{q}_4=0$$

结点3：根据对称性，两个转角 $\theta_x=\theta_y=0$，同时 z 向等效结点力 W_3 已知，由式(11.46)可知 $W_3=QL^2/16$，未知量为该结点挠度 $w_3=w_{\max}$。因此

$$\boldsymbol{q}_3=[w_3\quad 0\quad 0]^{\mathrm{T}},\quad \boldsymbol{P}_3=\left[\frac{1}{16}QL^2\quad M_{x3}\quad M_{y3}\right]^{\mathrm{T}}$$

因为只有一个单元，利用单元刚度矩阵式(11.44)和等效结点载荷式(11.46)就可以形成总体平衡方程：

$$\frac{8D}{15L^2}\begin{bmatrix}\boldsymbol{K}_{11} & & \text{对} & \\ \boldsymbol{K}_{21} & \boldsymbol{K}_{22} & & \text{称} \\ \boldsymbol{K}_{31} & \boldsymbol{K}_{32} & \boldsymbol{K}_{33} & \\ \boldsymbol{K}_{41} & \boldsymbol{K}_{42} & \boldsymbol{K}_{43} & \boldsymbol{K}_{44}\end{bmatrix}\begin{bmatrix}\boldsymbol{q}_1\\ \boldsymbol{q}_2\\ \boldsymbol{q}_3\\ \boldsymbol{q}_4\end{bmatrix}=\begin{bmatrix}\boldsymbol{P}_1\\ \boldsymbol{P}_2\\ \boldsymbol{P}_3\\ \boldsymbol{P}_4\end{bmatrix}\tag{11.49}$$

根据上面的边界条件，可得

$$\frac{8D}{15L^2}(\boldsymbol{K}_{33})_{11}w_3=\frac{1}{16}QL^2$$

由式(11.49)中子矩阵 $\boldsymbol{K}_{33}$ 的元素表达式可知 $(\boldsymbol{K}_{33})_{11}=81-6\mu$，于是可得

$$w_{\max}=w_3=\frac{QL^2}{16}\frac{30L^2}{16D}\frac{1}{81-6\mu}\approx 0.001\,479\,6\times\frac{QL^4}{D}$$

当板中心受集中载荷 P 时，将 $W_3=P/4$ 代入求解，可得此时的最大挠度为

$$w_{\max}=w_3=\frac{P}{4}\frac{30L^2}{16D}\frac{1}{81-6\mu}\approx 0.005\,918\,6\times\frac{PL^2}{D}$$

表 11.1　边界支承方形薄板的中心挠度系数

网格（整块板）	四边简支		四边固支	
	α	β	α	β
2×2	0.003 446	0.013 784	0.001 480	0.005 919
4×4	0.003 939	0.012 327	0.001 403	0.006 134
8×8	0.004 033	0.011 829	0.001 304	0.005 803
12×12	0.004 050	0.011 715	0.001 283	0.005 710
16×16	0.004 056	0.011 671	0.001 275	0.005 672
精确解	0.004 062	0.011 60	0.001 26	0.005 60

上面问题中，如果将方形薄板的四角点改用立柱支承约束，受法向均布载荷 q 作用，此问题已有很多数值和解析研究结果。用本节的矩形单元求得的挠度和弯矩与解析解的比较见表11.2，表中 $\alpha=\dfrac{wD}{qL^4}$，$\beta=\dfrac{M_x}{qL^2}$。

表 11.2　四角支承方板

网格	边界中点		薄板中心	
	α	β	α	β
2×2	0.012 6	0.139	0.017 6	0.095
4×4	0.016 5	0.149	0.023 2	0.108
6×6	0.017 3	0.150	0.024 4	0.109
解析解	0.017 0	0.140	0.026 5	0.109

本节建立的矩形板单元是基于经典的克希霍夫板理论的，是非协调元。实际计算表明，它用于有限元分析的结果仍是收敛的，但不一定单调收敛。基于克希霍夫板理论，为获得协调的板单元，通常有两种方法：一是增加板单元的结点参数，使其还能够包含 w 的二次导数项；二是在保持每个结点 3 个参数的前提下，采取一些其他措施，如附加校正函数法、再分割法等。感兴趣的读者可以查阅文献自学。

11.4　三角形板单元

当薄板具有斜交边界或曲线边界时，采用矩形单元不能较真实地反映板的边界形状，要解决这个问题，经常采用四边形单元和三角形单元。这里介绍一种较为简单的三角形单元，即 3 结点 9 自由度三角形板单元。

图 11.10 为一个 3 结点三角形板单元。坐标系 $Oxyz$ 的原点位于三角形形心，xOy 平面为位于薄板中面，z 轴垂直于板面。三个结点编号分别为 1、2 和 3。

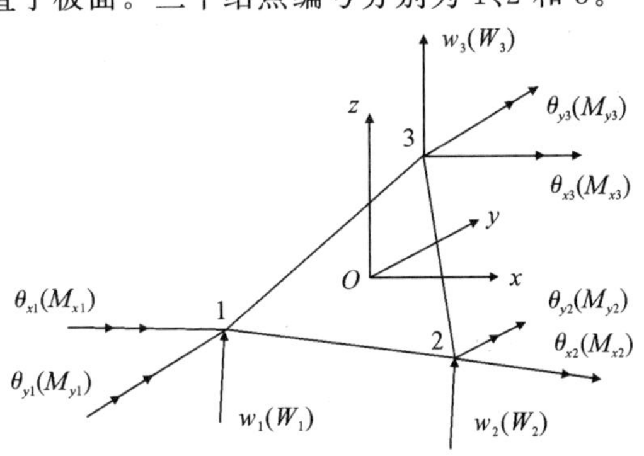

图 11.10　3 结点三角形板单元

三角形单元的结点位移和矩形单元相同，因此单元结点自由度数目为 9。这样位移函数中应包含 9 个参数，即 9 个独立项。如果位移函数仍取为 x、y 的多项式形式，则应包含 9 项，而一个完整的三次多项式有 10 项，必须减少一个独立项。由于一次项和二次项代表刚体位移及常应变状态，只能在三次项中删去一项，但这将破坏 x 和 y 的对称性。有人曾建议将 x^2y 和 xy^2 项合为一个独立项，但在某些情况下，求解待定常数 α_i 的系数矩阵将会奇异，从而导致常数不能被确定。还有一种方案，是将单元中心挠度 w 也作为一个参数，可惜按此方案导出的单元是不收敛的。

上述问题可以采用面积坐标得到解决。在第 8 章已经介绍了三角形面积坐标和直角坐标

的关系，即有

$$\begin{bmatrix} L_1 \\ L_2 \\ L_3 \end{bmatrix} = \frac{1}{2A}\begin{bmatrix} (x_2y_3 - x_3y_2) & (y_2 - y_3) & (x_3 - x_2) \\ (x_3y_1 - x_1y_3) & (y_3 - y_1) & (x_1 - x_3) \\ (x_1y_2 - x_2y_1) & (y_1 - y_2) & (x_2 - x_1) \end{bmatrix}\begin{bmatrix} 1 \\ x \\ y \end{bmatrix} \tag{11.50}$$

由式(11.50)也可以验证

$$L_1 + L_2 + L_3 = 1 \tag{11.51}$$

反过来，直角坐标也可以用面积坐标表示为

$$\left.\begin{aligned} x &= x_1L_1 + x_2L_2 + x_3L_3 \\ y &= y_1L_1 + y_2L_2 + y_3L_3 \end{aligned}\right\} \tag{11.52}$$

式中：x_i, y_i 为三角形单元定点的直角坐标值。

面积坐标的一次、二次和三次项分别为

一次项：L_1, L_2, L_3；

二次项：$L_1^2, L_2^2, L_3^2; L_1L_2, L_2L_3, L_3L_1$；

三次项：$L_1^3, L_2^3, L_3^3; L_1^2L_2, L_2^2L_3, L_3^2L_1, L_1L_2^2, L_2L_3^2, L_3L_1^2, L_1L_2L_3$。

通过考察以上一次、二次和三次项的几何意义，Zienkiewicz 建议将三角形板弯元的位移函数取为

$$w = \alpha_1L_1 + \alpha_2L_2 + \alpha_3L_3 + \alpha_4(L_2^2L_1 + cL_1L_2L_3) + \cdots + \alpha_9(L_1^2L_3 + cL_1L_2L_3) \tag{11.53}$$

其中：$\alpha_1, \alpha_2, \cdots, \alpha_9$ 为待定系数。式(11.53)对面积坐标 L_1, L_2, L_3 是对称的，但是由于它只包含 9 项，并不能代表 x、y 的完全三次式，所以一般情况下不能保证 w 满足常应变要求，即当结点参数赋以和常曲率或常扭率相对应的数值时，w 不能保证给出和此变形状态相对应的挠度值。但是可以证明，当式中常数 $c=1/2$ 时，w 正好满足常应变的要求。

将 $c=1/2$ 及结点参数代入挠度及其导数的表达式，可得到含参数 $\alpha_1, \alpha_2, \cdots, \alpha_9$ 的九个方程。求得这九个参数后，代入式(11.53)即可得到 w 的插值表达式：

$$w = \boldsymbol{N}\boldsymbol{q}^e = [\boldsymbol{N}_1 \quad \boldsymbol{N}_2 \quad \boldsymbol{N}_3]\begin{bmatrix} \boldsymbol{q}_1 \\ \boldsymbol{q}_2 \\ \boldsymbol{q}_3 \end{bmatrix} \tag{11.54}$$

式中

$$\boldsymbol{N}_1^{\mathrm{T}} = \begin{bmatrix} N_1 \\ N_{x1} \\ N_{y1} \end{bmatrix} = \begin{bmatrix} L_1 + L_1^2L_2 + L_1^2L_3 - L_1L_2^2 - L_1L_3^2 \\ b_2\left(L_1L_1^2 + \frac{1}{2}L_1L_2L_3\right) - b_3\left(L_1^2L_2 + \frac{1}{2}L_1L_2L_3\right) \\ c_2\left(L_3L_1^2 + \frac{1}{2}L_1L_2L_3\right) - c_3\left(L_1^2L_2 + \frac{1}{2}L_1L_2L_3\right) \end{bmatrix}$$

$$\begin{aligned} a_1 &= x_2y_3 - x_3y_2 \\ b_1 &= y_2 - y_3 \\ c_1 &= -x_3 + x_2 \end{aligned}$$

$\boldsymbol{N}_2, \boldsymbol{N}_3$ 可通过按 1—2—3—1 顺序轮换下标得到。

现在检查位移函数在单元交界面上的协调性。在单元边界上，w 是三次变化，可由端结点的 x 及 $\frac{\partial w}{\partial s}$ 值唯一地确定，所以 w 是协调的。但是由于单元边界上 $\frac{\partial w}{\partial n}$ 是二次变化，不能由

两端结点的 $\frac{\partial w}{\partial n}$ 值唯一地确定，所以单元边界上 $\frac{\partial w}{\partial n}$ 是不协调的。因此，这种三角形单元是非协调元。

对于大多数工程问题，用非协调元得到的解的精度是足够的，常常还可给出比协调元更好的结果。这是因为利用最小位能原理求得的近似解一般使结构呈现过于刚硬，而非协调元实质上是未精确满足最小位能原理的要求，在单元交界面上有较多的适应性，使结构趋于柔软，正好部分地抵消了上述过于刚硬带来的误差。

11.5　考虑横向剪切的板单元

前面构造的板单元是基于克希霍夫板理论的。直法线假设意味着，这种单元不考虑横向剪切。虽然此时板的独立位移只有挠度 w，但却给位移函数 w 的选择提出了更高的要求。由 11.4 节已经知道，协调性条件要求位移函数 w 在单元边界上具有一阶连续偏导数，这通常是难以实现的。因此，11.4 节构造的单元都是非协调元。这类单元除了无法满足收敛性要求之外，还仅适用于薄板小挠度问题的分析。

11.5.1　Mindlin 板理论

为克服克希霍夫理论的局限性，人们还提出了许多改进的板理论。其中，著名的一个就是 Mindlin 板理论。它和克希霍夫理论的主要区别在于，Mindlin 理论认为变形前垂直于中性面的直线，变形之后仍是直线，但不一定再垂直于中性面。这就意味着，Mindlin 理论允许有横向剪切变形存在。

1. 板的位移

在 Mindlin 理论中，板的独立位移有 3 个，即挠度 w、变形前垂直于中性面的直线在变形后的两个转角 θ_x 和 θ_y。因此，面内位移和转角的关系式，即

$$u = z\theta_y, \quad v = -z\theta_x$$

仍然成立。在 Mindlin 板理论的讨论中，通常用另外两个角度 φ_x 和 φ_y 代替 θ_x 和 θ_y，即

$$\varphi_x = -\theta_y, \quad \varphi_y = \theta_x \tag{11.55}$$

式中：φ_x 表示变形前垂直于中性面的直线在 xOz 面内的转角，方向与 y 轴相反；φ_y 表示该直线在 yOz 面内的转角，方向与 x 轴相同。于是，板的广义位移为

$$\boldsymbol{q} = [w \quad \varphi_x \quad \varphi_y]^{\mathrm{T}}$$

板在 x 和 y 方向的位移可写成

$$u = -z\varphi_x, \quad v = -z\varphi_y \tag{11.56}$$

2. 应变

板的应变为

$$\boldsymbol{\varepsilon}=\begin{bmatrix}\varepsilon_x\\ \varepsilon_y\\ \gamma_{xy}\\ \gamma_{zx}\\ \gamma_{zy}\end{bmatrix}=\begin{bmatrix}-z\varphi_{x,x}\\ -z\varphi_{y,y}\\ -z(\varphi_{x,y}+\varphi_{y,x})\\ w_{,x}-\varphi_x\\ w_{,y}-\varphi_y\end{bmatrix} \tag{11.57}$$

定义 Mindlin 板的广义应变为

$$\boldsymbol{\varepsilon}_{\mathrm{b}}=[\varphi_{x,x}\quad \varphi_{y,y}\quad \varphi_{x,y}+\varphi_{y,x}\quad \varphi_x-w_{,x}\quad \varphi_y-w_{,y}]^{\mathrm{T}} \tag{11.58}$$

则广义应变和广义位移的关系为

$$\boldsymbol{\varepsilon}_{\mathrm{b}}=\begin{bmatrix}0 & \partial x & 0\\ 0 & 0 & \partial y\\ 0 & \partial y & \partial x\\ -\partial x & 1 & 0\\ -\partial y & 0 & 1\end{bmatrix}\begin{bmatrix}w\\ \varphi_x\\ \varphi_y\end{bmatrix}=\boldsymbol{L}\boldsymbol{q} \tag{11.59}$$

3. 内力

Mindlin 板内除了有弯矩 M_x、M_y 和扭矩 M_{xy} 之外，还有独立的剪力，即

$$\boldsymbol{Q}=\begin{bmatrix}Q_x\\ Q_y\end{bmatrix}=\int_{-t/2}^{t/2}\begin{bmatrix}\tau_{zx}\\ \tau_{zy}\end{bmatrix}\mathrm{d}z \tag{11.60}$$

于是，内力和广义应变的关系为

$$\begin{bmatrix}M_x\\ M_y\\ M_{xy}\\ Q_x\\ Q_y\end{bmatrix}=\underbrace{\begin{bmatrix}D_0 & \mu D_0 & 0 & 0 & 0\\ & D_0 & 0 & 0 & 0\\ & & \frac{1-\mu}{2}D_0 & 0 & 0\\ \text{对} & & & kGt & 0\\ & \text{称} & & & kGt\end{bmatrix}}_{\boldsymbol{D}}\boldsymbol{\varepsilon}_{\mathrm{b}}=\boldsymbol{D}\boldsymbol{\varepsilon}_{\mathrm{b}} \tag{11.61}$$

式中：k 为考虑剪切应力的修正系数，按照剪应变能等效原则，应取 $k=6/5$。矩阵 $\boldsymbol{D}$ 为弹性矩阵。

11.5.2 基于 Mindlin 板理论的板单元

这里考虑一般的 n 结点板单元。每个结点有 3 个广义位移，所以结点位移为

$$\boldsymbol{q}^e=[q_1^{\mathrm{T}}\quad q_2^{\mathrm{T}}\quad \cdots\quad q_n^{\mathrm{T}}]^{\mathrm{T}} \tag{11.62}$$

式中：第 i 结点的位移为

$$\boldsymbol{q}_i=[w_i\quad \varphi_{xi}\quad \varphi_{yi}]^{\mathrm{T}},\quad i=1,\cdots,n \tag{11.63}$$

给定每个结点的形函数 N_i，则位移函数为

$$\boldsymbol{q}=\begin{bmatrix}w\\ \varphi_x\\ \varphi_y\end{bmatrix}=\sum_i\begin{bmatrix}N_i & 0 & 0\\ 0 & N_i & 0\\ 0 & 0 & N_i\end{bmatrix}\begin{bmatrix}w_i\\ \varphi_{xi}\\ \varphi_{yi}\end{bmatrix}\quad \text{或}\quad \boldsymbol{q}=\boldsymbol{N}\boldsymbol{q}^e \tag{11.64}$$

几何矩阵表示广义应变和位移的关系。由式(11.59)和(11.64)可知

$$\boldsymbol{\varepsilon}_{\mathrm{b}} = \boldsymbol{L}\boldsymbol{q} = \boldsymbol{L}\boldsymbol{N}\boldsymbol{q}^{e} = \boldsymbol{B}\boldsymbol{q}^{e} \tag{11.65}$$

式中

$$\boldsymbol{B} = [\boldsymbol{B}_1 \quad \boldsymbol{B}_2 \quad \cdots \quad \boldsymbol{B}_n]$$

$$\boldsymbol{B}_i = \begin{bmatrix} 0 & \partial x & 0 \\ 0 & 0 & \partial y \\ 0 & \partial y & \partial x \\ -\partial x & 1 & 0 \\ -\partial y & 0 & 1 \end{bmatrix} \begin{bmatrix} N_i & 0 & 0 \\ 0 & N_i & 0 \\ 0 & 0 & N_i \end{bmatrix} = \begin{bmatrix} 0 & N_{i,x} & 0 \\ 0 & 0 & N_{i,y} \\ 0 & N_{i,y} & N_{i,x} \\ -N_{i,x} & N_i & 0 \\ -N_{i,y} & 0 & N_i \end{bmatrix} \tag{11.66}$$

单元刚度矩阵为

$$\boldsymbol{K}^{e} = \int_{S} \boldsymbol{B}^{\mathrm{T}} \boldsymbol{D} \boldsymbol{B} \, \mathrm{d}s \tag{11.67}$$

11.5.3 边界条件

固支：$w = 0, \theta_s = 0, \theta_n = 0$ ——位移边界条件；

自由：$Q = 0, M_s = 0, M_n = 0$ ——应力边界条件；

简支：$w = 0, M_s = 0, \theta_n = 0$ ——混合边界条件。

Mindlin 板的势能泛函中包含了广义位移的 1 阶导数，因此只要位移函数本身在单元边界上连续就可以满足协调性条件。它是一种协调元，表达格式相对简单，基本上和平面应力单元的格式相同，在工程分析中得到了广泛应用。

还需要指出，Mindlin 板单元和前面介绍的 Timoshenko 梁单元类似，对薄板的情况会出现剪切锁死现象，为解决该问题通常需要采用缩减积分方案。这方面研究的文献很多，读者可自行查阅。

11.6 平面壳元

在壳体有限元分析中，广泛采用两类壳体单元：平面壳元和曲壳元。前者是用矩形或三角形平板单元组合的折板来代替壳体，从而可以用板单元解决壳结构的分析问题。对于柱面壳体，常采用矩形平板元，对于具有任意形状的复杂壳体，采用三角形更为方便，如图 11.11 所示。平面单元的优点是表达格式简单，前面所讨论的各种平板弯曲单元只要稍加扩展就可以用于壳体分析。当用折板代替壳体时，在几何上引入了新的近似性，在计算中需要对网格合理地加密。后一种方法是将前面介绍的三维体单元退化成曲面壳单元。它能够更好地反映壳体的真实几何形状，在单元尺寸大小相同的情况下，通常可以得到比平面壳元更好的效果。本节介绍采用平面板单元分析壳结构的方法，后面将介绍曲面壳单元的构造方法。

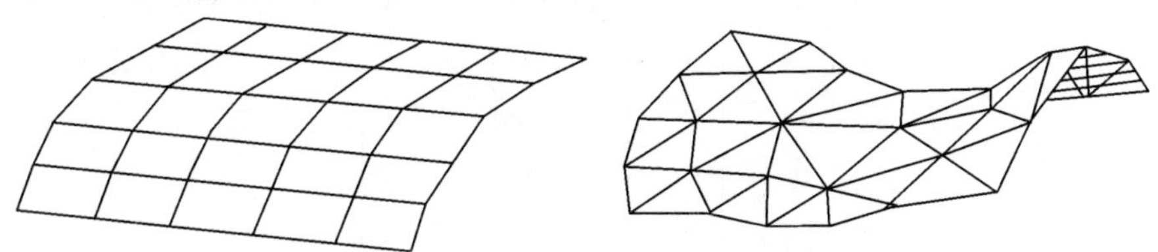

图 11.11　用平面板单元剖分的壳结构

11.6.1 局部坐标系中的单元刚度矩阵

在小变形情况下，平面壳元的应力状态可由平面应力和弯曲应力叠加而成，因此平面壳单元的刚度矩阵，也是平面应力单元和平板弯曲单元的刚度矩阵的组合，而这两种单元的相关知识在前面章节中均已介绍过。下面以 3 结点三角形单元为例，介绍平面壳体的构造方法，如图 11.12 所示。这里的单元局部坐标系与平板弯曲单元相同，即让板的中面落在 xOy 平面内。

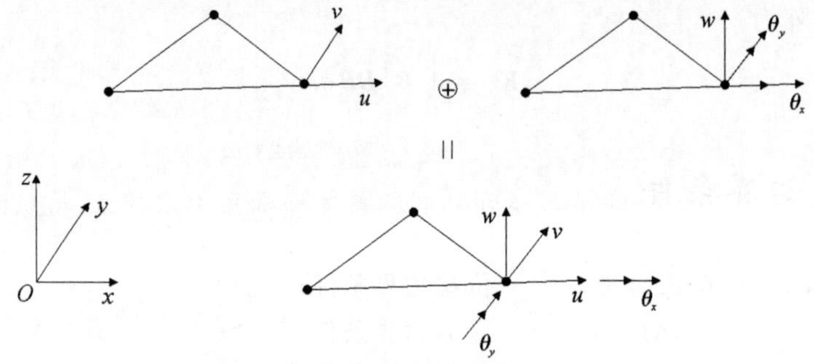

图 11.12 平面壳元的结点自由度

对平面应力问题，3 结点三角形膜单元的平衡方程已在 7.5.2 节建立，记为

$$\boldsymbol{K}^{\mathrm{m}}\boldsymbol{q}^{\mathrm{m}} = \boldsymbol{P}^{\mathrm{m}} \tag{11.68}$$

式中：上标 m 代表膜单元，每个结点的结点位移和结点力分别为

$$\boldsymbol{q}_i^{\mathrm{m}} = [u_i \quad v_i]^{\mathrm{T}},\ \boldsymbol{P}_i^{\mathrm{m}} = [U_i \quad V_i]^{\mathrm{T}} \tag{11.69}$$

对平板弯曲问题，平衡方程为

$$\boldsymbol{K}^{\mathrm{p}}\boldsymbol{q}^{\mathrm{p}} = \boldsymbol{P}^{\mathrm{p}} \tag{11.70}$$

式中：上标 p 代表板单元，其结点位移和结点力分别为

$$\boldsymbol{q}_i^{\mathrm{p}} = [w_i \quad \theta_{xi} \quad \theta_{yi}]^{\mathrm{T}},\quad \boldsymbol{P}_i^{\mathrm{p}} = [W_i \quad M_{xi} \quad M_{yi}]^{\mathrm{T}} \tag{11.71}$$

对于上述两种状态叠加而成的平面壳元，结点位移和结点力向量可以由式(11.69)和式(11.71)组合而成，即

$$\left.\begin{aligned}\boldsymbol{q}_i &= [u_i \quad v_i \quad w_i \quad \theta_{xi} \quad \theta_{yi} \quad \theta_{zi}]^{\mathrm{T}}\\ \boldsymbol{P}_i &= [U_i \quad V_i \quad W_i \quad M_{xi} \quad M_{yi} \quad M_{zi}]^{\mathrm{T}}\end{aligned}\right\} \tag{11.72}$$

值得注意的是，在局部坐标系中，结点位移参数不包含 θ_{zi}，结点力也不包含 M_{zi}。在式(11.72)中增加它们，是为了方便下一步将局部坐标系中的刚度矩阵转换到总体坐标系中进行集成。

对应于上述结点位移的单元刚度矩阵的一个典型子块具有如下结构：

$$\boldsymbol{K}_{ij} = \begin{bmatrix} \boldsymbol{K}_{ij}^{\mathrm{m}} & & 0 & 0 & 0 & 0\\ & & 0 & 0 & 0 & 0\\ 0 & 0 & & & & 0\\ 0 & 0 & & \boldsymbol{K}_{ij}^{\mathrm{p}} & & 0\\ 0 & 0 & & & & 0\\ 0 & 0 & 0 & 0 & 0 & 0 \end{bmatrix} \tag{11.73}$$

式中：$\boldsymbol{K}_{ij}^{\mathrm{m}}$ 和 $\boldsymbol{K}_{ij}^{\mathrm{p}}$ 分别为式(11.68)和式(11.70)的刚度矩阵中的子块，在这里是平面壳元刚度矩阵的子矩阵，维度分别为 2×2 和 3×3。显然，$\boldsymbol{K}_{ij}$ 是 6×6 方阵，对应于 θ_{zi} 和 M_{zi} 的列和行都是零。

上述公式对于任意多边形单元都适用，显然平面壳元刚度矩阵由 $n\times n$ 个子阵组成。当 $n=3$时，3×3 个子阵构成 3 结点三角形平板壳元的刚度矩阵，因此，如果考虑 z 向结点位移和结点力，则其单元刚度矩阵的维度为 18×18。

11.6.2　总体坐标系中的单元刚度矩阵

前面所讲的平面壳元刚度矩阵是在局部坐标系中求得的。据此可以建立局部坐标系中的平衡方程 $\boldsymbol{K}^e\boldsymbol{q}^e=\boldsymbol{P}^e$。为了集合各离散单元写出总体坐标系中的平衡方程，必须把单元刚阵、结点位移及结点力向量从局部坐标系转换到共同的总体坐标系中。下面，将总体坐标系 $O\overline{xyz}$ 中各物理量均加上横线以示区别。

如图 11.13 所示坐标系，设局部坐标系 x、y、z 轴在总体坐标系中的单位矢量分别为 $\boldsymbol{e}_1$，$\boldsymbol{e}_2$，$\boldsymbol{e}_3$，即

$$\boldsymbol{e}_1=[\cos(\bar{x},x)\quad\cos(\bar{y},x)\quad\cos(\bar{z},x)]^{\mathrm{T}}$$

式中：$(\bar{x},x)$ 表示 $\bar{x}$ 与 x 轴之间的夹角。同理，$\boldsymbol{e}_2$，$\boldsymbol{e}_3$ 可通过将括号中的 x 换成 y、z 得到。于是，两个坐标系间的坐标转换关系为

$$\begin{bmatrix}\bar{x}\\\bar{y}\\\bar{z}\end{bmatrix}=\boldsymbol{\lambda}\begin{bmatrix}x\\y\\z\end{bmatrix}\tag{11.74}$$

式中

$$\boldsymbol{\lambda}=[\boldsymbol{e}_1\quad\boldsymbol{e}_2\quad\boldsymbol{e}_3]\tag{11.75}$$

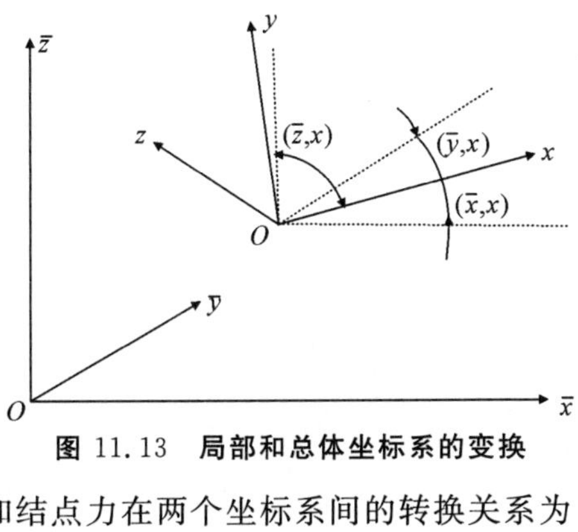

图 11.13　局部和总体坐标系的变换

对于结点 i，结点位移和结点力在两个坐标系间的转换关系为

$$\bar{\boldsymbol{q}}_i=\boldsymbol{L}\boldsymbol{q}_i,\quad\bar{\boldsymbol{P}}_i=\boldsymbol{L}\boldsymbol{P}_i\tag{11.76}$$

其中：$\boldsymbol{L}$ 为转换矩阵，有

$$\boldsymbol{L}=\begin{bmatrix}\boldsymbol{\lambda}&\boldsymbol{0}\\\boldsymbol{0}&\boldsymbol{\lambda}\end{bmatrix}\tag{11.77}$$

因此，单元结点位移和结点力列阵的转换关系为

$$\overline{\boldsymbol{q}}^e = \boldsymbol{T}\boldsymbol{q}^e, \quad \overline{\boldsymbol{P}}^e = \boldsymbol{T}\boldsymbol{P}^e \tag{11.78}$$

式中:转换矩阵 $\boldsymbol{T}$ 为 $\boldsymbol{L}$ 组成的正交对角阵,有

$$\boldsymbol{T} = \begin{bmatrix} \boldsymbol{L} & \boldsymbol{0} & \cdots & \boldsymbol{0} \\ \boldsymbol{0} & \boldsymbol{L} & \cdots & \boldsymbol{0} \\ \vdots & \vdots & & \vdots \\ \boldsymbol{0} & \boldsymbol{0} & \cdots & \boldsymbol{L} \end{bmatrix} \tag{11.79}$$

式中:$\boldsymbol{L}$ 的数目等于结点数,显然当取三角形或矩形单元时,$\boldsymbol{L}$ 的数目分别为 3 和 4。

总体坐标系中的单元平衡方程为

$$\overline{\boldsymbol{K}}^e \overline{\boldsymbol{q}}^e = \overline{\boldsymbol{P}}^e \tag{11.80}$$

单元刚度矩阵的转换关系为

$$\overline{\boldsymbol{K}}^e = \boldsymbol{T}\boldsymbol{K}^e\boldsymbol{T}^{\mathrm{T}} \tag{11.81}$$

显然对于 $\overline{\boldsymbol{K}}^e$ 的每一子块有

$$\overline{\boldsymbol{K}}_{ij} = \boldsymbol{L}\boldsymbol{K}_{ij}\boldsymbol{L}^{\mathrm{T}} \tag{11.82}$$

集成总体坐标系内各个单元的刚度矩阵和载荷向量,并施加位移边界条件,就可以得到系统的有限元求解方程,解之得到总体坐标系内的位移向量,再通过坐标变换即可得到局部坐标系的位移向量,并进而可计算单元内的其他参量。

11.6.3 局部坐标系的方向余弦

显然一旦确定了每个单元的方向余弦矩阵 $\boldsymbol{\lambda}$,就可以完成局部坐标到总体坐标系的转换。事实上,$\boldsymbol{\lambda}$ 矩阵并不唯一,只要局部坐标系的一轴为单元法线,另两轴位于单元面内即可。现以三角形单元为例,介绍局部坐标系单位矢量的确定方法。

对于图 11.14 所示的三角形壳元,局部坐标系选取的一种方法是利用三个结点的坐标值用矢量代数知识求得。一般将其原点取在三角形单元的形心,x 轴与三角形一边,如 1-2 边平行,z 轴为单元外法线方向,如图 11.14 所示。此时

$$\left.\begin{aligned} \boldsymbol{e} &= \frac{1}{l_{12}}[\overline{x}_2 - \overline{x}_1 \quad \overline{y}_2 - \overline{y}_1 \quad \overline{z}_2 - \overline{z}_1]^{\mathrm{T}} \\ \boldsymbol{v}_{13} &= \frac{1}{l_{13}}[\overline{x}_3 - \overline{x}_1 \quad \overline{y}_3 - \overline{y}_1 \quad \overline{z}_3 - \overline{z}_1]^{\mathrm{T}} \\ \boldsymbol{e}_3 &= \boldsymbol{e}_1 \times \boldsymbol{v}_{13} \\ \boldsymbol{e}_2 &= \boldsymbol{e}_3 \times \boldsymbol{e}_1 \end{aligned}\right\} \tag{11.83}$$

式中:l_{12}、l_{13} 分别为三角形 1-2 与 1-3 边长。

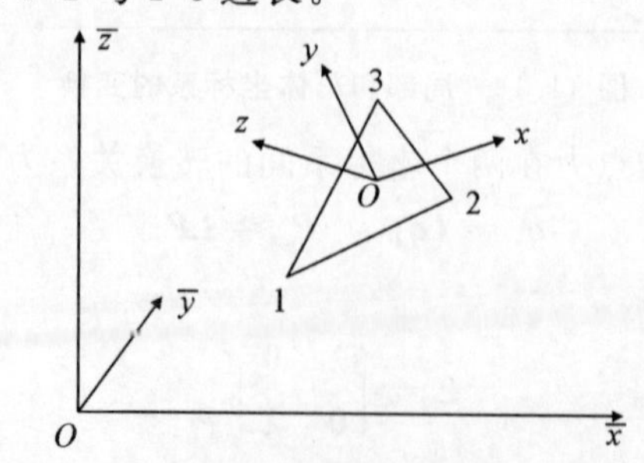

图 11.14 三角形单元总体坐标系与局部坐标系

11.6.4　垂直于壳元中面的虚刚度

在集合总体刚度矩阵 $\overline{\boldsymbol{K}}$ 时，需要注意一种特殊情况，即汇交于一个结点 i 的所有单元在同一平面内，因为此时有限元方程的系数矩阵将是奇异的。这是由于在式(11.73)中令 θ_{zi} 方向的刚度系数为零，因而在局部坐标系中，该结点的第 6 个平衡方程(相应于 θ_{zi} 方向)将是 0＝0。如果总体坐标系 $\bar{z}$ 方向与局部坐标系 z 方向一致，显然总刚行列式等于零；反之，如果两者不一致，经变换后在该结点上仍会得到 6 个方程，但它们实际上是线性相关的，这同样会导致总体刚度矩阵奇异。为了克服这个困难，通常采用以下几种方法：

(1)对于此结点，在局部坐标系内建立结点平衡方程，并删去 θ_{zi} 方向的平衡方程 0＝0，于是剩下的方程组满足唯一解的条件。但此法在程序处理上比较麻烦。

(2)在该结点上给以任意的刚度系数 K_{θ_z}，此时在局部坐标系中，该结点在 θ_{zi} 方向的平衡方程变为 $K_{\theta_z}\theta_{zi}=0$。通过 K_{θ_z} 的合理取值，可以保证集成后的有限元方程性态良好。由于 θ_{zi} 不影响应力并与其他结点平衡方程无关，故给任意 K_{θ_z} 值不会影响计算结果。

(3)无论一个结点处相汇单元是否共面，在所有单元中都采用假想的转动刚度系数，即垂直于壳元中面的虚刚度。注意到单元在 M_{zi} 作用下平衡，对于矩形单元，可以取

$$\begin{bmatrix} M_{z1} \\ M_{z2} \\ M_{z3} \\ M_{z4} \end{bmatrix} = 4abE\alpha \begin{bmatrix} 1 & -\frac{1}{3} & -\frac{1}{3} & -\frac{1}{3} \\ & 1 & -\frac{1}{3} & -\frac{1}{3} \\ \text{对} & & 1 & -\frac{1}{3} \\ & \text{称} & & 1 \end{bmatrix} \begin{bmatrix} \theta_{z1} \\ \theta_{z2} \\ \theta_{z3} \\ \theta_{z4} \end{bmatrix} \tag{11.84}$$

对于三角形元素，可以取

$$\begin{bmatrix} M_{z1} \\ M_{z2} \\ M_{z3} \end{bmatrix} = \alpha EAt \begin{bmatrix} 1 & -\frac{1}{2} & -\frac{1}{2} \\ \text{对} & 1 & -\frac{1}{2} \\ & \text{称} & 1 \end{bmatrix} \begin{bmatrix} \theta_{z1} \\ \theta_{z2} \\ \theta_{z3} \end{bmatrix} \tag{11.85}$$

式中的 α 取很小的数，目的在于消除奇异性，该附加刚度对结果有影响，显然在计算机允许的情况下应尽量取小的 α 值。由于编程方便，通常采用方法(3)。

【例 11.2】　如图 11.15 所示，自由筒体受内压作用，由于对称性，仅取全结构的 1/8 作为计算模型，单元划分如图所示。壳厚为 0.01 m、内径 $R=0.5$ m(至中性面距离)，筒长为 1 m，材料弹性模量 $E=196$ GPa、泊松比为 0.3，内压为 0.98 MPa。

计算结果：挠度值在 1.12×10^{-4} m 和 1.28×10^{-4} m 之间变化，最大误差小于 12%；环向应力在 47.1 MPa 和 54.9 MPa 之间变化，最大误差小于 14%。

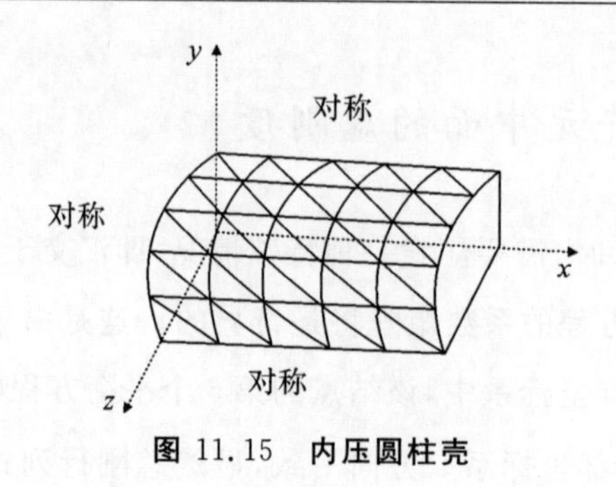

图 11.15　内压圆柱壳

11.7 曲面壳元

用平面壳元进行壳体分析，不仅在几何上作了明显近似，而且认为在单元的面内应变和弯曲应变不存在耦合关系，这显然会产生一定误差。直接构造曲面单元，可以用较少的单元更精确地描述壳体的真正几何形状，并获得较高的精度。本节介绍 8 结点 40 自由度的一般壳元，它是在等参元思想上由三维六面体单元蜕化而来的超参数壳元。为了考虑横向剪切的影响，先对壳结构的变形和应力做如下假设：

(1)壳体中面的法线变形后仍保持直线，且长度不变，但不必垂直于变形后的中面；

(2)忽略壳体横向正应力。

这样，所构造的壳单元不仅适用于厚壳，还可用于薄壳的计算。同时，由于法线的转角不再依赖于中面挠度而成为独立变量，就可将 C_1 连续条件变为 C_0 连续条件，从而利用等参元思想方便地选择插值函数，建立协调单元。

11.7.1 单元几何形状

考虑图 11.16(a)所示的 20 结点六面体单元。当单元厚度远小于其他两个尺寸时，可以将其看成曲面壳体。单元每个角上沿厚度方向的 3 个结点允许中面法线在变形之后不是直线。根据假设(1)，中面法线变形后仍为直线，故可省去角上的中结点，如图 11.16(b)所示。但此时中面法线的长度仍可以变化。又由于假设法线长度不变，还可以减少 1 个自由度，就变成图 11.16(c)的情况：8 个结点均在单元中面内，每个结点有 5 个自由度，分别是 3 个平移自由度和 2 个转动自由度。

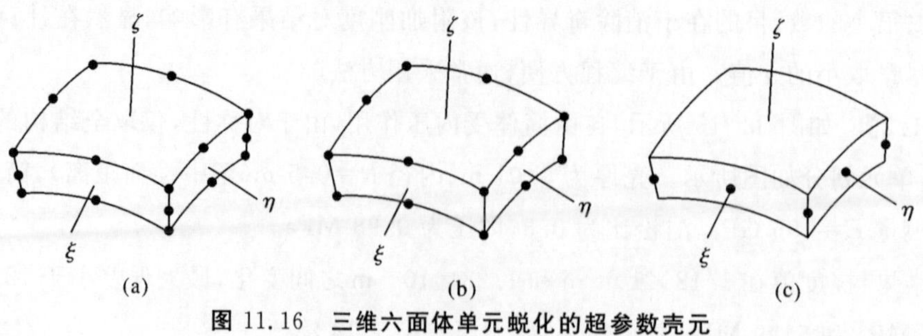

图 11.16　三维六面体单元蜕化的超参数壳元

采用与空间体单元相同的参考坐标系 $O\xi\eta\zeta$，其中，ξ、η 为壳体中面上的曲线坐标，ζ 为厚度方向的直线坐标，并设 $-1\leqslant\xi,\eta,\zeta\leqslant1$，$\zeta=\pm1$ 表示壳单元的上、下表面。设结点 i 的坐标为 (x_i,y_i,z_i)，过结点 i 的中面法线与单元上、下表面的交点分别为 i_u (x_{iu},y_{iu},z_{iu}) 和 i_l (x_{il},y_{il},z_{il})，如图 11.17(a)所示。于是有

$$x_i=\frac{1}{2}(x_{iu}+x_{il}),\quad y_i=\frac{1}{2}(y_{iu}+y_{il}),\quad z_i=\frac{1}{2}(z_{iu}+z_{il})$$

结点 i 处壳体的厚度(即法线长度)为

$$t_i=\sqrt{(x_{iu}-x_{il})^2+(y_{iu}-y_{il})^2+(z_{iu}-z_{il})^2}$$

记结点 i 处厚度方向的单位矢量为

$$\boldsymbol{v}_{3i}=\frac{1}{t_i}\begin{bmatrix}x_{iu}-x_{il}\\y_{iu}-y_{il}\\z_{iu}-z_{il}\end{bmatrix}=\begin{bmatrix}l_{3i}\\m_{3i}\\n_{3i}\end{bmatrix}\tag{11.86}$$

式中：l_{3i}、m_{3i} 和 n_{3i} 为中面法线的方向余弦。显然，从结点 i_l 到结点 i_u 的向量为 $v_{3i}=t_i\boldsymbol{v}_{3i}$。

于是，单元内任一点的坐标可以通过结点中面法线上点的坐标插值得到

$$\begin{bmatrix}x\\y\\z\end{bmatrix}=\sum_{i=1}^{8}N_i(\xi,\eta)\left[\begin{pmatrix}x_i\\y_i\\z_i\end{pmatrix}+\frac{t_i}{2}\zeta\boldsymbol{v}_{3i}\right]\tag{11.87}$$

式中：$N_i(\xi,\eta)$，$(i=1,\cdots,8)$ 与平面 8 结点等参元的形函数相同。

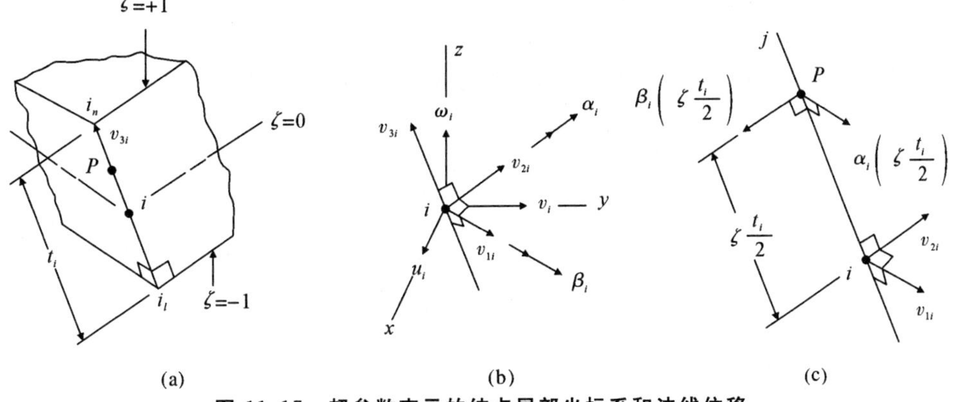

图 11.17　超参数壳元的结点局部坐标系和法线位移

11.7.2　位移函数

由于中面法线变形后仍是直线且长度不变，因而壳体内任一点的位移可由中面上对应点的 3 个位移及中面法线绕与它垂直的两正交矢量的转角 α 和 β 表示。因此，曲面壳单元的结点位移为

$$\boldsymbol{q}_i=[u_i\quad v_i\quad w_i\quad \alpha_i\quad \beta_i]^{\mathrm{T}}\tag{11.88}$$

如图 11.17(b)所示，设结点 i 处与法线 $\boldsymbol{v}_{3i}$ 垂直的两正交矢量分别为 $\boldsymbol{v}_{1i}$ 和 $\boldsymbol{v}_{2i}$，法线 $\boldsymbol{v}_{3i}$ 绕 $\boldsymbol{v}_{1i}$ 的转角为 β_i，绕 $\boldsymbol{v}_{2i}$ 的转角为 α_i。图 11.17(c)示出了法线上任一点 P 由于转动而引起的相对位移。显然结点 i 处中面法线上 P 点的位移可以表示为

$$\begin{bmatrix} u_i^P \\ v_i^P \\ w_i^P \end{bmatrix} = \begin{bmatrix} u_i \\ v_i \\ w_i \end{bmatrix} + \frac{t_i\zeta}{2}\alpha_i \boldsymbol{v}_{1i} - \frac{t_i\zeta}{2}\beta_i \boldsymbol{v}_{2i} = \begin{bmatrix} u_i \\ v_i \\ w_i \end{bmatrix} + \frac{t_i\zeta}{2}\begin{bmatrix} \boldsymbol{v}_{1i} & -\boldsymbol{v}_{2i} \end{bmatrix}\begin{bmatrix} \alpha_i \\ \beta_i \end{bmatrix} \tag{11.89}$$

而单元上任一点的位移可以由插值获得：

$$\begin{bmatrix} u \\ v \\ w \end{bmatrix} = \sum_{i=1}^{8} N_i(\xi,\eta) \begin{bmatrix} u_i^P \\ v_i^P \\ w_i^P \end{bmatrix} \tag{11.90}$$

由以上两式可以得到单元内部任一点位移的结点位移表达式为

$$\begin{bmatrix} u \\ v \\ w \end{bmatrix} = \sum_{i=1}^{8} N_i(\xi,\eta) \begin{bmatrix} \boldsymbol{I}_{3\times 3} & \frac{t_i\zeta}{2}\boldsymbol{v}_{1i} & -\frac{t_i\zeta}{2}\boldsymbol{v}_{2i} \end{bmatrix} \begin{bmatrix} u_i \\ v_i \\ w_i \\ \alpha_i \\ \beta_i \end{bmatrix} = \sum_{i=1}^{8} \boldsymbol{N}_i \boldsymbol{q}_i = \boldsymbol{N}\boldsymbol{q}^e \tag{11.91}$$

式中：$\boldsymbol{N}$ 为形函数矩阵，有

$$\left.\begin{aligned} \boldsymbol{N} &= \begin{bmatrix} \boldsymbol{N}_1 & \boldsymbol{N}_2 & \cdots & \boldsymbol{N}_8 \end{bmatrix}_{3\times 40} \\ \boldsymbol{N}_i &= N_i(\xi,\eta)\begin{bmatrix} \boldsymbol{I}_{3\times 3} & \frac{t_i\zeta}{2}\boldsymbol{v}_{1i} & -\frac{t_i\zeta}{2}\boldsymbol{v}_{2i} \end{bmatrix}_{3\times 5} \\ \boldsymbol{q}^e &= \begin{bmatrix} \boldsymbol{q}_1^{\mathrm{T}} & \boldsymbol{q}_2^{\mathrm{T}} & \cdots & \boldsymbol{q}_8^{\mathrm{T}} \end{bmatrix}^{\mathrm{T}} \end{aligned}\right\} \tag{11.92}$$

矢量 $\boldsymbol{v}_{1i}$ 和 $\boldsymbol{v}_{2i}$ 的确定方法不唯一。其中一种方法是

$$\boldsymbol{v}_{1i} = \boldsymbol{i} \times \boldsymbol{v}_{3i}, \quad \boldsymbol{v}_{2i} = \boldsymbol{v}_{3i} \times \boldsymbol{v}_{1i} \tag{11.93}$$

式中：$\boldsymbol{i}$ 为总体坐标 x 轴的单位矢量。当 $\boldsymbol{i}$ 平行于 $\boldsymbol{v}_{3i}$ 时，则可取 y 轴方向的单元向量 $\boldsymbol{j}$ 为 $\boldsymbol{v}_{1i}$。

由式(11.87)和式(11.91)可知，确定单元几何形状的自由度为参数有 8×6 个，而单元的结点位移参数是 8×5 个，故该单元属超参元，不能自动满足常应变准则。但实际上，从有关应变分量表达式中看出，该单元包含刚体位移及常应变状态。另外，由于采用 8 结点等参元形函数插值，故相邻单元可保持位移协调性。

11.7.3 应变和应力

在总体坐标系中，由几何方程知，6 个应变分量为

$$\boldsymbol{\varepsilon} = \begin{bmatrix} \varepsilon_x \\ \varepsilon_y \\ \varepsilon_z \\ \gamma_{xy} \\ \gamma_{yz} \\ \gamma_{zx} \end{bmatrix} = \begin{bmatrix} \frac{\partial}{\partial x} & 0 & 0 \\ 0 & \frac{\partial}{\partial y} & 0 \\ 0 & 0 & \frac{\partial}{\partial z} \\ \frac{\partial}{\partial y} & \frac{\partial}{\partial x} & 0 \\ 0 & \frac{\partial}{\partial z} & \frac{\partial}{\partial y} \\ \frac{\partial}{\partial z} & 0 & \frac{\partial}{\partial x} \end{bmatrix} \begin{bmatrix} u \\ v \\ w \end{bmatrix} = \sum_{i=1}^{8} \boldsymbol{B}_i \boldsymbol{q}_i = \boldsymbol{B}\boldsymbol{q}^e \tag{11.94}$$

为了使规律性更强，易于编程，引入算子

$$\boldsymbol{L}' = \begin{bmatrix} \frac{\partial}{\partial x} & 0 & 0 \\ 0 & \frac{\partial}{\partial y} & 0 \\ 0 & 0 & \frac{\partial}{\partial z} \end{bmatrix}, \quad \boldsymbol{L}'' = \begin{bmatrix} \frac{\partial}{\partial y} & \frac{\partial}{\partial x} & 0 \\ 0 & \frac{\partial}{\partial z} & \frac{\partial}{\partial y} \\ \frac{\partial}{\partial z} & 0 & \frac{\partial}{\partial x} \end{bmatrix}$$

则

$$\begin{aligned} \boldsymbol{B}_i &= \begin{bmatrix} \boldsymbol{L}' \\ \boldsymbol{L}'' \end{bmatrix} \boldsymbol{N}_i = \begin{bmatrix} \boldsymbol{L}' \\ \boldsymbol{L}'' \end{bmatrix} N_i(\xi,\eta) \begin{bmatrix} \boldsymbol{I}_{3\times 3} & \frac{t_i\zeta}{2}\boldsymbol{v}_{1i} & -\frac{t_i\zeta}{2}\boldsymbol{v}_{2i} \end{bmatrix} \\ &= \begin{bmatrix} \boldsymbol{L}'(N_i) & \frac{t_i}{2}\boldsymbol{L}'(\zeta N_i)\boldsymbol{v}_{1i} & -\frac{t_i}{2}\boldsymbol{L}'(\zeta N_i)\boldsymbol{v}_{2i} \\ \boldsymbol{L}''(N_i) & \frac{t_i}{2}\boldsymbol{L}''(\zeta N_i)\boldsymbol{v}_{1i} & -\frac{t_i}{2}\boldsymbol{L}''(\zeta N_i)\boldsymbol{v}_{2i} \end{bmatrix} \end{aligned} \tag{11.95}$$

式中：算子 $\boldsymbol{L}'$ 和 $\boldsymbol{L}''$ 是对直角坐标 x、y 和 z 的导数，而式中各项的自变量是参考坐标 ξ,η,ζ 的，因此要用到坐标变换关系

$$\begin{bmatrix} \frac{\partial}{\partial \xi} \\ \frac{\partial}{\partial \eta} \\ \frac{\partial}{\partial \zeta} \end{bmatrix} = \begin{bmatrix} \frac{\partial x}{\partial \xi} & \frac{\partial y}{\partial \xi} & \frac{\partial z}{\partial \xi} \\ \frac{\partial x}{\partial \eta} & \frac{\partial y}{\partial \eta} & \frac{\partial z}{\partial \eta} \\ \frac{\partial x}{\partial \zeta} & \frac{\partial y}{\partial \zeta} & \frac{\partial z}{\partial \zeta} \end{bmatrix} \begin{bmatrix} \frac{\partial}{\partial x} \\ \frac{\partial}{\partial y} \\ \frac{\partial}{\partial z} \end{bmatrix} \tag{11.96}$$

式中

$$\boldsymbol{J} = \begin{bmatrix} \frac{\partial x}{\partial \xi} & \frac{\partial y}{\partial \xi} & \frac{\partial z}{\partial \xi} \\ \frac{\partial x}{\partial \eta} & \frac{\partial y}{\partial \eta} & \frac{\partial z}{\partial \eta} \\ \frac{\partial x}{\partial \zeta} & \frac{\partial y}{\partial \zeta} & \frac{\partial z}{\partial \zeta} \end{bmatrix} = [\boldsymbol{s} \quad \boldsymbol{t} \quad \boldsymbol{v}]^{\mathrm{T}} \tag{11.97}$$

为雅克比矩阵，可由式(11.87)计算。$\boldsymbol{s}$，$\boldsymbol{t}$ 和 $\boldsymbol{v}$ 分别为矩阵第一、二、三行构成的列向量。因此，当 $\boldsymbol{J}$ 可逆时，有

$$\begin{bmatrix} \frac{\partial}{\partial x} \\ \frac{\partial}{\partial y} \\ \frac{\partial}{\partial z} \end{bmatrix} = \boldsymbol{J}^{-1} \begin{bmatrix} \frac{\partial}{\partial \xi} \\ \frac{\partial}{\partial \eta} \\ \frac{\partial}{\partial \zeta} \end{bmatrix} \tag{11.98}$$

由式(11.95)可知，形成矩阵 $\boldsymbol{B}_i$ 需要下列偏导数：

$$\begin{bmatrix} \frac{\partial N_i}{\partial x} \\ \frac{\partial N_i}{\partial y} \\ \frac{\partial N_i}{\partial z} \end{bmatrix} = \boldsymbol{J}^{-1} \begin{bmatrix} \frac{\partial N_i}{\partial \xi} \\ \frac{\partial N_i}{\partial \eta} \\ 0 \end{bmatrix}, \quad \begin{bmatrix} \frac{\partial(\zeta N_i)}{\partial x} \\ \frac{\partial(\zeta N_i)}{\partial y} \\ \frac{\partial(\zeta N_i)}{\partial z} \end{bmatrix} = \boldsymbol{J}^{-1} \begin{bmatrix} \zeta\frac{\partial N_i}{\partial \xi} \\ \zeta\frac{\partial N_i}{\partial \eta} \\ N_i \end{bmatrix} \tag{11.99}$$

至此，可以确定单元几何矩阵为

$$\boldsymbol{B}=[\boldsymbol{B}_1 \quad \boldsymbol{B}_2 \quad \cdots \quad \boldsymbol{B}_8]_{6\times 40} \tag{11.100}$$

式中给出了总体坐标系中应变的计算式。为了清楚地描述单元内任一点的应力和应变，引入假设(2)，建立流动的局部坐标系 $Ox'y'z'$，如图 11.18 所示，z' 指向中面外法线。

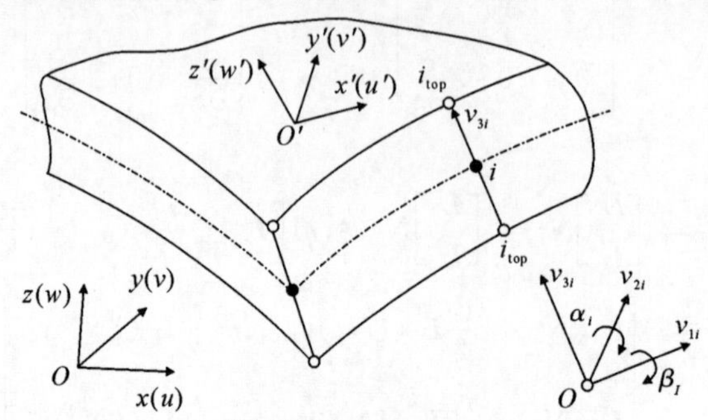

图 11.18 单元总体坐标系和局部坐标系

由于雅克比矩阵 $\boldsymbol{J}$ 中矢量 $\boldsymbol{s}$ 和 $\boldsymbol{t}$ 分别为 ζ 为常数时沿 ξ 和 η 的切向量，故 z' 方向的单位向量为

$$\boldsymbol{v}_3=\frac{\boldsymbol{s}\times\boldsymbol{t}}{|\boldsymbol{s}\times\boldsymbol{t}|} \tag{11.101}$$

x' 和 y' 方向的单位向量按下式的规定确定，即

$$\begin{bmatrix} x \\ y \\ z \end{bmatrix}=\boldsymbol{\lambda}\begin{bmatrix} x' \\ y' \\ z' \end{bmatrix} \tag{11.102}$$

式中

$$\boldsymbol{\lambda}=[\boldsymbol{v}_1 \quad \boldsymbol{v}_2 \quad \boldsymbol{v}_3]=\begin{bmatrix} l_1 & l_2 & l_3 \\ m_1 & m_2 & m_3 \\ n_1 & n_2 & n_3 \end{bmatrix} \tag{11.103}$$

设 u'、v' 和 w' 为局部坐标系 $Ox'y'z'$ 中沿三个坐标轴方向的位移。由假设壳理论的假设 $\sigma_{z'}=0$，计算壳体应变能时，涉及的应变为

$$\boldsymbol{\varepsilon}'=\begin{bmatrix} \varepsilon_{x'} \\ \varepsilon_{y'} \\ \varepsilon_{x'y'} \\ \varepsilon_{y'z'} \\ \varepsilon_{z'x'} \end{bmatrix}=\begin{Bmatrix} \dfrac{\partial u'}{\partial x'} \\ \dfrac{\partial v'}{\partial y'} \\ \dfrac{\partial u'}{\partial y'}+\dfrac{\partial v'}{\partial x'} \\ \dfrac{\partial v'}{\partial z'}+\dfrac{\partial w'}{\partial y'} \\ \dfrac{\partial w'}{\partial x'}+\dfrac{\partial u'}{\partial z'} \end{Bmatrix} \tag{11.104}$$

式(11.104)的应变为局部坐标系内位移的偏导数，需要利用转换矩阵 $\boldsymbol{\lambda}$，从总体坐标系中位移的偏导数转换得到，即

$$\begin{bmatrix} \frac{\partial u'}{\partial x'} & \frac{\partial v'}{\partial x'} & \frac{\partial w'}{\partial x'} \\ \frac{\partial u'}{\partial y'} & \frac{\partial v'}{\partial y'} & \frac{\partial w'}{\partial y'} \\ \frac{\partial u'}{\partial z'} & \frac{\partial v'}{\partial z'} & \frac{\partial w'}{\partial z'} \end{bmatrix} = \boldsymbol{\lambda}^{\mathrm{T}} \begin{bmatrix} \frac{\partial u}{\partial x} & \frac{\partial v}{\partial x} & \frac{\partial w}{\partial x} \\ \frac{\partial u}{\partial y} & \frac{\partial v}{\partial y} & \frac{\partial w}{\partial y} \\ \frac{\partial u}{\partial z} & \frac{\partial v}{\partial z} & \frac{\partial w}{\partial z} \end{bmatrix} \boldsymbol{\lambda} \tag{11.105}$$

利用式(11.105)，可得到两个坐标系中应变分量的变换式为

$$\boldsymbol{\varepsilon}' = \boldsymbol{T}_{\varepsilon}\boldsymbol{\varepsilon} \tag{11.106}$$

式中

$$\boldsymbol{T}_{\varepsilon} = \begin{bmatrix} l_1^2 & m_1^2 & n_1^2 & l_1 m_1 & m_1 n_1 & n_1 l_1 \\ l_2^2 & m_2^2 & n_2^2 & l_2 m_2 & m_2 n_2 & n_2 l_2 \\ 2l_1 l_2 & 2m_1 m_2 & 2n_1 n_2 & l_1 m_2 + l_2 m_1 & m_1 n_2 + m_2 n_2 & n_1 l_2 + n_2 l_1 \\ 2l_2 l_3 & 2m_2 m_3 & 2n_2 n_3 & l_2 m_3 + l_3 m_2 & m_2 n_3 + m_3 n_2 & n_2 l_3 + n_3 l_2 \\ 2l_3 l_1 & 2m_3 m_1 & 2n_3 n_1 & l_3 m_1 + l_1 m_3 & m_3 n_1 + m_1 n_3 & n_3 l_1 + n_1 l_3 \end{bmatrix} \tag{11.107}$$

局部坐标系中的应力-应变关系为

$$\boldsymbol{\sigma}' = \boldsymbol{D}'\boldsymbol{\varepsilon}' \tag{11.108}$$

式中

$$\boldsymbol{\sigma}' = [\sigma_{x'} \quad \sigma_{y'} \quad \tau_{x'y'} \quad \tau_{y'z'} \quad \tau_{z'x'}]^{\mathrm{T}}$$

$$\boldsymbol{D}' = \frac{E}{1-\mu^2}\begin{bmatrix} 1 & \mu & 0 & 0 & 0 \\ \mu & 1 & 0 & 0 & 0 \\ 0 & 0 & \frac{1-\mu}{2} & 0 & 0 \\ 0 & 0 & 0 & \frac{1-\mu}{2k} & 0 \\ 0 & 0 & 0 & 0 & \frac{1-\mu}{2k} \end{bmatrix}$$

其中：k 是为了考虑剪切应力沿厚度方向不均匀分布的影响而引入的剪切修正系数，通常取 $k = 1.2$。

总体坐标系中的应力一应变关系为

$$\boldsymbol{\sigma} = \boldsymbol{D}\boldsymbol{\varepsilon} \tag{11.109}$$

将式(11.107)、式(11.109)和式(11.110)代入虚功方程，得

$$(\delta\boldsymbol{\varepsilon}')^{\mathrm{T}}\boldsymbol{\sigma}' = \delta\,\boldsymbol{\varepsilon}^{\mathrm{T}}\boldsymbol{\sigma} \tag{11.110}$$

考虑到 $\delta\,\boldsymbol{\varepsilon}^{\mathrm{T}}$ 的任意性，可知弹性矩阵转换关系为

$$\boldsymbol{D} = \boldsymbol{T}_{\varepsilon}^{\mathrm{T}}\boldsymbol{D}'\boldsymbol{T}_{\varepsilon} \tag{11.111}$$

在解得结点位移之后，可通过式(11.113)、式(11.107)、式(11.109)和式(11.110)计算总体和局部坐标系中的应变以及总体坐标系中的应力分量，同时也可通过下式计算局部坐标系中的应力分量：

$$\boldsymbol{\sigma}' = \boldsymbol{D}'\boldsymbol{T}_{\varepsilon}\boldsymbol{\varepsilon} = \boldsymbol{D}'\boldsymbol{T}_{\varepsilon}\boldsymbol{B}\boldsymbol{q}^{e} \tag{11.112}$$

但是应当指出，由式(11.112)算出的 $\boldsymbol{\sigma}'$ 中，横剪应力 $\tau_{y'z'}$ 和 $\tau_{z'x'}$ 是壳体截面上的平均剪应力，而实际剪应力是抛物线分布的，在壳体表面上数值为零，而在中面上数值为平均剪应力的 1.5 倍，所以应按此对从式(11.112)计算出的 $\boldsymbol{\sigma}'$ 进行修正。然后可根据需要计算主应力或总

体坐标系中的应力。后者的计算公式是

$$\begin{bmatrix} \sigma_x & \tau_{xy} & \tau_{xz} \\ \tau_{yx} & \sigma_y & \tau_{yz} \\ \tau_{zx} & \tau_{zy} & \sigma_z \end{bmatrix} = \boldsymbol{\lambda} \begin{bmatrix} \sigma_{x'} & \tau_{x'y'} & \tau_{x'z'} \\ \tau_{y'x'} & \sigma_{y'} & \tau_{y'z'} \\ \tau_{z'x'} & \tau_{y'z'} & \sigma_{z}' \end{bmatrix} \boldsymbol{\lambda}^{\mathrm{T}} \tag{11.113}$$

11.7.4 单元刚度矩阵和等效结点力

根据式(11.100)的几何矩阵 $\boldsymbol{B}$ 和式(11.112)弹性矩阵 $\boldsymbol{D}$，可以计算单元刚度矩阵为

$$\boldsymbol{K}^e = \int_{-1}^{1}\int_{-1}^{1}\int_{-1}^{1} \boldsymbol{B}^{\mathrm{T}}\boldsymbol{D}\boldsymbol{B} \mid \boldsymbol{J} \mid \mathrm{d}\xi\mathrm{d}\eta\mathrm{d}\zeta \tag{11.114}$$

从虚位移原理可以计算等效结点力，表达式如下：

(1)体力。单元内作用体力 $\boldsymbol{p} = [p_x \quad p_y \quad p_z]^{\mathrm{T}}$ 时

$$\boldsymbol{P}^e = \int_{-1}^{1}\int_{-1}^{1}\int_{-1}^{1} \boldsymbol{N}^{\mathrm{T}}\boldsymbol{p} \mid J \mid \mathrm{d}\xi\mathrm{d}\eta\mathrm{d}\zeta \tag{11.115}$$

(2)面力。单元某面 S 上作用面力 $\boldsymbol{q} = [q_x \quad q_y \quad q_z]^{\mathrm{T}}$ 时

$$\boldsymbol{P}^e = \int_S \boldsymbol{N}^{\mathrm{T}}\boldsymbol{q}\mathrm{d}s \tag{11.116}$$

(3)集中力。单元内 C 点作用集中力 $\boldsymbol{P} = [P_x \quad P_y \quad P_z]^{\mathrm{T}}$ 时

$$\boldsymbol{P}^e = \boldsymbol{N}_C^{\mathrm{T}}\boldsymbol{P} \tag{11.117}$$

本节 8 结点 40 自由度曲面壳单元的推导方法具有一般性，其他 n 结点曲面壳元的推导过程完全相同。该族单元既能用于厚壳，也能用于薄壳，能用于曲率较大的一般壳，也能用于平板，同时还能变化为三角形板壳元，应用范围相当广泛。

习　　题

1. 写出图 11.19 的平面 3 结点三角形单元的坐标变换矩阵。

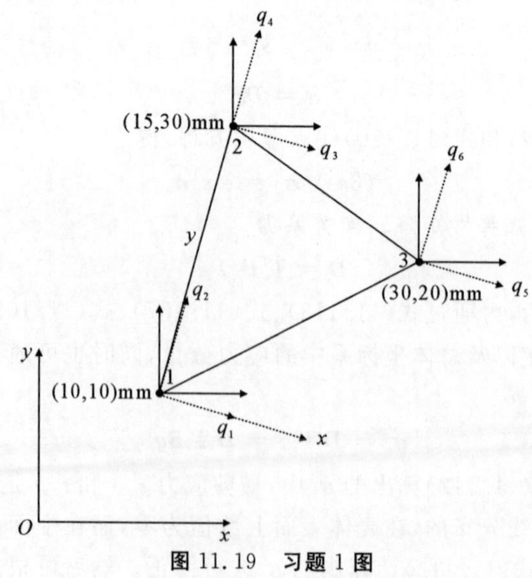

图 11.19　习题 1 图

2. 如图 11.20 所示，两块矩形薄板在 AB 边上相互连接。如果同时考虑面内和弯曲载荷的作用效果，请说明 AB 边在铰接和焊接两种约束下，两个板单元公共边 AB 上的结点位移关系。

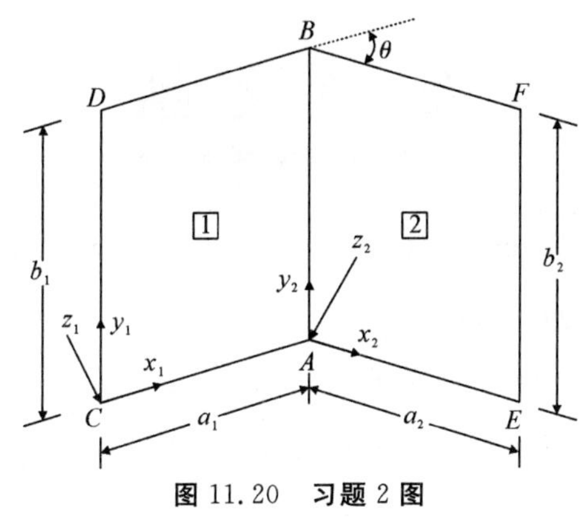

图 11.20　习题 2 图

3. 如图 11.21 所示的矩形薄板，四边简支，受垂直板面的正弦分布力 $p(x,y)$ 作用。

$$p(x,y)=p_0\sin\frac{\pi x}{a}\sin\frac{\pi y}{b}$$

(1)说明下面位移满足平衡方程和边界条件：

$$w(x,y)=c\sin\frac{\pi x}{a}\ \sin\frac{\pi y}{b}c,\quad c=-\frac{p_0}{\pi D\left(\dfrac{1}{a^2}+\dfrac{1}{b^2}\right)^2}$$

(2)基于上述位移，计算边界转角和支反力。

(3)采用 11.3 节介绍的矩形板单元，计算边界转角和支反力。

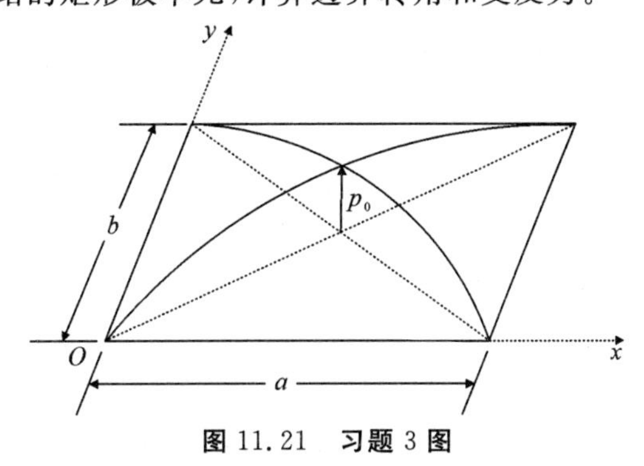

图 11.21　习题 3 图

参 考 文 献

[1] MISES R V. On Saint-Venant's principle[J]. Bulletin of the American Mathematical Society, 1945, 51(8): 555-562.

[2] HORGAN C O. Recent developments concerning Saint-Venant's principle: an update [J]. Applied Mechanics Reviews, 1989, 42(11): 295-303.

[3] BORESI A P, CHONG K P, LEE J D. Elasticity in engineering mechanics[M]. Hoboken, N.J.: John Wiley & Sons, Inc., 2010.

[4]沃国纬,王元淳. 弹性力学[M]. 上海:上海交通大学出版社,1998.

[5] TIMOSHENKO S P, GOODIER J N. 弹性理论:第三版 [M]. 影印版. 北京:清华大学出版社,2004.

[6] BARBER J R. Elasticity: second edition [M]. Netherlands: Kluwer academic publishers, 2004.

[7] EVERSTINE G C. Lecture notes: elasticity[Z]. Washington: George Washington University, 2006.

[8] SADD M H. Elasticity: theory, applications and numerics[M]. Netherlands: Elsevier, 2005.

[9] COURANT R. Variational methods for the solution of problems of equilibrium and vibrations[J]. Bulletin of the American Mathematical Society, 1943, 49(1): 1-23.

[10] POPOV E P, BALAN T A. Engineering mechanics of solids[M]. 2nd ed. Upper Saddle River, N.J.: Prentice Hall, 1999.

[11] LOGAN D L. A first course in the finite element method[M]. 4th ed. Thomson: Cengage Learning, 2007.

[12] KOUTROMANOS I, MCCLURE J, ROY C. Fundamentals of finite element analysis: linear finite element analysis[M]. Chichester, UK: John Wiley & Sons Ltd, 2018.

[13] WEAVER W. Computer programs for structural analysis[M]. Princeton: Van Nostrand Reinhold, 1967.

[14] SPIEGEL M R. Schaum's outline of theory and problems of vector analysis and an introduction to tensor analysis[M]. New York: McGraw-Hill, 1959.

[15] YOUNG W C, BUDYNAS R G. Roark's formulas for stress and strain[M]. 7th ed. New York: McGraw-Hill, 2001.

[16] HRABOK M M, HRUDEY T M. A review and catalogue of plate bending finite elements[J]. Computers & Structures, 1984, 19(3): 479 - 495.